/ 张华夏科学哲学著译系列 /　任远 编

科学的结构

后逻辑经验主义的科学哲学探索

张华夏◎著

中国社会科学出版社

图书在版编目（CIP）数据

科学的结构：后逻辑经验主义的科学哲学探索／张华夏著．—北京：
中国社会科学出版社，2020.7
（张华夏科学哲学著译系列）
ISBN 978－7－5203－6753－0

Ⅰ.①科…　Ⅱ.①张…　Ⅲ.①科学哲学—研究　Ⅳ.①N02

中国版本图书馆CIP数据核字（2020）第117719号

出 版 人　赵剑英
责任编辑　孙　萍
责任校对　夏慧萍
责任印制　王　超

出　　版　中国社会科学出版社
社　　址　北京鼓楼西大街甲158号
邮　　编　100720
网　　址　http://www.csspw.cn
发 行 部　010－84083685
门 市 部　010－84029450
经　　销　新华书店及其他书店

印刷装订　北京君升印刷有限公司
版　　次　2020年7月第1版
印　　次　2020年7月第1次印刷

开　　本　710×1000　1/16
印　　张　28
字　　数　390千字
定　　价　158.00元

出版前言

张华夏先生（1932 年 12 月—2019 年 11 月），广东东莞人，中国著名哲学家，曾先后长期执教于华中科技大学和中山大学，在自然辩证法和科学技术哲学等领域取得了杰出成就。

2018 年春，中山大学哲学系有感于学人著作系统蒐集不易，由张华夏先生本人从其出版的二十部著译中挑选出六部代表性作品，交由中国社会科学出版社另行刊布。这六部作品是：卷一《系统观念与哲学探索：一种系统主义哲学体系的建构与批评》（张志林、张华夏主编）、卷二《技术解释研究》（张华夏、张志林著）、卷三《现代科学与伦理世界：道德哲学的探索与反思》（张华夏著）、卷四《科学的结构：后逻辑经验主义的科学哲学探索》（张华夏著）、卷五《科学哲学导论》（卡尔纳普原著，张华夏、李平译）、卷六《自然科学的哲学》（译著，亨普尔原著，另由中国人民大学出版社再版）。其中两部译著初版于 20 世纪 80 年代，影响一时广布。四部专著皆为张华夏先生从中山大学退休后总结毕生所学而又别开生面之著作，备受学界瞩目。此次再刊，张华夏先生对卷一内容稍加订正，对卷四增补近年研究成果，其余各卷内容未加改动。张华夏先生并于 2018 年夏口述及逐句订正了《我的哲学思想和研究背景——张华夏教授访谈录》，交由文集编者，总结其学术思想与平生遭际，置于此系列卷首代序。

这六部著译，初版或再版时由不同出版社刊行，编辑格式体例不一，引用、译名及文字亦时有漏讹。此次重刊由编者统一体例并校订。若仍有错失之处当由编者负责。

2019年11月，先生罹疾驾鹤西去而文集刊行未克功成。诚不惜哉！愿以此文集出版告慰先生之灵。

编者
2020年5月

代序：点赞张华夏著《科学的结构》

范岱年

张华夏教授的著作《科学的结构：后逻辑经验主义的科学哲学探索》2016年出版了。这是一部高水平的科学哲学著作，值得我们点赞。

我们中国大陆的科学哲学工作者（洪谦、江天骥除外），绝大部分是在20世纪70年代末、80年代初，从学习波普尔、库恩的著作开始，才接触到科学哲学的。可是，科学哲学是由逻辑经验主义者开创的，是由他们奠定基础的。逻辑经验主义的观点曾被认为是"公认观点"，波普尔、库恩都是从批判逻辑经验主义开始的。我们要学习、研究科学哲学，不能绕开逻辑经验主义，必须补逻辑经验主义这门课。张华夏是好好地补了课。他翻译了逻辑经验主义后期主要代表人物亨普尔的《自然科学的哲学》和卡尔纳普的《科学哲学导论》。他在《科学的结构》一书中，还引用了亨普尔在1969年公开宣布放弃"公认观点"的讲话。

张华夏教授退休已经20年了。在这20年中，他坚持学习、研究系统哲学、道德哲学和一般科学哲学，跟踪科学哲学的进展。本书是他近20年的研究结晶。

全书共三篇。第一篇是"科学与实在"，张华夏首先介绍了科学与知识。他反对科学的霸权主义的知识观，主张知识的整合多元主义图景。他关注合理性问题，从科学的合理性到价值的合理性，从价值合理性到社会交往合理性。他还介绍了社会科学研究的自然主义方法和诠释主义方法。

他关注科学实在论的进展，关注实在论与反实在论的争论，关注结构实在论的兴起和其中的派别，他赞成曹天宇的实体结构主义，认为结构是实在的，实体也是实在的。

第二篇是“科学理论的结构”。在这里，张华夏考察了逻辑经验主义的衰落和结构主义的兴起。他介绍了萨普和范幅拉森的状态空间模型论，苏佩斯的集合论，史尼德和穆林的结构主义模型论。

第三篇是“科学中的因果与自然律”。在这里张华夏介绍了“因果性的结构”，讨论了事件条件因，实体能力因与作用因，因果过程理论与物理因，信息因和复杂系统的下向因果关系。接着他介绍了“自然定律的结构”，讨论了传统经验主义进路，穆勒、兰姆西、路易斯论自然律，必然性进路，本质主义进路和自然类，以及卡特莱特的新经验主义进路。

张华夏教授能追踪一般科学哲学的新近进展，写出这样一部内容丰富、材料新颖的著作，是值得我们钦佩的。

2017 年 12 月

前　言

人类知识划分为逻辑、数学、科学、技术、伦理、政治、宗教、艺术以及生活知识等部类，科学只是其中的一种，我们必须用多维度的全面观点看待知识才能厘清科学在其中的地位与作用，并发现科学知识与其他知识的区别与缠结，才不至于走向科学霸权主义或科学社会建构主义的科学观。知识是得到辩护的（真的或善的或美的）思想信念和行动技能，因而不同的知识有不同的对象领域和不同的合理性的标准。不能无批判地用科学合理性的标准来评价与处理其他知识问题，也不能无批判地用其他知识（如政治知识）的标准来评价与处理科学知识的问题，因而只有在弄清楚科学这种外部知识结构，即科学在整个知识群中的地位的基础上才能理解科学理论的内部结构与其基本对象的实在性问题。我们主张科学实在论，但我们不同意原子主义的实体实在论，也不完全同意怀特海的过程实在论和沃勒的结构实在论，而提出实体—结构—过程互补的科学本体论和认识论的主张，认为这是一种多维度的实在论。这里，实体是过程的稳定性和持续性，而结构实质上是过程的结构，这样定义的实体与结构，使我们的科学实在论可以精确地表达为实体结构主义的科学实在论。以上是本书第一篇“科学与实在”要研究的问题。这种研究的基本出发点是承认人类的不同知识之间存在不可归纳通达也不可演绎通达的逻辑鸿沟。因此我们将知识之间的逻辑鸿沟问题作为第一章的内容进行讨论。在第二章中，笔者在此基础上，建立一个科学行为的系统来讨论自然科学和社会科学的合理性问题，指出科学理论的辩护、评价和选择应该同时考虑科学合理性的五个不同层次：（1）假说演绎逻辑合理性；（2）归纳概率合理性；（3）科学理论评价规则和算法合理性；（4）科学理论评价的价值合理性；（5）科学评价的社会交往合理性。只有在这种科学合理性研究基础上我们才能进入本篇第三章，即科学实在论的研究。

现代科学理论将模型看作科学知识的主要载体，因此，科学理论结构是建立在科学模型和模型论基础上的。这种结构在精确科学中可以通过布尔巴基集合论中的“结构种”和史纳德的“模型类”来加以公理化，在集合论中，有极其丰富的形式结构系统足以把握自然界的全部可能性和复杂性，并在不同程度上类比和推广到非精确科学中去。但只有以语义模型为核心，结合语法和语境进路，并从这三个方面进行分析，才能完整地、无矛盾地描述科学理论的复杂结构。这种科学理论结构观，通常被称为结构主义的科学结构观。它带有某种逻辑理性主义的色彩。这些问题在科学哲学中一直没有得到充分表达。这种结构主义，实质上也是实体结构主义的科学理论结构观。这是本书第二篇“科学理论的结构”要解决的问题。该篇分四章讨论理论的结构问题：第四章讨论结构主义理论观的兴起，第五章讨论布尔巴基“结构种”，第六章讨论史纳德的“模型类”，第七章着重讨论理论结构的语义模型进路及其问题。

揭示现象的因果结构，发现自然定律，解释和预言现象，为技术改变世界提供理论根据，从来就是科学的一个主要目的，将自然定律表述为科学的定律，又是科学结构的重要组成部分。所以任何科学哲学都离不开对因果性和自然律的分析和反思，我们在第三篇“科学中因果性与自然律的结构”中运用实体结构主义的观点讨论因果性和自然定律。特别注意分析条件因、作用动力因、过程交叉因和复杂系统信息因以及心灵世界的精神因之间的相互关系，显示出世界的因果结构，以及哲学家对因果性认识的逻辑发展。至于自然律，自然律之间是相互关联的，除了分析什么是自然定律之外，笔者着重分析自然律的陈述，即科学定律怎样组成既简单又强劲的公理体系结构。所以广义的科学结构包括科学的外部知识结构、科学理论的内部结构和科学描述的因果性和自然律的结构三者。

本书有两个基本点：（1）实体结构主义；（2）广义的科学结构。故本书取名为“科学的结构”，其目的是对逻辑经验主义衰落后笔者认为比较重大的科学哲学问题进行一种综合性的探讨。问题主要来自进入21世纪以来盛行的一些科学哲学论争。

研究科学哲学，根据我个人的体会，至少需要有一门自己比较熟悉的自然科学做基础，并需要有广博的自然知识和社会知识做铺垫，并最好通过深入学习科学史来达到。“文化大革命”前我在华中工学院（今天的华中科技大学）当哲学教研室主任，曾经提出过同时教一门物理学又教一门马克思主义哲学来达到研究自然辩证法（当时也叫作自然科学哲学问题）的目的。不过这是一个妄想，说得好听一些只是一个可能世界，在那种教育体制下是不可能实现的，我们只是从自然辩证法学科的发展来看问题罢了。不过事情有一个或只有一个例外，那就是波士顿大学哲学系终身教授曹天予。范岱年在曹天予的权威著作中译本《20世纪场论的概念发展》的介绍前言中这样写道：“曹天予，20世纪60年代初在北京大学哲学系肄业。以后，在坎坷苦难的历程中，他自学了理论物理学直到量子场论。1983年，到英国剑桥大学留学。”[①] 曹天予的第二本权威著作是《从流代数到量子色动力学：结构实在论的一个案例》[②]，还没有中译本。可见搞科学哲学需要一门自己比较熟悉的自然科学做基础。对于哲学系的学生来说，“文化大革命”前是很难做到的，但今天的情况不同了。研究科学哲学还要掌握它的研究工具，这就是分析哲学和数理逻辑。这是两门没有“阶级性”的重要学科，但

---

① ［美］曹天予：《20世纪场论的概念发展》，吴新忠、李宏芳、李继堂译，桂起权校，上海科技教育出版社2008年版，第27页。

② Tianyu Cao, *From Current Algebra to Quantum Chromodynamics*: *Case for Structural Realism*, Cambridge University Press, 2010.

在“文化大革命”前被列入资产阶级哲学范畴，而在今天仍然有人把它列入“西方哲学”的范畴。不过，更为重要的工具是语言工具。科学发展一日千里，反思科学的科学哲学更是学派繁多，更替神速。不掌握外语，就无法看懂文献。这些都是研究科学哲学的必要而非充分的预备条件，例如这里还没有提到对科学哲学相关的哲学学科的学习和研究。

历史无情，在20世纪70年代末，当我研究科学哲学的预备条件还远没有到位的时候，我必须踏上科学哲学（自然辩证法）的舞台。不但要一边补课一边上课，而且要招收研究生。这时，我已经过了“不惑之年”快要“知天命”了。这时逻辑经验主义快要退出科学哲学的主流，而波普尔证伪主义学派和库恩的历史学派正在台上。所以我国大部分的科学哲学家研究科学哲学是从证伪主义开始的，我们错过了系统研究科学哲学的“标准学派”文献的时机。维也纳学派的逻辑经验主义有很深刻的科学功底和哲学思想，证伪主义和历史主义都代替不了其历史地位，后面这两个学派很快自己也陷入困境。所以针对逻辑经验主义的缺点，针对其提出的广泛问题，在分析哲学和逻辑哲学的基础上研究它的替代方案，这始终是目前科学哲学研究的一条主线。等我模糊地意识到这个问题的时候，已经到了“耳顺”之年，快退休了，我怎样能够补上我所说的研究科学哲学的预备知识？想不到老天爷在我退休之后到现在还整整给了我20年，让我每天能用八小时“从心所欲不逾矩”地学习和研究科学哲学，但我没有也不可能做出一个长期学习计划，很遗憾地我走了很多弯路。在这段时间里我的学习主要分为三个方向：系统哲学、道德哲学和一般科学哲学。本书就是从我的第三个部分学习研究的一些问题中整理出来的，不可避免地带有系统哲学和价值哲学的痕迹或成分，好像说着说着又说到别的地方去了，使人有一种学科不归一的感觉。不过我不认为这是个缺点，在研究科学哲学时，多维度的视野总是必要的。

在这里，我要感谢华南理工大学思想政治学院的齐磊磊副教授，她通读了全书的书稿并提出了修改的意见，而且本书的第四章，第六章和第九章第六节是由我们两人合作写的论文修改而成的。我特别要感谢山西大学在我退休后特聘我为专职教授，华南师范大学聘我为客座教授，复旦大学常邀请我做讲座，使我能够与广泛的哲学家和研究生们共同研究各种问题，特别是这些大学的博士论文课题一般比较前沿，帮助他们做好课题等于帮助自己做课题。最后感谢广东省社会科学界联合会的鼎力支持，以及对我拖延交稿时间的谅解。

目　　录

第一篇　科学与实在

第二篇　科学理论的结构

第三篇　科学中因果性与自然律的结构

第一篇　科学与实在

本篇的目的是在人类知识多样性的基础上逐步收缩论题，首先分析科学与知识，阐明知识是具有多样性的。为什么是多样性的呢？那是因为知识之间有着逻辑与认识论的鸿沟。所以不能从任何一种知识的公理或定律直接推出其他知识。知识的还原论是不可能的，但多样性的同一、多元性的整合是可能的，而且是必要的。在这基础上我们进一步讨论自然科学知识与社会科学的合理性，着重分析科学经验的合理性、科学理论的合理性以及它们的价值合理性和社会交往的合理性，最后将问题集中在科学实在论，特别是科学的不可观察的实体的实在论和科学指称的整体结构和实体结构的实在论。统一地处理实体实在论，结构实在论和过程实在论这个三位一体的问题。

第一章

科学与知识

本章讨论什么是知识，它是怎样进行分类的。于是就产生了一个根本问题，科学与其他知识之间有什么样的区别与联系，各种知识之间又有什么样的区别与联系。解决这些问题的关键，是要厘清科学与其他知识之间，以及各种知识之间的逻辑鸿沟问题。正是这些逻辑鸿沟将知识划分为不同的“类”，所以本章正是通过知识之间的逻辑鸿沟的分析来讨论知识之间的关系。

知识之间存在着逻辑鸿沟是一种正常的现象，但它并不表示知识之间的割裂与分离，而是表明不同知识之间具有相对独立性以及基本内核的不可还原性。休谟提出的三个问题，即归纳问题、因果问题和价值问题是极有洞察力的，它有助于说明经验知识、理论知识、伦理知识以及最近兴起的复杂系统知识各有不同的本体论和认识论基础。知识的统一是人类的永恒追求，但统一以差别为前提，在实现科学统一和知识统一的各种纲领屡遭失败的今天，整合多元主义是既保持知识的联结与统一又保留其多样性或多元化的很好进路。

第一节　知识及其基本类型

哲学家们对什么是知识众说纷纭，莫衷一是。如果我们不去严格推敲知识的概念，一般地我们就把通过认知，即通过经验、思考与交流而获得的各种事实、记述、信息与技能，包括对于事物的理论和实践的理解与把握，都叫作知识。这个定义要比柏拉图的经典定义“知识就是得到辩护的真信念”（justified true belief）或现代知识社会学的“知识就是得到集体认可的信念”的定义都来得广泛一些，因为“真”一般并不包含“善与美”的认知，而“信念”有时并不包含某种不自觉的技能。而这些都应该划入知识的范畴中。这从下面知识的分类可以看出来。

关于知识的分类，亚里士多德最初从三个维度进行：（1）理论的知识（包括形而上学、数学、物理学和博物学），它是只以知识本身为目的（knowing for its own sake）而获得的知识；（2）实践的知识（包括伦理和政治知识），它涉及人的行为（doing），他认为这是最重要的一种知识；（3）生产和创制的知识（包括生产技术、音乐、修辞），它是关于制造（making）的知识。这个分类的重要特征是知识不限于经验科学，文学艺术、伦理道德、宗教与哲学都属于知识的范畴。

罗素在 20 世纪初对知识论做了很详细的讨论，特别是在他 1912 年出版的《哲学问题》一书中，他区分了两种知识：一种是通过直接经验亲自认知的知识，叫作“knowledge by acquaintance”；另一种是通过描述而被认知的知识，叫作“knowledge by description”。不过他与其他英国经验主义者有所不同的地方就在于他还承认先验知识的存在，然而他的先验主义知识和柏拉图的理念世界及康德的先验性又有所不同。他认为，我们的先验的知识乃是我们对共相及其关系的一种直觉（intuition），由此给数学和逻辑知识以一种重要地位，又承认那些不自觉的和不明言表达出来的个人技能也属于知识的范畴。[①]

关于划分不同类型知识的标准是一个重要问题。笔者曾与张志林教授合作，在一本技术哲学的著作《技术解释研究》中，对科学

① ［英］罗素：《哲学问题》，何兆武译，商务印书馆 2008 年版，第五章、第九章。

知识和工程技术知识的区别提出四条标准：第一是它们的目的不同。科学求知，获得自然定律，技术求用，获得社会效益。第二是它们的研究对象不同。科学的对象是自然界，而技术的对象是人工自然即人造物。第三是它们的方法不同。科学的方法是经验理性，技术思维是工具理性，决策逻辑。第四是它们的真值条件与社会规范不同。科学无国界、无专利，技术有国界、有专利。[①] 现在笔者将这四条标准一般化，并增加认识的主体一条，组成划分知识类别的标准。它包括：知识的认知主体，即创造该领域的知识的社会共同体（community，C），该知识的对象或论域（domain or universe of discourse，D），知识的语义标准或真值条件（truth condition，T），知识的目的和要解决的问题（the aims and the problem，A）以及知识的方法论基础（the base of methodology，M），简写为 CDTAM。这个标准从研究不同领域的知识的区别中归纳得来，又运用到知识的分类中去，于是按 CDTAM 标准，则知识至少有下列的分类：日常知识（common sense knowledge）；科学知识（scientific knowledge）；技术知识（technological knowledge）；伦理知识（moral knowledge）；宗教知识（religion knowledge）；逻辑与数学的知识以及认识论、价值论和形而上学知识，即哲学知识，此外还有其他知识，包括文学艺术知识，等等。为了说明如何根据 CDTAM 对知识进行分类，请读者注意下面行文中用（C）（D）（T）（A）（M）表达的这些标准的运用。关于知识分类详见图 1—1。

图 1—1 左边有关事实的和价值的以及形式的和经验的（分析与综合的）划分渗透到各个知识的类别中，但其比例不同，这说明这里的知识分类并不依逻辑经验论的“三个教条”进行划分。逻辑经验论有三个教条：分析与综合的严格划分，经验与理论的划分和后者可还原为前者，以及事实与价值的严格划分。第一教条、第二

---

① 张华夏、张志林：《技术解释研究》，科学出版社 2005 年版，第 2—5 页。

教条是由蒯因（W. Quine）于1953年首先提出批判的。[①] 第三个教条是由普特南首先进行批判的。[②] 图1—1右边除说明哲学的主要领域是本体论（形而上学）、知识论和道德哲学之外，具体领域有逻辑哲学、数学哲学、科学哲学、技术哲学、伦理哲学、政治哲学、宗教哲学、艺术哲学以及生活哲学等。

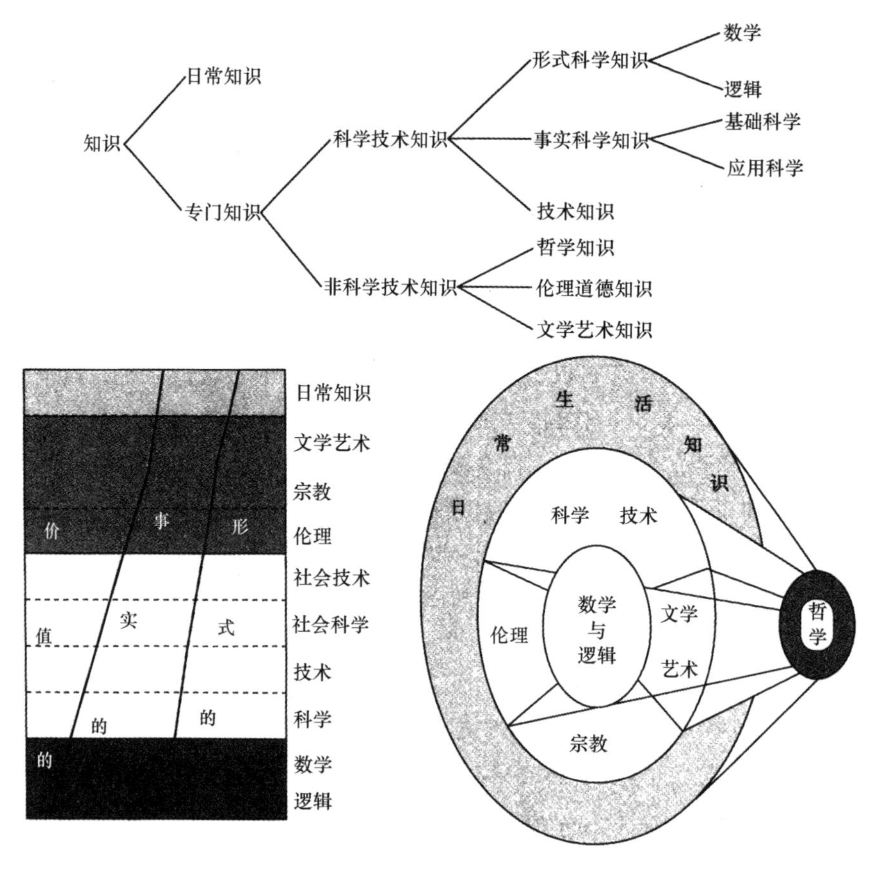

图1—1 知识的分类

我们之所以要将日常知识与科学知识区分开来，是因为社会上

① W. V. Quine, *From A Logical Point of View* (Harvard University Press, 1953).

② H. Putnam, *The Collapse of the Fact/Value Dichotomy* (Harvard University Press, 2002).

作为认知主体的大多数人（C）都不是科学家或工程师，他们并不是用严格的经验科学方法和严格的数学运算来求得某种专门的科学知识的，而是从各种知识来源中获得某种知识与技能来处理日常生活中遇到的问题，衣、食、住、行，生、老、病、死问题，以及人际交往问题等（A）。这些知识的对象是我们生活于其中的宏观世界以及我们自己的活动本身（D），而取得这些知识的方法除来自教育与传媒外，主要是通过切身体会的（embodied），特别是通过试错法来获得的，而且大多数是习惯成自然的（M）。科学知识与日常生活知识的区分是相对的、历史地发展的，随着人民教育水平的提高，许多原来需要专家才能掌握的知识，会变成大众的日常生活知识。如果用语言来表达，表达日常知识的日常语言与科学语言有很大的区别，这个区别有重大的哲学意义。日常语言的分析倾向于将事物的类型看作家族类似类，而科学语言的分析倾向于将事物的类看作自然类。（见第九章第五节）

科学知识系统与日常知识和其他类型知识系统是很不相同的，它是由特定专家组成的科学共同体（C）为了探索自然界和社会的规律（A）而建构起来的，它是严格按照实验的和逻辑推理的方法（M）进行工作的。这种方法保证他们所获得的知识体系有可靠性、概括性和系统性，即是以最少的概念和命题解释最为广泛最为普遍的相关的经验现象和经验定律（D）而组织起来的经得起严格实验和理论批判的（T）知识体系。

技术知识是技术共同体（C）为实用目的（A、T）设计、制造、调控（M）各种人工事物与人工过程（D）的知识与技能体系。它与科学知识是不相同的。

知识的第四个门类是伦理知识和其他人文知识，它是以价值为基础的调整人们之间的相互关系的知识，旨在解决个人、集体和社会的生活目标、价值取向和行为规范问题。日常的知识，科学的知识，它可以以自身为目标，但就整体生活过程来说，归根结底是一种手段，即所谓工具理性，而不是目的理性或价值理性。亚里士多德说："现在在行为的领域内，如有一种我们作为目的本身而求的目的……那么显然这种目的，就是善，而且是至善""研究至善的学科，似应属于在学科中最有权威，并占主导地位的学科。"① 所以伦理学和政治学知识有着不同于科学知识的独立性，宗教的知识也是如此。很可惜它们被人们所忽视，不将它们当作知识。

人类知识的第五种类型是数学与逻辑的知识，它是由数学家创造出来的（C）。数学的对象与方法不同于经验科学的对象与方法，也不同于伦理学的对象与方法，这是十分明显的，它是从比较任意的抽象客体出发逻辑演绎出一个符号系统（D，M）。这个符号系统的正确性来自逻辑的证明而不需要实验证实（T）。不过应用数学与人们的实际生活和科学技术密切相关（A），所以它也包括事实的和价值的内容。因此在图 1—1 左边的三分图景中，我们没有将事实与价值的内容从数学中完全排除出去。

人类知识的第六个种类就是哲学知识，即形而上学和认识论等，它是有关一切知识的知识，有关人类一切思考的思考。本章的知识分类既反对将知识与科学混为一谈，又反对将知识完全本土化、地域化和民族化，忽视人类有共同的逻辑、科学、伦理与文化。

以上我们对知识进行一个比较宽泛的定义与分类，似乎没有给出有关知识与无知、知识与谬误的界限。事实上，我们不可能给出知识与无知、谬误的一般界限，因为不同类型的知识有不同的意义标准和真值条件：科学知识的真理与谬误的标准用经验检验和逻辑推理来决定；伦理知识的对错要看它是否符合相关的伦理规范，还可以最终以普适伦理标准来衡量；宗教知识的是非标准要看它是否符合有关宗教的教义。本节已简要谈论了不同的知识有不同的 T 标准。想用科学的标准来评价一切知识的是非、真伪，就会导致"科学霸权主义"。

---

① 转引自周辅成编《西方伦理学名著选辑》，商务印书馆 1996 年版，第 282、288 页。

对于以上的分析，使我们有可能列出一个表格，将各种不同种类的知识类型和特征表达出来，由于个人知识的局限，宗教知识和文学艺术的知识以及只能示范不可言传的技巧知识不列入表1—1内。

表1—1　　知识的种类及其特征

	日常知识	科学知识	技术知识	伦理知识	数学知识
知识的社会共同体（C）	社会人群	科学家	技术家	社会群体	数学家
知识的对象或论域（D）	生活世界	自然界	人工自然	各种价值系统	抽象客体与符号系统
知识的目标（A）	处理日常生活问题	获得自然定律	获得社会效益	建立和执行伦理规范	推理严谨而应用广泛的符号系统
知识的方法论基础（M）	教育、传媒、试错与社会交往	经验理性可证实标准	工具理性，决策逻辑	博弈和社会交往合理性方法	演绎方法与逻辑证明
真值条件与社会规范（T）	常识、习惯与科学	严格实验和理论批判无专利	应用标准和专利审查	社会认同或普适伦理	公理系统的简单性、协调性和完备性

表1—1所示完全超出了逻辑经验主义对于知识的理解。请看卡尔纳普是怎样评价伦理知识的。他说："在形而上学领域里，包括全部价值哲学和规范理论，逻辑分析得出反面结论：这个领域里的全部断言陈述全部都是无意义的。"[①] 但在表1—1中，日常知识、技术知识和伦理知识，都有许多价值、规范、伦理内容。逻辑经验主义只抓住两条标准。如何在分析科学知识和其他知识的时候，使我们的分析有更大的包容性，这是本章和下一章探讨的主要问题。

---

① 洪谦主编：《逻辑经验主义》，商务印书馆1982年版，第13页。

第二节 常识与科学、经验与理论之间的逻辑鸿沟

知识的内部以及各种不同知识种类之间，存在着某种逻辑鸿沟。这里所说的逻辑鸿沟指的是一种知识的基本命题和核心领域不能从另一种知识的基本命题和核心领域中演绎导出。这种不同类型知识之间演绎的不可通约性同样是因为它们各由上节所说的不同的 CDTAM 所导致。C 是创造知识的社会共同体，它是社会学的，D 是本体论的，TAM 是认识论的。C 预设了托马斯·库恩的范式（paradigm）的不可通约概念，而论域 D 的种类以及表达它们的语言的不同，就已经预设了知识之间在演绎关系上的不可通约性。例如，科学知识虽然是工程技术知识的基础，但由于研究主体、研究目的和研究领域不同，技术知识与技能是不能直接从科学知识中推导出来的。铀裂变的科学原理早在 1939 年就已发现，但制造原子弹的技术，包括提纯浓缩铀 235 和制造钚 239 的技术，制造大型反应堆的技术和发明及制造计算机的技术，则要经科学家、工程师、管理人员和工人集体的努力在几年后才研究出来并加以实现，1945 年 7 月才在美国试爆了第一颗原子弹。如果科学知识能逻辑地演绎导出工程技术知识，那何必花费 10 多亿美元，动员几百个部门和单位，用了六年时间来制造第一颗原子弹呢？这里显示了科学知识与工程技术知识的逻辑鸿沟。不过问题要具体分析，我们在本章中着重讨论的是经验与理论、简单知识与复杂知识以及事实与价值之间的逻辑鸿沟。从这个进路来揭示各种知识之间的区分与联系、它们的多样性和整合性。

这里我们首先要讨论的是以经验为主体的日常知识和以理论为核心的科学知识之间的逻辑鸿沟，特别是从经验知识到理论知识之间演绎的不可通约性。

近现代科学起源于日常的经验知识，特别是起源于从实验中获

得的经验知识。科学实验是以获取知识为目的的，因此要研究如两个变量的关系或两种性质之间的关系，就必须将被研究的对象从受影响的环境中隔离出来，在纯粹的状态下进行研究。[①] 这是通过对自然进行实验设计、仪器干预与有目的控制而实现的，由此获得的经验是带有规律性的和可重复性的。但我们是不是可以通过对这种经验和数据进行归纳、概括来获得理论的概念呢？不！那只是科学童年时代的幻想，培根和牛顿也充满了科学童年时代的这种幻想。

休谟首先将这种怀疑明白地表达出来。他将这种怀疑表达为两个休谟问题：第一个是休谟归纳问题，第二个是休谟因果问题。关于休谟归纳问题，波普尔表达得很清楚，所以我们借用波普尔的表述。

休谟归纳问题是："我们怎样能够从单称陈述（有时也称作'特称陈述'）中推理出全称陈述（例如假说或理论）是正确的？……不管我们已经观察到多少只白天鹅也不能证明所有的天鹅是白的。"[②] 或者我们问："未来会像过去一样这一信念的根据是什么？""我们怎样能够从我们已经经历过的事例，推出我们没有经历过的事例？对这个推理我们证明过吗？""休谟的回答是：没有证明过，不管重复多少次。"[③] 关于归纳推理的合理性辩护（rational justification）问题就是休谟归纳问题。本书不准备深入讨论这个问题以及由此引起的归纳逻辑、概率逻辑和溯因推理问题，只是从这个问题出发来研究知识间的逻辑鸿沟。

休谟因果问题是："我们有什么理由说，每一个有开始的存在的东西也都有一个原因这件事是必然的呢？……那样一些特定的原因必然要有那样一些的特定结果呢？我们的因果互推的那种推论的

---

① 《马克思恩格斯全集》第23卷，人民出版社1972年版，第8页。

② ［英］波珀：《科学发现的逻辑》，查汝强、邱仁宗译，沈阳出版社1999年版，第3页。

③ ［英］卡尔·波普尔：《客观知识》，舒炜光等译，上海译文出版社1987年版，第2、4页。

本性如何，我们对这种推论所怀的信念（belief）的本性又如何？”[①]休谟的回答是，因果“必然性”是不存在的，它不过是“原因与结果之间的一种恒常结合（constant conjunction）”。由于这种恒常结合，每当一个类似于先前观察到的原因出现时，我们总是预言必然有一种类似于我们先前结果的出现，其实这只是我们心灵中的“习惯与嗜好”（custom and habit）。这就是说，不但像概念、理论这些东西不能在我们的特殊经验中得到，而且像因果关系、必然性这样的范畴也不能从感觉给我们的材料中得到。下一节我们还要详细讨论这个问题。

尽管休谟基于经验主义对知识确定性的怀疑有极大的震撼性，但他的观点在逻辑上是无可反驳的。爱因斯坦对此曾深有感慨地说，除了起源于经验的知识外，还有“这些和某些别种类型的知识（例如数学）都是思维工具的一部分”。“我们在思维中有一定的‘权利’来使用概念，若从逻辑的观点看，没有一条从感觉经验材料到达这些概念的通道。事实上，我相信，甚至可以断言：在我们的思维和我们的语言表达中所出现的各种概念，从逻辑上来看，都是思维的自由创造（free creation），它们不能从感觉的经验中归纳得到。这一点之所以不那么容易被注意到，那只是因为我们习惯于把某些概念和概念的关系（命题）如何确定地同某些感觉经验结合起来，以致我们意识不到有这样一条逻辑上不能逾越的鸿沟（the logically unbridgeable gulf），它把感觉经验的世界同概念和命题的世界分隔开来。”[②] 现在看来，依据爱因斯坦的分析，无论从发现上看还是从检验或证成（justify）上看，从感性经验材料到理论的基本命题都没有演绎的逻辑通道。贝叶斯主义的归纳逻辑或利普顿的最佳解释推理都是不太可靠的和可错的。尽管科学家和法官总是要利用最佳解释推理来证成理论和判决案件，但又总是常常发现这种证

---

① ［英］休谟：《人性论》，关文运译，商务印书馆1980年版，第94页。

② 《爱因斯坦文集》第一卷，许良英等编译，商务印书馆1977年版，第408—409页。

成或判决是会出错的。不过科学哲学还是要认真研究科学的归纳逻辑，以便寻找“高概率为真”或“经验上恰当”的证成方法，在“实践上”解决问题，但这不是本章的目的。

我认为，从感性经验到理论命题之间没有逻辑通道的论断可以推出下列几个知识论观点。

（1）理论知识是对世界进行经验研究过程的一种突现（emergence），它不能从经验材料中演绎地推出，这说明理论知识不能还原退归为经验材料，在这个意义上理论相对于经验有自己的独立的生命，即独立存在的理由。同样，科学理论知识也不可能逻辑地导出观察陈述或经验命题。例如即使我们知道初始条件，引力定律也不能导出行星的位置，因为它只处理了引力，不能断言行星是否还受其他力的影响。这是晚年亨普尔做出的一个重要而大胆的结论。[①]

（2）理论知识不能从经验知识中逻辑地推出说明覆盖同一个经验知识的理论是多元的，并且这些理论之间是可以相互矛盾的。否则如果经验知识能演绎导出两个不同的相互矛盾的理论，就说明这个经验知识是假的。

（3）在从一个理论转变到另一个理论的过程中，理论范式（paradigm）发生根本的变化，但它的许多经验内容可以保留下来。例如，菲涅尔关于光在介质中入射、反射和折射的经验方程，可以由光的以太（ether）说导出，也可以由麦克斯韦的光的电磁场理论推出，还可以从光的量子力学理论中推出，成为相互矛盾和彼此推翻的理论中的“三朝元老”。

第三节　简单系统知识与复杂系统知识之间的逻辑鸿沟

一般说来，凡是遵循简单的规则进行运动并可用简单的模型进

① Carl G. Hempel, “Provisoes: A Problem Concerning the Inferential Function of Scientific Theories,” *Erkenntnis* 28 (1988), pp. 147 – 164.

行表达的系统就是简单系统，它的基本特征就是具有稳定性和规则性；凡不能用简单的模型与模拟仿真进行表达和研究的系统叫作复杂系统，或系统的复杂状态，它的基本特征是不稳定性和不确定性。虽然简单系统与复杂系统是两个相对概念，但在研究方法和研究理念上从来就有很大的区别。关于这一点，希腊的科学家和哲学家早就有这样理解的，从柏拉图开始他们就将世界划分为两个，一个是天上世界，即天文学所研究的世界，它遵循简单的几何规则进行运动，可用圆规直尺建构的几何图形进行描述和表征。这是个简单的、理想的因而是理念的世界。另一个是月下的世界，那是复杂的、变化无常的、不值得哲学去进行研究的。而按照古代圣哲亚里士多德的解释，天上世界之所以遵循均匀的圆周运动，那是因为它的组成元素是高一等的，即第五元素：以太。而月下世界的组成元素是水、火、土、气四种元素，所以它是比较低级的、暂时的，可生、可灭和可腐的，因而它们是复杂的，不能用天上世界的永恒的、完善的简单模型去描述。所以科学的知识一开始就划分为这两大类：简单系统知识和复杂系统知识，它们之间有着一条不能由此推彼的逻辑鸿沟。

不要认为这个观念是很荒唐的。事实上它保留了一种对于科学的本质和科学模型本性的基本观点，一直延续到 20 世纪。法国著名的哲学家迪昂认为，科学的目的本来就要像古代哲学家研究天上运动那样，去“解救现象”（to save the phenomena），而不要像后古代物理学家一样企图去寻找天体实体的“本质”和地上物体的“本质”。这样一些“本质”是源于上帝造物时确定它们是“复杂的”“无限的”，是人性“不可通达的”（unachieved）。这种认识除了有宗教原因外，主要是因为复杂系统不能用简单的方法来把握，而简单的理念早已根深蒂固。其实早在 17 世纪，牛顿就发现三体运动或 n 体运动有不确定和不稳定的解，这就是复杂性和混沌。但他不相信这个，认为上帝是会干预它，使太阳系变成稳定、简单和和谐的。[1] 至于20世纪初的迪昂，他熟悉彭加勒（又译庞加莱）的最早的有关混沌的研究，但他认为，不稳定性和不确定性会威胁"数学演绎"，使"预言成为无用的东西"，因此要用统计的误差理论将它"消除"，将不稳定性研究作为"非物理学分支"而清除出去。[2] 爱因斯坦也相信宇宙的和谐、简单和稳定是物理学研究的一个信条，他在1917年提出广义相对论的同时，为了保证宇宙的稳定，在他的宇宙方程中特设了一个假定："宇宙常数"。"他宣称，空间—时间结构有一内在的膨胀趋向，这可以用来刚好去平衡宇宙间所有物质的相互吸引，结果使宇宙成为静态的。"[3]

人类对复杂系统的探讨，虽已有几千年的历史，但是真正有决定性进展的是在20世纪，特别是20世纪70年代左右。普利高津的"耗散结构"研究，哈肯的"协同学"，托姆的"突变论"和各种非线性动力学，特别是"混沌"动力学的出现，开辟了复杂性研究的新时代。前面我们已经讲过，简单系统知识力图消解和排除系统的不确定性和不稳定性，因为简单系统知识的传统研究方法无法研究这些不确定性和不稳定性，更不能导出这种不稳定性。但是这些不稳定性（包括不确定性）正是复杂系统自组织的核心，是相变和系统形态生成的根、时间之矢和因果之源的基础，也是我们日常生活反复遇到的现象。例如，生态危机的出现、经济危机的发生、政治风云的突变、气象变化的反复无常或海啸、飓风和地震的频频出现，等等。

复杂性和复杂系统的不稳定性（和不确定性）主要表现在三个方面。

（1）动态的不稳定性，即混沌现象。一个系统如果进入混沌状

---

① Cliff Hooker, ed., *Philosophy of Complex Systems* (Handbook of the Philosophy of Science) (North Holland, Elsevier, 2011), p. 224.

② Ibid., p. 241.

③ ［英］史蒂芬·霍金：《时间简史》，许明贤、吴忠超译，湖南科学技术出版社1992年版，第48页。

态，或进入这一个或那一个所谓“混沌的吸引子”中，它的第一个特征就是无规性（irregulation）和不可重复性（unrepeatability）。一年365天，没有两天的天气会完全相同，在混沌吸引子的计算机图形中，即使你按照同样的方程，同样的初始条件，在计算机中再运行一次也不会出现上次完全同样的曲线。这就导致了系统状态的不可预测性。海森堡在微观世界中发现的“测不准原理”，准确说应译为“不确定性原理”（uncertainty principle）。例如，谁也不能预言一个原子什么时候裂变。同样，复杂性科学在宏观世界也发现了同样的原理：在混沌区域里，运动的轨迹是不确定的。这不是因为“测不准”，而是因为复杂系统内部固有的“随机性”，尽管系统的运动方程是决定论的。与这个原理密切相联系的是运动对初始条件的极度敏感性，在混沌吸引子中，只要初始条件有微小的干扰与变动，系统行为之间的区别就会成指数增长，差之毫厘，失之千里。这就是混沌气象学家爱德华·洛兰兹发现的著名的“蝴蝶效应”。他说，只要巴西一只蝴蝶拍拍它的翅膀，就会在美国得克萨斯州产生极大的风暴。[①] 见图1—2。

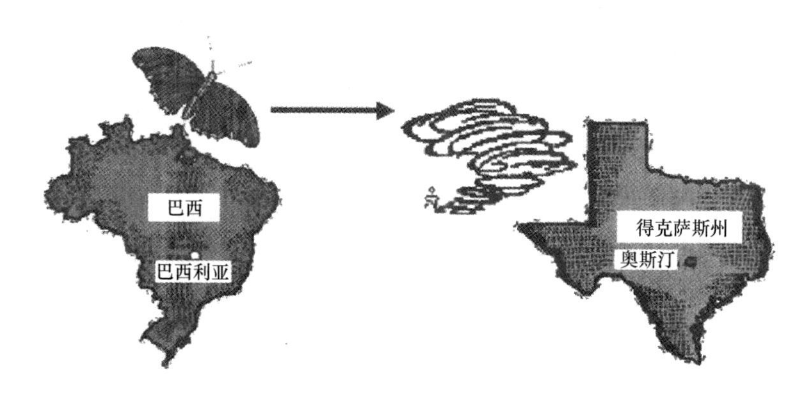

图1—2 蝴蝶效应

（2）结构的不稳定性，它指的不是系统运动的初始出发点和轨

① James P. Crutchfield et al.,“Chaos,” *Scientific American* 254（1986）, pp. 46 - 57.

线在混沌区间的不稳定性，而是整个系统的结构在自组织临界点上的不稳定性，即一个分叉、临界状态。新结构的产生是因果决定性和偶然随机性、稳定性和不稳定性联合作用的结果。但结构形成的关键时刻，是一种随机不稳定性起决定性作用，在物态的气、液、固三态变化中，例如，水结成冰的结晶是什么样子，六角形还是八角形，这是由随机不确定性的历史决定的。一个经典的自组织案例是贝纳德元胞的形成，它的形态和元胞中流体旋转方向都是非决定性的分叉突变的结果。在无固定磁场中磁化一块铁，到底南极在哪一边，北极在哪一边，也是在分叉点上由随机、涨落作用决定的。人类历史发展在关键时期也是偶然性起了支配的作用。假定没有1936年那样的西安事变，中国的历史就可能要改写。盖尔曼称这种现象为“被冻结的偶然性”。他说：“整个宇宙也是一样：一点点涨落就能够产生我们的银河系；一些偶然性就为太阳系的生成负责；偶然性决定地球的特征；地球早期历史上的偶然性给出生命的产生；所有生命进化的偶然性和自然选择结合在一起，就产生了今天生命的各种形式，包括人类在内。”[①] 宇宙的层级起源也是这类被冻结的偶然性。

（3）因果性起源的不稳定性。因果性指的是事件集之间的稳定的前后联系，时间、因果性以及它的“主体”（agents），包括物质、能量、场和复杂组织等，归根结底都起源于“原初的混沌”[②]。这是复杂系统理论和当代宇宙学的一种看法。在简单系统的知识中，时间、因果性或因果律都是由包括它们的理论先验地假定了的，在这个理论中是不可导出也不可解释的。这就是因果性及其起源与简单理论之间的逻辑鸿沟。这里所说的因果性的基本前提是指“相同的（相类似的）原因产生相同的（相类似的）结果”。但这

---

① Gell-Mann, “Plectics: The Study of Simplicity and Complexity,” in *Europhysics News*, January/February, 2002, p. 20.

② Francis Heylighen, “The Self-organization of Time and Causality: Steps towards Understanding the Ultimate Origin,” *Foundation of Science* 15 (2010), pp. 345 – 356.

种因果稳定性和重复性在复杂系统与混沌的研究中却有一个起源的问题，并且现代宇宙学也为这种起源给出了某些提示：因果性起源于“原初的混沌”。这里所说的“原始混沌”（chaos）与前面讲的非线性决定论方程包含的行为轨线的“混沌”区间有所区别，它“指的是随机与无序，缺少任何约束、依赖与结构的形式，而最大的无序就是无特征（featureless），它就是真空或‘无’。现代物理学将这种真空想象成量子涨落的狂暴沸腾的混沌”[①]。这种无稳定性的原初的混沌是不需要解释的，紧接着它的演化就是进入“适者生存”即“稳定者生存”阶段就需要解释了。所以演化的第一步是必然要由无序到有序、由混沌到稳定。它在宇宙学中就是从大爆炸的“奇点”（singularity）状态发展出物质粒子，它由虚粒子/反粒子对（其生命短到不可观察到的地步）形式从能量中产生。根据霍金的分析，由于将相互有引力的物质分开需要消耗能量，所以宇宙中有正能量形式的物质正好与负能量形式的物质（引力场）之间达到平衡，所以宇宙总能量为零。[②] 这种正能量形式如何与负能量形式分离？这就是复杂性理论所说的“通过涨落而产生有序”，“通过噪声而达到有序”，“通过对称性破缺而有序”。它们都说明了一个问题，就是通过原初的混沌而产生稳定有序的因果主体（物质与能量等）和因果关系。所以，复杂性宇宙学告诉我们，世界上有一个早期阶段是无因果的状态，有一个从原初混沌到因果也就是从无因果到有因果的过程。

在宇宙创生以后，因果性，特别是高层级事物的因果性是不断变化的，即不断产生新的因果关系和淘汰旧的因果关系。大家知道，现代地球上的生命体都运用同样的遗传密码，它由核糖体（DNA）三个碱基（这种碱基共有四种，即T、C、A、G）组成一组，决定一个三联体密码，通过组合、复制、转录组成为20个

---

① Francis Heylighen, “The Self-organization of Time and Causality: Steps towards Understanding the Ultimate Origin,” *Foundation of Science* 15 (2010), pp. 345 - 356.

② ［英］史蒂芬·霍金：《时间简史》，第129页。

氨基酸（DNA）分子，再组成各种细胞蛋白质。在这里有一个因果关系：同样的 DNA 三联体总是转换为同样的氨基酸。这就是同样的原因产生同样的结果的因果律。这个因果律可以用地球上的有机体具有共同的“始祖”来加以解释。但是为什么是目前这种 DNA 码而不是另外一种 DNA 码（例如四联体码）转变为生命蛋白质呢？并不是因为其他的与生命蛋白质对应的别的 DNA 码内在地缺少适应性而被淘汰。生物学家没有特别理由来假定现时的遗传密码是唯一的可能的密码本。1956 年俄国物理学家加莫夫就提出过几种不同的密码，完全可能是因为某种偶然出现的事件，例如恰好是别的密码本身只在少数有机体中流行，而现时保留下来的密码本在较多的生物体生物化学反应中流行以至于被正反馈放大而淘汰了另外的密码本。这就显示同样的原因产生同样的结果的因果律和因果性，它是有起源的，起源于随机、涨落引起的进化，也就是人们常说到的盖尔曼名言“规律性是冻结了的偶然性”所要表达的内容。

同样，在现实的复杂系统中，因果律和因果性也有不起作用的场合，特别是非线性动力学（关于行为状态与行为结果对初始条件的敏感性）以及海森堡的不确定性原理都告诉我们：“相同的（同类的原因）总是产生相同的结果”这个因果性原理并不是普遍成立的。世界上有些现象并不受精确的因果律支配。这就是说，不是稳定和重复的关系就不是因果关系，因为它不能提供对现象的解释与预言。因果性和因果律，无论一般的还是特殊的都有一个起源的问题，并且也会有失效的时候。复杂系统知识由于要揭示这种动态的、结构的和因果的不稳定性，便与简单系统知识形成不可逾越的逻辑鸿沟，后者不能逻辑地推出前者，反之亦然。

在这里我们不能不佩服苏格兰哲学家休谟的洞察力。请再看看他的第二个问题：“我们有什么理由说，每一个有开始的存在的东西也都有一个原因，这件事是必然的呢？……那样一些特定的原因必然要有那样一些的特定结果呢？”现在复杂性和混沌的理论告诉我们，情况确实是这样。如果将原因或原因集看作一个事件或事件的一个特征的充分条件，我们确实没有理由说它们一定有个充分原因，相反我们却有理由说世界上很可能有而且已有经验证据表明确实有些事是没有原因的或没有结果的。

我认为，从简单系统知识到复杂系统知识之间没有演绎逻辑通道的论断可以推出下列几个知识论观点。

（1）我们不能滥用培根倡导的隔离实验方法来“强迫自然界展现她的（律则）秘密”。要隔离蝴蝶效应研究气象，隔离历史分叉来研究社会历史是不可能的，当然实验的测量和控制技术可以改进，但是我们要注意那些不能隔离的变量与因素。这种“不能隔离”来源于微观系统和宏观系统不可排除的不确定性、不稳定性和无规则性（irregulation）。因此复杂性研究要求它的实验考虑“对初始条件的敏感性”，因而更多地使用“模拟实验的方法”重构它们。

（2）我们不能要求所有的知识具有精确的可预测性。在传统的简单系统的知识中，预测可以是很准确的。稳定的太阳系运动帮助我们准确预言几万年以后的日食月食的时间，甚至于分秒不差。但是复杂性非线性和不确定性却破坏了这个传统方法论的基础。天气的变化当然服从物理学的定律，但天气预报，特别是长期天气预报从来就不可能是准确无误的，而金融危机、股票涨落从来就没有人做过准确的预言，否则就根本没有股市。因此，我们需要新的方法论来研究复杂系统，这种方法特别注重偶然个案研究和诠释（hermeneutics）方法的应用，或者还有大数据的应用。

（3）人类知识有多样性的领域，各有不同的目的、要求，各有不同的模式、方法与表达。不但复杂性知识而且简单性知识都各有不同的类型，要求将各种不同的知识还原化约为某种简单的知识的还原主义是不恰当的。这也只是科学童年时代的幻想。还原，reduce 或 reduction 就是要简化我们的描述，由简单的命题推出复杂的命题，这就是笛卡儿方法论的第三原理。[①]“从模糊复杂命题追索到简单明确命题”，“以及从最简单命题推出复杂命题”。[②] 从信息论（信息理论）的角度看，这等价于将实验获得的数据或信息加以压缩，压缩到最小的描述长度而不失真。例如有一个序列

S_1：12121212121212121212

这个序列较简单，我们可以将它压缩为算法：“10 个（12）”。就是将 12 的数据写 10 次。这里“10（12）”就是算法或“定律”，可由此推出 S_1。但是我们如果遇到下面的序列

S_2：a b g q i r n c m s h b p m w u x h y e

对于这个序列，要描述它除了重抄一遍之外，没有任何压缩的方法，至少对于用 S_1 的简单语言来说没有压缩的方法，这就是它的不可压缩性，不可能有算法或规律推出 S_2，在这里从“简单”演绎推出“复杂”的还原是完全不可能的。复杂性Σ用盖尔曼的表达 $\Sigma = \Sigma(S_1) + \Sigma(S_2)$，它是有规则的算法复杂性和完全随机性的总和，所以是不可以还原为简单性知识的。

第四节　价值知识与事实知识之间的逻辑鸿沟

在各种知识之间，还有一个逻辑鸿沟常被人们忽视与遗忘，这就是价值知识与事实知识之间的逻辑鸿沟，包括伦理知识和科学知识之间的逻辑鸿沟。这里所说的伦理知识，包括政治伦理、宗教信仰以及各种日常生活的和系统建构的道德规则和法律规范。但是，现代经济社会发展大潮往往导致人们不承认这是一种基本的知识和信念体系，人们往往不注意这种知识与其他知识（如科学知识）之间的逻辑鸿沟，自觉不自觉地和不知不觉地将这种知识体系还原为其他知识体系并由其他知识将它们作为逻辑

---

① ［法］笛卡儿：《方法论》，载北京大学哲学系外国哲学史教研室编译《十六—十八世纪西欧各国哲学》，生活·读书·新知三联书店 1958 年版，第 10 页。

② Cliff Hooker，ed.，*Philosophy of Complex Systems*，p. 236.

后承推导出来。

最早发现事实与价值的逻辑鸿沟的人也是休谟。他的第三个问题是："我们有什么理由说实然判断（'是'陈述）可以推出应然判断（'应'陈述)?"

对于这个问题，许多人都做出了肯定的回答。例如第二次世界大战结束的前夕，美国原子弹的研究和实验确证了它的杀伤力非常巨大，美国总统杜鲁门就立刻将这个"是"的判断不假思索地转变为"应该"判断，做出将原子弹投到日本的决定。又如邓小平南方谈话提出"深化改革开放""引进外资"的时候，非常巧合的是世界银行首席经济学家后来成为克林顿政府财政部部长的罗伦斯·萨默斯（Lawrence Summers）也于这个时候（1991 年 12 月 12 日）提出一份备忘录，说明要将肮脏工业转移到第三世界："我们和你们难道不应该鼓励世界银行将那些重污染的肮脏的工业更多地迁移到不发达国家去吗？我可以为此举出三大理由：(1) 不发达国家增加污染的经济成本非常小。(2) 发达国家减少污染的经济效用非常高。(3) 污染物品的贸易会使大家的福利都得到增加。"① 这三个理由在现代经济学中都是事实判断，被他直接转变为"应然"判断了。

在现实生活中，我们到处遇到从科学技术的事实判断滑入价值判断的演绎推理，又常常遇到从"边际效用最大化"的"经济人"的"经济事实"滑入"我们应该唯利是图"这类伦理判断。但是休谟却对这种跳过事实与价值的逻辑鸿沟的推理十分警惕。他说："在我所遇到的每一个道德学体系中，我一向注意到，作者在一个时期中是照平常的推理方式进行的，确定了上帝的存在，或者对人事做的观察；可是突然之间，我却大吃一惊地发现，我所遇到的不再是命题中通常的'是'与'不是'等连系词，而是没有一个命题不是由一个'应该'或一个'不应该'联系起来的。这个变化

① 张华夏：《道德哲学与经济系统分析》，人民出版社 2010 年版，第 23 页。

虽是不知不觉的，却是有极其重大的关系的。因为这个应该或不应该既然表示一种新的关系或断言（affirmation），所以就必须加以论述和说明；同时对于这种似乎完全不可思议的事情，即这个新关系如何由完全不同的另外一些关系推出来的，也应当举出理由加以说明。不过作者们通常既然不是这样谨慎从事，所以我倒想向读者们建议要留神提防。”① 从演绎逻辑的观点看，休谟的事实判断和价值判断相互区别以及由前者不能推出后者的观点显然是十分正确并很有针对性的。不过本节的目的是要借助休谟来论证存在着以人类行为的目标、价值和规范为研究对象的知识领域，这种知识领域是不可能由科学知识，包括经济学知识所替代的。“发展观”是一个价值问题，“科学”是一个事实问题，而“科学发展观”的提法也就是休谟所说的“不谨慎从事”那一类。同样，技术知识在很大程度上也是关系到价值和规范的，它也不能从作为事实描述的科学知识中演绎地推出。我们在下一节的知识图景中将要看到，我们的知识图景中之所以有许许多多的知识山头，主要就是由事实与价值的逻辑鸿沟决定的。

第五节 科学与知识的整合

我们事实上是采取整合多元论的视野来重新审视休谟主义的三个质疑和逻辑经验主义的三个教条，不过我们的进路并不是要彻底推翻这三个教条，而是顺着休谟的思路，指出既然经验与理论、因果恒常结合与必然性以及事实与价值的逻辑鸿沟不能填平，就应承认知识的多样性。但追求知识的统一与整合是人类探索世界和探索自身价值的永恒追求，不能通过还原达成统一不等于不能对多样性的知识进行整合。这种统一与整合表现在如下几个方面。

① ［英］休谟：《人性论》（下册），关文运译，商务印书馆 1997 年版，第 509—510 页。引文略改。

（1）不同领域的知识，各有自己的适用范围，日常生活知识适用于所有人群处理日常事务，科学知识适用于世界各个不同的层级，例如物理世界、化学世界、生命世界和社会经济文化世界等，简单科学知识适用于线性的、稳定的、可预测的世界，而复杂科学知识适用于非线性的、不稳定的混沌世界与混沌边缘的复杂系统，伦理与宗教的知识适用于人类行为的价值领域和道德王国。

（2）知识的这些不同领域并不是界限分明的，我们不可能在分析与综合之间、经验与理论之间、简单与复杂之间划定一条二分法的线，知识各个领域之间不可能有完全的包含与重叠，但它们有着交叉的重叠，这些交叉重叠使跨学科、跨知识的研究成为可能。这种跨知识领域研究的目标在于寻求各种不同范围知识的共同特征和同构规律，例如控制系统的共同规律、自组织系统的共同规律、层级系统的共同规律、复杂适应系统的共同规律等。而且，这种交叉重叠还使跨知识领域的某种局部还原成为可能，这种还原方法对于高层级知识的研究也是极为必要的。

（3）不同知识领域之间存在着不可分解的知识缠结，这种缠结对于不同知识领域的整合与统一有特别的意义。“缠结”一词，英文是 entanglement，起源于量子力学研究粒子之间相互关系的整体性，即量子缠结的研究。普特南将这个概念用于事实与价值二分法（dichotomy），说明在这个领域有许多事实与价值相缠结的所谓“厚”（thick）伦理概念或“厚”事实概念。如“勇敢”“勤俭”的褒义词和“大屠杀”“大惨案”这些贬义词不可以分解为事实的方面和价值的方面而不丢失其原有的含义，所以事实与价值二分法不能成立。事实上其他的二分法如经验与理论、分析与综合及简单与复杂都有许多缠结状态和缠结概念。这种不可分解的案例也是知识之间的统一与整合的具体表现。

（4）我们已经明确指出不同知识之间的逻辑鸿沟导致一种知识不能还原为另一种知识，但是在特定条件下，即在确定了缠结概念或两种知识的对应原理的情况下，一种知识领域局部地还原为另一种知识领域来加以解释是可能的。例如，在确定了行为的价值目标，在人们的行动共同目标取得完全一致的情况下，一个行为就可以还原为纯粹技术性的行为。以上所说，就是知识的整合多元主义的种种表现。

知识的整合多元主义，是知识之间的一种综合统一，它并不准备填平知识之间的逻辑鸿沟，而是在知识之间建立各种桥梁，以上所述整合多元主义的四种表现，就是知识之间的四种桥梁。图1—3显示了各种知识之间的整合景观（landscape）：

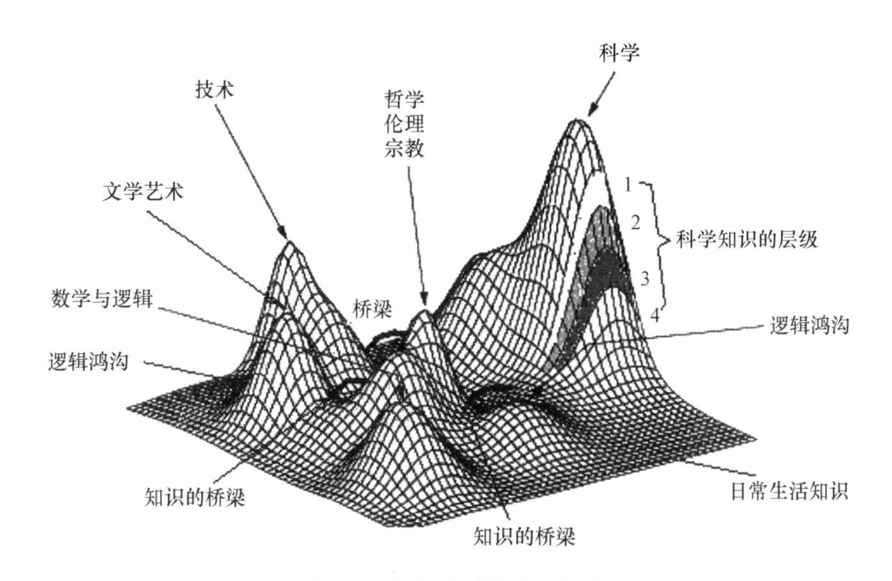

图1—3　知识的总体整合景观

图1—3右边的科学山峰中有一个剖面，显示了科学的层级，从4到1分别表示物理、化学、生命与心灵等。其他的知识山峰，如果像地质工作者那样对它进行钻探考察，按不同标准也会发现不同的层级。我绘制这个知识之间的鸿沟、桥梁和整合的图景是在台湾大学完成的，斯时顿觉：跨海峡自由云雾扫开天地憾；过金门和平风浪洗尽古今愁。

下一章我们正是利用知识的多元整合的多维度分析视野来分析

科学的各种意义上的合理性及其标准，在本章中还没有充分谈到的各种知识之间的关系，也将在下一章进一步进行讨论。同时，本章充分肯定休谟经验主义的智慧，但在第三篇讨论因果性和自然律的结构时笔者则特别要批评它的局限性和问题。

第二章

科学的合理性

本章努力建构一个人类行为控制系统的解释模型，将事实与价值、科学与伦理放进这个社会行为系统整体中进行研究，研究它们的区别与联系、功能与作用。从这种进路来分析科学、伦理与社会，我们就能看出人类的思想与行为同时具有逻辑合理性、科学合理性、价值合理性和社会交往合理性。科学理论和科学命题需要价值合理性辩护，而价值命题、价值体系又需要经验证据和经验科学的支持。然而，这些辩护都是局部性的交叉性的辩护，必须弄清它们之间的区别与联系才能弄清科学究竟是什么，以及科学哲学中的分析学派与历史学派的关系。只有同时承认逻辑合理性、科学合理性、价值合理性和社会交往合理性以及必要的非理性在各自领域的决定作用，均衡地发展这些理性与非理性，才能达到个人、群体和社会的全面发展和协调和谐。运用这种观点考察自然科学、社会科学和管理科学中的硬系统工程和软系统工程，会对它们之间的关系有一种新的理解。

第一节　从语言分析到行为系统分析

在古代社会的知识体系中，真、善、美浑然一体，哲人们不去区分“知识”与“价值”，“客观”与“主观”，“描述”与“规范”，无论是毕达哥拉斯、柏拉图还是亚里士多德都认为实在是统一的有序整体，它像是一个大圆周，这个大圆周是客观的、完满的，因而也是最完善的最完美的，如果找到了支配世界的规律，它当然是最实际的，因而也是最抽象的，同时也规范了世界与人们的行动。

但是，培根、笛卡儿以及伽利略和牛顿的科学革命，首先改变了这个世界图景，认为世界是一部机器，它是客观的，这与人们的颜色、价值、诠释、意见、目的、偏见这些主观的东西是很不相同的。因此，科学要了解世界，它的方法就要严守价值中立，排除一切主观的东西，把头脑弄成一张白纸，好去获得可靠的、客观的、定量的知识。不过这个观点，将知识、科学驱赶到客观的、“正确的”一边，而将心理的、价值的、愿望和态度的东西驱赶到主观的、“非理性”的一边是明显有问题的，而且随着人们对心理、行为、伦理、社会做出许多重大的发现与研究，这个严格划界就越来越不合适了。事实上，主观的心理的、价值的东西可以有一个客观的理性的分析；而客观的知识的东西可以有一个主观建构的过程和主观的结构。本节的主要目的就是要建立一个人类行为控制系统模型来解决这个问题。

一 行为控制系统模型中的事实与价值

在讨论这个问题之前，我们首先要从语言上搞清楚，什么是事实描述，什么是价值判断。在这方面，斯蒂文森（C. L. Stevenson）的动机主义或情绪主义（emotionalism）和黑尔（R. M. Hare）的普遍规约主义（universal prescriptivism）都做出了重要贡献。斯蒂文森认为，在人们的观念之间，有两种分歧必须区分清楚：一种是信念的分歧，它建立在对于事实的描述和解释上。例如现在几点钟了，我和你们可能发生分歧，我说现在还未到 8 点，你们说已经过了 8 点了，到了上课时间了。那是在事实的证据上的分歧，是知识的分歧。另一种是态度（attitude）上的分歧，它建立在主体的感情（emotion）、感受（feeling）、爱好（preference）上。例如下课后，我说到西餐厅吃饭，你说"不"，到川菜馆去，这是价值的分歧，主要不是建立在事实的基础上，而是建立在"意图、愿望、需要、爱好、欲望等的对立上"①。关于这一点我们已经在第一章第四节讨论过了。但是事实描述和价值判断，到底怎样联系起来？我们要将它们放到一个控制系统中进行分析。不过有言在先，读者必须将下面这个图理解清楚，然后将它与事实描述和价值判断联系起来。

起源于工程控制论并广泛应用于生物学和心理学的自动控制图式由下列方框图（图2—1a）表示。

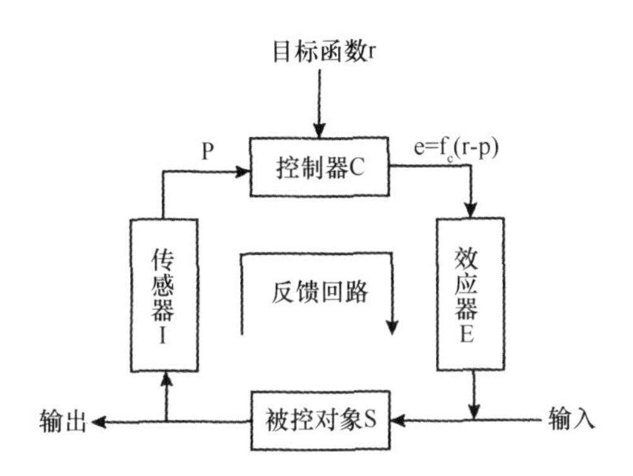

图2—1a　自动控制系统的基本图式

控制论（cybernetics）一词是1947年美国数学家N. 维纳在他的奠基性著作《控制论——或关于在动物和机器中控制和通信的科学》中首先使用。该词的意思在希腊文中表示"舵手"（steersman）或"统帅"（governor）的意思，工程学中叫作"调节原理"（the theory of regulation）。控制论的中心概念是负反馈，就是将系统的目标状态（目标函数）r与当前状态p加以比较，将结果 $e = f_c(r - p)$ 通过信号回输到系统过程的输入端，借此控制系统过程，使之达到目标状态。在图2—1a中，控制器C（依它的复杂程度，

① ［美］查尔斯·L. 斯蒂文森：《伦理学与语言》，姚新中、秦志华等译，中国社会科学出版社1991年版，第7页。

有时又可称为“决策器”“问题解决器”等等)，其作用就是将由传感器 I 得来的系统当前状态 p 与目标状态 r 相比较，得出偏差信号 e，通过效应器作用于被控系统 S 以改正系统的目标状态与当前状态的偏差。这是一个信息传递、处理和通过效应器对世界（被控对象）发生作用的过程。以室内温度空调机为例，当制冷机工作（图 2—1a 中的效应器）使 S 的温度低于指定温度（图 2—1a 中的目标函数或目标状态特定值 $r = r_0$ 例如室温为 21℃）时，有一传感器（例如一个热敏电阻）将这个包含信息的信号 $p = p_0$ 传到控制器里，与所要求的基准信息 r_0 相比较得出一个结果 $e = e_0$，它变成一个指令：“将制冷机的电流切断”（它通过一个将电流转变为机械运作的装置来实现，这个装置是控制器的一个组成部分）。于是效应器或叫作执行器（制冷机）停止工作，温度随之上升。而当温度在 t_1 时上升超过指定温度 r_0，传感器又将新的信息 p_1 反馈到控制器中（这里变量 p_1 的下标 1 表示这个观察的时点）比较的结果得出控制指令 $e = e_1$：“将电源开关合上”，致使制冷机重新开始工作。这就是通过负反馈调节控制室温的原理。这便是机器系统的自动控制行为。为了理解完整起见，我们可以举出一个人类行为系统的控制例子：设有一艘航船驶向海港，那灯塔自然就指示了它驶向码头的目标 r。它可以用意向语言来表达：“我们应该驶向码头”。舵手或船长怎样能控制船的航向使它达到目标呢？他靠的是获得航船的实际航向［通过目测（传感器） I ］所示的航海的当前状态 p 与目标状态（码头）r 之间的偏差信息 e，用语言来表达就是“我们现在偏离目标有多少度了”［用公式表示为 $e = f_c\ (r - p)$］。将这个偏差向执行器或效应器发出“指令”：“我们应该旋转船舵，使航向缩小偏差，直向目标方向行驶。”这个操作的结果又由传感器（或者是舵手的眼睛）报告航船的当前状态 p。不过这个过程是在舵手的大脑中进行的，并有语言表达参与其中。

这些都是最简单的行为系统。由于这些行为系统在行为的控制过程中是一个信息传输和信息处理的过程，因此这些信息的分类便分别对应于事实判断、价值判断的划分和价值判断的分类。

在这些控制系统中，有三类性质不同的信号或信息：感知信号 p、基准信号（或目的信息）r 和作为指令信号的偏差信号 e。现在我们分别加以讨论（参见图 2—1b）。

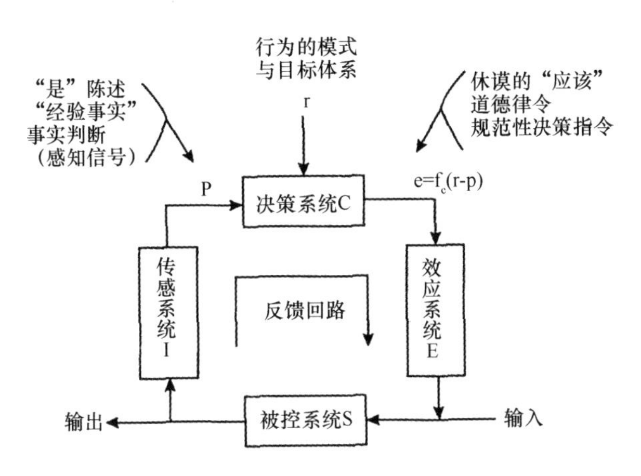

图 2—1b　人类行为控制系统（对图 2—1a 的诠释）

（1）感知信号或感知信息 p 是描述信息，就它们报告的是环境的情况和系统的行为结果的情况来说，它们描述了和表达了某种事实，这些事实无论是从动物感官中获得或是从人类思维器官中获得，还是从空调器的传感器中获得，都是一种描述信息，感知信号解决的问题是获得信息问题，而不是将它加工成指令的问题。所以感知信号相当于休谟的“是”陈述。如果它用人类的语言来表达，它就是事实描述或事实判断，或逻辑经验主义所说的“经验事实”“经验语句”或“科学陈述”。是关于被控对象的事实与信念，不是关于控制者主观意向的信息表达。当然它不一定要用人类的语言写出来，它可以用生命 DNA 的语言写出来或用计算机语言写出来。不过这已经是广义事实判断问题了。

（2）从比较器或控制器中输出的偏差信号或纠偏信息 e 则具有另一种性质与语义，它直接指导或阻止系统的行动，并按这信息改变环境的状态，因此这种信息的性质是规范性的和指令性的。计算机的工作程序，指导火箭飞行的电子信号，生命 DNA 对于有机体合成蛋白质的指令即所谓控制基因，人们的规范陈述以及道德律令，等等，都是规范的和指令性的信息。在计算机的语言中，这种信息称为“指令”（command）。偏差信号或指令信号相当于休谟的“应该”信号。如果它用人类语言来表述并运用于解决人类行为的规范与决策问题，它就是规范陈述或应然判断，即黑尔所说的规约性语句；当它被评价使用时是命令语句和祈使语句。它告诉执行机构或效应器 K_0，系统的目的还没有达到，为了达到目标，缩小实际状况与目标的距离，人们应该怎样做。如果科学的目标是发现自然定律，当我们的定律假说与用检验假说的事实描述不相符合时，比较器和决策器就会发出指令，重新提出假说或修正原有的试探性假说，重新设计新的实验以收集事实证据。科学行为系统和其他人类行为系统一样，都是一个不断改正错误的行为过程。

（3）基准信号（reference signal）或目的信息 r。现在我们讨论下一个问题：基准信号是什么性质的？基准信号这个名词，可翻译成参照信号，参考信号。这个概念在传统控制论中以“调整点”（set point）或“设定值”（set value）“目标值”（object value）的形式给出。如空调机中设定的我们所期望的温度，导弹中设定的导弹与目标之间的零点距离（击中），以及基因中的 DNA 排序，以及人类的个体与群体的生存、繁荣和发展的驱动力等等，它是目的性的一种表达。但在传统的伦理学中，这个基准信号或基准信息并不是这样表达的，它是用价值的术语来表达的，它是一个行为的模式与目标，包括经济的、教育的、社会的、伦理的模式与目标，这就是上节我们提到斯蒂文森所说的“意图、愿望、需要、爱好、欲望等等”。这就是目的性/意向性的表达问题。刚才我们已经一般地表述了科学的目标，它主要就是追求真理，探索自然界的各种定律和它发生作用的条件。

现在看来，对于事实判断与价值判断，描述陈述和规范陈述的区分以及它们之间的缠结，我们有了一个控制论的判据。若问一种表达是属于事实描述还是属于规范的表达，就要问你的观察点是什么？你要怎样来使用它，赋予它什么功能将它放在系统中一个什么位置？你要控制的对象是什么？描述被控对象信息的是事实判断，传达改变被控对象的行动指令的是规范陈述。如果你要控制社会的道德败坏、贪污腐化的现象，你就要将它放在被控对象的位置。社会的调查研究机关向决策机关报告它的情况便属于“事实判断”而不是价值判断，它可以名副其实地被称为伦理事实或伦理观描述，而决策机关采取的各种克服道德滑坡和贪污腐化的行动措施和行动指令包括各种有关的红头文件以及检察机关的监控陈述就属于规范表达。这样就有道德现象、道德状况和道德描述这些概念了。又如，“天主教认为堕胎是一种不道德的事情”，这个判断是一个名副其实的道德事实。从这种相对的观点出发，转换一个“观察点”，转换一个“被控对象”，原来是事实判断的东西就会变成规范陈述，或者相反，原来的伦理价值判断就变成了事实判断。但是一旦观察点和被控对象确定下来，事实与价值、描述与规范的区分就是明显的。又如，从某一观察点来看，“欲望、兴趣和目的”以及与此相联系的“社会文化条件下的传统、风俗和制度”可以作为价值判断，作为评价的出发点和标准去评价人的行为。它们多年来都是这样被使用的。但换一个观察点，像杜威所坚持的那样不将它们看作“原初之物”[①]，它们就成为被评价的对象，它们就成为一些被描写的“与事实命题没有任何区别的”命题。[②] 这样一个相对的判据可以解决普特南所说的问题，即“一种普通的区分（ordinary distinction）和一种形而上学的二分法（metaphysical dichotomy）之间的一个差别是，普通的区分有它的适用范围，如果它们并不总是适用，

---

① ［美］约翰·杜威：《评价理论》，冯平、余泽娜等译，上海译文出版社2007年版，第26、63、70页。

② 同上书，第60页。

我们也无须惊奇”[1]。

这样看来，价值命题可以做出如下的分类。

（1）描述性的价值命题。

（2）规范性的价值命题。

其一，表达目标或意愿的价值命题。

其二，表达规约与命令的价值命题。

表达目标与意愿的命题，无论它是起源于一种纯粹的主观情绪，还是起源于一种客观的功能需要，或是起源于一种理性的研究，对于它是不是目标价值来说都是无关要紧的。当然这种目标价值对于更高的目标来说，可能作为手段起作用，是一种手段价值，例如我喜欢吃川菜，吃川菜可以看作一个目的，但对于我的身体需要、营养需要、品味需要的满足来说它是手段的价值。至于表达规约与命令的价值命题对于它所要达到的目标来说，则是一种手段价值命题，甚至是一种社会契约的命令，例如伦理学中的黄金法则（“己所不欲，勿施于人”），对于达到社会和谐来说，它显然是一种手段价值命题了。

其三，表达最高目标或意愿的价值命题，我们称为内在价值或终极的善，这是因为目的手段是一个链，目的之上有目的所要达到的目的，手段之下有为了达到这个手段的手段。于是，对于一个特定过程来说，我们一般总可以找到它的最终目的。例如，特种木头是制造小提琴的手段，小提琴是演奏乐曲的手段，我听小提琴的演奏为了什么目的呢？为了得到艺术的满足感，但若问你得到艺术满足感又为什么，要达到什么目的呢？这个问题一般就不会得到回答，因为艺术满足感是人的生活幸福的组成部分，是人的价值体系的一个终极目标，它属于内在的价值。

以上是我们利用人类行为控制系统的功能来对价值命题进行分类，除此之外，还可以按照价值命题所谈论或所指称的对象进行分

---

① H. Putnam，*The Collapse of the Fact/Value Dichotomy*，Harvard University Press，2002，p. 11.

类，如分为认知价值、经济价值、道德价值等，对于本章的讨论来说我们特别要区分认知价值和道德价值、认知价值命题和伦理价值命题。从规范性的价值命题来说，所谓人类的或科学共同体的认知价值指的是什么呢？首先指的是，它为科学认知世界提供一个科学所想望的好的目标。例如一个好的科学应该能够达到解释世界、预言世界和改造世界的目的，或者说一个好的科学的目标应该是获得有关世界的“真”知识。这就是科学认知的目的价值。当然认知的目的价值是不是这样还有待于深入讨论，不同学派也有不同观点。除此之外，认知价值除了为我们提供一种目的价值外，还提供一种选择标准。当有着各种不同的科学理论、科学命题时应该怎样进行选择，用什么价值标准进行选择从而为我们认识世界提供一个导向或一个规范也是认知价值所要谈及的主要问题。至于伦理道德价值命题，指的是一种涉及他人利益的社会行为应该怎样进行规范的问题，即按什么标准进行规范才是“善”的，否则就是“恶”的。关于认知价值命题和道德命题的区别我们在第一章已经讨论过了。

二　对事实与价值做行为控制系统的动态分析

这里所谓动态分析，就是要说明，在人类的一个特定行为中它的目标意愿及其相关的目的性价值判断，它作用于环境的行为手段及其相关的对行为进行规约与指令的价值判断，以及它的行为效果及其相关的事实判断，是怎样在它们的相互作用中发生变化的。

首先我们需要指出的是上述的行为控制论模型早在维纳的控制论产生之前，就已为哲学家杜威从思想方法论上和价值评价理论上做了非常明确的分析，并将这种分析引导到行为心理学和社会管理科学的研究上。这一点对于我们今天扩展跨学科的研究视野是极为重要的。人类及其群体要给自己的行为做实际的决策自然非常复杂，要考虑诸多因素，协调多方意见。但本质上都是要表达一个目标或期望，并与实际的我们所不满意的情况相比较，研究如何选择方案改变实际状况。这就是属于图 2—1 中的“控制器”即图 2—

1b 中的“决策系统”的工作。至于“效应器”，它就是一种行动“执行系统”，接受和执行指令做出改变世界的行动。“传感器”的功能就在于收集环境及行为效果的信息。事实判断与价值判断的区别及其缠结，都是在这个系统中产生的。不过，这套思想在控制论产生以前已由哲学家杜威于 1910 年在《我们怎样思维》一书中明确阐发出来。他说：“困难就存在于现有条件（即我们的图 2—1 中的 p）与所期望（desired）和企求结果（intended result 即我们图中的 r）的冲突之中。”① 这就是我们上面所说的决策系统中存在的情况，由此导致行动者的苦恼、情绪和改变这种冲突的热情或者变成“一种叫喊”，而所谓“问题（或解决问题的方法）就是发现一个干预项，作为中介（intermediate），插入目标和给定手段之间，使它们协调起来”②。“给定一个难点，下一步就是提出设想，即形成某些试探性的计划与方案，研究问题的种种解决办法。资料不能提供解答的，它只能提供设想。”③ 这就是我们上述的行动指令 $e = f(r - p)$，它指出在消除或协调期望状况与现实状态之间以及目标与手段之间的不协调，它导致的行动就是他所说的“中介”“干预项”，以解决不协调并达到目标。杜威的一般思维方法实质上是控制论的，只不过他没有将它形式化与普遍化，而形式化和普遍化之后对于理解和修正杜威的行动方法论和评价论是很有好处的。下面我们将会谈到这个问题。我们说杜威的思想方法是控制论的就是因为他要通过行为控制来改变当下的现实状态，来解决问题。他将解决问题的探索总结为五个步骤：“（1）察觉到困难；（2）困难的所在（和目标的定义）；（3）可能的解决方案的设想；（4）运用推理对各种设想的意义与蕴涵所做的发挥；（5）进一步的观察与实验，它导致对设想的接受或拒斥，即做出它们可信或不可信的结论。”④

① John Dewey, *How We Think*, Lexington, Mass: D. C. Heath, 1910, p. 75.

② Ibid., p. 72.

③ Ibid., p. 12.

④ ［美］约翰·杜威：《评价理论》，第 72 页。

杜威的五步法，是当代系统工程和决策管理的方法论基础，H. A. 西蒙在他的《管理决策新科学》一书中，以及当代著名管理学家 E. 卡斯特和 E. 罗森茨韦克在他们的代表作《组织与管理》一书中都直言不讳地承认他们的理论来自杜威[①]，并简要地将杜威方法概括为三句话："问题是什么？可供选择的方案是哪些？哪个方案最好？"有人查明，波普尔证伪主义的著名公式："P—TT—EE—P"也是来自杜威五步法。大家可以看出，他的第五步就是要通过实验经验的检验对价值命题做出评价判断，从而改善人类行为的手段、目标和行动效果。这样相关的事实命题和价值命题就会发生改变和进化。

在逻辑经验主义兴起之后，杜威对卡尔纳普、艾耶尔等人攻击价值学说是经验地不可证实的从而要清除价值哲学的论断十分恼火，他就将上面的意向性行为系统理论，改写成价值判断或评价命题的形式，1939 年写了《评价理论》一书，并指出问题的实质所在。[②] 杜威说："如果我们将那些前因后果都考虑在内，那么我们就会看到：赋予实际存在状况以否定性的价值命题；赋予所预期状况以相对肯定的价值命题；作为中介命题（这类命题可以包含也可以不包含评价表达）引起某些活动，从而实现一种状态到另一种状态的转换。"[③] 杜威在这里提到的"中介命题"和他 19 年前写方法论时提到的插入目标与手段之间的"中介"的作用完全一样，说明他这两本书之间即方法论与价值论之间的内在联系。杜威在这里似乎已经明确指出有四类价值命题：（1）r 命题——赋予预期状况以肯定和指望的命题。（2）r－p 命题——赋予实际状况以否定的和不满的命题。（3）e 命题，即行为指令，即他所说的"可以包含评价表达的命题"。（4）高阶 e 命题。（这就是我们图 2—2 中的 e_2 和 e_3。

---

① ［美］弗里蒙特・E. 卡斯特、E. 罗森茨韦克：《组织与管理》，李注流等译，中国社会科学出版社 1985 年版，第 407 页。

② ［美］约翰・杜威：《评价理论》，第 16 页。

③ 同上书，第 73 页。

这是真正的评价命题，对于低阶的原初的目的、愿望、兴趣及其手段都要进行评价与估值。）于是价值或善不是给定的，而是评价过程及其结果“评价命题”“促使它产生出来的”[①]。有关这种评价过程和命题 e_2 或 e_3，杜威写道：“在这里必须提到的是，对目的的鉴定与评估就在对作为手段者的权衡这同一个评价之中。例如，人们想到了一个目的，但是，当人们在权衡实现这一目的的手段时，发现要花费太多的时间和精力才能实现这个目的，或者，发现一旦实现了这个目的，一些麻烦也会随之而来，或将来有碰到一些麻烦的可能，人们就会将这个目的鉴定与评估为‘不好的’，并因此而放弃这个目的。”[②] 这里明显地表明杜威不仅要运用低阶的目的（表达为 r_1 命题）和行为的效果（表述为 P 命题）来评价行为的手段，而且要对“原初”的目的本身进行评价，但他没有意识到评价手段与评价手段想要达到的目的是两个不同的过程、不同的评价系统，而把它们看作在“同一评价”之中。这就是杜威的含糊之处，这个含糊导致他否定目的作用的手段主义和实用经验主义，或者说是后者导致了这种含糊与混淆。不过现代控制论发展了一阶控制和二阶控制以及一阶学习和高层学习，已经很明确地论述了这个问题。我们不妨将这个多层级的行为系统用图来表示（见图 2—2）。

我们可以用一个多层级行为控制系统来说明价值判断的评价系统的运作。怎样检验和评价低层级的手段价值判断呢？在图 2—2 中，这里一阶目的陈述和由此决定的“指令信息”，即黑尔所说的规约性价值判断，指示的是行为的建议、规范和命令。它是怎样进行理性的评价呢？它是通过目的→手段链产生主体的目的性行为，作用于环境，产生了行为的效果，运用它来评价这个低阶手段的选择是否达到了低阶目的，如果不能达到就改变手段。这就是评价了手段价值的目的？用什么标准来评价它（比如说）是“不好”的

① ［美］约翰·杜威：《评价理论》，第 90 页。

② 同上书，第 29 页。

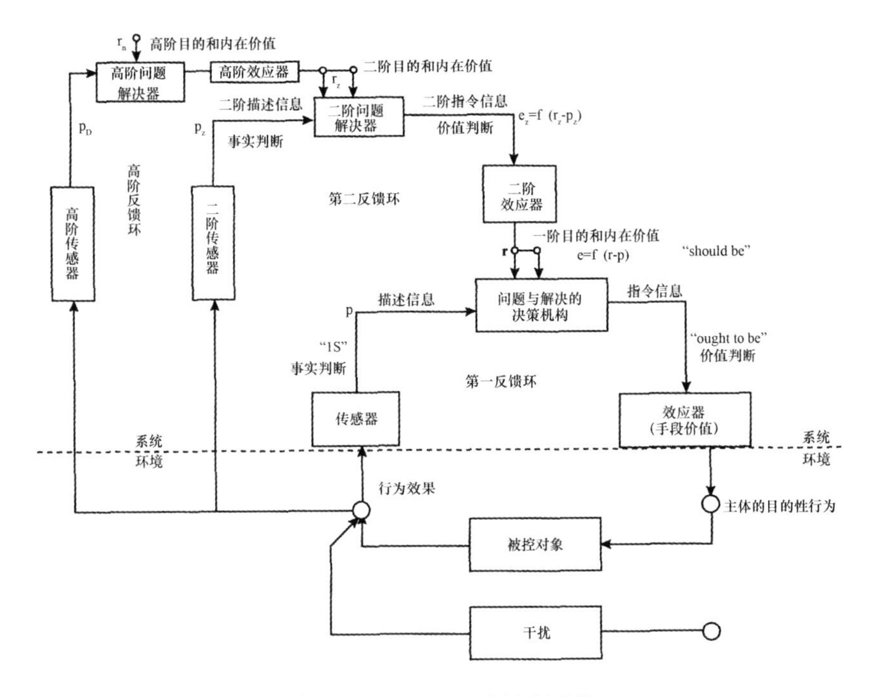

图 2—2　多层级行为控制系统

呢？单从低层效果 P 是不足以做出这种评价的，这里杜威所说“花费时间太多”或“碰到一些麻烦”总是相对于一个（更高）的目标来说的。这个目标 r_2 明显地要求一些高效率的东西，可惜杜威没有将它表达出来。就拿我们的控制论的例子来说，上面我们谈到一般的空调机，设置了室温为 21℃，可是在深夜与凌晨，21℃可能太低了，如果人病了，发烧了，白天也还要将温度调高一些，而每天上班时间应该关掉空调。所以有一种中央空调系统，它对一天 24 小时每个时段要求多少度室温，有个调节器。它可按照你的身体舒适度和能源的节约这个高阶目标来进行全天的室温目标的调整。有了这个多层级行为系统控制模型，行为目标、行为手段、行为效果便可以有一个动态的变化。杜威多少也看到了这个问题，他说：“一个有能力从经验中学习的人，只要他参与构建和选择各种相互竞争的欲望和兴趣，他就能将‘所想望的’和‘值得想望的’区分开来。在这一说法中，既没有牵强附会，也没有任何‘说教’。所涉及的差别只存在于下面两种对象之间：一种是由冲动和习惯所引起的最初欲望的对象；另一种是在批判地判断了将对实际结果产生决定作用的条件之后，而作为最初冲动的‘修正版’的欲望的对象。‘值得想望的’东西，或被评价为‘应该想望的’东西，既不是来自先验的忧郁，也不是来自摩西十三戒的命令。”① 但他忽略了高阶的目的，使得他的评价理论缺少了评价的层级和行为系统的层次。这里存在着一个目的—手段—效果的金三角；以及目的手段链（目的性），手段—效果链（因果性与随机性），效果—目的链（随机性和目的性）所表现的三种机制（见图2—3）。不过马克斯·韦伯对这个问题说得较为清楚。他说：“要目的合理地行动，人们要按照目的、手段和附带的结果来进行行动，并且在这里要针对目的的考虑手段，针对附带结果考虑目的，最后要合理地考虑安排不同的相互针对的可能的目的，就是说，总之既不要从感情上……也不要从传统上进行行动。”②

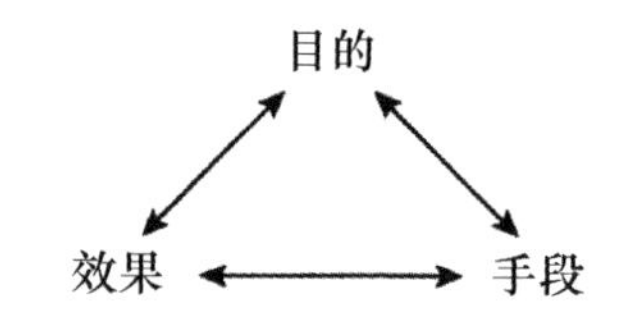

图2—3 目的、手段与效果的关系

第二节 从科学合理性到价值合理性

一 合理性的概念

合理性（rationality）一词来自 reason（理由，推理、思考），

① ［美］约翰·杜威：《评价理论》，第37页。

② 转引自［德］哈贝马斯《交往行动理论》第一卷，洪佩郁等译，重庆出版社1994年版，第222页。

合理性有两方面的意思：一方面指的是有理解的、有智力的，讲推理，特别是讲按照一定的形式规则进行推理；另一方面指的是在某种基础上或按某种目的对问题进行解释、理解和辩护（例如按期望效用最大化的行动被称为理性的）。具有这种性质的人们的信念、语言、论证和行动就被称为有理性的或合理性的。反之不体现这种性质，例如只凭热情和冲动的言行就被叫作非理性的。以上的合理性概念主要来自马克斯·韦伯，而韦氏大辞典将它总结浓缩为上面的简明的定义。本章不讨论经济人的合理性问题，但是我们必须注意到韦伯将合理性划分为两类。一类叫作目的/工具合理性（purposive/instrumental rationality），简称为工具合理性。它是服务于一定目的的，是期望达到一定目的的手段。这种工具合理性表现在“有意识的和非常有计划的，根据经验和深思熟虑”[①] 进行的活动中。而这种合理性既然有一定规则或算法，它便可以重复地运作，表现了它的普遍性、客观性和可检验性。除了这种合理性之外，另一类言行的合理性称为价值/信念合理性（value/belief-oriented rationality）。在这种合理性中，行动承担了行动者的内在理由，包括伦理的、美学的、宗教的以及其他的合理动机，而不论它们是否导致成功。韦伯说：“纯粹按照价值合理行动，就要不考虑预先设定的结果，行动要为自己的信念服务，就是说，为权利、尊严、美满、宗教指示，虔诚，或者一种‘要求’进行行动，即按照行动者认为对自己所提出的要求进行的行动。”[②] 这种不问效果只问动机纯正、价值与规范恰当的言行怎么可以被称为一种合理性？韦伯认为，这里问题不在于这种价值的内容上，而是在于它论证了一个基本原则指导着我们的生活方式，我们的生活是有基本原则的，是忠于我们的基本理念的，不是胡来的，所以在形式上便有了一种合理性，这种价值合理性是相信一定的行为具有无条件的内在价值。但

① 转引自［德］哈贝马斯《交往行动理论》第一卷，第223页。

② 同上书，第226页。

是，韦伯本人回避了工具理性与价值理性的关系。他在上面关于工具理性和价值理性的表述暴露了这个问题。怎么可以不问效果、不顾成败而只顾目的或动机而去行动呢？韦伯和发挥他的合理性理论的哈贝马斯看出了现代社会的弊病就在于工具理性的过分扩张（特别是经济和经济学上对效率的追求、技术和技术学上对自然的统治，即上面所说的合理性的第二个意义），“异化”或“蜕变”成为一种统治人的工具，当代世界的贫困与饥荒问题以及当代世界的环境问题就是一种表现。于是批判工具理性的膨胀，唤起人们对价值理性的追求便成为当代许多学术领域和实践领域的激烈争论问题，连科学哲学也卷入这场争论，于是科学合理性便成为科学哲学讨论的一个核心问题。

在科学哲学中，科学合理性问题的出现，在整个社会的工具理性与价值理性问题的大背景下还有自己的特殊背景，就是以托马斯·库恩和费耶阿本德为首的科学哲学的历史学派对传统的分析学派的科学观提出挑战。库恩开出了“历史—范式的进路”代替逻辑经验主义和证伪主义的“逻辑—理论的进路”。核心的概念是理论之间，特别是范式之间，不同科学共同体之间的世界观不同，价值标准不同，所用的基本词语和意义不同，因而理论是不可通约的，连观察以及观察的语句也是不可通约的。这样便产生了两个合理性问题：（1）理论评价与选择的合理性问题：对于同样一组经验证据，有没有一组合理性的方法论原则与标准来做出优劣的评价与选择？如果有，这组合理性标准原则是什么？它在什么意义上是合理性的？（2）科学变化与革命的合理性问题。既然范式之间是不可通约的，则科学变化与革命无进步可言，因而库恩被批判为非理性主义、相对主义。那么一个信念的改变在什么意义上可以说是合理性的呢？这两个问题几乎涉及科学哲学、科学史和科学社会学以及科学与价值、科学与文化之间的所有领域，这些问题从 20 世纪七八十年代开始就发生了有关科学合理性的旷日持久的大论战。本书无能力解决这些问题，我的进路是想厘清不同程度和不同层级的合理性概念来说明不同的科学问题要求不同程度或不同等级的合理性论证。

二　科学的假说—演绎合理性和归纳—概率合理性

在西方思想体系中，理性占有很高的地位，哲学家柏拉图和亚里士多德都称人为理性的动物，康德与黑格尔认为只有合理性的行动才是真正的自由的行动。尽管如此，但到底什么叫作理性、理性的能力和合理性？不同的哲学家和不同的学科领域有不同的理解，但是他们至少有一个共同点即认为合乎逻辑的论证是合理性的。不过似乎休谟要将“合理性”的概念运用于只合乎演绎逻辑的范围里，对于归纳论证，他提出了著名的归纳问题：“我们怎样能够从单称陈述中推论出全称陈述是正确的呢？”我们怎样能够从过去太阳每天早上升起推论出明天太阳也会升起呢？休谟说，这是本能与习惯而不是理性，他说：“根据经验来的一切推论都是习惯的结果，而不是理性的结果。”[①] 它是“我们和畜类所共的那种实验的推理，虽是全部生活所依据的，可是它也不是别的，只是在我们内在活动而为我们所不知晓的一种本能或机械的力量”[②]。用巴甫洛夫的术语来说，这不过是一种“条件反射”而已。

卡尔·波普尔基本上坚持这个立场，即认为不存在什么归纳的合理性。但并不是说来自经验的科学是不合理的或非理性的。因为个别的经验，单称的命题虽然不能证实一个理论，但它却可以证伪一个理论，而可证伪性正是经验科学与非科学的划界标准。经验科学之所以是合理性的是因为它建立在假说演绎合理性的基础上，波普尔说：“证伪法不以任何归纳推理为其前提，而只是以正确性没有争议的演绎逻辑的重言式变形为其前提。”[③] 所以对于波普尔哲学是属于经验主义还是理性主义，有两种评价，

---

① ［英］休谟：《人类理解研究》，关文运译，商务印书馆 1957 年版，第 42 页。

② 同上书，第 96 页。

③ ［英］波珀：《科学发现的逻辑》，第 16—17 页。

库恩称他与逻辑经验主义同为分析经验主义，而波普尔喜欢称自己为批判理性主义。

但是如果这样理解合理性，显得合理性的概念就相当狭窄，几乎一切经验科学，除了运用假说演绎法之外，都是不合理的。因为经验科学是在实验和观察的基础上寻求比较普遍的科学定律，这些定律是不断地在经验的洪流中进行修改的，如果归纳是不合理的，那么科学也是不合理的。我想：休谟和波普尔对归纳问题论断的失误就在于他们想用演绎逻辑、演绎合理性的要求来要求归纳推理，而当他们发现达不到这个要求时就否认归纳推理的合理性。因此，合理性应有多副面孔，它的第二副面孔就应是包括“不确定性的、归纳的和实践的”推理和论证。这些论证是建立在概率基础上的。怎样建构一套归纳逻辑，怎样确定一个假说相对于证据（或证据以及其他信念）的概率不是本书要讨论的问题。这里我们要讨论的问题是：归纳概率推理以及遵循归纳概率推理的实践推理和决策逻辑也应该属于科学合理性的范畴。下面我们暂不讨论实践推理的合理性和决策逻辑的合理性而集中讨论关于概率推理的合理性问题。

普特南指出：“许多哲学家会说，人应该由概率来指导的理由是如果这个人这样做，那么他享有的成功的频率比较高。观察到这种情况并非在那些概率自身完全不确定的情况；我们知道这个概率，而归纳问题就是确定概率的问题在此不加讨论。此处的论题是，我们知道如果一个人做 x，则成功的概率高，如果一个人做 y，则成功的概率低。问题就在于为什么我们应该做 x?”[①] 普特南在《实在论面面观》一书中没有回答这个问题而是继续举了一个例子：有两组各有 25 张洗好的牌的排列，排列 A 组的 25 张牌中，只有一张代表“永恒的痛苦”，而 24 张代表“永恒的快乐”。而在排列 B

① H. Putnam, *The Many Faces of Realism*, Open Court Publishing Company, 1987, pp. 80 – 81.

组的25张牌中，只有一张代表“永恒的快乐”，其他代表“永恒的痛苦”。则选择A组进行抽签是合理性的。为什么这种按概率推理是合理性的呢？我认为普特南的下列回答是正确的，他说：“这里之所以被称为合理性的唯一理由是有理性的，他将可能在理论上达到真理，在行动上取得成功。”[①]

有些人甚至建议用“可靠的方法”这个概念取代“合理的”方法这个概念：“实际上它是一种以高相对概率成功的结果的方法。”[②] 普特南最后说：“我认为，而我确实有正当的理由认为‘按概率行动’是唯一要做的合乎理性的事，甚至在不可重复的情况下，一个人也应该去做合乎理性的事情，而且我认为这是有根据的。”[③] 普特南的论证自然有点实用主义的味道，但如注意到他的相对高概率的方法论不只是为了行动的成功，而且是为了达到真理，那么这就没有什么可指责的了。他说，按概率行事（包括认识真理）之所以是合理的这个问题已到达了问题的底部，“这正是我的铁锹翻转的地方”[④]，这已到了没有什么可进一步解释的地方了。

不过在这个“铁锹应该翻转的”“底部”，著名的与时俱进的逻辑经验主义科学哲学家亨普尔对于以经验为基础的科学探索为什么是合理性的问题却有一个另外版本的解释。他说：“一个程序的模式（mode）或要求这种程序的规则（rule）可以被称为理性的或非理性的只是相对于这个程序想要达到的目的来说的。方法论理论因而建议的规则或规范，这些规范必须认作工具性的规范（instrumental norms）；它们的适当性必须对于它的目标做出调整”，“因此，让我们假定科学的目标就是建立一个不断增长的经验知识的融贯的与精确的经验知识系统的序列。每一个这样的知识系统可以通过语句的集合K来表示”，“给定这个目标，就有一定方法论规范，

① H. Putnam, *The Many Faces of Realism*, p. 84.

② Ibid..

③ Ibid., p. 85.

④ Ibid., p. 86.

它们作为变化着的系统 K 的必要条件有资格作为理性的程序”。[①]这里亨普尔明确指出，归纳概率的推理和科学方法论的其他规范一样，如果它们是合理性的，则这种合理性是工具理性或工具合理性：（1）它是相对于科学的目标（他将这目标定位在经验知识的增长）来说的；（2）它是有一定的规则和程序的；（3）它是知识增长的必要条件，但不是充分条件。用现代的话语来说因为证据对于假说或理论本来就具有不充分决定性（underdetermination），所以以概率为基础的归纳推理，是具有自己的科学合理性的。它的合理性与（演绎）逻辑的合理性不同。后者具有的前提是结论的充分条件，前者前提只是结论的必要条件。显然，关于归纳—概率论证的合理性的理由，亨普尔讲得比普特南更充分、更全面。他的意思是说，有了归纳推理，我们按它要求的一定规则行事不能保证我们一定发现和确证科学定律，但没有它却绝对不行。这就暗含了一个开放性问题，除归纳之外，对于发现和确定科学定律，还有什么必要条件?

三 科学理论选择的认知价值合理性

我们现在来看一看科学哲学中的逻辑经验主义者（这里主要讨论的是逻辑经验主义者，但如果包括波普尔在内，库恩称他们为“分析经验主义者”）和历史学派对这个问题的看法和争论。

逻辑经验主义者亨普尔说，我们的理论很少讨论科学理论的选择和变革的问题，但我们有一个明确而精确的经验对假说的确证与概率的理论，包括卡尔纳普的概率逻辑，运用假说—演绎法来研究它们便可解决科学理论的选择问题。所以，科学理论的选择和变革问题完全取决于证据的支持度以及在逻辑上的内部协调性和一致性，因此理论选择与科学信念变革的合理性标准就是演绎的合理性

---

① C. G. Hempel, “Scientific Rationality: Analytic vs. Pragmatic Perspectives. Rationality Today,” in E. D. Klemke et al., eds., *Introductory Readings in the Philosophy of Science*, Prometheus Books, 1998, p. 457.

和归纳的合理性，不需要在科学理论选择和变革问题上扩展科学合理性的概念。这种观点，叫作基础主义。因为它将人们在科学上的信念，划分为两组：一组是需要其他信念经过逻辑来证实或确证的，另一组是用以证实或确证其他信念而本身不需要任何证明，而被看作确定可靠的信念，它就是经验。逻辑经验主义之所以被称为和自称为逻辑经验主义就因为他们的这个基础主义主张，他们认为，科学是以经验为基础的，能为经验所证实的科学定律是从观察事实中概括出来的，它的意义就在于它是经验地可证实的。当然，随着测量与观察日益精确，科学命题也是需要修改的。但观察、实验、经验事实，却是科学归纳过程的没有问题的出发点与真理标准。不过这种基础主义观点，一开始就遇到难题：他们的归纳逻辑始终未能建立，又怎样能武断地说科学不要其他评价标准，只要观察就行了呢？值得注意的是，他们在研究归纳逻辑时发现，从科学事实的证据到科学的普遍命题之间根本没有演绎逻辑通道。这就是说，给出一组有关观察事实的资料与数据，能否找到可行的归纳程序与步骤，运用一种算法机械地将普遍定律推导出来？归纳逻辑证明是不可能的，如果可能，那么关于研究得很多的关于癌症的原因也就找到了。这不妨将它称为第一类归纳机器不可能。在归纳法则上，如果我们退而求其次，即假定已经有了几种不同的或者对立的假说 h_1，h_2……给定一组证据 $e = e_1$，e_2……我们能否判别 h_i 或 h_j 相对于 e 成立的概率有多大，从而使我们能够在不同假说之间加以比较，毫无疑义地决定选择 h_i 还是 h_j 呢？归纳逻辑证明这也是不可能的。因为根据统计学中的贝叶斯定理，假说 h 相对于证据 e 的条件概率为：

$$P(h|e) = \frac{P(e|h)\,P(h)}{P(e)}$$

$$\text{即，假设的后验概率} = \frac{\text{似然概率} \times \text{假设的先验概率}}{\text{证据成立的概率}}$$

笔者认为，这是解决归纳合理性的最好公式。但一方面，在这个公式中P（h）是先验概率，按照主观贝叶斯主义的解释，它就是在进行新实验以获取证据之前研究者对假说h所具有的主观信念度，它带有相当的主观随意性。因此，我们也不能通过有限的计算步骤，确定地将一个假说对证据成立的概率无歧义地计算出来。我们不妨称它为第二类归纳机器不可能。因此，在进行科学研究，确定科学命题和科学假说、评价它们的优劣时，我们不可能单纯依靠经验事实判断，而是还要依靠其他标准。

另一方面，虽然波普尔反对归纳逻辑，认为通过经验概括形成科学定律这种方法是不存在的，所以他认为科学不是什么定律的集合，而是由一系列猜测组成。这些猜测为经验事实所反驳或证伪，这些经验事实组成“基本陈述”（basic statements）。但是问题发生了，这些“基本陈述”是不是也是可以被证伪的呢？如果不可以证伪，就会与他的证伪主义和科学划界理论相矛盾，而如果能被证伪，那么用来证伪它们的经验观察也可以被证伪，这就需要寻找更基础的东西，这就会陷入无穷倒退，于是波普尔还是走上了基础主义的道路。他说：“一个理论的每一次检验，不论它的结果是验证还是证伪，都必须中止于某个我们决定接受的基础陈述。”波普尔很明白，中止于基础陈述，而且中止于这个而不是那个基础陈述（或卡尔纳普所说的“记录语句”）是没有逻辑根据的，因为“这个程序并没有自然的终点”。所以他说：“基础陈述是作为一个决定或一致意见的结果而被接受的；在这个程度内，它们是约定。”（Basic statements are accepted as the result of a decision or convention; and to that extent they are convention）[①] 这里我们明显地看出，在确定基本陈述或观察语句时，波普尔不得不令人吃惊地做出价值判断，即为了奠定一个基础，他求助的不是严格遵守一个规则（rule），而是求助于追求某种目标与价值，这个价值是科学家同行们所偏好并达成协议的，并因而就被约定了。

---

① ［英］波珀：《科学发现的逻辑》，第94、97页。

正当分析的经验主义者不自觉地试图扩大合理性概念使之适用于理论的选择和科学的变革之时，以库恩为首的历史—范式学派已经兴起了。库恩提出了哲学界甚至学术界被引用最多的概念，叫作范式的不可通约性（incommensurable），或不可比较性，台湾学者译为“不可通达性”。那么，理论的选择和范式的转换有没有合理性的原则或标准可言呢？早期的库恩和一直坚持自己激进观点的费耶阿本德认为“没有”！在他们二人著作中都有一些言辞说明这一点。如“这取决于说服的技巧”就像“转换宗教信仰，皈依另一种宗教信仰一样”，“科学家怎样想就怎样干”。这些论点好像要打烂科学哲学家的饭碗似的，激起强烈的反应，说这是“非理性主义”“暴民准则”“强权即公理”“彻底的相对主义”。这使库恩十分惊讶，也使库恩对过去的观点或言辞进行反思，并对到底什么是理论选择和科学变革的合理性标准进行建构。1973 年，即在他的《科学革命的结构》一书发表 11 年之后，他写了《客观性、价值判断和理论选择》一文，全面提出了理论选择的五条合理性标准。我认为，它是我们所看到的科学哲学家在这个问题上表述得最好的分析。因此，在这里我要将这五条标准列举出来并略加论证。

库恩说：“我一开始就要问：一种好的科学理论（a good scientific theory）有些什么特征？我从一系列通常回答中挑选出五条来，不是因为这五条可以穷尽一切，而是因为每一条都很重要，而总的又是以从各个方面说明问题究竟在哪里。”[①] 请读者注意这个“good”字。

“第一，理论应当精确（accurate），就是说，在这一理论的范围内从理论导出的结论应表明同现有观察实验的结果相符。”科学哲学家通常都将它列为第一条，这是因为科学本来就是一种以经验

① ［美］托马斯·S. 库恩：《必要的张力》，纪树立等译，福建人民出版社 1981 年版，第 315 页。

为基础的事业。这是科学区别于其他文化领域的一个重要特征。尽管一个理论当它产生的时候总是带有与观察结果不精确相符的特征，并常常因此而造成新理论的夭折。但从长远的观点看，一个好的理论的标准应该与观察事实精确相符，特别是它的新预言与实验结果精确相符。

“第二，理论应当一致（consistent），不仅内部自我一致，而且与现有适合自然界一定方面的公认理论相一致。”或者说，与它的背景知识相一致。为什么燃烧氧化学说比燃素说更好呢？因为后者不能定量解释气体在燃烧中的作用，并导致自相矛盾（燃素从木材中挥发出来有正重量，而燃烧水银时挥发出来的燃素则有负重量），从而违反了“内部一致性”的原则。为什么在宇宙学中恒稳态模型尽管能解释许多现象但却不能替代大爆炸的宇宙学呢？因为它主张的宇宙的物质比较均匀的分布是由于物质不断创生出来的结果，这违反了能量守恒的公认原理。

“第三，理论应有广阔的视野（broad scope），特别是，一种理论的结论应远远超出于它最初所要解释的特殊观察、定律或分支理论。”即它具有统一的解释力，解释该领域的各种现象。例如电磁场理论和地理学的板块学说就能做到这一点。板块学说在提出以后的半个世纪中，不但解释了大陆的浮移，而且解释了火山、地震、海啸以及各种地表的变化。尽管对于板块运动的机制还没有完全查清楚，但它也已为科学家和世人所公认。至于牛顿三定律和万有引力定律比伽利略落体定律和开普勒行星运动三定律有更广泛的解释范围，有更广泛的信息量就更不用说了。

“第四，与此密切联系，理论应当简单（simple），给现象以秩序，否则现象就成了各自孤立的、一团混乱的。”为什么哥白尼的日心说比托勒密的地心说要“好”而被认为是“真”的呢？在开普勒以前，它并不比托勒密地心说更能精确预测和解释天文学家的数据和预报天象、制定日历，有许多天文学家看重它是因为比托勒密地心说更具有“简单性”而被接受为真理。对于这种简单性可以有各种解释，但不能排除它的美学特征。

“第五——尽管不那么标准，但对于实际的科学判定却特别重要——理论应当产生丰富的（fruitful）新的研究成果，就是说，应揭示新的现象或已知现象之间的前所未知的关系。”这就是说，它能产生新的预言，而这些预言不属于它原初能解释的现象之列。例如，黑洞的理论解释了恒星在银河系中的运动以及银河系在星系团中的运动等。

“这五个特征——精确性、一致性（融贯性）、广泛性、简单性和成果丰富性——都是评价一种理论适当性的标准准则。”①

不过令逻辑经验论和证伪主义者大失所望的是，库恩早在1965年就声明：“这些理由所构成的是用来进行选择的价值，而不是选择的规则”②，更不是一组“算法”（algorithm）或一组算法的标准。1973年，当他写上述五条标准时又坚持了这个立场。他说：“当然，我提议的这种选择准则，其作用不同于决定选择什么的规则（rules），而在于影响选择的价值。两个人都完全接受同一种价值，但仍然可以在特定情况下做出实际不同的选择。”③

“精确性”“融贯性”“简单性”“丰富性”和“科学的美”这些东西，之所以属于价值的范畴，不仅因为它们是一些规范判断、评价标准，用以评价不同理论的“好”“坏”而不是“对”“错”或“真”“假”；而且因为这些标准的实现，是因人而异的。尽管科学家大都同意比如说库恩提出来的价值表，但他们由于个性与文化背景的不同以及经验与训练各异，对于那个价值标准更重要的看法和不同标准的具体运用就不同。“有的科学家比其他人更重视创

① ［美］托马斯·S. 库恩：《必要的张力》，第316页。

② ［英］伊姆雷·拉卡托斯、［英］艾兰·马斯格雷夫编：《批判与知识的增长》，周寄中译，华夏出版社1987年版，第352页。该书是1965年伦敦国际科学哲学讨论会上围绕库恩的《是发现的逻辑还是研究心理学》论文的一次大辩论的文集，实际上是对库恩历史主义科学哲学的一次大辩论。所有科学哲学界著名人物库恩、图尔敏、波普尔、拉卡托斯和费耶阿本德都参加了。库恩在《对批评的答复》中说了这段话。（该书第311—376页）

③ ［美］托马斯·S. 库恩：《必要的张力》，第325页。

造性，从而更愿意冒险；有的宁要综合统一的理论，而不喜欢那种显然只是在更小范围中才更为精确而详细的题解。”① 不仅如此，这些认知价值诸种标准的权重还取决于不同学科的特点（因地而异），例如数学物理类学科更重视“融贯性”，生物学似乎更重视“与经验相符合性”，而技术科学的标准重视“效用性”。库恩说：“在准则表上再加一条社会效用，某些选择就会不同，而更像一位工程师可能采取的准则。”② 有一组规范的评价准则，这种准则及其运用因人因地因主观的偏好和理论的范式的变化而发生变化，并显示出价值冲突的特征。这表明这五条认知价值具有典型的价值判断特征，它渗透于事实判断和科学陈述的各个方面，影响这些陈述的形成和它们的被选择以及进化和发展。所以库恩提出的五条标准，不是决定一个理论之所以能够成立的一组规则（rule）或一组算法（algorithm），而是对科学发生重大影响的一组价值。有关这个问题，爱因斯坦和玻尔对量子力学的争论很典型。他们两人也许都会同意库恩提出的科学理论的以上所说的五项价值标准，但二人在如何运用这五项标准上却导致了彼此对量子力学的不同评价。二人都认为量子力学具有惊人的预言的精确性，这是不成问题的，但爱因斯坦认为量子力学因未能指明量子测量的内部机制而具有理论的不完备性并与其他理论发生不一致性，并且还不具有他要将之列入首位的理论简单性。玻尔承认它与经典物理学是不协调的，但这一点并不太重要，他显然将量子力学对微观现象预测的精确性的成功这个标准看得比爱因斯坦重要得多。另外，在对世界的本体论信念上，二人的分歧是十分明显的，爱因斯坦是决定论者，他不相信上帝在掷骰子；而玻尔则是非决定论者，认为不可能有一个隐变量来决定量子所呈现的概率。所以，爱因斯坦与玻尔对量子力学看法上的一致是价值上的一致，而他们的分歧也是价值上的分歧，不是规则与算法

① ［美］托马斯·S. 库恩：《必要的张力》，第319页。

② 同上书，第325页。

的分歧。如果可以借用马克斯·韦伯的话来说，那就是价值合理性上的分歧，不过我们可以称它为认知价值合理性上的分歧。他们之间的争论影响了几代物理学家，在物理学的发展上起了极其关键的作用。

现在看来，科学理论选择和科学理论发展的价值合理性模型概括出理论发展的最为明显的特征，就是科学是通过科学工作者的激烈争论并将这种争论渗透到科学的所有层面上而得到发展的。如果科学发展的逻辑合理性和算法程序观是唯一的科学合理性，那在科学上的一切争论都会降格为简单的算法的运用，这样来决定哪一个理论为证据很好地被确证。如果情况真是这样，这将是科学发展的一场灾难和大悲剧，因为百家争鸣消失了，理论的多元化消失了，科学工作完全可以由几个拉普拉斯“程序妖”来加以完成。但科学发展绝没有采取少数权威和超人决策的形式，而是采取基于科学共同体的多维度的认知评价价值和科学工作者深受其影响的社会文化价值标准支配之下的自由竞争和自然选择。这是科学认知价值合理性的模型，它与科学逻辑合理性（演绎理性与归纳理性）是相辅相成的。

四　科学理论选择合理性的算法的层面

但是，在科学理论选择问题上，科学哲学的逻辑学派与历史学派之间有过一场旷日持久的拉锯战，在这场拉锯战中，他们之间的观点相互接近起来，真可谓真理愈辩愈明。在 1965 年和 1973 年库恩的理论选择标准“是价值，不是算法”的观点发表之后，年近 75 岁高龄的亨普尔于 1979 年发表了《科学合理性：分析的进路和实用主义的进路》又进一步批评了库恩的观点。1983 年年近 80 岁高龄的亨普尔与库恩联合举行多次专题讨论会。库恩一再回应对逻辑经验主义的批评，主要观点是关于理论的选择的问题，不能通过“证明”来解决，不能“塑造成与逻辑或数学证明完全类似的形式”，借助于“逻辑的明确和精确化”来解决。[①] 所以不存在一个充分决定性的理由，来最终决定个人或科学共同体的选择。“在这里还须依靠由个人经历和个性所决定的特征性因素。”[②] 但库恩又认为，个人的选择不免是异质的和主观的，只有一个训练有素的科学家共同体活动的结果才会达成比较客观的共识。因此观察与实验的证据加上假说演绎推理是不足以说明科学理论选择的，只有附加上一些其他因素、其他的价值（不仅是共有准则的非证据因素，而且包括个人经历和个性所决定的因素）才能解决这个问题。这些价值也是科学合理性的必要因素。我想库恩的这个立场应与分析学派的理论选择立场有所接近，因为后者也不能证明单用演绎合理性和归纳合理性就能解决理论选择问题。我当然没有参加这个讨论班，不过沙尔蒙（Wesley C. Salmon）参加了，并力图想在这两个学派之间的理论选择问题上搭上一座桥梁，他在 1990 年的一篇论文《科学中的合理性与客观性》中写道，库恩承认“每一位科学家在相互竞争的理论之间进行选择时，要运用某种贝叶斯算法，以便计算 P（T，E）的值，也即基于证据 E 的理论 T 的概率，这对于他和他的专业集团其他成员们在特定时期中都是有效的”[③]。但他认为问题在于是否所有的理性的科学家都使用同一个算法并产生一个唯一的 P 值呢？还是不同的科学家，依照理性，每人都有自己不同的算法从而产生不同的 P 值呢？逻辑经验论主张第一种意见，库恩主张第二种意见，请读者注意他的话：“我姑且承认每个人都有一种算法，而所有他们的算法又有许多共同点。”[④] 而沙尔蒙认为还有第三种可能性，就是不同的科学家使用同一种算法，但达到不同的 P 值，而

---

① Thomas S. Kuhn, *The Structure of Scientific Revolutions* (Second Edition), The University of Chicago Press, 1970, p. 199.

② ［美］托马斯·S. 库恩：《必要的张力》，第 323 页。

③ W. C. Salmon, “Rationality and Objectivity in Science or Tom Kuhn Meets Tom Bayes,” in *Philosophy of Science* (The Central Issues), M. Card & J. A. Couer, eds., W. W. Norton & Company, 1998, p. 556.

④ ［美］托马斯·S. 库恩：《必要的张力》，第 323 页。

这个算法就是经沙尔蒙诠释过的贝叶斯公式，这就是沙尔蒙的意见。我个人认为，按照这个思路，还应有第四种可能性。在确定理论选择和评价上，每个科学家运用的是两个算法公式，第一个是不带个人变量的算法公式。贝叶斯公式 $P(h|e)=P(e|h)P(h)/P(e)$ 部分地起到理论选择与评价的这种算法作用。一方面是因为它概括了理论评价标准的相当多的内容。例如证据对于假说的似然性 $P(e|h)$ 表达了假说能导出（或预期）证据的概率，而证据 e 的成立概率 $P(e)$ 表达了证据成立的新奇性。验前概率 $P(h)$ 表达了先前实验证据对于假说的支持度，以及假说 h 的简单性与融贯性等，因此，贝叶斯公式无论其概率作主观信念度的解释还是做客观的频率解释，都在某种程度上起到理论评价框架的作用。但是请注意贝叶斯的公式，只有两个变量，就是 h 与 e，因此，另一方面我们要看到贝叶斯公式对于反映评价与选择过程及特征的不充分性和局限性。由于证据对理论或假说的不充分决定性不仅对于后者的成立具有不充分决定性，而且对于后者的成立概率也具有不充分决定性。因此，讨论理论评价问题除了讨论证据与假说或理论的关系之外，还需要有第二个算法公式，着重讨论非证据的因素对于确证一个理论或假说的作用。如果与第一个算法公式联系起来看，它主要与确定理论的先验概率 $P(h)$ 相关。以 c 表示理论的一致性，以 b 表示理论解释的广泛性，以 s 表示理论的简单性和对称性，o 表示其他非证据因素，则 $P(h)=f(c, b, s, o)$。在该函数可线性化的情况下，$P(h)=\alpha c+\beta b+\gamma s+\lambda o$。这里 α，β，γ，λ 表示与个人特征和个人价值相关的变量，而 c，b，s，o 表示决定 $P(h)$ 的概率分量。不过库恩对此有特殊的解释，他将这些因素列入广义证据的范畴。他说“我们对证据（evidence）作了广义解释，包括简单性和丰富性等考虑”。这个问题有待于进一步的讨论。但无论如何没有后一个“算法”是不可能算出任何 P 值的，而有了后一个算法，科学家们各自算出的 P 值是不同的。这是科学合理性中的两个层次的问题，一个是科学方法论层次，另一个是科

学价值论层次。科学合理性中包含价值合理性，可称为认知价值合理性。这两个层次可以用二阶行为控制系统来表示，第一阶行为系统的基准信息是科学理论选择的一般评价标准；第二阶控制系统是由科学家的理念、风格与价值体系控制的行为系统组成，它赋予一般评价标准以不同的价值权重。如果可以用"计算"一词，科学家们首先运用第二个算法，算出 P（h）值或 e 值，然后运用第一个算法算出各自不同的 P 值。这个 P 值的求得有算法层面，也有价值层面。

现在看来，关于科学理论的选择，科学合理性可以划分出四个层次。

（1）假说演绎逻辑合理性；

（2）归纳概率合理性；

（3）科学理论评价的规则和算法合理性；

（4）科学理论评价的价值合理性。

价值能为科学做些什么？科学必须作价值判断，这些价值判断为科学规定目标，为理论的选择与评价提供标准，它构成一个科学发展的价值模型，为科学的认知价值合理性做出辩护。

第三节　从价值合理性到社会交往合理性

第二节我们论述了科学命题和科学理论的评价标准，指出有一组科学方法论准则，同时又是认知价值体系（精确性、融贯性、简单性等）支配着科学命题和科学理论的提出，特别是支配着科学理论的选择和进化。我们现在的问题是：这组科学评价标准能够运用于价值命题特别是伦理命题的评价、选择和进化吗？

由于上一节讨论的科学论题的评价标准中，为首者就是精确性，即一个科学理论是否得到合理性辩护，首先要视它所导出的结论特别是所导出的预言是否与相关的观察事实相符而定。所以上述问题常常有一种不怎么准确的表达，就是"经验的科学方法能否运用于价值命题和伦理命题的判定”或“价值命题是否可以进行经验的检验”，或更粗略一点说“价值判断是否具有经验的可证实性”。只要我们知道由于科学哲学早已确定了经验对于理论的“不充分决定性”（underdetermination），所以“经验可证实性”一词已经被“经验地可检验”一词所代替并进而被“可经验地进行评价”“对之进行经验合理性的辩护”这些提法所代替，我们的一些粗略的提法并没有改变问题的本质。

一　价值论题的合理性标准

价值命题可以经验地进行检验和评价，确定接受与选择，从而将它作为一个主要标准来确定某个价值命题是对的还是错的，是优的还是劣的吗？能由此确定某一种行为是善的还是恶的吗？由于我的价值理论方法论主要是整体论，不是孤立地分析一个价值判断的语句的意义，而是要将这个价值判断放到一个行为控制系统中来考察它的功能以及在系统的信息流或与其他命题的关系中来判明它的作用。所以，我们一方面就断定它不可能与事实判断没有紧密的联系，它可以通过事实判断来判明价值判断的作用；另一方面，在语言哲学中有关价值判断，我主要赞成黑尔的规约论认为价值判断主要是起到规约人们行动的作用的观点，而这个规约是否正确，可以通过它的行为效果来进行检验。所以我很快接受杜威和冯平的观点：价值命题、价值判断是经验地可检验的。[①] 不过现在看来这个问题还需要具体的分析，不能一概而论。

假定有一个得了晚期胰腺癌的病人，她希望延长生命，但在目前医学条件下无治愈的希望。她的身体经受了几乎不可忍受的痛苦，医生应不应该给她注射相当剂量的止痛剂，例如吗啡之类药物以减轻她的痛苦呢？而这个止痛药对于延长她的生命没有好处，只

---

① 冯平：《价值判断的可证实性——杜威对逻辑实证主义反价值理论的批判》，《复旦大学学报》（社会科学版）2006 年第 5 期。

有坏处。“应该给她注射大量止痛剂”这是一个价值判断，而且是伦理相关的价值判断，这个价值判断是经验地可检验或经验地可评价的吗？是的。医学上做了大量的实验，例如做了一千个实验证实了这个效果，这个病人注射了大量止痛药，效果良好，可以说她是第一千零一个病例确证了这个医疗效果，于是经验检验证明了这个价值判断是对的或者是好的。稍微形式化一点来重构这个语句，它的表达式如下。价值判断 Vo 表述为：对于特定的条件 C（某个病人的状况）来说，行动 M（注射大量止痛药）对于 G（减轻病人的痛苦）这个目的来说，是好的或有效的。比起不注射止痛药的方案要好，所以我们选择了这个治疗方案。当然可能别的方案更有效，我们可以运用上节所说的算法进行计算或上节所说的价值标准进行评价。如果还是以 Vo 为优，则价值判断 Vo 得到经验检验并被合理地选择。我们不妨将这类价值判断称为低层次手段价值判断，它通过实行该价值判断的规约行动的效果得到经验的检验，经验的辩护在评价和选择这个判断中起了主要的作用。

但是，很不幸，我们的相关的价值命题并没有得到决定性的检验或决定性的辩护。我们可以进一步追问：难道减轻病人 C 的痛苦但却伤害了她生命的延长这个目标是值得追求的吗？这里有两个高层次的涉及人生的善的价值命题 V_{h1} “给病人 C 注射大量止痛剂甚至让她安乐死对于她的人生目的来说是善的是值得追求的。”价值命题 V_{h2} “给病人 C 注射大量止痛剂加速她的死亡，甚至等于慢性杀人是恶的，是不值得追求的。”我们怎样通过可检验的原则或经验科学方法或上节所说的认知科学标准来对这两个对立的价值命题进行检验、评价或选择呢？在这里，为了给出一个理性的选择，伦理学家不是求助于经验，也不是求助于经验科学，而是求助于高层次的伦理原则。例如，一般医院的医生在使用这类保守疗法时，是尽量少用止痛剂，还是根据道义论的人类生命尊严原则，根据功利主义的最大功利原则和宗教的行善原则来行事。这些不同学派的伦理观有一个共同点，就是“不伤害原理”。大量使用麻醉药和止痛药构成对病人生命的伤害因而是不可取的。因此，我们要区分两类价值判断，第一类叫作低层次的手段价值判断，它一般是在所意愿达到的目的是既定的，不发生分歧，不发生疑问情况下出现的价值判断。它追问的是：为了达到既定的目标，哪一种手段更好。例如我们应该采用什么样的方法来制造世界上第一颗原子弹才是最好的呢？我们应该采取什么样的工程方案将人送上月球呢？这些都是属于低层次手段价值判断范畴，对于它所要达到的目的是不发生疑问不受质疑的。一般硬系统工程、经济效益最优决策论等学科就采用经验检验的方法，即经验科学的方法来解决这些价值判断问题。第二类价值判断叫作高层次的目的价值判断，它要追问我们所追求的价值目标和伦理目标是不是值得我们想望的。例如，在第二次世界大战中，人们是不是应该使用原子弹对日作战呢？由此杀伤几十万无辜的平民百姓是道德上可接受的吗？人们耗费 100 亿美元将人送上月球是有价值的吗？这类问题是不接受科学方法的检验的，它所得到的理性辩护的理由主要不是来自经验和经验科学的方法，而是来自高层次伦理原则，英国系统科学家切克兰德创造的软系统方法论，就是一种包含价值冲突的高层次目的价值判断的评价方法。

这样看来，一般地说，价值命题或价值系统的恰当性（validity 或 suitability）有别于认知价值的评价标准，这个评价标准大致可以归纳为下列四项。

（1）可行性标准。一个或一组价值命题是不是“好的”，它的判定标准首先看它的可行性。对于手段价值来说，要看这些价值判断所指导的行为是否对于它们所要达到的目标来说是否可行，以及目标所提出的功能要求是否得到满足。而对于目的价值来说，这种可行性指的是这种目标的实现的条件和手段是否具备或通过人们的主观努力能否将它创造出来。一个不能表达达到目标的手段的目的价值判断体系，尽管可能有乌托邦的价值或信仰价值，但由于不具有达到目标的手段，是不可行的，因而拿来实行是“不好的”。由于我们的评价是在一个行为系统的运作中进行的，所以它的可行性必须相对于目的—手段系统来说，必须约定是对于哪一目标系统来说对它进行评价。

（2）与基本伦理原则相一致性标准。可行的并不一定是应该做的，现代科学技术和社会的发展已经使原来认为不能做的许多事情成为可能的和可行的，但并不一定是“应该做的”。所以一组价值判断体系是不是“好的”或“恰当的”，必须考察而且首先需要考察它对高层目标或原则的一致性，例如高层次目标如特别注重人权，则克隆人类、基因改良、控制人性、永生术（保全死亡者的大脑期待未来的科技使它复活）等即使是可行的但却是不应该做的。这种一致性标准特别关注的是，行为与行为所依据的价值判断是否与社会伦理的基本原则相一致。例如，如果这种价值判断及其导致的行为是违反社会基本价值标准，例如违反最大多数人的最大利益，无利于提高社会成员总体的全面的自由发展的能力，有损人类生命的尊严等，则这种行为及指导它们的价值判断就是“不恰当的”和“不好的”。

（3）符合人们的道德直觉和道德感的标准。人类是社会动物，并有利他基因，他们是有某种良心与道德本能的，如果人们的行为及其指导的价值原则是违反道德直觉的，一般就被认为是“错误的”。

（4）尊重社会文化传统的标准。一个社会长期形成的社会文化系统，对于该社会的运作一般具有良性的作用，对于这种文化传统应该给予尊重，不能轻易加以否定；如果它不违背社会基本伦理原则，则它可以成为判别一个行为的恰当性标准之一。

以上四条标准是有一定的优先顺序的。与社会基本伦理原则相一致占有首要的地位，可行性标准是第二位的，道德直觉与文化传统是第三、第四位的。

因此，价值命题和价值体系的评价标准或它的合理性标准与科学命题和科学理论的评价标准是很不相同的，经验和经验科学的评价标准对于价值体系只起到局部辩护的作用，将科学方法与伦理方法、将科学主义与人本主义混为一谈是不科学的，也是非人本的。

现在让我们举一个生物伦理的例子，来说明以上四项准则是评价价值命题优劣好坏的准则。当代科学的发展对伦理发生最大挑战的莫过于基因科学与遗传工程，其中克隆技术涉及优秀人类基因的复制，基因改造涉及优秀人类品质的创造。现代人类阅读“自然之书”，已进到阅读最后和最厚的几卷了。我们不但可以解读这些（基因）文字，而且还可以将它修改和创新，于是产生一个伦理问题：“我们是否应该克隆人类和改进人类基因?”对于这个伦理问题如果做出否定的回答，我们一般是从哪些方面来进行辩护呢？第一，这个问题或命题没有可行性而且风险太大。因为虽然科学已经发现人类的800多种基因遗传疾病，但在实验上消除这些疾病的基因切除手段基本上没有取得预期的后果，而且还有许多负面作用。至于克隆人类，其风险更大。1997年英国苏格兰罗斯林研究所成功克隆出来的多利羊，是经过1000多次失败才取得的一例成功。其中大量出现死胎、怪胎、残疾者、生理缺陷者，且多利羊本身是未老先衰的。而该所2000年克隆的一头克隆羊有严重残疾，研究者无法治好这种病，最后只好将它人道毁灭。如果当事者不是一只羊，而是一个克隆儿童那该怎样办?[①] 这是技术上的不可行性问题，还有经济上的不可行性，即使成功，但成本效益太差，这是技术经济层面的否定性辩护，它是经验地可证实的。这就是说，在技术价值上和经济价值上都是不可取的。第二，克隆人和基因改造违反了与社会基本伦理规范相一致的原则。假设人类已经穷尽了对自己全部基因结构的认识，并且完全掌握相应的基因克隆、基因重组和修正的技术，我们能够只挑选世界上最有才华的人的基因来克隆人并改进人性，我们自认将生活在一个充满了“善”、充满了“美”的人类世界里，但是立刻发生一个问题，谁有干预他人遗传基因的权力？我们有什么权力将我们这代人的价值标准、审美观念和善恶观

① 参见甘绍平《应用伦理学前沿问题研究》，江西人民出版社2002年版，第44页。

念不是通过说服教育的方法，而是通过基因方法永久地强加给下一代呢？假设这种技术进步早在清代就掌握了，那岂不是我们现代的女性个个都长着小脚了吗？尽管这不是通过残酷的裹足实现，而是通过高科技的“小脚基因”很“自然”地实现，这也无异于侵犯后代人权，违反任何人享有自决权这个基本伦理原则。第三，尊重道德直觉与社会伦理、社会宗教的传统的标准虽然并不一定是很重要的，但却是值得重视的。假定你很怀念你已故的母亲，在她逝世前取下她的一个细胞，重新克隆了她，并养育她长大，那她到底是你的母亲，你的姨母还是你的妹妹或是女儿呢？这种伦常混乱在传统的家庭伦理中可能是不可接受的。

我们可以用一个多层级行为控制系统来说明价值判断的评价系统的运作。怎样检验和评价低层级的手段价值判断呢？在图2—2中，这里一阶目的陈述（它相对于二阶控制系统来说也是手段价值判断）和由此决定的“指令信息”，是黑尔所说的规约性价值判断，指示的是行为的建议、规范和命令。它是怎样进行理性的评价呢？它是通过目的→手段链产生主体的目的性行为，作用于环境，产生了行为的效果，这是一个看得见、摸得着、可以用科学方法进行检测的东西。例如，“我们应该对后代进行基因改造，去除那些暴力基因，使后代社会减少殴斗、抢劫、凶杀等犯罪活动，以便迈向和谐社会”。这个手段价值判断是可能通过社会的犯罪率大大下降这样一些观察证据（P 或 P_2）来检验与评价的。但是，当我们追问“谁有这个权力，是父母还是政府有权按当代的价值观念来改造后代的基因”时，无论肯定的价值判断还是否定的价值判断（这相当于高阶目的价值判断 r_n），都是不能通过经验科学的事实陈述来加以评价的。它要通过检查该目的价值判断是否符合社会伦理基本原则来加以判定。于是伦理评价的基本问题便是：基本伦理原则从何而来，是从天上掉下来的（从圣经里得到的），还是从娘肚子里生出来的（从基因中得到的）呢？它是如何得到理性辩护和理性选择的呢？

二　基本伦理原则的起源与辩护

康德认为，伦理道德的基本原则，不是基于自然世界的经验，由经验来做辩护。就是说，它与功利主义所说的人们的快乐、痛苦、利益这些经验或体验毫无关系，它是基于人们的先验理性而获得的。例如，最基本的先验理性原则就是："你必须遵循那种你能同时也立志要它成为普遍定律的准则去行动。"这是一个理性的绝对命令。由此推出其他的道德原则："不要说谎""不要偷盗""要信守诺言"等，并以此来为后者做辩护。因为，"说谎""偷盗""不讲信用"是不能成为普遍规则的，因为它们必然导致"意愿矛盾"。例如，如果你意愿对别人"说谎"，但你却不意愿别人对你也"说谎"。这样，道德基本规则的知识，便取得像几何原理那样的地位。它们是"分析真"，即它的真理性仅从自明的先验的基本前提的概念分析中便可得出。它是属于演绎逻辑的合理性。你测量三角形一万次，都测得三内角之和等于180°，这都不能证明这个普遍真理，只有从几何原理中，例如从欧氏空间的平行公理中推出三角形三内角之和等于180°，你才证明了这个定理是真的，辩护了它的真理性。

伦理道德的基本原则，真的具有逻辑或数学的分析真的地位，并可以通过个人对自己的先验理性反思而获得吗？只要仔细研究康德的绝对命令，你会发现它并不是完全与经验无关。为什么"说谎""偷盗""不信守诺言"会导致"意愿矛盾"而不能成为普遍规则呢？你为什么不愿意别人也对你"说谎"或"偷盗"你的东西和不愿意别人对你也不信守诺言，从而导致"意愿矛盾"呢？这不是因为你的个人利益受到侵犯了吗？一方面，如果你意愿你的个人利益受侵犯，违反这个规则就不会导致意愿矛盾；另一方面，社会上并非所有的人都会做出康德式的反躬自问的反思，实际上通过这样的反思也无法检验他们应该或者愿意采用的绝对命令式的普遍道德规范。所以康德的绝对命令，包括不能将别人只看作手段而不看作目的本身的绝对命令，也应表达为在自由、平等、自主的个人之间通过民主商谈、交往对话达成共识，约定共同遵守的基本道德原则。这里所谓自主的，在康德那里指的是自己给自己立法，不是他人给自己立法；这里所说的“共识”，就体现在上面所说的自己立的“法”应以是否“普遍”即别人也愿意遵守作为准则。所以，我们就不能将伦理或道德规则的“合理性”辩护置于数学的“分析真”的地位，即通过纯粹概念分析而获得的逻辑真理的地位，并做出先验论的辩护；也不能像康德那样将道德基本原则看作经自我反思而达到的绝对命令的独角戏的结果。所以，社会伦理道德的基本原则的确立与辩护，必定有一个社会交往和达成共识的合理化过程。

当然，对于道德判断或伦理价值判断辩护或“合理性”的另一种辩护是认为伦理价值基本原则的“合理性”是基于它所依随的经验事实，即基于它有道德直觉的证据。人类是群居动物，是有道德感和道德经验的，并且这些道德感情与社会的心理的经验事实或观察事实是缠结在一起的。见人行善，救济饥民，行善者有道德满足感，观察者有道德同情感和道德赞许感；见人作恶，遗弃婴儿、虐待儿童、殴打父母之类，作恶者在一定的时候有受良心责备感，而观察者有道德厌恶感或道德责备感。路见不平，拔刀相助，此人有道德正义感（sense of justice）。获悉南京大屠杀的惨状，正常的人都有道德谴责感等等。这些都是道德正义和道德错过的直觉的经验的证据。但仅仅由于这些道德感情的心理的和社会的经验事实及道德直觉是否就可以为道德原则，例如为自由、平等、博爱之类的道德原则，提供一种证实标准，或一种较为完整的经验辩护呢？这种与康德处于另一极端的基础主义不能成立！这里有两个问题。第一个问题是：单称的特殊的道德感、道德直觉或道德经验等，不能证实普遍的道德原则命题。第二个问题是：这些道德感、道德直觉或道德经验虽然对低层次的道德原则有较强的支持力，但它们是决定了道德基本原则的东西呢，还是相反，它们是由行动者或行为观察者的道德原则所决定的？情况似乎是后者，关于这个问题，我们在本章第一节中已经讨论过了，所以道德直觉对于基本伦理原则的建立，至多也只能起到局部辩护的作用，不能起到决定性的合理性辩护的作用。

沿着这个思路来考虑道德命题，特别是基本道德命题的合理性问题，罗尔斯提出了关于道德命题的合理性的“反思平衡”辩护。他不像康德，他并不假定某些道德命题是先验地正确的或适当的；他也不像直觉主义者，他也不假定某些日常的道德信念或道德感是确定的，作为“基础”的东西来决定其他道德原则。他首先设计了一个社会的“原初状态”，以及个人的“无知之幕”[①]，然后考察自由、平等、自主的个人大多数对他们要生活于其中的社会规范会做出什么样的理性选择，并将他们可能选择的正义原则与日常的道德信息、道德直觉和道德正义感进行比较，相互调整。如果选出的正义原则违背人们日常最坚定的道德信念，就通过修改理性选择的条件来修改人们选择的道德原则；而如果人们选择的道德原则体现了普遍的公平条件，而它们与日常的道德信念与道德感不相一致，就修改日常的道德信念，并改变人们的道德感。罗尔斯说：“我预期最后我们将达到这样一种对原初状态的描述：它既表达了合理的条件；又适合我们所考虑的并已及时修正和调整了的判断。这种情况我把它叫做反思的平衡。”[②] 这样，道德真理便建立在经由道德经验修正过的特定条件下的理性选择的基础上，它由经验与理性协调地进行辩护。而理性选择本身就是一种约定的共识的社会契约的选择，这种社会契约在约定前并不存在。所以，道德合理性或道德真并不是自然科学那样的经验真或综合真，也不是数学和逻辑那样的分析真，而是契约约定真。这个道德真理，是社会地建构起来以解决人们共同生活在一起的问题，例如，社会福利问题、公平分配问

① ［美］约翰·罗尔斯：《正义论》，何怀宏等译，中国社会科学出版社 1988 年版，第 136 页。

② 同上书，第 20 页。

题、持续发展问题和内部和谐与合作问题等。它在约定后作为一种社会力量存在于人们的行动中，作为一种社会关系存在于社会结构中，所以有它的实在性。但是，罗尔斯的“反思的平衡”所体现的人际的约定共识与实际的人类交往相去甚远。人类理性地商谈订立社会契约应以充分理解自己和充分理解别人为前提。可是，罗尔斯的道德前提“无知之幕”，却是要求对自己的出身、成分、知识能力甚至自己的价值观念也完全无知，它不是订立社会契约时的合理性商谈，相反却是理性商谈的阻碍。因此，为要解决基本伦理原则的起源与辩护问题，对社会交谈的合理性条件进行分析是十分必要的。

三 哈贝马斯的社会交往合理性和商谈伦理

这样一种达成社会共同伦理准则的程序伦理的理论基础，是德国哲学家哈贝马斯在交往合理性（communicative rationality）理论中提出来的。哈贝马斯认为交往理性首先体现在交往对话的个人有充分的自主性，肯定个人有按照自己的“好的生活”的理念来安排自己生活方式的自由，并承认个体之间利益的冲突和价值的冲突。在这基础上他强调解决价值冲突的唯一途径是通过充分的理性的交谈对话达成共识。哈贝马斯说：“这种交往合理性概念的内涵最终可以还原为论证性话语在不受强制的前提下达成共识这样一种核心经验。其中，不同的参与者克服了他们最初的那些纯粹主观的信念，同时，为了共同的合理信念而确立了主观世界的统一性和生活世界的主体间性。”[①] 所以，人类的理性是成功交谈的必然结果。真理与合理性就潜在地存在于那些“具有可理解性、真实性、真诚性和正当性”的交谈中，通过分析人们之间交谈的语言行为就可能发现其中普遍的道德义务。所以，交往合理性应该是一种独立于科学合理性的人类行为合理性，它决定道德的合理性和道德的真理性。社会

① ［德］哈贝马斯：《交往行动理论》第一卷，第25页。笔者对译文进行了核正。

交谈怎么会具有这样的重要性呢？社会交谈怎么会达到大家都共同遵守的准则？哈贝马斯首先为自主个人之间的交谈确定了一个理性条件或理智规则（rules of reason）。例如：（1）所有的相关论题都允许进行讨论。（2）在交谈中没有任何一种意见会被禁止发表。（3）在交谈中没有任何一种意见被强迫接受，在交谈中不允许任何内在的和外在的压力。（4）所有的相关的人都有权参加讨论并自由发表意见，宣布自己的主张和表达自己的态度、愿望和需要。有了这些理性条件，就必然会预设一个道德的深层结构，即“只有那些表达普遍意志的规范才被接受为有效”①。哈贝马斯将这个深层的规范共识表达为两个原理：

普遍性原理（U 原理）：一切有效规范必须满足这样的条件：所有相关者能接受那些预期能满足所有人的利益平衡的结果。

商谈伦理原理（D 原理）：只有那些经过相关者进行实际商谈达到一致同意的规范才是有效的，因而是正义的。

哈贝马斯是这样表达这两个原理的。他说：真正的公正只属于那种能够明确地推广规范的观点，这些规范由于体现着所有相关的人的共同利益，因而有望获得普遍的同意。这些规范应该受到主体间的认同。所以，表达公正判断的一个原则就是，在利益的平衡中约束所有受其影响的人采纳其他人的观点……由此，每个有效性规范必须满足以下条件。

“（U）所有受影响的人都能够接受规范的后果及其副作用，而为了满足每个个体的利益，对一个有争论的规范的普遍遵循能够预期这些后果（而且，这些后果比另外的已知的可选择方案就其可控制性而言更可取）。”②

“（D）在一个实践活动中，规范只有得到（或能够得到）所有

① Jurgen Habermas, “Discourse Ethics: Notes on a Program of Philosophical Justification,” in J. Habermas, *Moral Consciousness and Communicative Action*, Cambridge: MIT Press, 1991, p. 63.

② Ibid., p. 65.

受影响的参与者在他们能力范围内的认可，才能宣称是有效的。”[①]

这两个原理所导致的结果，都是经过自由平等的商谈而达到的，是在商谈的过程中学习到的。他改变了康德经自我反思而达到绝对命令的独角戏，又揭开了罗尔斯的“无知之幕”，承认交谈者之间的利益与观点的多元性。所以，哈贝马斯比康德和罗尔斯全面一些也实际一些。因为道德原则本来就是人们之间相互作用的结果，是人们之间的交谈行为的结果，是社会的产物而不是个人的反思。

四 社会交往合理性的意义

社会交往合理性对于认识科学技术、价值伦理与社会和谐的关系理论，有重大的意义。可以从解构与建构两个方面来分析这个问题。

（1）从对科学主义解构的观点看，科学方法，包括我们在上几节讨论的各个层级的科学合理性方法，不能从根本上解决社会伦理问题，社会伦理价值只能从科学技术及其方法中得到局部的辩护。认识到这一点是科学哲学的巨大进步，它从批判意识这方面来说是对科学主义、科学技术霸权主义、科学技术在现代社会中过度膨胀从而淹没社会文化（除科学技术方面之外）的其他积极方面的一副解毒剂。因为如果社会只有一种理性，即逻辑合理性和科学合理性，人们就会将一种价值，即作为工具价值的科学技术价值以及由此运用于社会的成本效益价值、最大效用决策价值凌驾于其他一切价值之上。这种价值就是通过有效的科学方法主宰、控制、支配和征服自然。但在社会存在着阶级之间、集团之间以及国家之间利益冲突的背景下，科学方法不但造成科学技术统治和压迫自然界，而且通过统治压迫自然界最后实现少数专家与精英的“权力意志”达

---

① Jurgen Habermas, “Discourse Ethics: Notes on a Program of Philosophical Justification,” in J. Habermas, *Moral Consciousness and Communicative Action*, p. 73.

到统治和压迫人。[①] 这就像人文主义技术哲学的创始人之一路易斯·芒福德所说的“巨机器”（mega machine）。他说：“巨机器的标准实例是庞大的军队或者像建造金字塔和中国万里长城那些组织起来的劳动集体，巨机器经常会带来惊人的物质利益，但却付出了沉重代价：限定人的活动和愿望使人失去人性。”[②]

哈贝马斯在讨论这个问题时指出：“科学通过科学进步带来的专业知识和不断扩充的技术控制形式融入我们社会存在的日常生活中，由于科学理性和工具理性的作用，即所谓认知—工具合理性（cognitive-instrumental rationality），它已经不再关注人类行动十分基本的问题，如我们应该如何生活的问题。”当然，现在有人运用科学从控制自然发展到控制社会，但“简单地允许技术合理性标准变成我们最重要的标准并不能为人类生存的各个方面提供充分的解决办法”。结果是从官僚统治变成技术专家治国。“它表明了这样一种信念，即技术合理性形式适合于处理任何技术和实践问题，尽管存在这样一个事实，即有大量的问题（这些问题与价值、社会需要和解放相关）不可能通过这个模式得到解决——这些问题恰好是不能用成本——效益或系统——理论的计算来衡量的。”“结果就是一个高度组织化的、强化的合理性与未经反思的目标、僵化的价值系统和过时的意识形态之间的极端的失衡”，“没有为有意志有意识的反思运作留下空间。”[③]

（2）从建构的方面来分析这个问题，经验科学方法只能为伦理价值做出局部辩护这个论点说明，人类的知识领域除了数学与科学知识之外，还存在人文知识和伦理知识，它是一种与科学知识性质

---

① ［加］威廉·莱斯：《自然的控制》，岳长龄、李建华译，重庆出版社 1993 年版，第五章科学和控制。

② ［美］卡尔·米切姆：《技术哲学概论》，殷登祥、曹南燕等译，天津科学技术出版社 1999 年版，第 21 页。

③ J. Habennas，“Technical Progress and the Social Life World”，in *Toward a Rational Society*，pp. 55 – 65. 转引自［美］莱斯利·A. 豪《哈贝马斯》，陈志刚译，中华书局 2002 年版，第 17—19 页。

不同的知识。在人类理性方面，除了工具理性之外，还有价值理性，它为工具理性规定目的；除了科学技术理性之外，还有社会交往理性，即自由、平等、以人们之间通过民主的商谈对话达到理性一致的模式。在这种社会理性体制下，公民广泛地享有责任和权力，所有个人都被鼓励发展他们的批判能力，以促进有效的商谈与讨论，通过自然组织的“应答过程”① 形成共同遵守的基本伦理原则、基本的伦理知识，建构伦理真理。科学知识与人本知识是有区别的，经济科学与伦理学、政治学、管理学是有区别的，硬系统思想与软系统方法也是有区别的。这个问题，我们将在第四节讨论。

第四节　从自然科学方法到人文社会科学方法

从本节开始，我们将把上面两节所讨论的科学合理性、价值合理性和社会交往合理性思想及其所导出的结论应用于一些较为具体的哲学中，主要是两个研究领域，第一个领域是社会科学哲学问题；第二个领域是管理学哲学，主要讨论硬系统工程和软系统方法论问题。由于篇幅的限制，本节只讨论第一个领域问题。

本书讨论的科学哲学问题，主要是自然科学哲学问题。Science 一词，就其词义来说，主要指的是自然科学。但由于科学的方法逐渐从自然科学向社会科学推广，所以后来 Science 一词逐渐涵盖了社会科学的许多领域。因此 20 世纪末兴起了一门独立的哲学学科，称为社会科学哲学（Philosophy of Social Science）。它由区别于科学哲学家的另外一批学者组成学科共同体进行研究，这些研究者比较熟悉人文研究和社会科学的领域。人文研究和社会科学所涵盖的学科很广，包括社会学、经济学、政治学、法学、人类学、行为科学和心理学，还包括一些只能勉强称为“科学”的学科，例如历史、

① 张华夏：《两种系统思想，两种管理理念》，《哲学研究》2007 年第 11 期。

语言、文学、艺术、哲学文献等人文学科研究领域。为了简明起见，我们统称这个领域为人文研究（Humanistic Studies）。人文研究和社会科学，简称为人文社会科学，有时再简称为社会科学。

社会科学哲学有两个主要问题，第一个问题是人文社会科学与自然科学有什么主要的区别，我们能够用自然科学，即物理学和生物学的方法和模型来研究人文社会科学吗？人文社会科学有自己的独特的研究方法和经验程序吗？第二个问题是个人是决定社会关系、社会结构和社会组织的主要因果力呢，还是相反，个人的行动与信念是由社会的整体结构、社会习俗和文化传统决定的？这就是人文社会科学的个体论和整体论“谁是谁非”的问题。本节主要讨论第一个问题。

一　人文社会科学研究的自然主义

我们首先需要分析的是在英、美等英语国家中占主导地位的社会科学方法论上的自然主义。这种观点认为人文社会科学的研究应该按照或尽可能按照自然科学的方法来进行。这里所谓自然科学的方法，简要地说，是对事物进行精确的观察和可控的实验，发现世界的因果定律、提出科学的假说、建立科学理论模型，解释和预言世界的各种现象，并按照以符合经验事实为主要标准的程序来检验和评价人们的知识的方法。这就是我们在第二节所说的以科学合理性为标准的科学方法。

自然科学在近五百年来认识世界和改造世界方面取得了伟大的进步，它在政府和群众心目中有崇高的地位，以至于许多断言如果冠上“科学”的这个定语就好像戴上一个光环似的，增加了自己的正确色彩。如西方原来叫作“政府论”的学科改称为“政治科学”，而有些社会主义运动的研究也被称为“科学社会主义”。其实，关于能不能用科学方法来研究政治、社会以及文学艺术本身就是一个问题。为什么说能不能运用科学的方法来研究人们的活动、社会的关系以及社会的结构会成为一个问题呢？这是因为，社会现象和自然现象有着一种基本的区别，这就是：社会现象是由人的活动组成的，而人的活动受到人的意愿和信念支配，并有自己的自由意志。在这些活动中，有许多只有借助于动机才能理解。你看到一个穿白衣服的人拿着一把刀子一刀划开了另一个人的肚子，如果你不了解这个人的动机，你就不会知道这是一个谋杀案呢，还是为病人开刀呢？还是例如“二战”时的日本兵对中国人的剖腹活宰大屠杀呢？我们的自然科学在研究自然现象时不会去“从内部”追问原子是怎样决定自己进行化合还是进行分解，金星和火星怎样选择了自己的轨道，或一个细胞怎样热衷于自己的分裂，等等。这些都是亚里士多德时代，即科学的童年时期人们强加给自然界的“意向性”（intention）。它们早已被排除出自然领域以便客观地、经验地认识自然，给它们以解释和预言。可是，对于研究人类活动的人文社会科学来说，研究者却正是要追寻这种支配人们活动的意向性。由于意向性和自由意志的支配，预言或预测一种人的活动便发生了极大的困难。你可以根据归纳法判断我买雪糕时一定会买巧克力雪糕，但如果我知道你的这个预言我偏要买一根草莓雪糕吃，以破坏你的“重复实验”和“归纳推理”。在一场艰苦的战斗中（例如“二战”中的偷袭珍珠港以及联军在欧洲的诺曼底登陆），预测敌人的可能兵力布置和运动方向就与自然科学预测日食月食有天壤之别。这些类型的社会现象引起了对行动观察的客观性、因果律的可能性、主观诠释的必要性、经验检验的重要性以及目的、意识的作用和怎样对它们进行描述等一系列问题，使得自然科学方法在人文社会科学领域的运用成为一个问题，摆在社会科学方法论上的自然主义者的面前。

现代社会科学方法论自然主义倾向可以追溯到18世纪的哲学家和逻辑学家密尔（J. S. Mill）。他认为，预言是否有精确性并不妨碍物理学将会成为人类行为科学的典范。事实上，科学本身就区分为“精确科学”（exact science）和“非精确科学”（inexact science）两类。天文学在预测行星位置上是精确的，但潮汐学的情况就不一样，虽然潮汐与月相有密切的关系，受牛顿万有引力的支配，但由于风向、风速、海岸线的不规则以及海平面的情况不同，使得人们很难准确预测它的运动。至于气象学，由于变量太多，更是很难做准确预测的。密尔不顾人有自由意志这个特点而坚决主张如果运用物理学的方法，例如归纳法就可以发现人类行为的原因，或至少可以像潮汐学一样发展出有关人类行为的科学。他认为，人的行为的原因是思想、信念与愿望，这些思想性的东西也是世界的一部分，只要有足够的观察和实验（当然拿人来做实验大受限制，不过这种限制在其他科学中也是常见的，例如对天文与地质，科学家们也不能做干预实验），就可以发现支配人类行为的因果定律。

密尔以物理学为典型建立人文社会科学的思想是早期的自然主义，他对于到底以什么因果定律为例证说明这种自然主义，“观察”一个人的思想和内心世界何以可能，它与观察一种自然现象到底有什么不同，思想与行动的关系何以是因果关系，它们的普遍因果律何以能够建立以及如何看待自由意志与社会因果决定论的关系，对于这些问题他都没有仔细做出回答。不过社会科学方法论上的自然主义基本观点在他那里已经形成。现代逻辑经验主义科学哲学的创始人之一亨普尔就坚持密尔的观点，认为社会科学的解释和预言与自然科学的解释和预言具有相同的逻辑结构，社会科学和自然科学一样，它的主要任务就是发现普遍的定律。

历史上的第二个社会科学方法论上的自然主义学派就是马克思的历史唯物论学派。虽然称历史唯物主义方法论为自然主义可能受到一些学者的强烈反对，但马克思和恩格斯不仅极力主张运用自然科学的方法来研究社会历史，而且他们本人作为社会科学家力图用“自然科学的精确眼光”来考察人类社会则是千真万确的。马克思认为，人类只有唯一一门科学，那就是历史科学：自然的历史科学和人类的历史科学。与密尔的时代不同，马克思的时代已经有了比较精确的社会科学，特别是英国的古典经济学。

而自然科学已经有了达尔文的进化论，达尔文的进化论就是马克思建立人文社会科学的基础或典范。正如恩格斯所说："正像达尔文发现有机界的发展规律一样，马克思发现了人类历史的发展规律。"[①] 我们前面讲到社会现象和自然现象的一个根本区别在于人的活动是受思想支配的，因此社会活动的动因、政治运动的动因应从"不可感觉的"思想中去找寻。但马克思如何对待这个问题呢？他绕过这个问题却追问了另外一个问题，就是人的思想是从哪里来的，支配社会发展的政治行动的思想动因又是从哪里来的。这个追问使马克思追索到可以像自然科学那样观察感觉到的物质生活条件中去。于是马克思提出生产力决定生产关系、经济基础决定上层建筑的社会科学的基本规律的假说，这个假说的立论方法是唯物主义的，又是自然主义的。

马克思在《〈政治经济学批判〉序言》中写道："人们在自己生活的社会生产中发生一定的、必然的、不以他们的意志为转移的关系，即同他们的物质生产力的一定发展阶段相适合的生产关系。这些生产关系的总和构成社会的经济结构，即有法律的和政治的上层建筑竖立其上并有一定的社会意识形式与之相适应的现实基础。物质生活的生产方式制约着整个社会生活、政治生活和精神生活的过程。不是人们的意识决定人们的存在，相反，是人们的社会存在决定人们的意识。社会的物质生产力发展到一定阶段，便同它们一直在其中活动的现存生产关系或财产关系（这只是生产关系的法律用语）发生矛盾。于是这些关系便由生产力的发展形式变成生产力的桎梏。那时社会革命的时代就到来了。随着经济基础的变更，全部庞大的上层建筑也或慢或快地发生变革。在考察这些变革时，必须时刻把下面两者区别开来：一种是生产的经济条件方面所发生的物质的、可以用自然科学的精确性指明的（which can be determinated with the precision of natural science）变革，另一种是人们借以意

---

① 《马克思恩格斯选集》第3卷，人民出版社1972年版，第574页。

识到这个冲突并力求把它克服的那些法律的、政治的、宗教的、艺术的或哲学的，简言之，意识形态的形式。”① 请读者特别注意马克思要求社会科学家在研究社会问题时特别要注意“以自然科学的精确眼光来看待”社会物质生活条件，这表明他的社会科学方法论是一种自然主义立场。

同样，恩格斯也表现了相同的方法论特征，认为在方法论上社会科学与自然科学根本没有什么区别。他在《路德维希·费尔巴哈和德国古典哲学的终结》一书中写道：“在社会历史领域内进行活动的，全是具有意识的、经过思虑或凭激情行动的、追求某种目的的人；任何事情的发生都不是没有自觉的意图，没有预期的目的的。但是，不管这个差别对历史研究，尤其是对个别时代和个别事变的历史研究如何重要，它丝毫不能改变这样一个事实：历史进程是受内在的一般规律支配的。即使在这一领域内，尽管各个人都有自觉期望的目的，在表面上，总的说来好象也是偶然性在支配着。人们所期望的东西很少如愿以偿，许多预期的目的在大多数场合都彼此冲突，互相矛盾，或者是这些目的本身一开始就是实现不了的，或者是缺乏实现的手段的。这样，无数的个别愿望和个别行动的冲突，在历史领域内造成了一种同没有意识的自然界中占统治地位的状况完全相似的状况……问题只是在于发现这些规律。”②

马克思和恩格斯的自然主义观点比以前的社会科学方法论上的自然主义前进了一大步，就是他们提出了社会发展的、客观的、不依人们意识为转移的普遍规律，即生产力决定生产关系、经济基础决定上层建筑的规律。这个经济决定论在相当大的范围解释了许多社会历史现象，至于它在多大的程度上经受事实的检验，又在多大程度上受到历史事实的否证，它的正确性程度与边界条件是什么，这不是一个方法论问题而是一个具体科学问题，不属于这里讨论的

---

① 《马克思恩格斯选集》第 2 卷，人民出版社 1972 年版，第 82—83 页。英文为笔者所加。
② 《马克思恩格斯选集》第 4 卷，人民出版社 1972 年版，第 243 页。

范围。但是，他们的方法论有个明显的缺点，就是在理论上相当忽视人们的意识、人们的文化、人们的期望在社会历史中的作用，而他们的一些社会主义实践家在关键时刻却十分重视这些因素，其重视程度甚至到了“唯意志论”的地步。在马克思和恩格斯上述引文中被我们省略了的内容中包含这样的话，马克思说：“人类始终只提出自己能够解决的任务，因为只要仔细考察就可以发现，任务本身，只有在解决它的物质条件已经存在或者至少是在形成过程中的时候，才会产生”。这就是说，目的与任务本身不必从它们本身去进行研究，它完全是由物质条件决定的。而恩格斯则主张人们行动的目的和行动的结果完全是两回事。他说“行动的目的是预期的，但是行动的实际产生的结果并不是预期的，或者这种结果起初似乎还和预期的目的相符合，而到了最后却完全不是预期的结果”。“动机对于全部结果来说同样只有从属意义”。于是如何发展出一种研究人们行为动机与意识在社会中的作用的社会科学方法便只好由别的学派来加以解决，这就是我们将要在下一节讨论的社会科学方法论的诠释主义。

历史上第三个社会科学方法论自然主义的学派是社会学中的结构功能主义学派。它的创始人是法国的埃米尔·涂尔干（Émile Durkheim），而它的主要理论建构者则是美国的塔尔科特·帕森斯（Talcott Parsons）。这个学派认为，社会学研究的对象是外在于个人，又独立于个人并约束着和作用于个人的系统整体。个人一生下来就时时刻刻受到独立于他们的社会的影响和作用，从而体现出它的客观实在。所以涂尔干说：“所谓社会事实，就是所有可能对个体施加一种外在约束的行动方式，而不论这种行动方式是否限定不变；或者，也可以说是所有可能普遍存在于一个既定社会，同时又独立于个体身上的显现而自主存在的方式。”[①] 社会科学的任务就在

① É. Durkheim, *The Rules of Sociological Method*, New York: Free Press, 1964. 转引自［澳］马尔科姆·沃特斯《现代社会学理论》，杨善华等译，华夏出版社2000年版，第144页。

于发现这些不以个人意愿为转移的社会事实之间的因果关系。同时，我们还须注意到社会的实在就像一个生命有机体那样存在着，它的各个部分执行着整体需要的功能，就像肺的呼吸功能是为有机生命的生存提供氧气一样。所以，社会有机体的各个功能子系统是在一定的时间里维持着它们之间的功能平衡关系，而不管这些构成与关系对于个人是有用还是无用。因此，社会学的解释不是因果性的就是功能性的。这些论断开辟了今天实证主义者和诠释主义者关于社会现象解释中的理由与原因、社会构成与个人意愿之间不断展开争论的先河。

不过20世纪结构功能主义的顶点，在英美社会学中占支配地位的却一直是美国社会学家帕森斯，他对社会系统的各个部分的功能进行了精细的分析。

这里所谓从功能上进行分析，就是要分析任何一个社会（无论大小）要生存必须满足哪些基本的需要，即功能需要（functional requirement），又称为功能命令（functional imperatives），而它的内部组成部分或子系统就会为满足这种需要而进行分工，甚至专业化，从而划分为几个功能部分。根据帕森斯的分析，这些功能需要和相关的功能部分有四个：（1）适应，适应它的自然的或社会的环境。（2）达标，规定主要目标，并动员参与社会或组织的个人来努力达到这个目标。（3）整合，解决如何调整系统的各个部分使之成为一个有内聚力的功能整体。（4）维模，指的是一种潜在的促使个人实现他在社会所期望的，在组织或社会中的角色的维系作用。对于社会大系统来说，对其基本功能及其实现可做出如下的分析。

A——适应（Adaptation）。一个社会大系统是开放系统，它首先是指要适应环境，要从环境中获取资源，然后将它们分配到整个系统中以产生各种产品，为其他系统所用。这是一个资源的投入产出和分配问题，执行这种功能的主要是社会的经济系统。一个社会的进化主要表现在它的适应性的提高上，即物质生产效率的提高，社会控制环境能力的提高。

G——达标（Goal Attainment）。所谓达标，首先是指要确定社会大系统的目标，其次是指通过权力与决策来确定如何达到目标的手段：宏观调控系统资源的使用，控制外部力量的冲击，动员参与社会的个人努力达到共同的目标，这主要是社会政治系统的主要功能。

I——整合（Integration）。它的任务或功能就是要将社会成员整合到社会组织中，最后整合到一个大系统中。其中，社区的作用，各种社团或社会共同体的作用，特别是法律的作用是主要的整合力量。它的力量源泉就是社会规范。那些自发的社会组织，在社会整合中到底起着什么样的作用，也是一个值得探讨的问题。

L——维模（Latency：Pattern Maintenance）。它是社会大系统中一个调整个人与社会的紧张关系以使社会得到和谐稳定的潜在力量。它主要体现在价值观念和理想信念上，它们的主要执行者就是社会文化教育和社会道德伦理系统。

以上的分析只是 AGIL 在社会系统中的表现，简而言之，就是（A）经济资源；（G）政治目标；（I）规范；（L）价值观。从能量供应的条件顺序来说是 A→G→I→L，而从信息调控的观点来看，其顺序恰好相反，是 L→I→G→A。

当然，社会经济系统、政治系统、法律系统和社会文化系统并非机械地按照帕森斯的四分法行事。但是，对社会子系统必须从它对于整体所起的作用和整体给予的“功能命令”“功能要求”和“功能先决条件”加以理解，这种功能主义方法论应该看作系统方法论的一个重要组成部分，也许对于所有的复杂适应系统研究都有方法论意义。或如帕森斯所说的“这四个功能方案是以处于从单细胞有机体到最高人类文明的所有组织和进化发展水平上的有生命系统的基本性质为依据的”。

帕森斯的社会学结构功能主义显然将涂尔干的理念客观化和具体化了，但在科学上存在一个极大的问题，就是这四个子系统及其功能的图式是相当机械的，为什么所有的社会系统具有而且只具有四类功能？在解释许多具体系统时显然是会牵强附会的。而在方法论上始终存在着一个基本的矛盾：那“客观”的社会实在到底是按人们的意愿建构的呢，还是基本上与人的意图毫无关系？帕森斯在一切社会系统中都预设了一个客观的功能目的性的“社会系统”，它“以一种普遍而全面的方式把要求强加给社会行动，以至于原则上其实排除了个体的目的和意图”①。这就引出了另外一个社会科学方法论的学派即诠释主义学派，它与结构功能主义的自然主义方法论针锋相对。

二　人文社会科学研究的诠释主义

以上讨论的社会科学方法论上的自然主义，很可能捕捉了人文社会领域中的一些不以人们的意识、意志为转移的现象，对这些现象的研究具有类似于自然科学研究的特征。但是，他们明显地回避了或遗漏了社会生活中的一些基本的现象，这就是个人以及社会集团的社会行动，它们与一般的自然现象不同，它是有主观意向性的，是受目的、企图以及一定的规则和规范（不是规律与定律）乃至习俗和体制（不是自然系统）支配的。你看到一个人将一张纸放进一个箱子里，你可以用物理学家的精确性准确复制与记录整个时空过程，但这不是对社会自觉行动的描述，你必须明白他这样做的企图是投入一张人民币为地震受灾的灾民捐款呢，还是民主投票选举领导人的行为呢？所以个人与社会的行动是有“意义的维度”（meaningful dimension）的、有“意义特征”（meaningful characteristic）的，如果不将这个意义表达出来，我们根本谈不上对这个行动有真正的描述。这件事对社会科学来说意味着什么？就是意味着人文社会科学在描述人的语言或行动时，要有一种方法对它的意义进行诠释（英语的 interpretation 或德语的 Verstehen）。所谓诠释与自然科学的解释不同，它是对人类行动意义的理解和分析。这就引起

① ［澳］马尔科姆·沃特斯：《现代社会学理论》，第179页。

了人文社会科学研究人的行动时在观察的事实、概念的形成、解释模型和实践检验上以及在整个研究方法上与自然科学有很大的区别。诠释学派的优点就在于它突出了人文社会科学及其方法论的特殊性。

（1）概念的形成（concept-formations）。在自然科学中，概念的形成由两组需要考虑的集合决定，即理论与测量，而其他的原初语言被搁置一旁。可是，在社会科学研究人的行动时，它用以描述和解释人的活动的概念形成却有第三个来源，就是从它的研究对象中，即从被研究的社会生活中得来。因为你要研究作为研究对象的人的行动，必须诠释它的意义、破解它、注释它的动机与企图及其背后的规则与文化。也就是说，在社会科学中，概念部分组成了我们研究的实在，是社会事实中的一个不可分离的要素。而在自然科学中，概念只是起到描述和解释现象的作用。解释学家温奇说，在社会生活中有些东西是"有秩序"的，那只是因为社会行动者们有秩序的概念、服从的概念和权威的概念等。可自然科学就不会这样说，它不会说打雷闪电是雷公大怒了，而仅仅说它不过是云层中电荷的释放罢了。因为这个电荷释放后面没有什么企图、动机和意义可诠释或可解说。可是描述与解释人的自觉行动就不相同，不将这个动机表达出来，就根本没有对行动做出真正的描述。

对行动的意义进行诠释是一件非常困难而又复杂的事情。维特根斯坦指出，某事物的意义依赖于它在系统中的地位和作用，要理解一个特别行动，我们必须把握推动它们的信念和意向。这就要求我们进一步知道引起这些信念和意向的社会规则、习俗和价值观念、文化传统和社会制度安排。当然，诠释学家认为所有这些都是诠释。不过我个人认为，对于行动是什么以及行动的意义是什么的问题，当我们将它理解为"what"问题的时候，它是意义诠释。而询问为什么会产生这样一种意义和行动的时候，这种诠释问题是个"why"问题，它的回答可以看作一种因果解释。有关这个问题我们在后面还要讨论。

（2）对事实的观察和对行动的体现。在自然科学中，它所研究的对象首先是可感觉到和可观察到的，这些观察到的东西，包括测量仪器的读数之类成为自然科学各种概念（包括理论概念）的经验内容。可是在社会科学中，行动的基本的经验事实并不是通过感觉和观察而得到的，而是依靠“体验”和“诠释”而得到的。19世纪末诠释学的创始人之一狄尔泰说过，与自然科学不同，人文社会科学的主要对象是文化，“当我们在对人的研究中，选择互动系统的过程进行观察时，我们看到，它与使科学获得极大成功的选择过程有很大区别。科学基于现象的空间关系，精确的普遍定律的发现是可能的，因为空间里的趋向和移动是可计算和可测量的。而内在的（社会）互动系统则是由思想强加的，并且其基本成分是不可观察到的”[①]。他又说：“在历史上，我们看到经济活动、殖民运动、战争和国家的创立，它们使我们的心灵充满了伟大的形象，并告诉我们周围历史世界的情况：在这些情况中，除了那些引起我们兴趣的外，还有那些不能为我们所感觉的但能被我们内心体验到的东西。这是外部事件所固有的、外部事件也是由它的产生并受它影响的东西。我说的这种倾向不依靠于对生活外部人，而基于生活本身，因为生活中所有价值都包括在能够体验的东西。”[②] 他认为“体验”是社会科学的中心事实，人们首先“体验到我们自己的生活”，然后通过直觉或移情以及语言的共同结构而体验到他人的生活和内心世界，以及通过概括和语言的可理解性而体验了一种社会的客观精神。

因此，与自然科学的观察事实不同，在社会科学中要描述一个行动必须包含两个方面：一方面是从行动的外部特征来描述它，例

---

① Dihhey, “The Construction of the Historical World in the Human Studies,” in H. P. Rickman, ed., *Dilthey: Selected Writings*, Cambridge University Press, 1979, p. 201. 转引自［美］杰弗里·亚历山大《社会学二十讲》，贾春增等译，华夏出版社2000年版，第213页。

② Dilthey, “The Construction of the Historical World in the Human Studies,” in H. P. Rickman, ed., *Dilthey: Selected Writings*, p. 172.

如选举投票、银行存款以及救济捐赠行动的时空描述，另一方面就是体现它的意义、意愿与企图，甚至支配这些意愿与企图的行为规则和社会习俗，如投票者意愿选哪个人为国家领导人以及一套民主程序和民主制度，银行储蓄的意愿以及存款人对银行系统有信用的信念以及金融行为的规则等都进入了行动描述的视野。这种至少包括行动者外部时空特点和行动者的意愿、信念与理由的“描述”被诠释学的另一个重要人物克利弗德·吉尔茨（Clifford Geertz）称为“厚描述”[①] 或称为社会行动的“厚事实描述”更好。在这里，行动与意义、事实与价值缠结在一起成为社会科学的资料、证据和初始概念，这个概念非常重要，R. 普特南 2002 年发表的《事实与价值二分法的崩溃》一书，正是利用厚伦理的概念，即事实与价值缠结在一起的概念推翻逻辑经验主义的第三个教条。[②] 社会科学的研究就建立在这些行动与意义相统一的厚事实、厚伦理描述的基础之上。由于在社会科学的基础事实概念中已包含了“信念”“决策”之类的理论概念，它和“社会结构”“国民收入”这类社会理论的概念在理论术语的意义上并没有多大区别，因此在社会科学的理论解释上（如果存在着理论解释的话），就不可能存在逻辑经验论者所说的赋予理论词语以经验内容的“桥接原理”。

（3）解释模型。在自然科学中，对于自然现象的解释模型主要是因果解释模型：如果在条件 C 下有 x 类事件出现，则必然有 y 类事件随之出现。这里首先存在一个普遍的因果律，即 x 类事件引起 y 类事件：(x)（y）［C（x）→E（y）］。而且作为具体事件 x_i 与 y_i 之间，它们不但在时空上，在意义上是有区别的事件，并且没有逻辑必然的联系。x_i 必定时间在先，而 y_i 必定时间在后，一座桥断裂了这个事实不必用它的断裂原因来说明它的意义与意思。但是在社会现象中，一个自觉的行动必须有意图来说明它的意义，如苏联

---

① Clifford Geertz, “Thick Description: Toward an Interpretive Theory of Culture” in *The Interpretation of Cultures: Selected Essags*, New York: Basic Books, 1973, pp. 3 – 30.

② ［美］希拉里·普特南：《事实与价值二分法的崩溃》，应奇译，东方出版社 2006 年版。

斯大林时代基洛夫被谋杀了，就必须有杀人者的意图才能说明它的意义，将它作为谋杀案记录下来。至于被谋杀的原因可能永远也不知道，俄国人一直到今天也没有找出基洛夫被谋杀的原因，而且到底是谁谋杀了他，是斯大林派人去杀了他吗？对这个问题迄今没有答案。而且，行动的解释模型或诠释模型是用意向与信念来解释行动。我开车在马路上靠右行，这个行动用我的意愿和信念来进行解释。我意愿遵守交通规则，我相信大家遵守交通规则，交通秩序一定很好，所以我开车靠右行。可是，这里不存在一个因果律用以解释我的行动。因为规则不同于自然定律，定律是不能违反的，如谁也不能违反万有引力的定律，但规则是可以违反的，虽然违反了社会规则会受到惩罚，但如果你不顾一切惩罚执意要采取某种行动，则你的行动不受这种规则的约束。意愿与信念是行动的理由，它们给行动带来意义。如果没有意愿和信念，行动将不再有意义，也就不成其为自觉行动。所以，意愿与信念本身是自觉行动的一个部分，因此不能视作行动的原因。诠释主义者在理由与原因之间做了明确的区分，从而拒绝对社会行动作因果解释。

以上是诠释的基本概念。诠释学（hermeneutics）这个词起源于希腊语的“诠释”（即英语的 interpret）。诠释的希腊语的词根 Hermes 是希腊神话中的一个信使，他的使命是将神的消息和指示带到人间，用人间语言翻译和阐释给人们听。在古代希腊和中世纪，诠释学主要是用来解读神话、《圣经》和其他文本，包括罗马的法律文本等。就像我们中国历史上的教书先生将四书五经加以注释（exegesis），给学生们阅读一样。但到了现代诠释学创始人狄尔泰那里，诠释学发生一个重大突破，从单纯文本的诠释和一般的研究文本意义发展到对作为现实世界的“类文本”的人进行理解和解读，即对人类一切“精神创造”进行阐释，从而直接深入人类生命的本质，并通过历史情境和人的生活整体来理解，成为人文社会科学的基本方法。但到了海德格尔，他将理解本身作为人的存在方式，于是“理解”和“诠释”都本体论化了，解释学成为对生存本身或存在本身的一种研究。由于吸取了这个思想，在诠释学集大成者伽达默尔（Hans-Georg Gadamer，1990—2002，又译加达默尔）那里，诠释本身就是生活的一个发展。于是，对一个文本与生活的一种新的解读就是一个创造的过程。现在，我们来讨论一下经过狄尔泰和伽达默尔建构和发展的诠释学怎样说明诠释的一般过程和一般原理。

（1）诠释循环。所谓诠释循环是运用诠释方法来理解文本的一个过程。它指的是，你要了解一个部分的意义，就必须追索到部分所参与或由此而形成的整体才能理解；反之，你要了解整体的意义就必须了解整体由此而突现出来的部分的意义才能加以理解。这当然是一个循环，但它是所有理解都陷入的诠释循环（hermeneutic circle）。这可以叫作诠释学的第一条原理。例如，你要理解一个行动或陈述的意义，就要去理解推动这个行动的意图与信念，并由此追溯到它所由产生的整体过程（例如规则、习俗）以及世界观（例如它的价值观念和文化等）。当你看到草地上穿着条纹裤子的人们都戴着手套，还有人挥舞着球棒。这是什么人，是棒球手还是精神病患者呢？这时你，参照一个整体情景来诠释他们就十分重要。如果场地很好地被修整，并且周围有许多围观的人，你可能立刻就意识到这是在打棒球。这是靠你的文化背景的整体性和周围情景的整体性来“破译”这些人的行动意义的。可是这个文化背景和周围环境的生活经验是怎样形成的呢？如果你从来没有看到棒球赛，你会对这些人走来走去迷惑不解。如果你有过这个经验，你就会和其他观众以及运动员构成某种共享经验的“客观”整体。

但是当遇到一个社会事件时，如某一个工厂工人罢工要求增加工资的事件，对这个行动的意义，每个人特别是不同地位的人只有很局限的部分情况和很不一致的共同经验可供参照。这时每个人有每个人的不同生活经验，对于这个事件到底是一种破坏安定团结的无理取闹，还是要求建构和谐社会以及以人为本的行动，抑或是一次恐怖袭击的事件，就常常很难找到一种共同的客观认识。这就需要有不断的诠释循环，不断的对话与沟通，而且最后还是不能避免主观性和相对性，这就根本不可能有什么像自然科学那样的实验做出判决、检验。

（2）诠释是在前判断基础上的创新。伽达默尔接受了海德格尔关于任何理解都有前结构（fore-stucture of understanding）的观点，提出诠释与理解是在前判断（pre-judgments）的基础上进行的，这个所谓前判断就是"偏见"（prejudices）。但不是像英法启蒙主义者所说的那种贬义词偏见，启蒙主义者要求我们不带偏见来认识世界是不可能的。这是因为我们必然存在于一个文化传统之中，历史和文化传统预先占有了我们而不是我们预先占有了文化和历史。所以，任何理解与诠释都有三个先决条件：前有（fore-having），即我们要理解某件事，必先有这件事；前见（fore-sight），就是要理解和诠释一个事物必先有一套语言和方法来看待这个事物；前理解或前概念（fore-conception），即人们理解之前已经具有对该事物的观念，依据和假定。这三个"前"是很重要的。为了学习和理解某物，它必须已经是我们生活经验的一部分。例如，你感到有病去看医生，你的疾病就是你的"前有"；这个病到底如何去分析，你有一套"前见"。而且，除了你对病情的陈述组成一套前见外，量体温、验血、透视也组成了一套前见。而医生经过详细考虑你的病，将它放入一个感冒这个类中就是一个前理解或"前概念"。当然，这还是一个先验结构，毕竟你到底是流行性感冒还是患了"非典型肺炎"（SARS）还需要进一步认识。总之，不能摆脱传统、摆脱"偏见"去认识事物。在改革开放之时，人们也有一个前见就是毛泽东思想。

对于这个"前见"或"偏见"的独到见解，伽达默尔有一段十分精辟的论述。他说："在构成我们的存在的过程中，偏见的作用要比判断的作用大。这是一种带有挑战性的阐述，因为我用这种阐述使一种积极的偏见概念恢复了它的合法地位，这种概念是被法国和英国的启蒙学者从我们的语言用法中驱逐出去的。可以指出，偏见概念本来并没有我们加给它的那种含义。偏见并非必然是不正确的或错误的，并非不可避免地会歪曲真理。事实上，我们存在的历史性包含着从词义上所说的偏见，它为我们整个经验的能力构造了最初的方向性。偏见就是我们对世界的开放的倾向性。”[①] 它可“作为一切理解的创造性的基础”。

但是，历史是发展的。我们一方面由传统决定，另一方面我们与这个传统不可能完全一致。我们与它之间存在着一个“诠释距离”（interpretive distance），特别是时间距离（temporal distance）。这就使我们有可能区分积极性的偏见、生产性的（productive）偏见和有问题的（problematic）偏见，从而做出不断地创新。在诠释学中，诠释并不是要恢复原来作者的真实意图，而是超越其意图，做出新的诠释和新的创造，甚至是一种“借题发挥”。大家知道，改革开放之初，大家都承认一个政治思想传统，就是毛泽东思想这个传统，但对毛泽东思想的诠释不同。邓小平把毛泽东思想的精髓诠释为“实事求是”，而改革开放后推倒计划经济搞家庭联产承包责任制即包产到户，撤销人民公社也是实事求是的一种表现。这个诠释与毛泽东思想的前见就有很大距离。

（3）视域交融（Fusion of Horizons）。既然理解与诠释是在传统的前判断或“偏见”的背景下产生的，那么我们就得承认历史或历史意识对理解的作用。理解就是历史的效应（effect of history），意识就是历史的有效应的意识。我们的意识是不能超越那个诠释学情景的（hermeneutical situation）。在一定的诠释学情景下，我们有一定的视域（horizons）即一定的视野、眼界。它指的是从一个特殊立场所看到的一切，这个视域虽然可说是由诠释学情景决定的，但它却不是静止不变的，它可以移动自己的视域，超出它的边界而与其他人的视域相交融，融入别人的视野而又保持自己的视野，于是

① ［德］伽达默尔：《哲学解释学》，夏镇平、宋建平译，上海译文出版社2004年版，第8—9页。

进入一个更大的理解视域中，由此认识就得到发展。

斯坦福哲学百科全书作者之一 Jeft Malpas 在 Hans-Georg Gadamer 条目中关于视域交融写了这样一段话："伽达默尔将理解看作一个人自己与他的共同体伙伴进行的诠释对话使得理解过程成为对同一主题走向意见'一致'（agreement）的过程。而走向一致意味着建立一个共同的框架或视域。所以理解就是一个视域融合的过程……于是就能整合那些不熟悉的、奇异的或反常的意义语境。"① 但视域融合并不可能达到一个完全的和完成的状态，它永远是一个正在进行的过程（ongoing process）。所以，不存在一个达到理解和达到真理的演绎法技术，想找到这样一种以前自然科学要寻找的方法论，这只能是一种误导，甚至现代自然科学也不存在这样的东西，伽达默尔的这个工作恰好与科学哲学中库恩和费耶阿本德的工作相平行。

（4）理解的语言性（Linguisticality of Understanding）。在《真理与方法》一书中，伽达默尔终于达到了理解的基本模式，它就是共同体伙伴（conversational partners），是为了在某个主题上能达到意见一致的交谈（conversation）。但交谈、交换意见总是在语言中发生，因此，所有的理解都包含共同语言，通过语言在熟悉的与不熟悉的东西之间进行交流转换，我们不仅是用语言的工具进行交流，而且生活在世界上，本质上就是生活在语言中。"我们对语言的拥有，或者更妥当地说，我们被语言拥有，是我们理解那向我们诉说的文本的本体论条件。"② 这就是说，语言是人类的本质和寓所，是一切理解的基础，理解就是对语言的理解。

伽达默尔的诠释主义将理解及其发展封闭在语言和意识、传统和文化中进行诠释和理解，特别是他为偏见恢复名义，显然有一种保守主义和主观主义、相对主义的因素和倾向。作为保守主义，他

---

① Jeff Malpas, "Hans-Georg Gadamer," *Stanford Encyclopedia of Philosophy*, 2005, §3.2.

② ［德］伽达默尔：《哲学解释学》，编者导言第 21 页。

忽视了社会批判和解放意识，这就引起了哈贝马斯对他的批判，说他如果这样尊重传统的话，奴隶制也可以作为传统而接受下来而意识不到有任何解放的需要，而伽达默尔则回应说，政治问题不能脱离具体环境，被带入到寻求一致的对话的前提并不是独断的。

尽管有这样那样的分歧，伽达默尔与哈贝马斯共同的前提都是诠释学而且都是通过对话达到一致来表现它的合理性。

三 自然主义的合理性和诠释主义的合理性

人文社会科学的研究到底应该采取自然主义的研究方法还是诠释主义的研究方法呢？这就产生了几个问题：自然主义适用的范围和诠释主义适用的范围，这关系到解释的概念或诠释的概念适用的范围；自然主义的合理性是什么样的合理性；诠释主义的合理性又是什么样的合理性。

（1）上一节我们已经阐明诠释所处理的问题是询问一个行动是什么意思，它表示一种什么样的意图、什么样的信念。它并不组成一个问题即“为什么这个行动会出现”。例如子曰：“仁者爱人”“泛爱众而亲仁”，可问这句话是什么意思，但可以完全不知道“为什么”他会说这句话。所以，诠释不同于说明“为什么”问题的解释。

诠释主义者认为，信念、目的、价值、愿望或总而言之一句话，“理由”不是原因，它可以用一个文化的诠释框架或世界的诠释框架来诠释，而不同诠释之间、现在诠释和过去诠释之间通过对话达成一致，那些东西是精神的“效果历史”或“历史效果”。所以，社会科学本身不需要“解释”，不需要“因果解释”。

当然，追问一个文本的陈述是什么意思，一个行动本身是什么意思可以不需要因果解释，但并非所有精神事件不需要和不可能进行因果解释，在这里诠释与解释的二分法是很成问题的。例如，马克斯·韦伯仔细诠释了加尔文新教的教义，说明它包含勤奋、恪守天职，节省而不铺张浪费是圣经的要求，这就是通过诠释而理解了资本主义精神的发展，这是诠释主义的；但从另一个角度来看，信奉新教的精神事件则是作为原因，导致资本主义经济组织的出现，这是一种因果解释。所以，弄清精神事件意义的诠释与弄清精神事件后果的解释是兼容的。

更为重要的是，虽然人的自觉行动是社会的一种基本现象，和自然现象不同，它要求运用诠释，特别是文化诠释来对此加以说明，但社会现象本身尚有许多不同的观察点。例如，社会科学应该追问为什么一些社会成员具有这种价值与信念，具有这种劳动态度，甚至可以用遗传基因来对此加以解释，至少可以做出某种统计相关的解释。至于马克思，他用社会物质生活条件或一种社会经济结构来进行解释，这引起许多争论，但这些争论一般都不会说社会现象的因果解释不可能。又如，社会科学还需要对社会行动的一些没有预期或不能预期的后果，甚至往往是恰恰与所预期相反的结果进行解释。例如，我们需要对“文化大革命”的后果进行因果解释，尽管这些后果完全出乎其发动者及其狂热支持者的预料。再如，社会科学特别需要对一种社会结构为什么会出现，并且不顾一代又一代人的更替这种社会结构依然持续下来做出解释。这些问题都需要因果解释。所以，人文社会科学既是解释的事业，又是诠释的事业。二者都是它追求的目标，问题在于在哪些领域特别需要（意义）诠释，又在哪些领域特别需要（因果）解释。在人文社会科学中诠释与解释的关系如何？一个好的解释标准是什么，一个好的诠释标准又是什么？为什么诠释主义不能提出和实现社会科学寻找社会现象的因果关系的任务，而自然主义又不能说明诠释在社会科学中所起到的关键作用呢？

（2）社会科学方法论上的自然主义的合理性。社会科学方法论的自然主义为什么具有合理性呢？这是因为世界是统一的，统一的世界可划分为不同的层级，系统科学家包尔丁按照从简单到复杂的顺序，将它划分为9个层级或等级：静态结构、简单动态系统、控制装置、开放系统（相当于后来普利高津所说的耗散结构）、低级有机体（细胞社会）、动物、人、社会组织、超系统。与它们相应的学科有物理学、化学、生物学、心理学、人类学、社会学等。16、17 世纪发展起来的以经验方法为基础的科学方法经过五百多年的发展已经由物理科学扩展到生物科学再扩展到心理学、经济学以及其他社会科学，由于它们有共同的方法论基础，即在观察、实验基础上发现因果关系，寻找普遍定律，提出假说建立理论，解释、预言世界的现象；同时，它们又有共同的本体论基础，即这些科学都研究同一个世界，它们的研究对象都是在同一个世界的基础上发展起来的。社会不过是动物世界的进一步发展，而人的精神也不过是动物心理的进一步发展。因此，自然主义是具有科学的合理性的，可用本章第二节所说的科学合理性标准对它的理论进行评价。

但问题在于，传统的自然主义抹杀了社会科学的特点来讨论社会科学合理性，而本书的目的是，要面对社会现象的特点来讨论这个问题。于是，社会科学在哪些主要特征上与自然科学不同，以至于社会科学在科学合理性的标准上会发生什么变化，这是传统的自然主义所没有注意的问题。我们现在提出几个要点来说明这个问题。其一，社会现象不同于自然现象，社会现象的基本单元是人的行动，无论是个人的行动还是集体的行动都受到愿望、信念和目的、意向的支配。集体意向性是社会行为合作的表现。问题不但是我要做什么，你要做什么，而且还是大家一齐要做什么。这是一个社会契约的问题。这个目的因、意向因在自然科学中自 16 世纪以来早就被扫除了。但社会科学不能将它扫除，因为它构成社会现象的一种新的解释类型。其二，社会现象包含和渗透着各种精神因素，如结婚、金钱、离婚、选举、购买、销售、雇用、辞退、战争和革命，等等，都包含着精神因素，而且这里所说的包含精神因素大多数指的是，这些社会事实之所以存在只因为人们相信它存在或将它表述为存在。例如，一些纸片是钱，只因为大家相信它是钱，即使是张假钞，如果所有人相信它是真的，那它就是真的钱。所以，社会现象中的许多事实本质上是包含了信念、意愿作为它的必要组成部分。这种现象叫作社会现象的自我指称（self-referentiality），这是社会事实的一种重要特征。其三，社会行为受规则支配，这些规则是人们按一定社会生活原则制定的，它与自然规律的共同点在于它在所支配的范围里有普适性，但它又与规律不同，规律是不可以违反的，规则则可以违反，而违反了就会受到另一种规则支配，这就是惩罚的规则。规则可以划分为两类：一类是调节规则（regulative rules），它支配着人们现时的活动，例如车辆靠右行这是调节交通秩序的规则；另一类规则是构成规则（constitutive rules），它可以创造出各种可能的调节规则，如可能构造出车辆左行规则、车辆中间行规则等。社会事实要求有一个构成规则的系统以便支配社会的秩序。其四，社会语言。几乎一切社会都包含语言，社会事实渗透着语言，这是社会事实的信息特征。其五，社会事实之间的系统的相互关系。社会事实不是相互孤立的，而是相互联系的。例如，社会的人们需要货币，这是一个社会事实，为此社会必须有商品交换、货物和服务的交换，为此就必须有财产和财产所有制的系统，其基础就是社会的权利与义务的契约。显然，社会事实之间的关系，除了具有意向关系和意义关系之外，同时存在着因果关系和功能关系。

以上所说，表明什么是基本的社会事实，由个人意向和它们所建构的集体意向主导行动，通过自我指称的方式建构的社会行动事实是基本的社会事实。所以，基本的社会科学事实与基本的自然科学事实不同，它是一个厚描述，是事实与价值的缠结，它不能单独由外部观察来确定，而必须由外部的观察和内部的诠释才能确定。这一点决定了社会科学的解释与自然科学的解释不同，它除了具有因果解释和功能解释之外，还具有一种基本解释模型就是意向性解释，即以意愿和信念来解释人的社会行动，又以社会规则系统来解释人们的意愿和信念。这样，在解释模型上，自然科学与人文社会科学的区别就可列表如下。（见表2—1）

这样看来，除了人文社会科学中专门研究意义的领域（如美学）之外，社会科学的合理性的主要特征仍然是我们在第二节讲到的科学合理性特征，即一个好的社会科学理论应该有下列特征。

表2—1　　　　自然科学与人文社会科学的区别

	自然科学		人文社会科学	
	物理科学	生命科学	社会科学	美学领域
因果解释	有	有	有	无
功能解释	无	有	有	无
意向解释	无	无	有	?
文本诠释	?	?	有	有
行动诠释	无	无	有	有

第一，社会科学理论应当精确，即理论导出的结论应与现有的观察和意义诠释所确定的社会事实相符。例如，亚当·斯密和海耶克的市场经济理论导出的结论是市场具有产生快速的技术进步和较高生活水准的功效，经过调查统计和对统计结果进行意义诠释证实了这个结论。所以，社会科学中的市场经济理论是一个比较好的理论，在中国的改革开放的实验中再一次证明这个理论正确性的一面。

第二，社会科学理论应当协调一致，不仅内部协调一致而且与背景知识，即其他已被公认的理论相一致。新古典经济学的市场经济理论在某种程度上具有这个特征。在内部它与效用理论协调一致，与心理学早期的偏好理论协调一致，在外部与社会学上的社会契约理论协调一致，与民主政治理论协调一致，并与系统科学中的自组织理论协调一致。但是值得指出的是，它与马克思主义政治经济学理论并不协调一致。社会科学和自然科学不同，它同时存在着许多不同的理论范式或理论体系，这是一个相互竞争、自然选择和不断进化的过程，但是，如果一个社会科学理论在同一研究纲领或范式内部及外部都不协调一致，这就不是一个好的理论。

第三，社会科学理论应有广阔的视野，能统一解释社会生活的各种现象。现在看来，这样的社会科学理论仍没有出现。

第四，社会科学理论原则应当简单而能解释的现象却应当广泛，主要原因是它的基本概念和基本公理的数目应当尽可能少，但社会的现象非常复杂，具有非常多的变量，如何依据其中的主要变量建立模型是一个非常困难的问题。在这方面，马克思使用“抽象法”，例如抽象出价值二重性、社会必要劳动时间、剩余价值这些范畴，这合乎简单性原则，但因此而能解释和预言的现象却受到了限制。例如，马克思预言的资本主义必然灭亡，生产无政府状态和经济危机经常出现，无产阶级绝对贫困化和相对贫困化，中产阶级必然消亡，世界无产阶级革命很快实现，经过社会主义革命到来的是一个计划经济和产品极为丰富的共产自由王国等并未出现。为了兼顾基本概念的简单性和解释与预言的广泛性，社会学家马克斯·韦伯提出了“理想类型”的理论。新古典经济学市场理论从最简单的“理想类型”出发，提出了“经济人”的公设、“完全竞争”的公设以及“信息完备性”公设，推出了一个庞大的数学体系证明市场可以达到资源配置的最优化，可以自发地解决贫困、失业、危机等问题。结果，也在预言和解释的广泛性遇到问题。如何做到公设的简单性、逻辑的一贯性并且在与正确解释与正确预言的广泛性之间保持必要的张力，一直是社会科学追求的合理性难题。

（3）诠释主义社会科学的合理性问题。我们已经讲过，人文社会科学的研究对象是具有意向性的个人和具有意向性的群体。因此，在确定社会事实和解释社会事实中具有意义诠释的维度，而不同的世界观和不同的文化决定了人们行为的不同意向性，它们之间的统一性和合理性不是用观察事实或社会事实所能判定的，这是一个社会交往合理性的问题。对此我们不能详加讨论，特别是在有关人文学科、艺术学科以及伦理规范学科的领域，科学的合理性只能起到一种辅助社会交往合理性的作用。

第 三 章

科学实在论

结构实在论是近年来科学实在论与反实在论争论的焦点之一，而为了理解结构实在论必须先了解科学实在论。本章首先对科学实在论的论据、类型及其问题进行概要性讨论，指出它的主要论据是最佳解释推理和无奇迹论证以及因果解释推理和实验实践论证，并将科学实在论划分为科学理论实在论、理论实体实在论和实验实体实在论；然后对与新兴的结构实在论相关的本体论和认识论做一个总体的评论，阐明结构实在论在当前科学实在论与反实在论争论中的地位与作用；并比较各种不同类型的结构实在论，特别是认识的结构实在论和本体的结构实在论的异同，阐明它们的内容、历史、意义和存在问题，并阐明拒斥实体的结构实在论是片面的、不完备的，应建构一种实体的结构实在论来修正和发展结构实在论。

在科学实在论和反实在论的长期反复论争中，近年来兴起了一种被称为结构实在论（Structural Realism）的本体论和认识论的学说，它与本体论哲学、物理学哲学、数学哲学以及一般的自然科学哲学和社会科学哲学都有密切的联系。对于这个学说，斯坦福大学的哲学百科全书做出了这样的评价：“结构实在论被许多实在论者和反实在论者看作科学实在论中最有辩护力的形式。”[①]《科学哲学

---

① James Ladyman, “Structural Realism,” *Stanford Encyclopaedia of Philosophy*, 2009, p. 1.

的国际研究》杂志也刊文指出，“结构实在论近年来重新进入科学哲学的主流讨论”①。有关的文献最近十年来在学术杂志和学术著作中迅速增长，在今天讨论到科学实在论的著述中，绝大多数都谈到结构实在论，有赞成的、有反对的，也有改进的，可见这种学说值得我们密切注意和认真研究。

第一节　科学实在论

结构实在论是当代的一种比较有辩护力的科学实在论，因此，在讨论结构实在论之前需要简略说明什么是科学实在论、科学实在论有哪些主要论据以及科学实在论有哪几种不同的种类。

在科学哲学中有关科学理论的本体论地位、认识论状态以及语义学指称问题，实在论与反实在论有过旷日持久的大争论。争论的焦点是一种成功的或理想的科学理论意味着什么？蕴含了什么？（1）它意味着与理论相对应，有一些真实的（虽然未观察到或不可直接观察到的）实体客体存在着吗？这是一个形而上学的或本体论的承诺问题。（2）它意味着科学理论本身能正确地描述这些真实的实体从而有真假之分吗？这是一个语义学的承诺和认识论的承诺问题。（3）科学理论有不断的进步吗？即随着历史的发展它不但会越来越获得成功，越来越解决更多的问题，而且会越来越接近客观的真理吗？这是一个对真理和科学进步的承诺问题。

科学实在论对这三个问题的回答都是肯定的，即认为“成功的”“成熟的”或我们所要追求的理想的科学理论，其理论实体及其规律是真实的，即有外部实在的独立存在的客体与它相对应，它愈来愈成功愈来愈准确地描述它所指称的对象，从而逐渐

① Anjan Chakravartty, “Structuralism as a Form of Scientific Realism,” *International Studies in the Philosophy of Science* 18（2004），p. 151.

获得真理，逼近真理。关于科学实在论的这个定义及其相关的语义论题、本体论论题和认识论与真理论论题早就有公认的观点，后又由哲学家希洛斯（S. Psillos）比较完整地指出来。[1] 不过我们也可以不必这样咬文嚼字地来理解科学实在论，它的大意不过是说在科学中的一些不可观察的实体或在现阶段还不可观察的理论实体，如原子、基本粒子、电磁场、引力场和空间“弯曲”之类的东西，正如爱因斯坦所说的那样，如同我们坐的那张椅子一样实在，所以叫作“科学实在论”。这里所说的实在与日常生活中人们所说的实实在在的东西一脉相承。不过，读者要注意一点，科学实在论并不是说我们在科学中或教科书中读到的一切科学理论都一定在独立于我们的外部世界中有所指，都一定正确地描述了真实的世界，都一定是真理的东西。它只是说成熟的、成功的、理想的科学理论有这些特征罢了。然而对于这样限定表述的科学实在论，反科学实在论的理论家并不同意。例如，范弗拉森（Bas C. van Fraassen）就认为，科学理论根本不具有这些特征，科学实在论所开列的理想特征根本就达不到，科学理论不过是我们对经验的一种重新建构，使其能“拯救现象”“预言现象成功”，能有效表达可观察到的东西，那就是适当的了。所以，对于不可观察的理论实体没有客观上的真不真之分，只有经验上适当不适当（empirically adequate）之别。[2] 有了像范弗拉森的建构经验主义那样的反实在论的批评，科学实在论在争论中和反思中也就不断完善起来。

在为科学实在论进行辩护中有几个最为重要的论证，又有几种最为重要的类型成为科学哲学的经典论题在进行着激烈的论争，我现在将它简述如下。

---

① S. Psillos, “Thinking about the Ultimate Argument for Realism,” in C. Cheyne & J. Worrall, eds., *Rationality & Reality: Essays in Honour of Alan Musgrave*, Dordrecht: Springer, 2006, p. 135.

② Bas C. van Fraassen, *The Scientific Image*, Oxford: Oxford University Press, 1980, p. 12.

一　最佳解释推理和无奇迹论证

最佳解释推理（Inference to the Best Explanation，IBE）是利普顿（Peter Lipton，1954—2007）在 1991 年的一部同名的著作中提出来的。[①] 所谓最佳解释推理，就是对于比较充分的观察证据 O，有各种现实的和可能的解释 H_1，H_2……其中最好的解释及其所包含的理论实体是最真实的，反映了客观的真理。例如，亚佛加德罗的分子假说，认为所有同体积气体，在相同的条件（如温度、压力）下分子数目是相同的，即一摩尔单位体积的克分子数为6.02×10^{23}。我们通过布朗运动的分子动力学计算，通过 α 粒子衰变的氦核的计算，通过 x 光的衍射图像（它指明原子点阵晶格中原子的间距）进行的计算，通过密立根的最小电荷对金属电解质所包含的分子数的计算，还有通过黑体辐射中用普朗克常数对原子分子数等的计算，这些彼此独立的观察与测量都计算出一摩尔的克分子数是相同的。因此，分子理论和它指明的理论的实体及其数量是对这些相当充分的观察现象给出的一个最好的解释，于是我们就能理性地推出分子这微粒是真实存在的，我们获得了关于物体是由分子组成的真理。如果原子—分子学说不是真理，只是范弗拉森所说的经验适当性，那么诸多不同种类的实验与测量会如此巧合地收敛到亚佛加德罗的克分子说，就简直是奇迹了。不承认科学中的经验的、预言的和工具意义的结果到处都只是巧合的奇迹，而认为它有接近真理、接近真实的东西的特征，这种论证就叫作无奇迹的论证（No-Miracles Argument，NMA），它是科学哲学家普特南最先提出来的。普特南说："对于实在论的正面论证就是，这是唯一的一种哲学，它使科学的成功不变成奇迹。"[②] 科学中有许许多多这样的实例说明，科学的不可观察的理论实体及其行为规律与结构，是最佳解释

---

① Peter Lipton, *Inference to the Best Explanation*, 2nd edition, Routledge, 2004.

② H. Putnam, *Mathematics, Matter and Method*, Vol. I, Cambridge: Cambridge University Press, 1975, p. 73.

的推理和无奇迹论证的结果。这里最佳解释的推理是一阶命题，而无奇迹论证是二阶命题，即关于最佳解释推理何以能导出实在论。例如，物种的进化用自然选择来进行解释，这个解释是最佳的解释，自然选择是真实的就是这个最佳解释的推理。又如恒星的红移，最佳的解释是恒星离我们退行而去，这个最佳解释推论出红移与恒星离我们退行是真实的；用这个解释连同其他证据我们还可以最佳解释宇宙膨胀和宇宙大爆炸的真实性。

当然严格说来，这个最佳解释的推理应该这样来表述：(1) 有足够充分的证据 O；(2) 我们足够充分地考察了所有现实的和可能的假说 H_1，H_2，…，H_n；(3) 我们选择了最有理解力、最有解释力、最能说明事情的机制、最受证据支持、最为符合观察现象的、最简单和最能与其他公认的原理相统一的最佳的解释 H_i，最能符合我们在第二章中所说的科学合理性的标准，则我们得出结论 H_i 及其不可观察的实体是真实的，具有真理性。我们还必须注意：这个从前提到结论的推理不是演绎推理，而是某种形式的归纳推理或皮尔士所提出的、现在为科学哲学家和逻辑学家所广泛研究的溯因推理（abduction）。这里所说的最佳解释的推理是指我们有足够的信念来说明它是真理的或接受它为真理，不是说我们已经证明了最佳解释就是完全的真理。所以，对于一个理论具有实在性这样的本体论承诺和认识论状况的最稳妥的表述应该是：凡是经受得住最佳解释推理考验的理论，依据无奇迹论证的原则就具有逼近真理的性质。我们在下面遇到的还是这个问题，不过是将这个问题更加具体化了。

二 因果解释推理和实验实践论证

对科学实在论的第二个著名的辩护是卡特赖特的因果解释推理和哈金的实验实践论证。

南希·卡特赖特（Nancy Cartwright，又译南茜·卡特莱特）认为，最佳解释推理是使我们可相信能最佳地解释现象的理论，它所谈到的不可观察的理论实体的存在是真实的，但并不表明这个理论有关这个实体所说的一切都是真的，但是至少有一点是真的，就是这些不可观察的理论实体的因果作用是真实的。例如说在密封容器中的温度提高会使其中的气体对容壁的压力增大是没有意义的，除非你承认这些不可观察的气体分子存在及其撞击容壁的因果行为是真实的。科学家可以同时承认解释同样的经验规律的各种不相容的理论，说它们可以用于不同的实验场合，但科学家不会同时承认对同一现象的不相容的因果解释。所以对于同一现象只有一种因果解释是真实的，我们可以不接受最佳解释的推理，但我们必须接受那最佳解释的理论中所说到的最有可能的原因。卡特赖特说："我相信理论实体，但不相信理论定律。通常当我试图去解释我有关理论定律的观点时，我遇到标准的实在论者的回答：'如果这定律不是真的，它怎样能够解释（问题）呢?'范弗拉森和迪昂教我们反驳道：'如果它是真的，它怎样被解释呢?'是什么保证了这个解释是真的呢？我认为，当我们用一个定律来解释另一个定律的时候，是不能对这个问题做出合理的回答的。但当我们提出理论实体时，情况就不相同。这个理由是因果的，接受一个解释就是承诺它的原因。……如果云雾室里没有电子，我就不能知道为什么有轨迹线。""我们对理论实体的信念一般地是从具体的结果到具体的原因的推理的基础上形成的。这里就是对范弗拉森和迪昂问题的一个回答。运用理论实体进行解释的特殊之处就在于它是因果解释，而存在就是因果链的一个内在性质。这与理论定律毫无类似之处。"[①] 可见她对于最佳解释的推理做了一个分析，认为在最佳解释推理中，只有因果解释能保护，不是什么别的东西而只是理论实体具有客观实在性。所以我们可以称它为理论实体的因果实在论。卡特赖特对于定律，特别是理论定律相当忽视，认为所有的定律都是假的，这是我们要坚决反对的，这是后话，见本书第九章第六节。哈金提出另一

---

① Nancy Cartwright, *How the Laws of Physics Lie*, Oxford University Press, 1983, pp. 93, 99.

个进路，即我们不应集中注意科学理论所提出的理论实体及其因果作用，我们必须集中注意科学实验中的实验活动。他说，我们不能“被锁在一个表达世界中”，一个“旁观者”而不是参与者的世界中，“只有在实验实践（experimental practice）的层次上，科学实在论才是不可避免的”。[①] 所谓实验的实践就是创生新的现象，创生那种在自然界中并不存在的或转瞬即逝的现象，使那些“效应”或“事件”得以发生。我们之所以相信宏观对象的实在性，是因为在实验实践中，它以它的因果力作用于我们，而我们用我们的仪器干预操控了它们。同样，对于微观世界，“我们使用不可观察实体的能力使我们相信它们在那里”[②]。例如，对于电子，当密立根测量它的电荷时，我们可以不相信它真实存在，当我们发现了电子，我们也可以怀疑它的存在。但是，当我们制造了自旋电子枪 PEGGY Ⅱ，操控电子，利用电子的因果力去干预自然现象时，我们就确信它的存在。“如果你能操控它们，它们必须存在。”[③] 这使我们想起笛卡儿“我思故我在”的逻辑，我拿起电子枪，我可以怀疑一切，怀疑我们关于电子的理论、我们关于电子各种属性的理论论述，但有一点我不怀疑，就是我操控着电子，我操控了电子的因果力，使我熟悉了通过电子显微镜去观察微粒的技巧。所以我相信我看到的东西。我通过电子枪干预了世界，创造了微观世界的新结构。所以，我深信电子和它的明确的、稳定的因果力是存在的。这和卡特赖特一样，讲的是通过实验操控来确信实体的存在。这是一种实体实在论而不是科学理论的实在论。哈金的优点和缺点都体现在这里。哈金对实体及其因果力的存在做了一个有力的论证，但对于整个科学的理论和实践来说它只是部分的实在论（Local Realism），它未能

---

① Ian Hacking, “Experimentation and Scientific Realism,” in J. Leplin, ed., *Scientific Realism*, University of California Press, 1984, p. 154.

② Ibid., p. 160.

③ Ian Hacking, *Representing and Intervening*, Cambridge: Cambridge University Press, 1983, p. 23.

说明科学理论及其规律何以是近似正确的。他脱离了科学理论进行实体实在的论证，那他怎能知道他所操控着的实体是与某个科学理论框架下的理论词或理论术语相对应的呢，或它是某个理论词所指称的而不是别的东西呢？他还是要依靠某个理论对实体行径的某种诠释，而这个理论对于理论实体及其特征的种种描述是正确地反映了客体世界吗？为解决这个问题，归根结底还要依靠科学理论的实在性即它的最佳解释的推理和无奇迹论证。实体实在论可以看作最佳解释推理或无奇迹论证的一个特例，但它却是一个最为有力的特例。于是问题又回到了起点，不过对于这个起点我们还得仔细推敲，这就有必要看看科学的反实在论是怎样回应科学实在论的。

概括本节所说的内容，我们讨论了科学实在论的根据；在讨论的过程中，我们划分出三种科学实在论：（1）科学理论实在论，它得到了最佳解释推理和无奇迹论证的支持；（2）科学理论实体实在论，它得到了最佳因果解释和因果链无奇迹论证的支持；（3）科学实验实体实在论，它得到改造世界的实践论的支持。不过这些讨论只注意实体的实在性，对于科学理论所论及的结构、机制与定律的实在性则不甚明了。下面，我们将要讨论第四种科学实在论，即结构实在论。

第二节　结构实在论

一　反实在论对实在论的反驳

这种反驳也有两个基本论证，即证据对理论的不充分决定性（Underdetermination）论证和悲观元归纳论证（Pessimistic Metainduction Argument）。我们在这里着重讨论第二个论证。前面说到最佳解释推理和无奇迹论证从科学理论上说明科学实在论的合理性以及因果解释推理和实验实践论证从科学实验上说明科学实在论的合理性，给最佳解释推理的实在性以有力的补充。这些科学实在论的论证，说明成熟的科学与成功地解释和预言了各种现象的科学理论的中心概念及理论定律是真实的，至少是接近正确的，但这些论点遭到反实在论的有力反驳。其中最重要的一个论证是劳丹（Larry Laudan）提出来的。他在《科学哲学》杂志 1981 年第 1 期的一篇论文中提出科学史本身是曾经获得经验上成功的种种科学理论的“坟墓”。像 18 世纪光学、电磁学的以太学说和医学上的“体液”学说在解释、预言和控制现象上都曾获得很大成功，但后来都一个一个地走入坟墓。他提出，如果过去取得了很大成功的科学理论在历史上都一个一个地被发现为错误的东西，根据归纳原理，我们有什么理由相信实在论所说的现在取得成功的理论是逼近真理的呢？我们有什么理由采取如此乐观的态度呢？这个论证被称为“悲观的元归纳”。[①] 雷迪曼（James Ladyman）将悲观的元归纳论证表达为下列三点。

> （1）在科学史上有许多经验上成功的科学理论随后被拒绝了。而按照现行的我们的最好理论来看，它的理论词是没有指称的。
>
> （2）我们现时的最好的理论在种类上与被抛弃了的理论并没有区别，所以我们没有理由认为它不会最终也被替代。
>
> （3）从归纳的观点看，我们有肯定的理由相信我们现时最好的理论将会被新的理论所代替，对于这些新理论来说，我们现时的最好理论的中心理论词是没有指称的，因而我们不相信我们现时的最好理论的理论词逼近真理。[②]

劳丹在这篇论文中，为过去获得辉煌成功而后来走向消亡的理论开列了一张清单，什么元素说、热质说、泛生论、地质灾变论、牛顿时空论、光以太、电磁以太等，仿佛是一个个逝去了的

---

① L. Laudan, “A Confutation of Convergent Realism,” *Philosophy of Science*, Vol. 48, No. 1 (1981), pp. 19 – 49.

② James Ladyman, “Structural Realism,” p. 6.

理论的坟墓，其中以太学说占着几十个墓碑中最大一个墓碑。所以，我们用以太学说为例来说明劳丹的“坟墓论”。按菲涅耳光的波动理论，光不是某种微粒，而是某种周期性的振动，通过某种渗透一切的媒质向周围传播。这种媒质叫作“宇宙以太”，它弥漫宇宙，密度极小而切变弹性系数极大。运用这种波动光学理论，菲涅耳预言光的绕射：置一个不透明小圆屏阻挡平行单色光行进。如果光是粒子的直线飞行，则圆屏后面的观察屏幕上理应有一个圆形的影子。但按波动学说，光行进在圆屏四周发生绕射，在观察屏幕上，将看到一个白色亮点，并在四周有一圈一圈的明暗圆条纹。调整圆屏的大小和它与观察屏幕的距离，这个白色亮点清晰可见。菲涅耳提出这个预言时在法国科学院引起同行的极大怀疑，但实验的结果却出乎常人意料，奇迹般成功。难道这是一件偶然巧合的事吗？根据无奇迹的论证，应该不是，它一定说明了某种正确或至少近似正确的东西，它至少说明某种科学实在论是很有吸引力的。

但是，后来证明菲涅耳的“光学以太”说是错误的，19 世纪 20 年代为麦克斯韦电磁场理论所代替。按照麦克斯韦的理论，光不过是电场强度与磁场强度周期交替变化的结果。这就是电磁场，它是按空间中每一时点电磁场强来定义的，是一个不可还原的事实，所以正是它的后继理论电磁场理论证明它的先驱理论是“根本”错误的。但是，麦克斯韦理论后来又被爱因斯坦无静止质量的“光子”学说所代替。后者证明麦克斯韦的波动理论的基本概念，它的“理论实体”和“理论定律”是根本错误的。而这些新的“理论实体”即“光子”不服从经典物理学的规律而服从概率性的量子力学规律。劳丹认为科学史是由一连串的错误理论所组成的。尽管它们在解释现象和预言现象上是成功的，但我们有什么理由说当前的或今后的科学理论就不是由一连串带根本性错误的理论所组成的呢？劳丹最后得出一个结论：“非常清楚，实在论即使从自己的角度也不能解释许多理论的成功，而这些理论的中心术语明显是没有指称的，它的理论定律和机制都不是近似真的。不可避免的结论是，许多实在论者想要解释科学是怎样工作的，并按这个标准来评估它们的认识论上的适当性。不过它远不能解释这件事，他们的认识论超过他们力所能及的范围了。”[①] 应该说，悲观的元归纳论证对传统的科学实在论的打击是沉重的。我们不能认为，成熟的科学，经验上和实践上成功的科学，它所包含的不可观察的理论实体是一定有指称的，是一个接一个地逼近真理的。但是，也不能说它就一定是错误的，而且一定会被推翻，尽管劳丹开列的过去科学的十来个二十来个不可观察的理论实体（热质、以太之类）确实以后被推翻了。这个问题科学哲学界仍在激烈争论中，可以认为，劳丹只归纳了科学发展中后来被证明是失败了的东西。如果归纳一些后来没有失败，而是成功了的一直被认为是真实的东西，也可以有乐观的元归纳。我们暂且将这个争论悬置起来。但是，劳丹的悲观元归纳论证至少提出了一个根本性的问题，科学史是由一个个错误理论更替组成，那么在科学更替和革命的过程中难道就没有什么实质性的东西继承、持续和连贯着吗？这个问题促成了结构实在论的兴起。

二 结构实在论的兴起

当科学实在论与反实在论的论争相持不下的时候，英国伦敦经济学院沃勒尔（John Worrall）于1989年以他的一篇论文“结构实在论：两个世界的最优选择？”（Structural Realism：The Best of Both Worlds?）打破了僵局。一方面他不承认标准的科学实在论这样的一个论点，即认为成熟的科学或经验上实践上成功的理论都能正确地描述不可观察的实体，他根本上就怀疑这一点。他径直地放弃了描述和理解不可观察的实体的企图。另一方面，他极力反对反实在

① L. Laudan, “A Confutation of Convergent Realism,” *Philosophy of Science*, Vol. 48, No. 1 (1981).

论关于理论变革时，从一个旧理论转向一个新理论时没有任何持续性，没有任何东西继承下来的主张。他认为从一个理论向一个新理论的转变不仅有成功的经验内容从旧理论转移到新理论，而且有理论的形式从旧理论转移到新理论，这就是物理世界的形式的和数学的结构。不同理论之间，特别是它的不可观察的实体可以大不相同，但却可以具有共同的结构，因此科学实在论没有被推翻，它只是改变了形式，成为一种结构实在论。世界和事物的结构是实在的，是我们可以认识的；我们的认识，在认识结构上是可以有持续、积累和进步的。

在这方面，他继承和发展了彭加勒的结构实在论观点和从菲涅耳波动理论到麦克斯韦波动理论转变中结构知识如何保持下来的研究。

彭加勒说，根据科学理论的繁荣与衰亡的周期报告，科学展示出一个理论接着一个理论走向毁灭的图景，在这方面，他有点像后来劳丹提出的“坟墓论”。但是不是这些理论的建构是徒然无益的呢？没有哪个理论像菲涅耳理论那样曾经建立于巩固的以太运动的基础上，而现在却为麦克斯韦理论代替了，是不是菲涅耳的工作是徒劳无益呢？“不是的，菲涅耳的目标并不是想知道以太是否真实存在着，或者如果它存在，是否由某种原子组成，而这些原子又以什么方式运动，他的目标是要预言光学的现象。菲涅耳理论即使在今天也能做到这一点，而事实上它在麦克斯韦以前就已经能做到了，但微分方程总是正确的，它们总是能用同样的方法积分出来，而积分的结果总是保持它们的数值……这并不是说将物理学还原为一种实用的处方。这些（从菲涅耳转到麦克斯韦的）方程表达了一种关系，而如果方程是真的，那是因为这些关系保持它们的真实性（reality），这告诉我们，在这样那样的事物中存在着这样那样的真实的关系，只不过是这样那样的事物原来叫作（以太的）运动，而现在叫作电流。它们是我们想出来替代真实客体的名词，而这些真实客体永远隐蔽于我们视野之外，我们唯一能达到的实在就只是这些真实客体之间的关系。”[1] 这就是说无论我们对客体的理论有怎样的变化，我们所能了解到的“深层结构”是真实存在的，彭加勒已经表达了结构实在论的基本思想。沃勒尔在这个基础上重构了现代结构实在论新形式，它有以下几个要点。

（1）引进本体论范畴，将不可观察的本体（noumena，有时亦用 ontic form）划分为两个部分，一部分是它的实体（entities）或对象客体（objects），另一部分是这些实体的关系或结构、形式。前者是不可认识的，后者是可以认识的即可知的，特别是可以通过数学的结构来加以把握；前者是在理论变更中不断做出根本性的改变的，而后者是在理论变更中能持续下来的，表现出科学革命的持续性和积累性。

（2）科学实在论的主要论证，最佳解释的推理和无奇迹论证仍然有效。因为科学理论的预言与成功主要是由理论所表达的结构做出来的，而有关这些理论所表达的结构的本体论证是可以被认识的，是可以近似地正确近似为真的。预言和经验及实验上的成功并非奇迹巧合，是有实在性基础的。科学理论的作用和意义，绝不只是“经验地恰当的”而是包括正确地或比较正确地描述客观的结构。

（3）由于存在着后继理论对先前理论的积累性的（cumulative）或半积累性（quasi-cumulative）的进步，“悲观的元归纳论证”不能成立。但这只是在结构方面不能成立，在其他方面，例如在实体的实在性方面，结构实在论仍然持一种并不乐观的归纳态度，而就其认为人们对于实体的认识是不可知的这一点来说，它对于人们的认识能力的确持一种悲观的态度。

沃勒尔进一步运用菲涅尔方程来说明这个问题。大家知道，在光学中，偏振光可以分解为两个分振动进行研究，一个是与入射平面平行方向的振动，另一个是与该平面相垂直的振动。设入射线经

---

① H. Poincare, *Science and Hypothesis*, New York: Dover, 1905, pp. 160 – 161.

过不同的介质分界面产生反射线和折射线。设入射角为 i，折射角为 r。又设入射光、反射光和折射光的强度在平行于入射平面上的分量分别为 I^2、R^2 与 X^2，而在垂直的平面上的分量分别为 I'^2、R'^2 与 X'^2。（因光强度与振幅的平方成正比，故用平方来表示）。菲涅耳方程将这些变量之间的关系表述如下：

$$R/I=\tan(i-r)/\tan(i+r)$$
$$R'/I'=\sin(i-r)/\sin(i+r)$$
$$X/I=2\sin r\cos i/\sin(i+r)\cos(i-r)$$
$$X'/I'=2\sin r\cos i/\sin(i+r)$$

这个方程组完整无缺地保留于麦克斯韦的电磁场理论中，并且从麦克斯韦方程中可以将菲涅耳方程推出，新的观点对于旧的论证来说只是重新诠释了它的变量。菲涅耳将振动强度说成是以太粒子之间的振动最大距离，而麦克斯韦说这是电磁波的振幅的平方。从麦克斯韦观点看，菲涅耳对实体解释完全错了，根本没有什么以太粒子这东西，至于麦克斯韦的经典电磁场，后来又为量子力学的光子所代替。尽管科学对实体的认识像走马灯式的不停转换，但它们的方程式及其表现出来的结构则是正确的、真的。它们在理论的转折中和革命中持续下来，坚持下去，表现出科学发展的连续性和科学本体的某种实在性，即结构实在性。至于不可观察的实体，科学能否得到有关它的真理，沃勒尔确实持一种悲观的态度，他认为，“结构实在论提供了一种‘综合’，将主要的先前的实在论论证，即无奇迹论证与反实在论的主要论证，即‘消极悲观的归纳’论证综合起来”[①]。

沃勒尔的主要功绩就在于他提出或重提了结构实在论，这在近 30 年的科学实在论与反实在论的论战中起到一石激起千层浪的作用，使这个争论返回科学哲学研究的主流，引发了一连串的有

---

① J. Worrall, “Miracles, Pessimism and Scientific Realism,” originally presented at a Lunchtime Colloquium at the Center for Philosophy of Science in Pittsburgh in October 2005.

关科学本体论、科学实在论、数学哲学、物理学哲学的问题。而沃勒尔的结构实在论的主要问题，就是他在性质与关系、实体与结构问题上引进了非此即彼的二分法，又在二分法上引进了康德不可知论的精神。什么是实体及其性质？什么是实体之间的关系及其组成的结构呢？是不是以及为什么我们只能认识实体（或个体）之间的关系结构，特别是它们之间的数学结构，而不能认识实体及其内在性质呢？用可知与不可知的康德论题来划分实体与结构、性质与关系，尽管似乎有许多科学证据，但这可是一个令人很难想得通并能适当加以安置的问题。尽管沃勒尔的论文没有正面提到康德主义，但结构主义学派中有一些直率的学者则明确谈到结构实在论是“康德物理主义”（Kantian Physicalism），法兰克·杰克逊（Frank Jackson）说：“我们对于世界的内部性质永不可知，我们能知道的只是它连带的因果关系。”[①] 有关这个问题我们将在下文进行讨论。

第三节　认识的结构实在论和本体的结构实在论

认识结构实在论（Epistemic Structural Realism，ESR）主张人们不能认识客体、实体或个体及其内部性质，而只能认识它们之间的关系与结构。第二节谈到的结构实在论的兴起所讨论的结构实在论主要就是认识的结构实在论这种形式。至于为什么人们只能认识客体之间的，特别是不可观察的客体之间的关系与结构而不能认识客体本身的及其内在的性质，结构实在论者除了从康德那里找到某种普遍的根据外，在20世纪的哲学中，他们从罗素那里找到最早的根据，这个根据如此深刻，以至无论赞成也好，反对也好，一直

① Frank Jackson, *From Metaphysics to Ethics: A Defense of Conceptual Analysis*, Oxford/Clarendon, 1998, p. 24.

到现在还是一个哲学难题。罗素在 1927 年发表了他的《物的分析》(*The Analysis of Matter*) 一书，提出了三条认识论原理。(1) 自我困境原理："我们只能进入我们的感知，获得感觉、知觉的知识，感知就是我们唯一的直接知识，而感知不能给予我们有关外部对象的直接知识。"[①] 20 世纪英国逻辑经验论者艾耶尔（A. J. Ayer）后来称这一原理为"自我中心的困境"（Egocentric Predicament）。(2) 赫尔姆霍兹—韦尔原理（Helmholtz-Weyl Principle，H－W）：不同的结果（即感觉）由不同的原因（外部刺激）引起。这个原理又称为依随性原理（Supervenience Principle），即感觉依随于它的原因，即外部刺激。(3) 感觉与客观对象同构原理，感觉之间的关系与它们的非感觉的原因（对象）之间的关系是一一对应的，具有相同的逻辑—数学的结构。[②] 由这三条原理罗素得出结论：由感知的结构，我们可以"推知物理世界的结构，但不是物理世界的内部性质"[③]。所以严格地说来，我们的认识至多只能认识到我们的感知世界与外部世界的同构对应关系，这是一种外部世界的二阶结构（一阶结构是外部世界实体之间的关系结构以及感觉之间的关系结构。而实体结构与感知结构之间的同构关系应属于二阶结构）。我们主要是通过外部世界的二阶结构即实体的数学结构（或称为抽象结构）来认识实体之间的具体的物理结构的。这就是我们不能认识实体的内在性质而只能认识物理世界的结构的一个认识论原因，所以叫作认识的结构主义。当然这个论证还有不少问题。罗素的刺激感应的认识观，忽略了认识主体的建构作用，不过这还没有影响主客观之间某种同构或同态（部分同构）的关系，并且罗素在这里特别强调数学在认识物理结构中的作用，倒还是耐人寻味的。这可以用图 3—1 来表示。

---

① Bertrand Russell, *The Analysis of Matter*, Kegan Paul, London, 1927, p. 197.

② Ibid., p. 252.

③ Ibid..

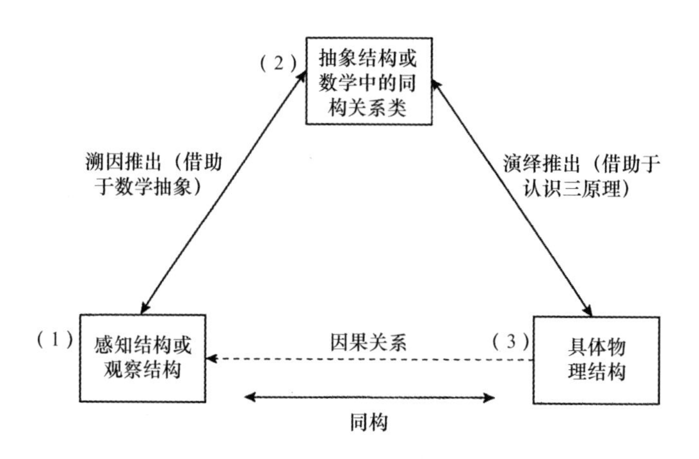

图3—1 罗素的认识结构实在论

这个认识具体物理结构的过程是:(1)研究感知或观察结构所具有的一定的关系模式;(2)由此我们能够通过溯因推理,包括最佳解释的推理,从观察结构中抽象出一个抽象结构或数学结构,它就是观察结构与物理结构共有的同构关系类(the same isomorphism class);(3)诉诸H-W原理等认识论三原理,从同构关系类中推出具体物理结构,它是已具有某种物理意义的方程组等等。

对认识的结构实在论的另一个论证是兰姆西的论证。兰姆西(Frank Plumpton Ramsey,又译拉姆齐)是20世纪初英国剑桥的一位年轻的哲学家和逻辑学家,1930年逝世时只有26岁。1931年,作为遗著发表了《数学基础》一书。[①] 哲学家们惊讶地发现解决当代许多数学基础和科学哲学的难题都可以从他的著作中得到启发。科学哲学家卡尔纳普发现他的一篇题为《理论》的论文的重要性,在《科学哲学导论》(1966)一书第26章用整章的篇幅加以介绍。所谓兰姆西语句的原义,是要研究一个理论的理论词所指称的实在性问题。兰姆西提出了三个问题:其一,“我们能说些什么在某理

① R. B. Braithwaite, ed., *The Foundations of Mathematics and Other Essays*, Routledge & Kegan Paul, 1931.

论语言中说了的东西，而没有理论语言就不能说出来的吗?”[①] 他的回答是“不”。这就是说，理论语言原则上是可以省去的。其二，“我们能否在我们的一阶系统（primary system，亨普尔称为‘前理论语言系统’）中借助于明言定义（explicit definition）来重构我们的理论结构?”他的回答是“是！有这个可能，不过非常复杂”。一些逻辑经验论者就是企图将理论语言还原为经验陈述，遇到不可克服的困难。关键是第三个问题：“对于合理地使用（legitimate use）理论来说，这种明言定义是必要的吗?”兰姆西的回答是“不”。他说“这是很明显的，如果是必要的，则理论便是完全无用的”。事实上，用“原初（或经验）语言”来明言定义一个科学理论词在这里得不到辩护，因为理论词的意义是开放的、灵活的，它要运用到许多新情况而不改变它的意义。既然明言定义不必要，这就是说理论有着附加的内容覆盖在原初系统之上。这附加的内容是什么?

他回答道：“写出我们的理论的最好方法看来是∃（α，β，γ）。”他反对将数学和科学理论的公理体系看作一种自由浮动的符号游戏。他认为，理论是有关事实的，所以不能将它与它的内容分离开来，但也不能将它限定在原初系统的语言描述中。因此它是一个命题函数的变量［例如 F（x）中的 x，指存在着某些实体满足这个理论，所以用存在量词约束它、把握它］。

于是，将可公理化的理论记为 T，通过使用下列的方法将 T 改写为兰姆西语句 RT。

第一步，将任何一个理论写成逻辑表达式：

$$T = T（O_1，\cdots，O_n，t_1，\cdots，t_m）$$

其中 O_p 为观察词，如一个仪器记录仪表的读数或观测到云雾室的摄影胶片上的线条，或盖格读数器（Geiger counter）所记录的“咔嚓”声响等。t_s 为理论词，如原子、分子、质量、温度、压

① R. B. Braithwaite, ed., *The Foundations of Mathematics and Other Essays*, pp. 220, 229.

力等。

第二步，以任意选择的命题的类变量或关系变量 x 置换所有的理论词，使它成为下列的形式：

$$T' = T\ (O_1,\ \cdots,\ O_n;\ x_1,\ \cdots,\ x_m)$$

第三步，用存在量词约束变元 x_s，便得到该理论的兰姆西语句 RT：

$$RT = \exists x_1,\ \exists x_2,\ \cdots,\ \exists x_m T\ (O_1,\ \cdots,\ O_n;\ x_1,\ \cdots,\ x_m)$$

兰姆西语句的特点是具有原来表述理论的语句的全部解释功能和预言功能，但却不出现理论词，因而不存在有关“原子”“质量”这些自然类的理论词指称了什么这样的本体论状态问题，即世界有哪一些实体的性质与其相对应等问题。但是，在兰姆西语句中理论实体本身没有被排除，只是我们不知道它的内部性质，它为兰姆西语句的约束变量（bound vatiable）x_i 所代替，但它存在着，即 $\exists\ (x_i)$，并处于一定的关系中，它的函数关系 T 并没有改变。但要说明它，就要借助于 x_i 在理论 T 中的结构关系及其在其中的作用。例如电子不管它是什么东西，只要满足电子的现行理论就行了。它可以没有什么直接可观察的性质，也不需要一个桥接原理与可观察语句连接起来。因为兰姆西语句中只留下了观察语言和结构描述，这样它就以量词、谓词变量、观察内容等复杂的被数学扩展了的观察语言来描述说明理论实体，不是对理论实体的内在性质进行描述，也没有给出它的一个特别名字，而是对它的关系结构进行描述。这就是沃勒尔等人运用兰姆西语句对认识的结构实在论的一种论证和支持，其思路和要表达的东西与罗素论证如出一辙，只是表达方式不同。

结构实在论的第二种形式是本体结构实在论（Ontic Structural Realism，OSR）。有一些结构实在论者从更加激进的观点来看待问题，首创者为雷迪曼（James Ladyman，1988）和法兰克（Steven French，1998）。他们认为我们不仅要从认识论看待结构实在论，而且要从本体论的立场看待结构实在论，既然在科学的变迁和理论更替中，只有结构持续下来，并发生积累的进步，那么我们知道的就只是结构，而不是事物的自身。所以从本体论来看，我们应该放弃那些对事物、实体及其内在性质的承诺，而主张结构是根本性的，第一位的，世界上只有结构真实存在，实体不过是结构关系的"纽结"和"交叉点"，是可以还原为结构的东西。所以"客体就是结构""客体必须概念化为结构"。[①]

法兰克和雷迪曼根据康德和卡斯勒（Cassirer）的论证进一步指出："电子是什么？它不是一个个体的对象客体。如果我们根据日常的语言（因为目前还没有关系逻辑的资源）来谈论电子客体，则这个谈论只能是'间接的'。不是将它看作被给予的个体或客体自身，而是将它描写成一定关系的交叉点（points of intersection）。我们所知道的一切仅仅是关系……其中有某些关系自我保存下来并具有持久性（self-subsistent and permanent），因而我们称之为客体。"[②] OSR 的创始人明白要将实体（或客体）与关系的地位颠倒过来，即将关系看作比实体（关系者）更根本的东西，关系是第一位的并在某种意义上先于并决定实体的存在，这个论题是 OSR 能否成立的关键论题。法兰克和雷迪曼等人为此运用了两个主要论证：逻辑论证和量子物理论证。下面，我们来看他们的逻辑论证。法兰克和雷迪曼发现，结构主义受到现代逻辑和集合论的伤害，因为这些理论用变量保留了个体客体的经典框架。它们的变量是个体变元，它是谓词的主语和谓词变量的值域的元素，所以从现代逻辑和集合论的观点看，个体客体或个体实体是占第一位的。函数必须有个值域，实体就在值域中，谓词必须有个主词，它就是客体。连奎因这样的大逻辑学家也据此谈论"存在就是约束变量的值"。法兰克和雷迪曼想到的解决方案是，在比较适当的结构主义形而上学

---

① Tianyu Cao, "What is Ontological Synthesis? – A Reply to Simon Saunders," *Synthese* 136 (2003), p. 110.

② Steven French and James Ladyman, "Remodelling Structural Realism: Quantum Physics and the Metaphysics of Structure," *Synthese* 136 (2003), p. 39.

的逻辑形式建立起来之前，可以利用现代逻辑和集合论做这样的“插入进路”（spatchcock approach）：将表达实体的逻辑变元或逻辑常项当作“空位”（Placeholder，直译为占位符，相当于社会学中某种未定位的角色）。“这个空占位符允许我们定义和描述这样的相关关系，它承担了全部本体论的分量。”[1] 我现在联系系统科学对“插入进路”做如下的解释：如果一元谓词去掉变元就表现为 P（ ），多元谓词即关系去掉个体变元就成为 R（,,），这就是所谓占位符，可以先有谓词与关系，在它的约束下，再来确定个体实体，就像先有空着的总统职位，然后按它的职责要求去选举总统一样。这样实体就被定义为关系的函数。

$$\text{实体}\ X =_{\mathrm{df}} F\left(\langle R_1, R_2, R_3, \cdots, R_n \rangle\right) \quad (\text{公式}\ 3.1)$$

这里的关系是原始概念，结构是关系的有序组合 $< R_1, \cdots, R_n >$。我们通常所说的实体或个体实体、个体变元，不过是一组这样的有序关系，它具有某种自我支持的稳定性和一组关系的持续性。因为这组关系是稳定的，在变化着的关系中可识别的，具有持久性或连续性的（这些都是 F 函数的特征），所以，我们便把它叫作实体，怀特海将实体看作“过程的持续性”也是这个道理。怀特海说：“在唯物论看来，质料（如物质与电），在机体论看来，唯一的持续性就是活动的结构，而这种结构是进化的。”[2]

对于这个本体结构实在论的观点，法兰克、雷迪曼等人从现代物理学中，特别是量子物理学中找到了支持。大家知道，传统的形而上学或本体论自亚里士多德以来的主流观点认为，存在，主要是个体事物的存在。逻辑经验论拒斥形而上学失败之后，后逻辑经验论的第一本形而上学专著就是斯特朗逊的《个体——论描述形而上

① Steven French and James Ladyman, “Remodelling Structural Realism: Quantum Physics and the Metaphysics of Structure,” *Synthese* 136 (2003), p. 41.

② A. N. Whitehead, *Science and the Modern World*, Cambridge University Press, 1932, p. 150.

学》。[1] 但是量子物理学说明，在微观世界中“个体性”成了问题。当然在经典物理学中，同类的基本粒子，在个体性质（静质量、电荷、自旋等）上是不可区分的，不过相对于时空坐标来说，它是可以区分的。这就是说，只有在这种时空点上的个体性才能存在。但是从量子力学的观点看，两个基本粒子能不能在两种状态上进行区分呢？请看它们的排列组合：

（1）粒子 a 与粒子 b 处于状态 A；

（2）粒子 a 与 b 处于状态 B；

（3）粒子 a 处于状态 A，粒子 b 处于状态 B；

（4）粒子 a 处于状态 B，粒子 b 处于状态 A。

经典物理学将 1/4 概率分配给每一个状态分布的可能性，这就是麦克斯韦—玻尔兹曼的统计分布，但是量子力学却认为（3）与（4）是不可分辨的。所以只有三种可能的分布（a，b 都处于 A；a，b 都处于 B；a，b 处于不同状态）。这就是 a，b 在个体性上的著名的不可分辨假说，即在基本粒子中不存在着明确的个体性。既然基本粒子没有明确的个体性，因而就不可承诺谁是关系的承载者，于是只有关系真正存在着。雷迪曼称自己的这种观点为排除主义即“世界上只存在结构，不存在个体”。对于这种没有关系者的关系，雷迪曼辩护说，首先，对于现象世界用内容的一部分来把握并不恰当，“形式的性质”独立于作为“例示的内容”，关系重于实体属性，因此在进一步对形式关系进行分析时必须丢弃关系者，可以发展出一种无个体的对象的一阶非经典逻辑，其中如下的同一律不成立，即（x）（$x=x'$）或（x）（$x\neq x'$）不成立。其次，我们要注意量子世界的特点：存在着一种关系或关系的事实，它们并不依随于（supervene on）它们的关系者的内在的关系和时空的性质，而取决于量子的缠结。这就与传统形而上学有根本的区别，传统形而上学包括亚里士多德的和休谟的物质论以及莱布尼兹的单子论都

① P. F. Strawson, *Individuals*, London, Methuen & Ltd. , 1959.

认为，结构由个体及其内部性质组成，所有的关系结构都依随于它，可是量子缠结和 EPR 的实验否定了这种依随观和还原论，而认为“如果存在着内部性质这种第二性质，则它应由关系的性质加以推出”[①]。

第四节 结构实在论的贡献与问题

结构实在论在历史上源远流长，在现代物理学和其他科学中根深蒂固。从近代科学的发展来看，尽管伽利略说出了它的至理名言：要阅读自然界这本书，自然界的书是用数学的语言写成的。但这是一种隐喻的说法。事实上自然界根本就不是一本书，也没有写上什么数学文字。它是由某些带一定性质的实体通过一定关系变化而组成的。但是因为它有量的性质和结构的关系，所以可以用数学来表达它或表征它。所以在运用数学方法研究科学方面，牛顿在力学上甚至后来的麦克斯韦在电磁学上，都表现得诚惶诚恐，生怕自己走上了数学神秘主义道路，所以，他们力图在数学方法与经验研究上保持一定的张力，用范弗拉森的话说，他们力图在“具体化论证”和“结构主义”两极之间来回振动。但随着出现科学概念的困难和科学中不断增长的数学特征和数学应用，到了 19 世纪末“新的一代物理学家将以前貌似缺点的东西看作一种光荣”[②]。从数学神秘主义走向数学万能论便成为结构主义在科学中涌现的一个认识论根源。于是，科学家和科学哲学家便努力建构各种不同版本的结构实在论，这一传统可以一直追索到柏拉图、毕达哥拉斯，特别是近代的康德以及现代的彭加勒、迪昂、罗素、卡尔纳普、怀特海。至于现代所有著名的科学哲学家几乎无一不谈结构主义或结构实在论，特别是现代结构实在论者将他们的研究扩展到现代物理

① James Ladyman, “Structural Realism,” Sec. 4.

② B. C. van Fraassen, “Structure: Its Shadow and Substance,” *PhilSci Archive* (1999), p. 12.

学、现代数学和现代系统科学，这便在科学中特别是在量子力学和量子场论中找到自己的巩固基础。

结构实在论的主要贡献就在于它在科学实在论与反实在论的论战的近十多年的僵局中闯出了一条新道路，既保留了科学实在论的无奇迹论证的论题，承认科学有逼近真理，正确反映世界（的结构）因而科学变迁有连续性进步的本质特征，又支持了反实在论关于世界在某些方面的不可知的论述，承认科学在描述不可观察的实体及其机制方面是根本地非连续的，从而支持了“悲观的元归纳”主张。这样，在科学哲学的逻辑分析学派与文化历史学派之间的旷日持久的争论中，他们断然走上了一条中间道路，既承认逻辑分析学派的积累进步观和适当的还原主义，又承认在理论实体层次上不同范式之间的不可通约性。应该说，结构实在论立论是新颖的，论证是严谨的，并有长时期的哲学历史发展的渊源和最新自然科学的根据，因此，它就大大推动了数学哲学、物理科学哲学、系统科学哲学和一般科学哲学的发展。

但是，我们也应看到，结构实在论，无论是哪一个版本的结构实在论都存在着相当大的问题和困难，这些问题与困难我认为可以粗略地表述如下。

（1）关于实体（性质）与结构（关系）的二分法问题。实体及其内在性质与结构及形成结构的实体之间的相互关系本来是一对范畴，是不能截然分开的。结构实在论给它们以一种本体论和认识论的根本区别。对 ESR 来说，关系结构是可知的，而实体是不可知的。但如果结构是由实体组成的，是实体之间相互作用、相互联系的结果，而如果实体不可知，则对于结构是怎样形成的，是怎样发挥作用的也就不可知。这样，不可知的实体便对结构的可知性和结构知识的可靠性形成极大的约束和限制。例如，实体之间有许多关系，不可能只有唯一一组关系组成结构。如果不知实体，只有组成结构的抽象的可能性，我们怎样判定哪一组关系结构为真呢？反过来说，知道实体之间的关系与结构虽然不能唯一地推出实体的“性质描述”，但这却会为实体及其内在性质提供许多信息。“a 是 b 的母亲”这种关系，可以推出 a 是女性的，并且是为人之母。电子与电子之间以及与其他基本粒子之间的关系，可以推出电子的许多内在性质，如具有负电荷、有质量等等。追查一个罪犯就是通过各种关系将他缉拿归案，验明正身，怎样会是关系可知，关系者不可知呢？对于 OSR，即本体结构实在论，并不存在这个问题，因为它认为世界上根本就没有实体，只有结构；没有关系者只有关系成立。但没有关系者的关系是什么？没有情人甚至没有个人存在的恋爱关系又是什么？这是很难想象的。如果关系与结构独立于实体、个体及其性质而存在，那么我们甚至不能谈论关系与结构、同构或同态。所以，如何解决实体（它由实体的内在性质来定义）与关系的截然二分是结构实在论尚待解决的一个问题。我认为，解决这个问题的方向是以某种方式从本体论上召回实体，并研究对实体的认知途径。不过这样的结构实在论就转变为实体的结构实在论了。我最初称它为 entitative structure realism，这是根据曹天予在《综合》杂志专刊（2003）的一组文章中概括出来的实体结构实在论，后来他在 2010 年发表的《从流代数到量子色动力学》一书中也没有给自己的实体结构实在论起一个正式的名字。所以本书仍用 ENSR 以区别于 ESR 与 OSR。波士顿大学的曹天予教授正在进行这个工作，不过他的工作并未受到足够的重视和讨论。

（2）理论范式转换中的持续性与非持续性问题。首先，在结构实在论的讨论中，有人质疑理论范式转换中微分方程保持不变的菲涅耳—麦克斯韦案例的典型性。我个人认为，在理论转变中，某种数学结构及其某种物理意义保持不变是相当普遍的。比如，热力学中卡诺循环引出热力学第二定律，最初用热质说来解释，后来又用分子运动论从有序到自发无序进行解释；甚至牛顿力学可以作为特例用相对论力学在 $v << c$ 的条件下进行解释，牛顿力学方程也在理论范式转变中持续下来，等等。这些都说明菲涅耳—麦克斯韦案例有普遍性。其次值得注意的是，结构实在论只承认结构，特别是

数学结构在理论变迁中有持续性，而不承认理论所描述的实体本身在理论变迁中有持续性，这仍然是一个问题。除结构外，某些非结构的理论内容也可能保持下来。例如，粒子的内部性质，它的质量、平均寿命、同位旋、自旋、电荷及宇称也可能在理论范式的转变中保持下来。门捷列夫周期表中各种化学元素作为实体及其性质，它们的酸碱性质、价键性质、活性和稳定性质可能在它的不同解释（如经典解释转变为玻尔半经典的外层电子的轨道解释以及再转变为量子力学，例如电子云与量子场的解释）的范式转换中保持下来。我个人的理解是：虽然在理论转变中，有相当大量的例子说明结构性质会保持持续性，而相对说来，实体的描述，不可观察理论实体的说明更多地具有非持续的特征。但这似乎不能一概而论。问题的实质在于在理论的转变中，在范式的变换中，应该划分出两个部分：一部分是具有持续性的部分（无论实体内在性质还是关系的结构性质，也无论是物理内容的性质还是数学形式的性质）；另一部分是具有非持续性的部分。这和库恩晚年对不可通约性做出"局部不可通约性"（Local Incommensurability）的解释是一致的。这种划分对于保持沃勒结构实在论的优点，即同时承认"无奇迹论证"和"悲观元归纳论证"具有同样的效果。

（3）关于现象世界（感知的世界）与物理世界（刺激的世界）的同构关系问题。科学哲学家希洛斯[①]和德莫普洛斯质疑罗素的同构实在论。[②] 他们认为，第一，罗素只是粗略地说了具体现象世界的结构与具有物理世界的结构（引起人们感觉的外部刺激）一一对应，即某种感觉有某种外部刺激与之相对应，这是同构的。但是，反向的 H－W 原理就很难成立，即同一刺激在不同的时间、不同的情景下会产生不同的感觉，这就不是同构的。第二，即使反向的

---

① Stathis Psillos, "Is Structural Realism Possible?" *Philosophy of Science*, Vol. 68, No. 3, Sep., 2001.

② William and Demopoulos Michael Friedman, "Bertrand Russell's The Analysis of Matter: Its Historical Context and Contemporary Interest," *Philosophy of Science* 52 (4), 1985.

H－W 原理成立，感觉只能与感觉到的物理世界相对应，必定有许多未曾感觉到的物理结构的元素与关系存在，它们是“额外的结构”。因此严格来说，具体的感知结构与相应的物理系统的结构、现象与不可观察的世界“并非同构关系而是嵌入的关系”。[①] 即感知世界嵌入物理世界之中。而没有这种同构关系，从图 3—1 中可以看出，结构实在论者不能推出（inference）物质世界的结构。而若排除“额外结构”来建立同构关系并补充上主观建构的“额外结构”，则向“唯心主义让步太多”。对罗素同构实在论的这个质疑虽然使罗素同构实在论面临困境，但也不是不可以通过改进罗素的结构实在论来认识客观的物理结构。我个人认为，现象世界的结构与物理世界的结构之间的关系，可以是同构的关系，也可以是同态对应的关系。同态对应关系既容纳了非反向的 H－W 原理，又容纳了“额外结构”，并且容纳了某种程度的主观建构，因为客观实在论并不是通过一一对应而给予人们的，而是人们重构的。这正是打破罗素同构实在论的机械唯物论因素和刺激—反应的行为主义因素，这就需要建构同态实在论来替代罗素同构实在论。我们的认识论不是客观对象的反映论，也不是主观概念的完全建构论，我们是同态实在论和同态建构论。

以上几点，可以作为我们进一步研究结构实在论、批评结构实在论或发展结构实在论的参考。现在我们进一步讨论实体—结构实在论。

第五节 实体—结构实在论

曹天予的结构实在论与公认的其他版本的结构实在论有很大的区别。虽然，曹强调科学中的结构知识、结构陈述在认识论上占有优先地位，并由此可以通向不可观察的实体的认识。但是，在本体

---

① Stathis Psillos，“Is Structural Realism Possible?” *Philosophy of Science* 68（3），2001.

论上，他总体上强调基本实体对结构的优先地位，这使曹的结构实在论成为实体—结构实在论。这样，我们可以对结构实在论提出一个新的分类：认知结构实在论（ESR，认为实体是不可知的）；本体结构实在论（OSR，认为在本体中只有结构存在从而消去实体）和实体—结构实在论（ENSR）。我个人支持实体—结构实在论，因为在本体形式中消去实体，那关系结构本身也就成了实体。不过曹天予的实体概念已不是老传统的个体形而上学，这个概念概括了个体客体、非个体客体、非客体物理场，甚至整体的过程结构。总之，凡是符合本章第三节公式 3.1 即实体 $X =_{df} F$（$\langle R_1, R_2, R_3, \cdots, R_n \rangle$）的一切项目，都是实体，这里函数 R 为关系结构，F 为关系结构的载体的意思。2006 年，他提出了两种结构类型的理论，一种是（实体）元素在本体论上优先于整体结构，另一种是整体结构在本体论上优先于它的（实体）元素。这就大大地拉近了 ENSR 与 OSR 的距离，但由此引起的还原与突现问题、实体与结构问题，特别是如何通过结构认识实体的问题迫切需要解决。我个人由此引出实体—结构主义和实体—结构—过程三位一体的实在论。这是我的一种借题发挥：借曹天予之题，发挥我的实体—结构主义实在论。

曹天予的巨著《20 世纪场论的概念发展》（1997）与《综合》杂志（2003 年，第 136—141 卷）讨论曹天予的结构实在论的专刊非常难读，读后又觉非常难以评论。因为各种正反面的意见已经深入讨论了，并运用了量子物理学的前沿案例进行研究，对于这些案例我提不出什么新的见解。我只能就某些问题进行认识论的简化，看看能不能通过简化从宏观上说明一些问题。以便大多数读者能够读懂。

一 曹天予的自然主义本体论

在我国，几十年前流行过一种本体论，它的教条主义和逻辑的不一致达到令人难以忍受的地步。大家都想改进这个体系，并且用现在自然科学和社会科学特别是科学哲学来修正与充实这个体系。不过大概在20世纪80年代初，以我国哲学家高清海教授为首的一批人，采取“休克”疗法，让这个形而上学体系休克了。但是，对于大多数哲学工作者，特别是科学哲学的工作者来说，它连同其他的形而上学和本体论也都被休克了，甚至辩证法，包括自然辩证法也被“休克”了，这就造成我们讨论曹天予著作的本体论的困难，因为曹天予正是熟悉这个辩证唯物论的老体系的。

曹天予教授是从研究场论的概念发展史中概括出本体论的。他的结论是：任何科学学科，任何研究纲领，它们的内核都有五个基本的“本体论承诺”（ontological commitment）。

（1）任何科学分支都预设了特定研究领域的基本的原初实体（fundamental or primary entities）（Cao，1997，p. 5）[①]。它们是该领域在逻辑结构上不可还原，即它在本学科领域不能由其他要素推出但能推出其他现象的要素，它也不是“副现象或派生物”，后者就可以由基本要素推出。所以它是该领域的“真实的和自主的存在”（real and autonomous existence），是“物质实体”（Cao，2003a，p. 6）。例如，量子物理学中的真空场，也许还有化学中的原子、分子，分子生物学中的DNA等。不过具体讨论起来比较复杂，例如，执行一定生命功能在神经细胞中进行传播的自由电子是分子生物学的基本实体吗?

（2）这些基本实体存在于时空中，例如量子场存在于有无限自由度的明可夫斯基的四维时空域中。曹天予说：“实体总是由本质的或基本的特性的群体来刻画的。这些特性存在于空间与时间中，

① 曹天予：《20世纪场论的概念发展》（1997英文版），上海世纪出版集团2005年版，第7页。本书有英文版的边注。本节列举的曹天予本体论的前五个要点，均来自这本书以及曹天予在《综合》（*Synthese*）136（1）卷发表的三篇论文。它们分别是：Tianyu Cao，（2003a）“Structural Realism and the Interpretation of Quantum Field Theory，” *Synthese* 136（1）；Tianyu Cao，（2003b）“Can We Dissolve Physical Entities into Mathematical Structures?” *Synthese* 136（1），pp. 57－71，以及Tianyu Cao，（2003c）“What is Ontological Synthesis? －A Reply to Simon Saunders，” *Sumtjese* 136（1）。以下有关这些著作的引文，多数采用括号注释，如（Cao. 1997. p. 5）。

在空间与时间区域的变化中守恒。”（Cao，1997，p. 11）他又说：“虽然基本实体（entity）可以与其他的基本存在（fundamental existence）发生相互关系。例如量子场与明可夫斯基的时空（spacetime）发生相互关系，但它的存在不能在理论话语中从其他东西推演出来。”[①] 这再一次指明时间空间也是基本存在的本体论论题。

（3）基本实体具有各种性质（当然存在于时空中也可看作它的一种性质），其中有两组性质特别重要，一组是它的“结构属性”（structural properties）或简称为“结构”。（Cao，1997，p. 360），即要素之间的稳定的关系系统。它的陈述是探明基本实体的关键。另一组是它的内在性质中的因果效应性质（causally effective features）（Cao，2003c，p. 117），它是基本实体具有因果力（Causal Powers）的根源，它使结构关系不同于形式结构，成为对元素有约束作用的本体论基础。

（4）基本实体具有特定行为，这些行为表现为服从特定的定律（Laws）或似律规则性（law-like regularities），这些律则必然性来自基本实体的因果力和结构关系的约束性，从而形成行为的动力机制。这里所说的结构关系的约束力同样是一种因果性，这里的问题是关系到因果力在基本实体和基本结构之间的分配与布局问题。

（5）受律则支配的所有实体可以归入一定的自然类（Natural Kinds），这些自然类组成世界层级结构，不同层次的实体之间存在因果关系，而又有自主性，这就形成世界的统一性和多样性的根源。这便进入了他的第六个本体论假说。

（6）突现与突现主义：“存在着基本层次与突现层次，基本层次与突现层次之间在本体论上是不对称的。在突现层次上，突现实体与冻结了的初始条件和边界条件合而为一，它在基本层次上不被

---

① Tianyu Cao, *From Current Algebra to Quantum Chromodynamics: A Case for Strutural Realism*, Cambridge University Press, 2010, p. 204.

发现或者只是偶然发生的，它在突现层次出现是无规律的。”[①] 在曹天予的《20 世纪场论的概念发展》（1997）巨著中，以及在 2003 年《综合》杂志对这本论著专刊讨论发表的曹天予四篇论文中，他都没有提出突现的概念。但在 2010 年他在清华大学的演讲中，以及同年他出版的另一部重要著作《从流代数到量子色动力学：结构主义的案例研究》[②] 中，提出了突现与突现主义的命题，这便构成他的本体论的第六个要点。

显然，这些基本观点是属于实体实在论的范畴，而结构的概念不是独立于实体的。所以它应该属于实体—结构实在论的领域。它显然是一种基础主义的观念。

尽管有些哲学家反对这种“基础主义”，直觉上我们还是可以很快地接受这六个基本本体论观点的，将有些具体问题留待慢慢推敲，其中有一些问题放在第三篇进行研究。例如在这些本体论承诺中，基本实体行为的随机性和不可预测性以及概率性和不确定性安置在哪里呢？那些结构与层级对于元素的约束作用力来自何方？对这类问题我们在这里暂且不加讨论。问题在于理解曹天予这个本体论承诺的“意义”“方法”与“分歧”，我们要追问谈论这六个“本体论承诺”有什么意义？曹天予到底使用什么方法得出以上六点？对以上六点哲学家们有什么根本分歧？这些分歧如何解决？

（1）意义。曹天予的雄心在于他认为每一个研究纲领中的本体论承诺起到核心的作用（that the concept of ontology occupies a central place in science）[③]，并且这些本体论承诺指示了它的理论结构及其发展方向（［They］ dictate its theoretical structure and the direction of it evolution）。而这些本体论承诺，特别是实体与结构的本体论承诺

---

① Tianyu Cao，“A Philosopher Looks at Cosmology，” For the Robert S. Cohen Symposium. April 26 - 27，2010，at Tsinghua University.

② Tianyu Cao，*From Current Algebra to Quantum Chromodynamics*：*A Case for Structural Realism*.

③ Tianyu Cao，“Structural Realism and the Interpretation of Quantum field Theory，” *Synthese* 136 (1)，2003，p. 4.

在科学革命中有相当大的持续性和稳定性（relatively stability），足以反对库恩科学革命的中断性和科学进步的不可能性。这就是说，在科学革命中除了工具主义的进步以及经验和经验定律和数学知识的积累之外，基本理论框架，特别是结构知识在革命前后仍有持续性，从而体现科学的进步。正如曹天予所说的，我们是在有越来越多的有关世界的存在与过程的真理知识的意义上谈论科学的进步。这就是为什么许多哲学家将曹天予的实在论归入结构实在论的原因，曹天予要通过研究科学理论的本体论承诺来证明这一点。

（2）方法。曹天予研究本体论承诺得出来的基本承诺，所使用的方法是自然主义的，即用自然科学的假说—实验方法，直接从自然科学中得出形而上学和本体论的结论。关于这一点，他几乎是直言不讳。他说："形而上学不仅对于物理学的研究是不可避免的，而且物理学给我们提供一条直接进入形而上学的实在性的道路"。他特别推崇 AB 效应和贝尔不等式的实验研究，认为这是一种"实验形而上学"（experimental metaphysics），强调"实验在检验形而上学假设的过程中的重要物理作用"（［They］ have greatly clarified the ontological status of quantum potentials and the nature of quantum states respectively, both of which were thought to be inaccessible metaphysical questions）。为什么我们要接受"什么是基本存在"的"本体论承诺"呢？"我们可以更强调地断言，这是科学研究的内在逻辑强迫我们接受"（"A clear ontological commitment of a scientific theory tell us what the basic existence is in the domain that is investigated by the theory" "We may make an even stronger claim that it is forced upon us by the internal logic of scientific investigations"）。最近，曹天予又为他的自然主义的本体论起了一个新名词叫作科学形而上学。他说："前规范宇宙学有着基本的争论。第一是有关宇宙的起源和命运的基本观点不同。不能有奇点解；不能有膨胀起源的解。第二，这些基本问题带有形而上学性质。但这些重要的有关宇宙的起源和命运问题必须解决，于是我们就有一种科学的形而上学，它是基于科学和科学可理解性的科学图景。”①

在采取这种自然主义的本体论研究方法的时候，曹天予似乎没有注意两个问题的区分。第一个问题是，奎因明确指出，有两类本体论问题：第一类是各门科学的本体论承诺，第二类是哲学本体论问题。第一类问题问及原子、分子、能量、素数存在吗？它们属于各门科学的本体论承诺问题。第二类问题是穷尽特定类型的约束变项的范围，是“广义的范畴问题”，问及物质、属性、类、数或命题是否存在。第二个问题是科学与哲学的区分问题。② 科学的实验、科学的结论是不能对本体论问题的答案有充分决定性的。这可能是曹天予与结构实在论的其他学派的主张者发生激烈争论的原因之一。在讨论哲学本体论时，言必称量子场似乎是不够的（因为场并不是一个哲学范畴），还需要从其他科学中以及哲学发展中吸取资源来论证哲学本体论，并且还需要思辨的研究，真正做到曹天予所说的“形而上学的断言是尚未检验的预设，也不必是经验上可检验的”“并且作为文化的一部分”。所以，曹天予在哲学本体论的理论建构上是不太充实的。他的哲学思辨的想象力和自由创造力似乎不够充分。

（3）分歧。虽然结构实在论者都认为，结构是真实的并且是可认识的，但是至少存在着三种结构实在论：①认知的结构实在论（Epistemic Structural Realism，简称 ESR），认为科学理论只能知道不可观察世界的形式或结构，它的性质与实体是不可知的，康德、罗素、沃勒尔都采取这个立场。②本体论的结构实在论（Ontic Structural Realism，OSR），认为结构本身就是世界唯一的实在事物，根本不存在什么客体、实体这些东西。法兰克（S. Franch）与雷迪曼（J. Ladyman）都是这种观点。③曹天予是第三种观点。他说是

---

① Tianyu Cao, “A Philosopher Looks at Cosmology,” For the Robert S. Cohen Symposium.

② W. V. Quine, *The Ways of Paradox and Other Essays*, New York: Random House, Inc, 1966, pp. 130 – 134。参见［美］M. K. 穆尼茨《当代分析哲学》，复旦大学出版社 1986 年版，第 435—449 页。

走“第三条道路”。他虽然极力主张认识事物结构的重要性，并主张通过结构陈述能认识它们背后的实体。所以，他的结构实在论是实体结构实在论（Entitative Structural Realism，ENSR），这是我给它起的名字。我极力主张结构实在论的这种分类，认为 OSR 是排除实体的，而 ESR 与 ENSR 是不排除实体的。这几种观点的辩论，至今仍未结束，但互相之间都吸取了对方的合理的观点来充实自己。

二　曹天予的实体结构主义

曹的 ENSR 与法兰克和雷迪曼的 OSR 对于本体论研究什么这个问题大概没有分歧，他们都认为本体论是研究“基本的存在”（basic existence）。而且因为大家都是实在论者，所以都将“现实的基本存在”（really basic exists）当作基本研究对象。但到底什么是客观的现实的基本存在呢？曹与法兰克和雷迪曼发生了严重的分歧，甚至在讨论中后者开玩笑说“我们是否参加错了宴会”。曹认为最基本的存在是客体、实体、本体，它是“real and autonomous existence”（自主与独立的存在）。这里所谓“独立的”，按我的理解是“exist in it own right”或“exist by themselves”，而第二位的存在才是关系（结构）与属性。因为关系离开关系者是不能取得意义的，所以在本体论上实体是优先（prior）于结构的。但法兰克和雷迪曼认为曹天予这个观点是一种传统的经院哲学的个体客体（individual object）和关系属性的二分法。他们依据卡斯尔（E. Cassirer）以及希洛斯的观点，认为特别是在量子时代，曹的观点恰恰将它们的关系搞反了。对于科学理论的本体论承诺，我们知道的只是物理结构、数学结构和动力方程那样的东西，它们是关系实在，而个体客体不过是这个关系中有一些能自我支持和比较持久的东西。[1] 实

[1] Steven French and James Ladyman, “Remodelling Structural Realism: Quantum Physics and the Metaphysics of Structure,” *Synthese* 136 (1), p. 38.

体应看作关系的“交叉点”[①]（points of intersection），是关系的一个“纽结”（knot）或一种关系陈述的“缩写”（shorthand of a set of structural statements），“客体就是结构”（objects are structures），“客体必须重构为结构”（objects have to be reconceptualized as structures），就算在经典力学中，个体质点不过是牛顿动力方程的空间关系点，个体运动不过是时空的轨线，而在量子物理学中，电子、质子、中子和其他基本粒子都不是一种持续存在的个体，它们的个体性是不可识别的，我们要用结构的词来表达它们。

当然，传统的形而上学将实体的标准规定为“载体”（carrier）、“独立性”（autonomous）、“个体性”（individuality）和“稳定性”（stable）四个特征。而量子物理学说明同类基本粒子（特别是玻色子）之间是不可识别的，量子缠结说明量子的整体存在不依随于它们的局域性质，这些都说明微观世界的个体性不能成立，至少不能完全成立。但这并不说明微观粒子或场的实体性不能成立，这不过是从传统的实体标准中去掉了一个标准罢了，其他三个标准依然可以用来识别实体。

在这里，我要为曹天予实体结构实在论辩护的第一点就是说明曹天予并没有将个体与客体混为一谈。他在《20世纪场论的概念发展》§1.4节中已有表述，而在“什么是本体论的综合”（What is Ontological Synthesis?）一文中他又做了明确的说明：“通常本体论的概念指称世界上有什么东西存在……在物理学理论中，它就是个体客体，如牛顿力学中的个体，或非个体物理实体，如场；它也可以是其他理论实体，例如过程（如流或变迁振幅）或过程结构（如流代数与雷琪极点结构 Regge Pole Stuctures）。”而在《结构实在论与量子引力》一文中，他又进一步将实体结构划分为两个类型。“第一种结构类型称为元素结构，它由元素作为结构主体而形

① Steven French and James Ladyman, “Remodelling Structural Realism: Quantum Physics and the Metaphysics of Structure,” p. 39.

成，这些元素对于整体结构具有本体论的优先地位。相反，第二种结构类型，称作整体结构，它在本体论上优先于它的元素，赋予元素以无结构质料或角色位符（place holders）的意义，从它所占有的结构的角色位符中以及在结构中所起的功能作用导出它们的个体特征"[①]。曹天予的2006年的两种实体结构观是对他十年前的"20世纪场论"的实体结构观的重大发展，并在某些方面与OSR接近，在本体论上与OSR起到相互补充的作用。这样，曹天予的本体论概念系统可重构如下（见图3—2）。

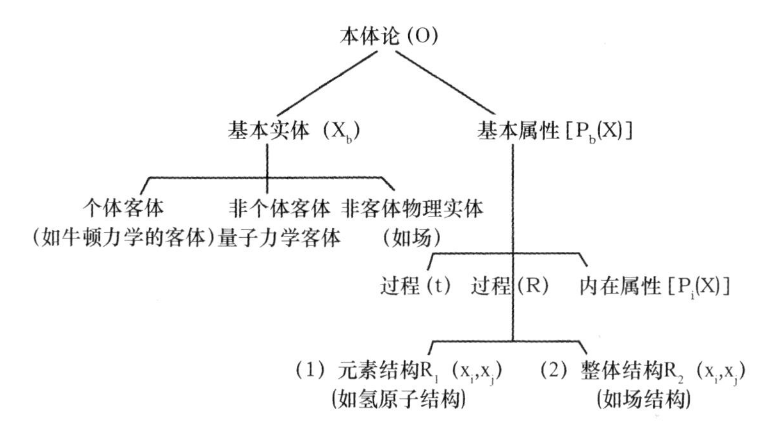

图3—2　曹天予的本体论范畴分类

这样我们可以将曹天予的本体论域或本体形式（ontic form）的分类写成下列几个公式：

$$O_s \overline{\overline{df}} \langle X_b, P_i(x) \rangle \quad (1)$$

这里 O_s 表示本体论域或本体，$x_b \in X$ 是基本实体，b 表示 basic，基础的或基本的意思，$X = \{x_1, x_2, \cdots, x_n\}$，是系统的元素集。其中 $i = 1, 2, \cdots, n$。$P(x_i)$ 为实体（entities，有时曹写成

① Tianyu Cao, "Stmctural Realism and Quantum Gravity," in Dean Rickles, Steven French, Juha Saatsi, eds., *The Sructural Foundations of Quantum Gravity*, Oxford University Press, 2006, pp. 2-3.

substance）的属性或实体的性质。曹天予有一句话说明 P（x_i）。他说："实体总是由本质的或基本的特性的群体来刻画的。"（Substance is always characterized by a constellation of essential or primary qualities）在这里实体在本体论中是第一位的而且是不可或缺的，并且不存在没有性质的实体。但这里实体不仅包括可区分可识别的定域的离散的个体，而且也包括非个体非定域的场即连续充盈于空间的物质。而 P（x_i）可以是一元谓词的基本属性，也可以是二元或多元谓词的性质即关系，写成 R_b（x_i，x_j，…），表示基本的关系或结构。所以这个公式不是老版本的本体论公式，这样便产生了式（2）：

$$O_s =_{df} \langle X_b,\ R_b(x_i,\ x_j),\ P_b(x_i),\ O(x)\rangle \quad (2)$$

这个公式突出了基本实体集 X 与结构 R_b（x_i，x_j）之间关系。这里我特意将 S. 桑德斯对曹天予的一个批评，即认为"曹忽略了量子物理的测量问题"①。接受下来，不论这个批评是否正确，但可将观察者或观察函数 O 列入本体论的因素中，以表示我们对测量问题的重视。因为量子测量告诉我们，用一定的仪器对 X（例如电子）进行测量 $O_1(x) = P(x)$，如果它是个粒子，用另一种仪器对 x 进行测量 $O_2(x) = P'(x)$ 可以得到波动客体，量子物理离不开观察者。最后一个公式是：

$$O_s =_{df} \langle X_b,\ R_1(x_i,\ x_j,\ \cdots),\ P_2(x_i,\ x_j,\ \cdots)\ \cdots\rangle \quad (3)$$

R_1 表示上面讲到的第一种结构，即以元素为主的结构，R_2 表示以关系为主的整体结构。

这里关系到如何处理两种结构共存的问题，我们将在第三个问题讨论。不过在以上三个公式中 X 不仅代表个体变元，而且也可以表示非个体变元的实体，如非个体客体或非客体的场或者整体世界。以上运用现代逻辑和集合论对实体与属性或实体与关系进行表

① Simon Saunders Critical Notice: Tianyu Cao's "The Conceptual Development of 20th Century Field Theories", *Synthese* 136 (1), 2003, p. 80.

达自然对曹天予的实体结构实在论有利。因为属性函数总存在一个定义域，关系函数总存在关系者。于是，法兰克和雷迪曼质疑道：请曹先生回答，“实体是什么意思”“关系者又是什么意思”“那些不消溶为结构的无结构的性质（实体）如何形而上学地进行理解？”[1] 我觉得曹天予不需要回答这个问题。因为在一个公理体系中，原始概念是没有定义的，也不需要定义。同样，法兰克和莱蒂蔓也面临这样的问题：“关系是什么意思？”“没有关系者的关系或结构是什么？”“关系承受了全部本体论权重（which bear all the ontological weight）[2]，如何形而上学地进行理解？”这些问题事实上与他们二人向曹天予提出的问题在逻辑上是等价的。不过在本体论的地位上并不是等价的，实体—属性（包括关系）—实在论指明实体在本体论上是第一位的。曹天予说：“自从莱布尼兹时代以来，并肩持有的假设认为，实体必定是基本的、活动的或是活动的源泉，是自存的，即实体的存在不依赖于任何其他事物的存在（that the existence of substance is not dependent upon the existence of anything others）。”

我对实体结构实在论辩护的第二点就是认为曹的这种实在论在认识论上有较好的解释力、启发性和助发现性。实体结构实在论之所以属于结构实在论的一种形式那是因为和其他结构实在论一样，认为人们能够通过数学的分析与建模，通过经验的研究与提升，认识物理世界或物理事实的内部结构。但曹天予与其他学派的结构实在论有点不同，他认为利用我们的结构知识能唯一地但却是非常可信赖地通向物理理论的深层本体，认识不可观察的理论实体及其内在性质和动力性质。

这是因为曹的实体结构实在论有两个基本概念，两个优先原

---

① Steven French and James Ladyman, “The Dissolution of Objects: Between Platonism and Phenomenalism,” *Synthese* 136 (1), 2003, p. 77.

② Steven French and James Ladyman, “Remodelling Structural Realism: Quantum Physics and the Metaphysics of Structure,” *Synthese* 136 (1), 2003, p. 41.

理。第一个基本概念是他的结构概念。正如我们在上一节中已经看到的，所谓结构是元素间的稳定关系系统。这个结构系统可以有整体的数学形式的表达式。但更重要的是，它必须还具有质的属性和因果效应的物理结构表达，这种对结构的物理表达，是将结构表达为由它的组成元素的相互作用来决定，并约束和支配物理元素的行为的结构。这样他便有了第二个基本概念，即组成元素、基本实体的概念。这就是上述公式（2）所说 $< X_b$，R_b（x_i，x_i，…），P_b（x），O（x）$>$。这里有两个优先地位：在本体论上是作为组成元素的实体优先（至少对于第一种实体结构是这样）。正是因为有了实体的本体论优先，就有了在认识论上结构陈述的优先，因为结构陈述是关于元素之间的关系的，是元素之间的依它们的性质和因果力发生相互作用的，于是元素之间的行为便一方面产生了结构，另一方面又受到结构约束，可以通过这种结构约束来探测元素的性质。

问题是如何从物理系统的数学形式陈述和可观察的经验陈述进到结构知识，再由此进入基本理论实体的内在的、本质的和动力的性质的理解呢？曹天予提出一个探索隐蔽本体（hidden ontology）的方法，我将它简化如下：在一组经验适当和表述明确的关系陈述中，通过下列约束操作（constraints）寻找出其中的一些子集。

（1）确定结构陈述：在系统的关系中寻找结构稳定的，在变化的构型中重复出现的占中心地位的关系集。

如果 C_1 为对关系的约束操作数，则 C_1（R（x_i，x_j，…））= S（x_j，x_j，…）表示将关系约束为结构。这里 S 为结构陈述。

（2）确定实体陈述：将结构陈述 S（x）离析出实体的非偶然的特征，其中一些与其他物理实体的类的特征相同（如 x 有自旋），又有一些与其他实体的特征相区别（如 x 有分数电荷），这些都是这个实体的本质属性。这就是使用第二个约束操作数 C_2 施加于 S（x）和 P（x），即 C_2［S（x），P（x）］= P_i（x），这是因为和数学的与动力学的结构不同，物理的结构陈述必然蕴含着关系者，关系表现为关系者的关系。尽管现在我们还不知道这关系者到底是什么，还只能用结构词来表示它，但是我们已经可以提出实体的假说来建构实体的新的特征。

（3）确定实体结构陈述：对它做出因果描述，成为解释与预言的基础。这就进入对隐蔽的不可观察的实体做出假说演绎研究，推出一组实体结构陈述、实体结构规律和实体特征的假说，以待实验检验。这里使用第三个约束运算 C_3。它施加于结构陈述和实体的内部性质：C_3 ［S（x），P_i（x）］ ＝＜X_b，S（x_b） ＞。这里 X_b 为系统的基本实体，具有因果效应性质，即因果力，S（X_b）是实体结构陈述，具有机制解释的能力。这一约束建构的简图可以展示如下。（见图3—3）

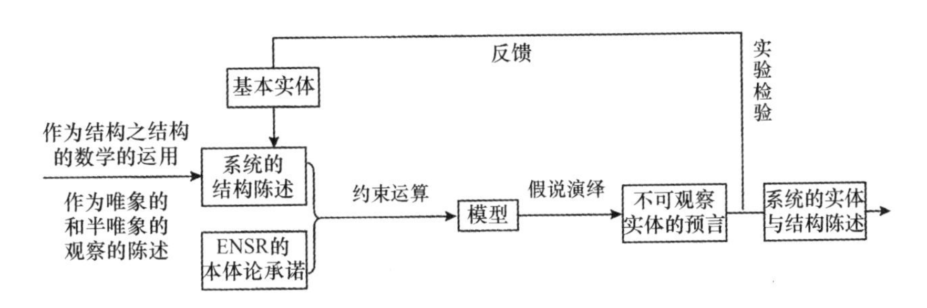

图3—3　曹天予关于不可观察的实体的认识与建构过程

在量子物理学中，许多基本粒子作为基本实体被发现，都是运用这个认识论模式，从结构陈述的约束运算和假说演绎推理中经过预言的证实而达到的。狄拉克预言正电子（1928 年预言，1932 年证实），盖尔曼预言夸克（1963 年预言，1968 年证实）以及其他许多基本粒子的发现都是通过结构陈述的约束探索发现的。这正如曹天予所说的，“例如，夸克思想的引进，首先是作为为产生可观察的结构的概念设计而引进的，即体现于服从于流代数的结构关系的物理过程而出现的”。这些案例工作在本章中不能展开，但这些却说明纯粹的结构，无实体作为载体的物理结构是不存在的。曹天予的“实体的结构”这个论题在某种意义上是更有说服力和解释力的。曹天予一再指出，不可观察的理论实体的认识是一个建构问题，图 3—3 正是体现了这个建构过程的认识论。

一旦物质的基本层次，如量子物理学中的基本粒子与场的实体实在性获得解决，其他较高层次的实体结构实在性问题在哲学上的解答便简单得多了。原子的实体实在性不过是基本粒子之间的关系结构的实在性；分子的实体实在性不过就是原子这类实体之间的通过价键关系联结成的结构实在性；基因不过是 DNA 大分子的关系结构，这些问题，就是采用 OSR 的本体论承诺，也会得出与 ENSR 同样的结果。

第六节 实在论中的实体、结构与过程

在本章的第五节中我们可以看出，在本体论上，曹天予一直强调实体元素对于结构来说是处于优先地位的。“unobservable entity”“take it as ontologically prior to the structural properties”“the structure should be taken as being constructed from, and understandable only in terms of ontologically primary constituents”。不过曹天予同时又强调在认识论上情况恰恰相反，结构知识对于不可观察的理论实体要素的知识占据优先地位。本体论上元素优先于结构，而认识论上结构优先于元素，这个观点在微观物理学上特别明显。因为微观客体一般是不可直接观察的。从结构知识中对它进行有效的推测是完全必要的，并且曹天予已经创造了一种方法论的步骤来逼近理论实体，最后发现理论实体，这在图 3—3 中已经表示得很清楚。但在他 2006 年发表的《结构实在论与量子引力》论文中，他又提出了两种结构观。第一种结构称为元素结构（componential structure），它由元素通过结构行动者（structure agency）而形成，元素对于作为整体的结构在本体论上占优先地位。第二种结构称为整体结构，“它在本体论上优先于它的元素，赋予无论作为无结构的质料或角色—占位（place-holders）的元素以意义，后者从它所占有的角色或席位中和

对结构所起到的功能作用中获得自己的个体特征”。因为这个问题的重要性关系到实体与结构的关系，我们在这里详细加以讨论与引申。曹天予说，关于第一类结构，典型的是氢原子的结构，电子有负电荷，质子有正电荷，这就使得它们可以通过它们电磁场的相互作用而形成氢原子。“而氢原子没有因果力作用于电子与质子的存在与它们的认同（identity）”，这类型的元素对于它们的结构优先性反映了电子、质子的存在并不依赖于氢原子的存在。而后者明显地依赖于前者。第二类型的结构显著地表现在场与时空（space-time）的结构上。场是一种结构，它有无限数目的组成部分（它的时空点上的值），虽然它的组成部分通过测试体在局部定位上是个体的可检测的。作为场与测试体的相互作用给出它的局部定位的表现来说，它并不是自我支持的，它不过是场的一个占位符（place-holder）。还可以举出其他案例，一个政府机关作为政治结构，它对于个人的地位与作用有一个规范的作用，有总统、总理、部长……它也是定了一系列的“占位符”。这不是由个人决定的，而是由制度决定的。但通过一个建构的过程，例如选举任命的集体行动，政治家个人的存在和作用由此而确定下来。曹天予认为，这种因其本体论状态不同而进行的类型划分，根源于不同的因果力的分布。第一种类型因果力集中于元素实体中，而第二种类型的因果力集中于结构中，结构的因果力赋予其结构成分以个体性质。引力场的研究可能给因果性的概念带来新的见解，现在我们只能知道整体的引力场，但不知道引力量子，这也是一个通过整体来确定部分的过程。不过从传统的哲学因果力的概念来说，正如曹天予所曾经强调的，它是基于实体所具有的因果效应性质。曹天予所说的整体结构具有因果力从而使结构优先于个体元素的事实，可能是系统作为整体实体而具有的因果力造成的。这与实体优先于结构并不矛盾，因为整体也是实体，整体对它的组成部分有“下向因果关系”的作用。关于元素对结构形成的“上向因果关系”和系统整体及其结构对元素的“下向因果关系”问题是心理学哲学、社会科学哲学和系统科学哲学早已进行了旷日持久的大争论的问题，可以利用这些资源来研究实体元素—结构—突现实体之间以结构为中介的上向因果关系和下向因果关系之间在因果力上的分布问题。曹天予所举的第一类型结构形式中，他认为因果力全部集中于电子与质子中，这是一种粗略的说法。一旦详细分析，在氢中有一种因果力作用于氢原子中的电子成分和质子成分。这是一种约束因果力，在氢原子中的电子与质子的行为方式与它不在氢中的电子。例如，自由电子的行为是不同的，这是突现研究对结构实在论的启示；相反，结构实在论中的实体与结构的关系反过来给突现与层级提出不同的问题。这就是在上向因果关系和下向因果关系的不同层级的相互作用中，在具体的情况下，也有一个上向与下向哪一个占有本位论的优势问题，这是迄今在研究突现问题上很少有人提出的问题。

我们讨论因果关系以及因果力在实体与结构中的分布，这都是将实体、结构和因果当作一个过程结构来进行分析。因果力与因果关系事实上是一个过程结构，即把什么事件、什么过程看作原因，产生了什么样的事件、过程可当作结果，因此我们已进入将实体与结构看作一个过程。事实上在微观世界领域，粒子与场，我们主要将微观客体看作一个场，而粒子不过是场的激发，它的出现是一种涨落，至于宏观客体，各种有序结构，特别是自组织结构本身就是一个过程结构。表3—1列举出各种过程结构的突现。

表3—1　　　　过程结构的突现①

系统	流	自组织实体	突现
大气	太阳能	气体分子	大气环流模式
气候	能量	气象条件（湿度、沉淀物、温度等）	分布格局
盘中的液体	热量	粒子循环流动	运动模式（贝纳德元胞等）

① Meyers, Robert A., ed., *Encyclopedia of Complexity and Systems Science*, LXXX, 10370, Springer, 2009, p. 8042.

续表

系统	流	自组织实体	突现
激光	激发能	光波的相位	锁相的模式
反应容器	BZ 化学反应	化学反应	化学纹、化学波、化学钟
神经网络	信息	神经元突触	连通模式
活细胞	营养素	代谢反应	代谢算什么与代谢模式
食物网	不同各类的生物有机体	物种等级关系	物种网络
公路交通	车辆	车辆距离	交通密度波
城市	货物与信息	人口住房密度	安置模式
互联网	计算机节点	计算机节点连接	网络连接模式
网站	在网站发帖的信息	网站之间的连接	网络社区的模式

“存在就是生成”（to be is to becoming），这样实体、结构与过程本来是三位一体的，实体实在论、结构实在论、过程实在论在具体的情景中，各有各的明显适用范围。

不过可以将实体与关系（或结构）、过程二者的关系看作完全对称的，可以相互调换的，即认为关系与过程也是实体的载体、承载者，并且对于实体来说是第一性的。当然一个事物（实体）与它所具有的和它所包含的关系过程是相互依赖的，谁也离不开谁，不过这种相互依赖有强弱之分，有程度之区别。研究这种相互依赖的强弱程度是逻辑学的任务，不过我还没有发现一种逻辑能帮助我们解决相互依赖的强度问题。权且根据胡塞尔《逻辑研究》一书第三编中关于整体与部分的学说，我们对相互依赖的强弱之分作这样的逻辑分析：一个对象 a 弱依赖于对象 b，当且仅 $a \to b$，即有 a 存在则有 b 存在，无 b 存在则无 a 存在，一个对象 a 强依赖于对象 b 可定义为（$a \to b$）&（$b \not\subset a$），即不仅有 a 则有 b，无 b 则无 a，而且，b 不属于 a 的一部分，即 a 对于 b 有超出了包含关系的依赖性。依这种观点，属性、状态、过程、关系对实体的依赖是强的依赖，因此实体并不是前者的一部分。而实体对于它所有的属性、状态、过程或关系的依赖则是弱的依赖，因为后者是前者具有的，属于前者的一部分，例如柴郡猫对于它的微笑的依赖，是弱的依赖，而微笑对于微笑者的依赖是强的依赖，因为实体与关系过程的关系是不对称的。实体是第一位的，关系与过程是第二位的，这是我的实体结构本体论的一个基本预设。所以我将我所赞同的曹天予的本体论称为实体结构本体论。

在承认这个基本假设的前提下，不是在终极意义上，而是在具体问题的分析上我们将实体分析、过程分析和关系结构分析看作对事物的三种不同表达方式。

（1）对事物的实体表达方式：这是生物控制论奠基人艾什比和物理学哲学家邦格提出来的。某一具体事物 X，可以用它的实体 x 和实体所具有的属性 $P(x)$ 的有序对来表示或定义：即 $X = <x, p(x)>$。在这里，性质 P 是用 x 来定义的：x 就是 $P(\ )$ 的定义域，而实体 x 与 y 以及其他实体的关系不过就是多元性质，用性质多元函数表示：即 $P(x, y, \cdots)$。

一个实体有许多性质：

$P(x) = <P_1(x), P_2(x), \cdots, P_n(x)>$ 它们与时间相关。即

$P(x, t) = <P_1(x, t), P_2(x, t), \cdots, P_n(x, t)>$

实体 x 在某一时刻 t_i 的性质 P_i 的值的总和，就构成它在该时刻的状态。

实体 x 在某一时刻 t_i 的性质 P_i 的值记作 P_{ji}，而实体 x 在该时刻的状态便是 $S_i(x) = <P_{1j}, P_{2j}, P_{3j}, \cdots, P_{nj}>$，它用 n 维性质空间（状态空间）的一个点 S_i 来表示。

$$\text{状态函数 } S(x) = <S_1, S_2, \cdots, S_n>$$

实体的变化（即事件）就是该实体从一种状态到另一种状态的迁移，记作 $<S, S'>$。过程就是前后相继的状态连续序列：$\pi(x) = <S(t) \mid t \in T>$。

（2）对事物的过程和关系表达方式：相互关系，主要是一种相互作用。作用即 action，当忽略了作用者时，作用即过程，过程即

作用，因此过程分析和关系分析就是作用分析，现在作用（关系或过程等）是原始概念，通过它来定义事物的实体。设有作用过程 A_1，A_2，…，A_n，它们组成某种有序的集合时，我们称它为实体。即实体 $X_1 \underset{df}{=} < A_1, A_2, \cdots, A_n >$。例如一个龙卷风的风柱可以看作实体，它由各种风尘的活动作用组合而成。看上去是固定的实体，将它分析开来，不过是许多不相同的活动作用整合成为一个有序的结构而已。一个苹果也是一样，它的实体性可以定义为看它是红的、圆的，摸它是硬的，咬它是可入的，吃它是香的甜的……这些作用过程及其表象（也是一种活动作用）的有序结构就是苹果。不过在大多数宏观事物中，我们总可以找到作用者和被作用者，在对苹果的作用中，人是作用者，苹果本身是被作用者，在龙卷风中空气分子是作用者，等等。可是当我们讨论到基本粒子相遇，湮灭的辐射以及原子的放射性衰变，我们探测到这种作用，但谁是作用者，我们根本不知道，没有任何概念、理论与模型，我们便只好将它忽略，将作用本身看作原始的概念；当这些作用组合成相对稳定的结构时，我们称它为事物，称它为派生的实体，例如某种物质场等等。总之，从方法论上说，实体实在论，关系实在论，过程实在论，各有各的用处，它是相互补充的描述事物的几种不同的方式。

第二篇　科学理论的结构

科学哲学的中心问题的研究像一个摆钟，在理论的抽象和实验的经验两极之间来回摆动。传统的科学哲学的公认观点，即流行于20世纪60年代以前的逻辑经验主义的科学哲学理论是以分析科学理论为中心的。20世纪70年代汉森（N. R. Hanson）“观察渗透理论”的流行以及库恩的“范式”都强调一组科学理论对观察的活动、对科学共同体的工作起到决定作用。可是到了20世纪80年代和20世纪90年代科学哲学的时钟钟摆摆向了经验与实验的一边。“实验哲学”和“新经验主义”的潮流开始占据科学哲学的领域。“经验转向”成了一种时尚，特别是英国女哲学家南希·卡特赖特所说的“伟大的科学理论系统是一个大的科学谎言”“定律是拼凑的”；她在《斑杂的世界》（1999）与《物理定律是怎样撒谎的》（1983）这两本代表作中，将这种实践哲学表现得淋漓尽致，在我国也得到许多同行的支持。不过，不要忘记，一直有些科学哲学家，特别是最近的结构主义科学哲学家又极力要将钟摆推向理论这一边。在科学哲学的研究上，我本来就属于理论分析的学派，认为科学的目的就是通过理性和经验这两种手段发现自然定律建构理论体系，完整地把握自然界，所以科学理论的组成与结构以及它的评价标准本来就是科学哲学的中心问题，而观察与实验尽管它有独立的生命，但在科学上它的基本目标是用来检验科学理论的，恰好结构主义的科学理论观也坚持这几十要点。而在我国介绍这个学派的文章很少，因此我认为有必要对结构主义的理论观做一个简单明了的介绍，在这基础上分析这个科学理论观是怎样解决当今科学哲学的热点问题：跨规范的理论继承问题、理论与实验的关系问题和突现与还原问题，并顺便批评新经验主义否定系统理论和普遍定律的片面性。不过我得预先声明，结构主义的科学理论的结构理论要用到公理化集合论和抽象代数以及二者整合起来的模型论等数学工具，而这样一些有特别数学形式的论文和论著在我国的哲学文献中很少出现，但愿我的通俗化表达能取得成功。

结构主义科学理论观点是在逻辑经验论的公认观点的困难无法

解决的情况下兴起的。亨普尔（C. G. Hempel）这位“公认观点”的主要创立者和主要发展者在1969年3月26日一个有1200多人作为听众的关于科学理论的结构的伊利诺伊州会议上宣告放弃公认观点，这等于当众宣布逻辑经验主义在研究科学理论结构上的失败，引起了大家对今后我们应该走向何方的热烈探讨。[①] 于是，史纳德（J. D. Sneed）在苏佩斯（P. Suppes）与阿当斯（E. W. Adams）工作的基础上创立了结构主义科学理论观[②]，斯泰格缪勒（W. Stegmüller）等人继承和发展了史纳德的理论，特别是鲍尔泽（W. Balzer）、穆林斯（C. U. Moulines）和史纳德三人合写的书《科学的结构：结构主义的研究纲领》宣告了这个理论走向成熟。[③]

---

① Frederick Suppe, "Understanding Scientific Theories: An Assessment of Developments, 1969 - 1998," *Philosophy of Science* 67, 2000, p. 102.

② J D. Sneed, *The Logical Structure of Mathematical Physicsss*, Dordrecht: D. Reidel Publishing Company, 1971.

③ W. Balzer, C. U. Moulines, and J. D. Sneed, *An Architectonic for Science: The Structuralist Program*, Dordecht: Reidel, 1987.

第四章

从“公认观点”到结构主义科学理论观*

科学哲学的“公认观点”，就是逻辑经验主义的科学理论结构的观点，它在20世纪很长一段时间里成为科学哲学的中心论题。直到今天，我们科学哲学界的同行，许多人都没有走进这个理论体系，因而也就不能讨论如何走出这个理论体系以及是否可以通过结构主义的科学哲学走出“公认观点”的问题。所以，对于理解结构主义的科学哲学观来说，从公认观点到结构主义这个论题是不可或缺的。

第一节 科学哲学的“公认观点”的起源

认识什么是科学哲学的公认观点，这就得从19世纪末德国的大学传统讲起。德国的大学学术传统是学术自由、教授治校。一个系的教授是学术带头人，他有很大的权力，包括有资源、有权力招聘教师和研究人员，不受任何行政干预。所以，教授们依照自己的研究课题、自己的学术倾向招聘能发展自己的学术领域的人马，每个学派围绕着首席教授都有自己的学术进路和哲学思想。这样，德

---

* 本章部分内容发表在齐磊磊、张华夏《科学理论结构的语义模型进路》，《哲学动态》2013年第3期。

国很快就学派林立，百家争鸣。在德国莱比锡大学学了四年哲学和教育学的蔡元培先生想将这个德国建制搬到中国，竭力在北大搞“兼容并包”。其实“兼容并包”是学派林立的结果，是整个社会的学术开放的状态，没有整个社会学术界的百家争鸣、学派林立，一个学校的“兼容并包”是很难真正实现的。如果当时以及后来的中国有条件搞教授治校，中国也像德国那样搞出科学的或哲学的东大学派、西大学派、南大学派、北大学派来，就不愁没有人得诺贝尔奖了。

闲话休提，言归正传，19 世纪末 20 世纪初，德国官方哲学黑格尔学派解体之后，与自然科学发展有密切联系的哲学，即今天叫作科学哲学的领域，德国有三大学派。第一个学派是以毕希纳（1822—1899）为首的机械唯物论学派，他们是反黑格尔官方哲学的。这个学派主张没有非物质的力，也没有无力的物质，机械定律支配着生命与世界，支配着物质和运动。它在认识论上主张要对世界进行经验研究反对思辨研究。后来这个学派受到德国生理学家和心理学家的挑战，特别是受到能量守恒和转换定律的发现者之一赫尔姆霍兹的批判，说你们只研究客观世界是不行的，还要研究我们的感觉和顿悟是怎样来的。机械唯物论解决不了这个问题。这个学派后来又与生物学中的活力论进行争论，这就是今天哲学上的一个热点问题，还原与突现问题。

第二个学派是新康德主义，又叫马堡学派，由赫尔姆霍兹首创。他们认为，科学研究的是感觉现象世界，但深挖进去是个逻辑结构，它是理念世界的先验结构。

第三个学派是马赫学派。马赫原来属于新康德主义，后来改变观点，认为科学给我们的最基本元素是感觉，没有任何先验、绝对的因素。他给爱因斯坦以非常大的影响，没有什么绝对空间与时间的论点，帮助爱因斯坦发现相对论。马赫的观点是：科学陈述必须是经验地可检验的，科学理论可还原为经验，成为经验的缩写。但是，科学中的数学怎样还原为经验呢？他被难住了。

这三个学派都与自然科学新发现相对论与量子力学不相容。机械唯物论坚持的是经典力学和经典物理，自然接受不了相对论和量子力学，新康德主义要求康德的绝对时空，自然与相对论、与量子力学相矛盾，马赫主义强调经验基础但又不给数学留下位置。但是，新的哲学接受了新的自然科学。

于是，一场哲学革命到来，就是赖欣巴哈的柏林学派和以石里克、卡尔纳普为首的维也纳学派兴起，一方面接受与坚持马赫的主张，认为科学理论必须经验地可证实，以此作为意义标准；另一方面努力将科学的理论词的地位解释清楚，参考彭加勒所说的理论词不过是经验的缩写，约定俗成地（即主体间的承认）指称一组经验事实，用数学符号来表达它，于是数学公式就表现了一种现象的规则性。这时，正好有一批数学家和哲学家正在进行一项工作，数理逻辑的工作，深信一切数学可以从数理逻辑推出来；逻辑是数学之本质，数学是逻辑的导出。这样，就正中维也纳学派的下怀，即（1）数学的本质是逻辑，逻辑没有经验内容不必还原为经验是理所当然的；（2）由于理论词是经验的缩写，因而可以用观察词做明言的定义。所谓明言的或明确的定义（explicit definition）就命名为对应规则（corresponding rules），记作：

$$(x)\ [T(x) \equiv O(x)]$$ [①]

这就形成公认观点的最初版本。于是关于公认观点的起源，事情好像很简单：

马赫 + 彭加勒 + 弗莱格 + 罗素→维也纳学派

新实证主义 + 逻辑主义 = 逻辑经验主义

“公认观点”的科学理论观在数理逻辑中重构，表达成为满足下列五个条件的陈述。

（1）理论在一阶数理逻辑中进行表达，等价于 L。

---

① 大家还会记得，兰姆西的观点与“公认观点”并不完全相同，他认为理论词用经验词作明言定义是可能的，但不必要。见本书第三章第三节。

（2）L的非逻辑词或L的逻辑常项划分为三类，称为（科学）词汇。

①逻辑词汇由逻辑常词，包括数学词组成；

②观察词汇 V_o，包括观察词；

③理论词汇 V_T，包括理论词。

（3）在 V_o 中的词作为指称直接可观察的客体或直接可观察物理客体的属性已被诠释。

（4）存在一组理论假定T，它的非逻辑词来自 V_T。

（5）V_T 中的词项都借助于对应规则C由 V_o 给出明确定义（explicit definition）。这就是说，对于 V_T 的所有词“F”，必须为它给出下列形式的定义：

$$(x)\ (F_x \equiv O_x)$$

这里 O_x 是只包含来自 V_o 与可能的逻辑词汇的L表达式。

（5′）每一个 V_T 词借助于 V_o 通过还原语句给出部分诠释。[逻辑经验论后来对（5）进行这样的修改]

“公认观点”是逻辑经验论的核心，逻辑经验论的教条可以从公认观点中得到理解。

（1）“拒斥形而上学”：因为公认观点承认理论实体，其他形而上学实体如什么“生命力”、什么“以太”，都要用对应规则的观察词来做明言定义。这等于防火墙，形而上学被隔开来并抛弃掉。

（2）“词的意义就是它的证实方法”，也就是要将对应规则找出来。

（3）归纳逻辑：怎样证实？用归纳逻辑来证实看你是否符合归纳逻辑。

公认观点的创始人都是一些哲学、逻辑学和科学大师。他们的缺点被他们的伟大成就和伟大人格掩盖住了，一直到20世纪70年代全世界的科学哲学课程都使用他们的教材。主要就是卡尔纳普著的《科学哲学导论》(1966年出版，1974年修订再版)[①] 和亨普尔的《自然科学的哲学》(1966年初版)[②]，这两本书都有我的中译本，由中国人民大学出版社出版，前者2007年版，后者2006年版。这是逻辑经验主义即“公认观点”的代表作，现在我国讲授科学哲学的人不是顺着这种观点讲下去，就是从批判这种观点讲出来。

第二节 “公认观点”的困难

“公认观点”一开始就发生困难，不过其创造者卡尔纳普和亨普尔具有自我批判和自我反思精神。可以说，他们是哲学研究的模范，他们不断自己揭露自己的问题并做出不断的改进。下面，我们集中讲解三个问题：观察与理论的区分问题、对应规则问题及科学模型问题。

其一，观察词与观察语言和理论词与理论语言的划分问题。在上述的公认观点（3）中，观察词 V_o 及由此组成的观察语句的划分标准是观察词直接指称可观察客体和可观察物理客体的属性，它是已被诠释了的，其标准很简单，就是归结到我们的“感觉”并用感觉来判断。可是，后来他发现“可观察”并不那么简单。“冷”的“热”的，一般说来，有机体都会有这种感觉或反应，而人类对温度的感觉都会做出判断。但是用感觉来判断100℃：可感觉吗？那时感觉器官都没有了，即被煮熟了，如何用感觉做判断呢？但是物理学家的“温度”是个“观察词”，就算是1000℃也是个可观察词，因为这用不太复杂的仪器可以测量到它。明白了这个问题的复杂性，卡尔纳普写道：“运用‘可观察的’一词，存在着一个连续统。它开始于直接感觉观察，并进行极为复杂的，间接的观察方

① Rudolf Carnap, *An Introduction to the Philosophy of Science*, Basic Books, Inc., New York, 1966.

② Carl G. Hempel, *Philosophy of Natural Science*, Prentice Hall, Inc., 1966.

法。明显地，不可以横过这个连续统画出一条界限分明的线，这是一个程度问题……一个物理学家必定会说，当他通过一架普通的显微镜注视某种东西时，他是直接地观察它。当他看电子显微镜时，情况是不是也如此？当他看到在气泡室中造成的痕迹时，他观察到粒子的轨迹吗？不过在这两种场合，分开可观察和不可观察的界限是高度任意的。”“在我的术语中，经验的定律是这样的定律，它所包含的语词或是直接用感官可观察的或是用相对简单的技术可测量的。”① 这里他已经看出观察与理论、经验定律与理论定律的划分已经是比较成问题的和比较“任意”的了，不过他将皮球踢回给物理学家，认为他们会依情境不同做出决定如何划分。

卡尔纳普关于可直接观察与不可直接观察的分析只要再前进一步，就会得出结论：根本不能将自然科学的词汇划分为可观察的和不可观察的两类。同样一个“词”，例如质量，你在宏观物体中将这个词用于可观察当然是不成问题的，不然的话，做买卖就根本不可能，但是质量这个概念又是不可观察的，例如一个原子或一个电子的质量都是不可观察的。“电流”这个概念也是不可观察的，谁看过电子的流动呢？但当你触电时它是可观察的，可感触的。你可能说，情况不是这样，只是它的作用效果是可观察的，直接是不可观察的。如果这样，救火队对于火灾是不可观察的，因为他们最初，只看到烟，没看到火。所以普特南说：“没有一个词运用于可观察，而不能在不改变语义情况下运用于不可观察，所以根本不存在什么观察词。”② 不过最关键的打击还是汉森的观察渗透理论，纯粹的观察是没有的，以及费耶阿本德发现观察与理论常常用同样的描述词，如张华夏教授是不可观察的，因为“教授”一词不是观察词，研究生也是观察不到的，因为观察到的不是研究生，“研究生”

---

① ［德］R. 卡尔纳普：《科学哲学导论》，张华夏、李平译，中国人民大学出版社 2007 年版，第 220—221 页。

② Frederick Suppe, *The Structure of Scientific Theories*, University of Illinois Press, 1979, p. 83.

是个制度，是个社会角色谓词，而社会是观察不到的。

其二，公认观点的第二大困难，就是对应规则成了异质混淆的东西。是什么异质混淆？是意义关系的异质混淆、实验设计的异质混淆，以及因果关系的异质混淆。用萨普（Suppe）的话说，就是“that the correspondence rule were a heterogeneous Confusion of meaning relationship, experimental design, measurement and Causal relationships”[①]。

怎样会有这样的东西？这得从对应规则研究开始，对应规则原来是用观察的语言、经验的事实来做出明言定义的。例如，气体分子运动论，有一个不能观察到的分子对容器壁有一个碰撞问题，它等价于气体容器壁受到的压强，用明言的定义，即不可观察的气体分子每秒对容器壁的单位面积施加的总动量的平均值 = 气体容器壁所受的压力

即 $T(x) \equiv O(x)$

但理论词与观察词，或宏观世界与微观世界这种等价关系似乎不多见。

特别是卡尔纳普于 1936 年发现[②]，在理论词中有一种叫作倾向素质词（dispositional term），例如“易碎性”（fragile）就不可能用可观察词做出明言的定义，如一个中国陶瓷工艺品是很易碎的，我 20 多年前很小心地带到莫斯科送给上海复旦大学哲学系的第一任苏联专家科希切夫教授，他很小心地保存起来，但即使他锁在保险箱里几百年它都是易碎的。但怎样用可观察词来明言定义它的易碎性呢?

如果表达为 $Fx \equiv (t)(Sxt \rightarrow Bxt)$。这里 F 表示易碎的，S 表示敲打的，B 表示破碎。

---

① Frederick Suppe, “Theories, Scientific,” in E. Craig, ed., *Routledge Encyclopedia of Philosophy*, London: Routlede, 2004, p. 1.

② R. Carnap, “Testability and meaning,” in *Philosophy of Science* Vol. 3 & Vol. 4 (1936 – 1937): sec. 7; F. Suppe, *The Structure of Scientific Theories*, p. 18.

但这个定义对于任何从未被敲打的东西（包括钻石在内）都是真的，所以作为易碎的东西的明言定义是不合适的。想来想去，易碎不能做明言定义，只能做“部分定义”，即

$$(x)(t)[Sx\rightarrow(Bxt\equiv Fxt)]$$

这个部分定义只定义了被打的那部分是易碎的，没有定义未打那一部分是否易碎。卡尔纳普称它为双还原语句。

但是，这就引出了许多不同性质、不同定义的部分还原定义，如：大力拧它（twist），记作 T，它是易碎的，用高频声音（P）振动它，它是易碎的

即 $(x)(t)[Txt\rightarrow(Bxt\equiv Fxt)]$

$$(x)(t)[Pxt\rightarrow(Bxt\equiv Fxt)]$$

这种情况和布里兹曼的操作定义是一样的。布里兹曼认为，对理论词做明言定义，就是指明它的操作方法，当测量长度的方法确定了，长度概念也就确定了。所以概念与对应的操作是同义语。但困难在于，同一个理论概念，例如质量，有许多测量方法，用弹簧秤测量是一种方法，拿砝码在天平上测量又是一种方法，甚至用一个铁球去碰击它看它走多快也是一种方法，或者干脆放到肩膀上扛一扛。这些方法在意义上是不同质的，测量方法上也是不同质的。这样就有 m_1，m_2，m_3 不是同一个 m。布里兹曼回答说科学概念本身是混淆的，但不是不合法的。但是如果要想整合出一个“超定义” m 来，许多性质上、行为上完全不同的东西便混淆在一起，就等于否定操作定义是明言定义，是充分必要条件的定义。我理解，萨普说非充分必要条件的对应规则是异质混淆就是这个意思。

再举一个例子，对于“共产主义”这个理论概念，可以用观察语言做许多部分定义，例如，“十亩土地一头牛，老婆孩子热炕头”是一个对应规则，“楼上楼下电灯电话”又是一个对应规则，“土豆烧熟了还有牛肉”又是一个对应规则，还有波尔布特的柬埔寨共产主义又是一个对应规则，中国 1958 年刮共产风搞大锅饭又是一

个对应规则。

于是萨普做出一个图来分析对应规则面临的困难。萨普引用了集合论的一个定理，叫作勒文海姆—斯科伦定理（Lowenheim-Skolem theorem）。这个定理说对于任何可数一阶语言 L 和 L 结构 M 来说，存在一个可数无限的基本子集结构 NM。这就是对于一个理论概念要单独诠释，就等于有无限的对应规则对这个理论概念做诠释。有些是意向性的，有些是非意向性的。他用一个图来表达公认观点的困难（见图 4—1）。

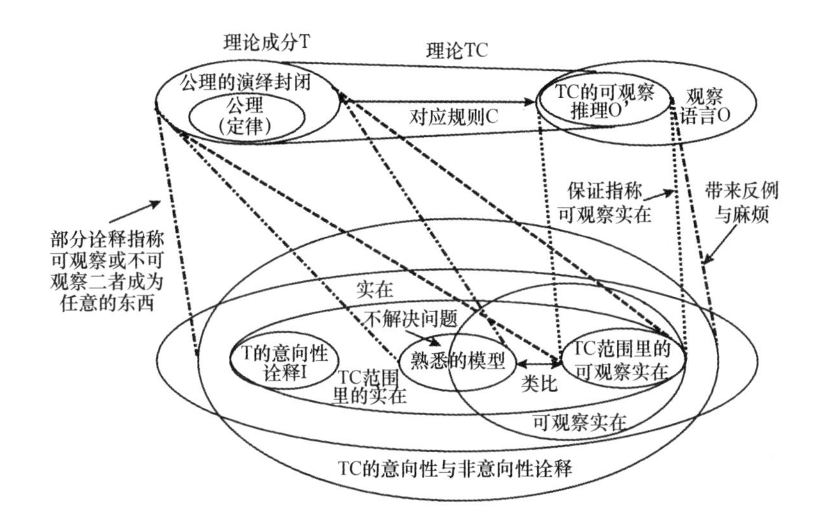

图 4—1　萨普论公认观点的明言定义与部分诠释的语义性质

资料来源：F. Suppe，“Theofies，Scientific，” in E. Craig，ed.，*Routledge Encyclopedia of Philosophy*，London：Routledge，1998。

图 4—1 中，表明在明言定义和部分定义形式下的以及在熟悉的类似的模型论证下的理论公认观点的语义性质。请注意上面的符号。

——为观察语句预先设定的意义引出（cause）可观察的结果 O’，以便挑选在 TC 范围里的可观察实在。

——当对应规则是明言定义时，TC 和诠释 O’导致理论成分

T，选择可观察结果 O’的事成为多余。

——当对应规则 C 只是部分定义 T 理论词时，被允许的 T 诠释不仅仅包括可观察的，也包含不可观察的；不仅仅包括意向性诠释，而且包括许多非意向性诠释。这里的意向，指的是理论试图应用于什么地方。进一步选择对应规则成为 Campbell 和 Hesse 所说的高度的非理性的问题了。

——为了说明他们的建议 T 必须承诺借助于熟悉的模型做第 2 种诠释，它来自对理论 TC 的意向范围中的实在的可观察部分的类比。这个类比是理性地提出对应规则的候选者。但没有解决 T 的非意向的诠释问题。

为什么一定要分别地给理论词以经验的或经验的可想象的意义？几何的公理化引起一场争论涉及这个问题。欧几里得的几何原本是要给点、线、面以直觉的意义，希尔伯特的形式主义推翻了这种观点。希尔伯特给几何公理提出了八重组：Σ（点）、Λ（线）、Π（面）、B（点之间，是点的三元关系）、I_1［点对线的入射：R（Σ，Λ）］、I_2［点对面的入射：R（Σ，Π）］、C_1［线全等：R（（a，b），（c，d））］、C_2［角全等：R（A_1，A_2）］，这八个都是不定义的理论词，于是欧氏空间就由满足希尔伯特的 5 个公理的八重组组成。这些公理诸如二点定一线、三点定一面等等，于是火车站上他与弗莱格辩论起来，弗莱格说，你不能不给这些概念一个诠释，就宣布你知道真理，希尔伯特说，我不假定我知道任何东西，基本概念你想怎样接受它就接受它，“点、线、面，桌子、板凳、啤酒杯都可以”，所有的理论都可以运用于无限系统。现在回顾起来，弗莱格要求对应规则，而希尔伯特根本不要这个东西。他要的是有许多同构的东西符合这些公理。它就是模型的类，结构的类。

有关希尔伯特这种新进路，一个物理哲学家 Paul Bemays 这样简洁地评价道：“一个公理系统并不是有关主题的陈述系统，而是有关什么可以称得上是关系结构的条件系统”，即有关“型”的概念说明。物理学哲学家 R. Torretti 说：“如果哲学家们迅速地接受希尔伯特，20 世纪根本就不会有‘公认观点’的理论。”[①] 不是说逻辑经验论的哲学家们不熟悉希尔伯特，他们很熟，但没有理解他，却理解了弗莱格与罗素。这就是说，不应该讨论逻辑经验论是不是死了，它根本就不该生下来，或者根本就生错了年代。

其三，关于模型问题。“公认观点”在科学理论分析中，给 V_T 的主要经验内容的是对应规则，很少提到模型。有些赞成“公认观点”的科学哲学家如纳格尔（E. Nagel），虽然提出理论中有抽象运算、对应规则、诠释模型三要素，可是模型的作用只是一种熟悉的类比，是形象化的工具和直观可想象的材料，如玻尔原子模型中的微型太阳或弹子球、船模或飞机模型以及图标模型等等。它对帮助我们理解理论有启发性的作用，标准的“公认观点”的作者也是这样看的。例如卡尔纳普就认为“模型不过是对抽象运算的另一种诠释，它对于理解理论并非必要的，也非充分的，它最终是可以省略掉的（Models are therefore ultimately dispensable）”。卡尔纳普说：“重要的事情是要懂得，模型不超出美学的、说教的或者至多是启发的作用。对于物理学理论成功的运用，它完全不是本质的东西。”[②]

第三节　逻辑经验主义的衰落和结构主义的兴起

20 世纪的整个 60 年代，逻辑经验论在连续十年的内外夹击之下，拿不出新的版本，于是最后一个也是最权威的一个“公认观点”创始人卡尔·亨普尔“自杀”了。亨普尔并不是真的“自

① Roberto Torretti, *The Philosophy of Physics*, Cambridge University Press, 1999, p. 410.

② Rudolf Carnap et al., eds., “Foundation of Unity of Science,” (Vol. Ⅰ－Ⅱ of *Encyclopedia*), p. 68; Newton da Costa, Steven French, “Models, Theories, and Structures: Thirty Years On,” *Philosophy of Science*, Vol. 67, Supplement. Proceedings of the 1998 Biennial Meetings of the *Philosophy of Science Association*. Part Ⅱ: Symposia Papers (Sep., 2000), pp. S116－S127.

杀”，而是在1969年3月26日，在有1200人参加的关于科学理论结构的伊利诺伊州讨论会上，在开幕式上作了一篇长篇演讲，尽管听众们个个竖起耳朵准备听听亨普尔的“公认观点”有什么新版本，但大家大失所望，他公开宣布：“余致力公认观点研究，凡四十年，其目的，在求建立关于科学理论结构的科学哲学理论，积40年之经验，深知欲达此目的，必须唤起哲学家们，放弃公认观点”。

他的发言在出版时为了突出批评者的意见，他的自我批评论证大篇幅地被删去。但是仍然可以看出在上述第二节三个问题上放弃公认观点，他说：“我并不假定熟悉的理论与观察的二分……实体和它的特征不能表现为确定的不依赖仪器的直接观察和理论推出二者。”[①] “现在我转向标准观点（Standard View）的另一个困难，就是T＝＜C，K＞（即TC），我对它的适当性的怀疑不断增长”；“对应规则，作为科学理论的组成，习惯上设计为一种语句，当作‘规则’或等位的操作的‘定义’，可以传达一种真理。这个思想由于多种理由现在已经站不住脚了”[②]。至于模型，原来认为它只是有“教导和启发价值”的类比模型，“现在看来它在表述和运用到许多理论中起到本质的作用”[③]。

亨普尔自己放弃了“公认观点”，而且明确地宣布它在1969年3月26日不幸身亡，并且开了“追悼会”。

于是，主帅死亡，到了20世纪90年代，波普尔、库恩、亨普尔等几个科学哲学大师分别于1994年、1996年、1997年相继去世，意味着一个时代的结束。今天，可以说是科学哲学群龙无首，进入一个春秋战国时代，群雄四起各霸一方。学科门类，根据荷兰出版的科学哲学手册，科学哲学有16个“诸侯国”：（1）物理学哲学（共1434页）；（2）生物学哲学（618页）；（3）数学哲学（共717页）；（4）逻辑哲学（共372页）；（5）化学与医药哲学；

---

① F. Suppe, *The Structure of Scientific Theories*, p. 245.

② Suppe, 1979, p. 252.

③ Ibid. .

(6) 统计哲学（共1229页）；(7) 信息哲学（共808页）；(8) 技术与工程科学哲学（共883页）；(9) 复杂系统哲学（共1453页）；(10) 生态学哲学（共431页）；(11) 心理学和认知科学哲学（共502页）；(12) 经济学哲学；(13) 语言哲学；(14) 人类学和社会学哲学（共883页）；(15) 医学哲学（共590页）；(16) 一般科学哲学：焦点问题（共683页）。在这卷中，科学哲学的中心问题，还是科学理论的结构和动力学问题。[①] 从这本手册可以看出科学哲学发展的趋势与规模。

现在，科学哲学有许多转向（turn）。转向这个词不要看得太严格了，有兴趣搞那一方面，就叫作转向，例如，科学哲学的认知转向，它可以向十六个诸侯国之一，如心理学与认知科学哲学的分科转向，又如科学哲学的知识社会学，就可以转向（14）。但是，在这16门科学哲学中，有一个中心问题就是科学理论的结构。在这个中心领域中推动“公认观点”解体的有若干中心人物，萨普自称为语义学进路，苏佩斯[②]自称为集合论进路，范弗拉森[③]叫作科学新图景、结构模型论或状态空间论进路，史纳德[④]、鲍尔泽和穆林斯[⑤]在这些新理论中强调苏佩斯的作用，称其为科学哲学的斯坦福学派，而强调史纳德作用的称其为史纳德学派。但许多人认为，他们都可以称为结构主义进路，都可以放入结构主义的范围。

他们的观点有一些共同点。

(1) 科学理论的结构是科学哲学的中心问题；

---

① Dov M. gabbay, Paul Thagard, John Woods (General Editors), *Handbook of the Philosophy of science*, Vol. 1 – Vol. 16, North-Holland, Elsevier, 2007 – 2012.

② Patrick Suppes, *Introduction to Logic*, (Litton Educational Publishing Inc., 1957). 中译本：P. 苏佩斯，《逻辑导论》，宋文淦等译，中国社会科学出版社，1984，第十二章。

③ Bas C. van Fraassen, *The Scientific Image*, Oxford: Oxford University Press, 1980.

④ J. D. Sneed, *The Logical Structure of Mathematical Physics*, Dordrecht: D. Reidel Publishing Company, 1971.

⑤ W. Balzer, et al., *An Architectonic for Science: The Structuralist Program*, Dordrecht: Reidel, 1987.

（2）科学理论的元理论研究要求有某种形式化，要将它重构为一个公理系统进行研究；

（3）科学理论的结构分析的中心工具与普遍语言是集合论和其中的布尔巴基的结构种；

（4）科学理论的最重要特征有：数学结构、理论的经验断言，理论词的功能、近似性的作用、理论进化和理论之间的关系。

目前在科学哲学中心问题上，与结构主义竞争的还有所谓新经验主义，就是南希·卡特赖特的哲学。她是英国一个女哲学家，最有名的著作是《物理定律是怎样撒谎的》（1983）和《斑杂的世界》（1999）。最有名的几句话是："在多数场合下发生的事情根本没有被定律所规定……上帝可能写下了寥寥几条定律，就厌倦了"[①]"自然界中大多数发生的事是偶然的，不受制于任何定律"[②]"科学理论……那个系统是个大的科学谎言""不要统一的理论结构美，我要感受的是混乱美"[③]。因此，在研究结构主义科学哲学时，常常要与新经验主义哲学进行讨论与对话。

一旦人们将"非陈述观点""语义进路""模型进路""集合论进路""结构主义"都放进结构主义的大口袋里进行论证，我们就要注意这些科学理论结构观之间的一些区别。

（1）萨普和范弗拉森的状态空间模型论。公认观点企图通过检查科学理论的语言表述（linguistic formulation，又可译为语言塑述），来从语句关系说明科学理论的性质。公认观点的失败表明，我们并不完全反对这种语法进路，但应该将研究重点放到研究科学理论的超语言实体（extralinguistic entities），即用它的语义结构来揭示理论结构。因为同一科学理论的语义实体可以由不同语言系统

---

① Nancy Cartwright, *The Dappled World: A Study for Boundaries for Science*, Cambridge University Press, 1999. 中译本：［英］南希·卡特赖特：《斑杂的世界》，王巍、王娜译，上海科技教育出版社 2006 年版。

② Nancy Cartwright, *How the Laws Physics Lie*, Oxford Universily Press, 1983. 中译本：［英］南希·卡特赖特：《物理定律是如何撒谎的》，贺天平译，上海科技教育出版社 2007 年版。

③ Nancy Cartwright, *The Dappled World: A Study of the Boundaries of Science*, pp. 7, 21.

来进行研究。例如，海森伯矩阵力学和薛丁格的波动方程尽管语言、语句不同，但它们等价地研究了共同的对象：量子世界及其模型。于是萨普、范弗拉森等人提出如下观点。

①科学理论有它的主题，就是它试图在其中解决问题的现象的类，这是它的预期的应用领域（intended scope of the theory），但它并不直接研究现象，并不描述这些现象的所有方面。

②科学理论第一步从它预期应用的现象中提取出为数不多的抽象参量（abstracted parameters）；它采取隔离开现象的实验条件和在实验控制下抽象出、选择出这些参量。第二步是将条件理想化，使这些参量在孤立的、抽象的、简化了的、理想化了的甚至是虚构了的条件下起作用。第三步由此建立物理系统。因为一个参量用一维坐标表示，n 个参量就用 n 维坐标来表示。于是它就组成一个 n 维的状态空间。例如，描述一个质点的力学的系统，就有 6 个维度；点的位置有空间三维：

$q=(q_x, q_y, q_z)$，质点的动量矢量又要三维 $p=(p_x, p_y, p_z)$，由此组成6 维状态空间 $(q_x, q_y, q_z, p_x, p_y, p_z)$。要研究两个质点就要有 12 个维度的状态空间。这就是质点的物理系统，它是现象世界的一个复本。N 维参量在状态空间中，一个个体在某一时刻在 N 维空间中是一个点，这个点在时间过程中的变化组成状态空间一条行为轨线。这就是物理系统的行为。在这里，物理系统一词并不是指现象世界，而是从现象世界中建构出来的状态空间中各种参量的变化和相互关系的系统。理论的语义和本体论承诺就在这里，它研究的客体的模型也在这里。

③由于作为模型的物理系统的各种参量是可以在现象世界（现实世界）中测量的。这就有一个这些模型与现实世界的关系问题。测量出来的资料要经过转换才能与作为模型的物理系统所预言的结果进行比较，来检查模型是否预言了现象世界和被现象世界所确证。

这便有了三者的关系：理论的语言表述，理论的模型语义内容，现象世界。这可用图 4—2 来表示。

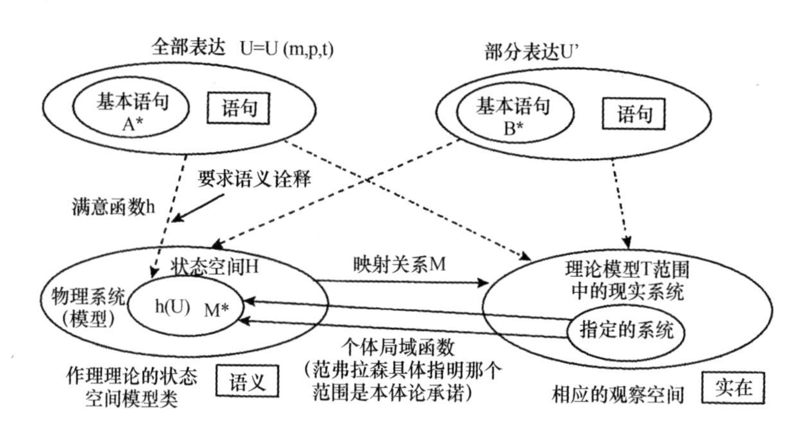

图 4—2 理论的语义概念

在这里，理论结构 T 精确地由构成 U 的语义性诠释（H）组成。注意，理论表达语言 U 与 U' 没有预设观察—理论的二分的诠释，也没有对应规则做理论语句的组成部分。理论结构 - T 提供表达语言 U 与 U' 的完整的物理系统状态空间模型的语义诠释，用····➤来表示。而 U 与 U' 也指称 T 的范围中的现实系统，用····➤来表示。

理论被断言被定位为由状态空间物理模型 H 到理论范围中的现实系统的映射关系 M。从实在论的观点看，M 是同态的关系；从萨普的半实在论的观点看，M 则为反事实关系，指明现实系统在 T 以外的变量影响被隔离后的行为是怎样的。而从范弗拉森的建构经验主义的观点看，M 是现实世界的一个子集，是它在个体局域函数下的意象 M * 之间的映射。当 M * 包含于 T，则 T 是经验地适当的。局域函数指明 T 的本体论承诺。从苏佩斯的观点看，映射关系 M 由包括实验的资料模型在内的模型层级所媒介。它们虽然不是理论的一部分，但用以确定映射 M 的成立。本图来自萨普的论文“Scientific Theories”第 6 节，笔者只做了小小的修改和注解。

（2）苏佩斯的集合论语义模型。苏佩斯并没有讲到状态空间模型的语义，而主要讲理论就是超语言的集合论结构；他的一句名言是“通过定义一个集合论谓词来公理化一个理论以便发现它的结构”。他在这本逻辑学教材中写道：“把各种理论在集合论中公理化的程序的核心，可以很简单地描述为：把一个理论公理化就是用集合的概念定义一个谓词。这样定义的谓词叫作集合谓语。”[①] 这就是说，所谓集合论谓词就是用集合论术语来表达的谓词。例如“x 是一个群”“x 是决策论”“x 是经典力学”如果都能用集合论语言表达，它们都是集合论谓词。于是满足这个特定谓词的集合论实体就成了这个理论的模型，而相应的结构种[②]就成为特定理论模型的结构。所以苏佩斯的语义进路就是集合论语义模型的进路，不过他的主要贡献是在资料模型上下功夫，认为在理论和客观世界之间有一个模型的层次将二者连接起来，其中实验设计、实验模型、资料模型、资料处理模型是最重要的模型。

（3）史纳德、穆林斯的结构主义模型，是对模型语义学研究得最系统的一派。他们在理论与客观世界之间，分析了部分可能模型、可能模型、实在模型、模型之间的模型以及不同理论模型之间的模型、粗糙的模型等等，恰恰与苏佩斯研究的实验、资料模型联系起来，成为元科学的各种模型类，而范弗拉森的状态空间模型也可以用集合论的结构种的模型类来分析。这都是第五章要详细讨论的内容，在那里我们可以看到三个学派的一致性，在此就不阐述了。

---

① Patrick Suppe, *Introduction to Logic*, pp. 249, 30. 中译本：［美］P. 苏佩斯：《逻辑导论》，第十二章。

② 关于这个概念，下一章会有详细介绍。

第五章

布尔巴基的结构种

科学理论模型作为知识的主要载体表征科学理论的结构，这种结构在精确科学中可以通过布尔巴基集合论中的“结构种”来加以公理化。结构种通过对与它相应的元素进行特定的幂集和笛卡儿积运算给出它的结构的定型式，然后通过规范扩展和关系的可传输性展示这种定型式在它的类中的普遍性。集合论的层级和关系如此丰富，以至于结构种可以这样构造，并使得科学模型以它们的全部复杂性作为它们的例示。所以，一方面在科学哲学的模型论的进路中，经验科学中的模型类是结构种的具体体现和实现，而结构种是模型类的数学本质。另一方面，从元科学的观点看，J. 史纳德和他的追随者将科学模型划分为七类，即潜在模型 M_p、实在模型 M、部分潜在模型 M_{pp}、总体约束 GC、总体连接 GL、粗糙模型 A 以及预期应用 I，并加以扩展，其不仅来自布尔巴基，而且来自科学的认识论，并反映了人类的认知过程。

第一节　研究进路

科学的理论结构是科学哲学的中心问题，至少也是科学哲学的中心问题之一，在 20 世纪 60 年代科学哲学的“公认观点”宣布失败以后，有一个新的研究进路逐步兴起，这就是萨普、苏佩斯、史纳德、斯泰格缪勒、鲍尔泽、穆林斯等科学哲学家倡导的所谓对科学理论进行“非陈述观点”的研究进路。因为这个进路的首创者苏佩斯一直在美国斯坦福大学任教，而这个理论的主要奠基者史纳德又是苏佩斯的学生，所以有人称这个学派为“斯坦福学派”，也有人称它为“史纳德学派”。不过，这个学派的学说，主要在德国和欧洲大陆流行，甚至进入了科学哲学专业低年级学生的课程，而只是在近一二十年才在英语世界走红。不过“非陈述观点”的术语是个否定性的名称，不是从正面表达它的基本特征，而“结构主义”则是一个太一般的用语，也不能表达它的科学哲学的研究进路的基本内容。因此在讨论斯坦福学派研究科学理论的结构的两个关键词“结构种”和“模型类”之前，我们先要述说一下他们的基本进路是什么。

我们知道，想要研究科学理论的结构，我们应该寻找一些最典型、最成熟的科学理论作为范例进行分析，这就是能够公理化的理论。解剖一只麻雀就会知道其他麻雀也是五脏俱全，这个解剖刀是什么？就是集合论，用我们哲学家的行话说“它是现代高级数理逻辑的一个最基本组成部分”。所以苏佩斯说他的进路是通过定义一个集合论谓词而将一个数学物理理论公理化，来看出它的科学理论的结构。苏佩斯在他的一本逻辑学教材中写道：“把各种理论在集合论中公理化的程序的核心，可以很简单地描述为：把一个理论公理化，就是用集合的概念定义一个谓词。这样定义的谓词叫作集合谓语。”因此，我们可以将斯坦福学派的进路叫作“集合论进路”“公理化进路”，范弗拉森支持苏佩斯的观点，并将它称为“语义学的进路”。

但通过集合论方法公理化一个理论怎样能够将一个理论的结构分析出来呢？对于这个问题，史纳德学派就说得比较清楚。鲍尔泽、穆林斯和史纳德在他们的一本题为《科学的建构》的书中写道：“我们关于知识结构的说明要求某种比陈述和陈述之间的逻辑关系更多的东西，我们要集中注意展示出知识的命题性质所忽视的那种东西”，“我们的模型论进路”就是将经验科学及其定律“不是作为语言实体而是作为模型论实体即集合论的结构的类进行刻画”。“无论一个科学理论达到何种成熟的程度和概念确定的程度，我们都可以识别出它所处理的模型。科学理论分析的基本单元不是其他的有关科学基础研究进路所说的那样是陈述，而是模型”。“一个理论常规地有许多模型……这些模型共有着相同的结构”（同构）而成为模型的一个类。因此我们可以将史纳德学派的进路叫作“集合论进路”或“模型论进路”。我们采用“模型论进路”来代表整个结构主义科学哲学观的理论结构学说的思想是很清楚的：这就是在从元科学的观点来看待科学理论所研究的模型的类型和模型的结构时，我们就会达到布尔巴基集合论所说的结构种的概念与方法，而当我们研究“结构种”数学概念如何运用于经验科学时，我们就在科学理论的模型类上找到结构种在科学理论中的经验内容，这就是本章和第六章的主题。

第二节 模型

模型这个概念的用法是很容易被混淆的，简单地说，如果一个系统 S_1 的元素及其关系对于另一个系统 S_2 的元素及其关系有着一一对应（同构）关系或多一对应（同态）关系，则称前者为原型，后者为模型。但是这种关系也常常可以反过来说，即把原型看作模型，把模型看作原型。例如有两个孪生兄弟，张三、张四，我们可以将张三看作张四的模型，也可以将张四看作张三的模型。这要看你解决什么问题。在科学中，模型有四种分类，涉及两种不同类型的系统，一种系统是比较具体的或实体性的“已被诠释过的”（interpreted）系统。另一种是比较抽象的、形式化的系统叫作“未诠释系统”或“不诠释”（noninterpreted）系统，如通常的一个训练飞行员用的飞行模拟器，数学的（mathematic）系统。于是模型便被分为四类（见表5—1）。

表 5—1　　　　　　　　模型分类

编号	原形系统	模型系统	实例
Ⅰ	已诠释的	已诠释的	人工心脏是肉体心脏的模型
Ⅱ	数学的	数学的	以几何方法来解代数问题
Ⅲ	已诠释的	数学的	以微分方程做牛顿力学定律的模型
Ⅳ	数学的	已诠释的	以物理定律来例解微分方程的应用

第一类和第二类比较不容易发生混淆，在我们讨论理论结构问题上容易产生混淆的是第三类和第四类。首先来讨论第三类模型，以数学做具体系统的模型，物理学家常常会说薛丁格方程是量子世界波动系统的一个模型，华尔街的理论物理学提供的大量微分方程组和图表是美国金融危机的一个模型。这一类模型是通常所说的所有数学模型。这些模型的基础应是通常已被大家接受了的物理的以及其他的自然定律，不像华尔街物理学家在 2007 年经济危机前所理解的危机规律，这就使得数学物理学家能通过数学推导，而不是通过物理实验来建立一个数学模型来回答已诠释了的系统要求回答和解决的问题。例如，牛顿万有引力方程，通过数学分析解决经验定律中已诠释了的炮弹飞行呈抛物线轨道，不同重量的落体以同等速度落到地面，行星沿椭圆轨道绕日运行；潮汐的周期涨落的问题。这就是以数学的形式模型来解释已作了经验诠释的各种现象。但是，理论结构的模型论主要进路并不是这样来理解科学理论模型的。这个进路主要采取模型分类的第四类来理解模型。薛丁格方程是一个理论的原型结构，而量子世界的某个亚原子物理系统是它的模型。华尔街经济学家建立的方程是经济危机的理论原型结构，而 1929 年纽约的黑色星期四、1997 年东亚金融危机和 2007 年的美国股票大跌幅是它的模型，伽利略自由落体理论的模型是比萨斜塔的实验，而南希·卡特赖特说科学无法解释的大风吹起的一张 100 元美钞的运动轨迹并不是它的实在模型而只是它的可能模型。

这种模型的概念与艺术家的模型概念比较接近，达·芬奇油画蒙娜丽莎是一个艺术品的结构，而佛罗伦萨银行家佛朗切斯柯·载尔·佐贡多的妻子是她的模型。最近法国考古学家将佐贡多夫人头颅的骸骨发掘来复原她的头像，果然不错，她就是达·芬奇油画的模型。在服装设计师的设计台上走来走去的时装模特是设计师设计思想和设计图案的模型。那些审美标准是一个美学理论的要素，而报名参加选美的女士是这个标准的可能模型，最后选出的冠、亚、季军世界小姐就是女性美的模型。我们在理解科学理论的模型这个问题时不要把模型搞反了。读者翻回上一章的图4—2，那里的理论语言表述就是一个未做诠释的语言形式。要解决它的语义问题，就需要建立一个状态空间的物理模型来诠释这些语句，它就是模型分类中的第四类模型。

不过，到底什么是模型与原型，在集合论中有一个严格的数学定义，我们需要用一点篇幅说明模型的一般概念。为了说明模型的概念，我们首先要将数学上的同构概念和同态概念说明清楚。

第三节 布尔巴基的结构种

德国著名数学家希尔伯特，在19、20世纪之交，在巴黎国际数学家大会上提出了23个重要数学问题，要在20世纪加以解决。回顾20世纪的发展，其中大部分问题经过一个世纪的努力已经解决或接近解决。例如希尔伯特第8个问题，即哥德巴赫猜想：“任何一个偶数等于两个素数和”。我国陈景润也只是部分解决了这个问题。希尔伯特第6个问题，就是希尔伯特建议从物理学的公理中用公理化方法推演出各种物理学理论，首先是概率与全部力学。现在许多物理学理论也已经能够公理化，如力学、相对论力学、热力学、量子力学、量子场论，但是在公理化问题上数学家当年后院起火，原来，希尔伯特认为一切数学都可以由数学公理推出，并正在其公理化数学这件事干得起劲的时候，他的学生哥德尔证明任何数学理论都是不完备的，在包括算学在内的数学学科中，至少有一个命题是从公理中不能推出也不能否定的。这件事使希尔伯特十分恼火，据说他看了哥德尔的论文后气得发抖。不过希尔伯特没有放弃他的努力，因为不能全部推出所有命题，但大部分，几乎全部推出还是可能的。到了20世纪50年代，法国兴起了一个数学学派叫作布尔巴基学派，继承和发展了希尔伯特的事业，还未想到今天在计算机科学中能有广泛应用。

布尔巴基并不是一个人，根本没有这个人，它是法国一个数学团体的笔名。这个学派在世界上影响很大，它自20世纪30年代末成立以来，全世界有3/4顶级的数学奖由这个学派获得。这个学派从1939年开始出版"数学原理"（Elements of Mathematics）丛书，第一卷是集合论，第二卷是代数，第三卷是拓扑，一直到现在出了40多卷尚未完成。这个学派在数学基础上的目标：第一是统一数学；第二是对各门数学进行公理化；第三是集中研究数学结构这个概念。他们认为数学本身就是研究抽象结构的科学。而集合论是整个数学的最基础的结构。因此要运用集合论来分析结构和结构种的概念。结构种在中国哲学界与数学界并不流行，找不到任何一本参考书讲到这个问题，我只好回到布尔巴基的数学原理第一卷第四章"结构"来研究一下到底什么是结构种。为此我们首先交代几个预备概念。

（1）集合（Set）：按康托尔的说法："凡在一定范围内的可区别的具体的或抽象的事物，当作一个总体来考察，就称为集合A。"这个总体的每一个成员叫作集合元素：a_1，a_2，…，a_n。这样集合A就记作$A=\{a_1, a_2, \cdots, a_n\}$。如果这些$a_i$元素具有共同性质P，A可以将它表示为$A=\{x \mid P(x)\}$。例如，"所有的英文字母"，"本教室的全体学生"，{1，2，3，桌子、板凳、啤酒杯}都是一个集合，当a_i是集合A的元素时，记作$a_i \in A$。

（2）子集（Subset）：集合A中任一元素都是集合B的元素，则集合A是集合B的子集，记作$A \subseteq B$。例如$\{0, 1\} \subseteq \{0, 1,$

2，3，4}，前者是后者的子集。

（3）幂集（Power Set）：由集合 A 的所有子集（空集与 A 本身也在内）所组成的集合，叫作幂集，记作 P_0（A）或是 $2^{|A|}$ [因若 |A| 表示元素的数目，P_0（A）有 $2^{|A|}$ 个元素]。

例如，A = {a，b}，则 P_0（A） = {Φ，{a}，{b}，A}，它的元素正好是 2^2 个。

若 A = {1，2，3}，则 P_0（A） = {Φ，{1}，{2}，{3}，{1，2}，{1，3}，{2，3}，A}。它的元素正好是 2^3 个。

注意幂集不仅是“集合的集合”，而且也是一种运算，如果对幂集再进行幂集运算 P_0 [P_0（A）]，就会得出许多子集。在上例中就有 2^8 个。这个概念必须搞得很清楚，否则结构种就搞不懂。

（4）有序偶（Ordered Pair），按一定次序排列客体 a、b 时，我们得到有序偶 <a，b>。注意 <a，b>是序列，不是一般的集合，它表示了元素之间有一种关系，“我打你”可以表示为<我，你>，一旦这样表示，<你，我>就是另外一种关系；“六一”儿童节是个月日关系，表示为<6，1>，不能表达为<1，6>。

（5）n 重有序组（Ordered n-tuples）是有序对的自然推广。当 n 个按一定次序排列的客体 a_1，…，a_n 组成一个序列时，叫作 n 重有序组。记作 $<a_1, \cdots, a_n>$。

（6）笛卡儿积（Cartesian Product）：设 A、B 为两个集合，从 A 中取任一元素 x 与从 B 取任一元素 y 组成的有序偶的集合，称为 A 与 B 的笛卡儿积，记作 $A \times B = \{x, y\} \mid x \in A, y \in B\}$，推而广之，n 个集合 A_1，A_2，…，A_n 的笛卡儿积定义为：

$$\pi_{i=1}^{n} A_i = A_1 \times A_2 \times \cdots \times A_n = \{ <a_1, a_2, \cdots, a_n> \mid a_i \in A_i, 1 < i \leqslant n \}$$

（7）映射（Mapping）：设有集合 A 与 B，如果有对应关系 f，使得 A 的任一元素 x 能与 B 中的一个唯一元素 y 相对应，则这种对应关系 f 叫作从 A 到 B 的映射或叫作从 A 到 B 的函数；当 A 中的任意的不同的二元素 x_1，x_2 与 B 中的不同元素 y_1，y_2 相对应时，这种映射叫作双射。

按照布尔巴基的原著，一个数学理论的核心就是它的结构种。就像人不是猪，不是牛，是因为人有它的人种而不是牛种或猪种。在数学上不同数学理论有不同的数学结构种，它的组成元素（或形成的程序）有下列四个因素（或四个步骤）。

（1）一定数目的集合 E_1，…，E_n 被称为组成某个理论的主要基础集（Principal Base Sets），它是组成这个理论结构种 Σ 的主要基础材料，就像建筑物的砖块那样。

（2）在该理论中，有一定数目的集合 A_1，…，Am，被称为建构结构种 Σ 的辅助基础集（Auxiliary Base Sets），例如实数集、自然数集等。结构种可能不一定需要辅助基础集，但必须要有基础集做建筑材料。

（3）一个定型图式（Typification）

$$T(E, s) = s \in S(E_1, \cdots, E_n, A_1, \cdots, A_m)。$$

$$其中集合 E = \{E_1, \cdots, E_n\}$$

在这里 S 是建立在上述 n + m 项上的梯阵建构图式（Echelon Construction Scheme）。T（E，s）被称为结构种 Σ 的型特征（Typical Characterization）。

（4）有一种关系 R（E，s），相对于定型图式 T 是可传输的（Transportable），这个 R 就叫作结构种 Σ 的公理。

布尔巴基在“结构种”一节中，举了一个例子来说明这个问题，他说一个集合具有这样的型由 A × A 到 A，相应地给定 A，形成 $F \in P_0((A \times A) \times A)$，我们要从这个型中选择一些例如满足某种函数图式，才能称为代数结构。这个型 $P_0((A \times A) \times A)$ 是一个代数结构，当且仅当，它满足（1）函数 F：A × A→A 是一个封闭运算 o；（2）结合律：对于 A 内的任意元素 a，b，c，有：a o（b o c）=（a o b）o c；（3）交换律：a o b = b o a；（4）分配律：a o（b×c）=（a o b）×（a o c）。（5）存在着单位元素 1，使 1 o x = x o 1 = x。

以上几乎是从布尔巴基的《数学原理第一卷集合论》[①] 第四章的结论中一句句照抄来的，这个完整抄录的目的是想要说明布尔巴基的结构种与史纳德的模型类的建构（从对象科学的观点看）几乎是一一对应的。

不过为了理解结构种的四项组成即四项建构程序，有几个关键名词尚需交代，这里不得不解释如下。

（1）梯阵建构图式与定型式。

有了主要材料和辅助材料还不足以建立一个结构种，关键是要有一个图纸、图式。图式怎样来的呢？就是在主要基础集的系列 E_1，…，E_n 和辅助基础集 A_1，…，A_m 中按一定条件和步骤取出某几个集合，或取某几个集合加以幂运算 P_0（E_i），又取另外一些集合加以笛卡儿积集运算，即得到 $E_j \times E_k$。下一步对于新形成的集合也按这种方式进行运算。例如第一步取 E_j 的幂集，得 P_0（E_j），第二步取 E_k 的幂集，得 P_0（E_k），第三步取上一步的幂集，得 P_0P_0（E_k），第四步如果是最后一步取前两步的笛卡儿积，就得到 P_0（E_k）$\times P_0P_0$（E_k）。类似这样在经过一级一级的梯阵运算爬到某一个结束步骤，这就有许多结构花样最后出现。下面还是准备给出一些形式的表达，希望读者能耐心地看下去。

所谓梯阵建构图式是一个自然数有序偶 $c_i = <a_i, b_i>$ 的序列 $S = <c_1, \cdots, c_i, \cdots, c_m>$，略去 c_i 就可写成：

$$S = \langle <a_1, b_1>, \cdots, <a_i, b_i>, \cdots, <a_m, b_m> \rangle$$

请注意这里 c_i，a_i，b_i 都是一些自然数数字，将这个图式 S 用到基础集 E_1，…，E_n 上，就得到建构序列，即梯阵 A_1，A_2，…，A_m。找出这个 A_j 的条件如下：

（a）若 $c_i = <0, b_i>$，则 A_i 项是 E_{bi}；

（b）若 $c_i = <a_i, 0>$，则 A_i 项是 P_0（A_{ai}）；

① Nicolas Bourbaki, *Elements of Mathematics. Theory of Sets*, Herinann, Printed in France, 1968, pp. 262 - 263.

（c）若 $c_i = <a_i, b_i>$，而 a_i，b_i 都不等于0，则 A_i 项是 $Aa_i \times A_{bi}$。

从（c）中你可以看出在寻找 A_1 项，接着 A_2 项……的步骤中，后一项的 A_{n+1} 依赖于前一项的 A_n，由此前进，找到 A_m 项时就有一个最后图式出现，它就叫作建立在基础集 E_1，…，E_n 上的梯阵建构图式，记为 S（E_1，…，E_n）。

我们可以举一个例子来说明建立在基础集上的梯阵建构图式。

例：设有两个基础集合 E_1，E_2。它的梯阵建构图式为

$$S = \langle <0, 1>, <0, 2>, <1, 0>, <3, 0>, <2, 0>, <4, 5> \rangle$$

求建立在 E_1，E_2 上的 S 图式梯阵。

解：我们可以列出一个表，将上式 $<0, 1>$，$<0, 2>$……分别代入（a）（b）（c）条件，得出：

$S = <C_1, \cdots, C_i, \cdots, C_m>$	$C_1 = a_1, b_1$	$C_2 = a_2, b_2$	$C_3 = a_3, b_3$	$C_4 = a_4, b_4$	$C_5 = a_5, b_5$	$C_6 = a_6, b_6$
S 实例	$<0,1>$	$<0,2>$	$<1,0>$	$<3,0>$	$<2,0>$	$<4,5>$
序列 $A_1, A_2, \cdots, A_m$	$A_1 = E_1$	$A_2 = E_2$	$A_3 = P_0(A_{a3}) = P_0(A_1) = P_0(E_1)$	$A_4 = P_0(A_{a4}) = P_0(A_3) = P_0P_0(E_1)$	$A_5 = P_0(A_{a5}) = P_0(A_2) = P_0(E_2)$	$A_6 = P_{a6} \times A_{b6} = A_4 \times A_5 = P_0P_0(E_1) \times P_0(E_2)$

这样按本题的梯阵建构图式求得建立在 E_1，E_2 上的 S 图式梯阵 S（E_1，E_2）$= P_0P_0$（E_1）$\times P_0$（E_2）。则 $s \in = P_0P_0$（E_1）$\times P_0$（E_2）就是 S 对于这两个基本集 E_1，E_2 的一个定型式。结构种概念的第一个特征就是通过幂集和笛卡儿积集给出某类数学问题以一个定型式。集合论中的基础集合是如此丰富，而笛卡儿积和幂集又是如此可以反复无穷地进行运用，以至的确可能将数学上的几乎一切结构表达出来。设想在数学世界有一“布尔巴基妖”，它有超人的智力，他或她就不但可能将数学结构穷尽无遗，而且也可能将物理

世界的数学形式、数学结构穷尽无遗。[①] 这种想象，就像计算机科学和元胞自动机的科学家 S. Wolfram 一样，认为宇宙就是一部元胞自动机，它可以将一切物理规律穷尽，对于这个问题，我们只好留给本体论哲学家去讨论。从人类的模型认识论的观点看，不仅逻辑协调性是我们的要求，而且简单性和与现实世界的一致性也是我们的基本认识论标准。如果公理化使某一门数学变得非常非常复杂，那么这种公理化对这门学科就可能没有多大意义了。

（2）图式 S 的规范扩展（Canonical Extension）与关系 R 的可传输性（Transportable）。

以上我们只是从某种个例和某类集合上讨论某理论的结构种和定型式，即从 $s \in S$（E_1，…，E_n）上来讨论定型式 T（E，s）。如果我们再给定梯阵建构图式

S′（B_1，…，B_n），又给定 B 类基本集 $E_1{}'$，…，$E_n{}'$。如果我们有 n 个双射映射

f_i：$E_i \rightarrow E_i{}'$并有 g_i：$S \rightarrow S'$成立。按照 S 和 S′所规定的程序，我们能够从 S（E_1，…，E_n）扩展到 S（E'_1，…，E'_n）也成立。于是，f_1，f_2，…，f_n 就称为图式 S 的规范扩展，记作 $< f_1$，…，$f_n >^S$。即 $< f_1$，…，f_n；Id_1，…，$Id_m >^S$（E）$= E'$。这里 Id_i 表示辅助基础集 A_i 的自同构（automorphism）。

不但图式 S 的定型式是可扩展的，即 T（E，s）$\leftrightarrow T$（E'，s'），而且定义在 E，s 上的关系 R（E，s）也是可传输的，定型的可扩展和关系的可传输都是同构的同义语，即 R（E，s）$\leftrightarrow R$（E'，s'）。这里 R 被称为结构种的公理。

这就是说，要理解一个结构种，就要理解定型式和结构的可扩展和可传输，它是一个同构与自同构的概念，这是结构种的另一个重要的也许是根本的特征，正是它揭示了某一些数学问题是同

---

① R. Torretti, *The Philosophy of Physics*, Cambridge University Press. 1999. p. 415. 作者在这里说：“想象一下有一个有超凡智力的 demon，以集合论的方式来处理物理学问题”，我给 demon 起了一个名字叫作布尔巴基妖。这个布尔巴基妖，的确带有逻辑理论主义的色彩。

构的。

现在，我们用图解来说明结构种。

假定有完型图式 T（E，s），其中 $s \in S(E_1, \cdots, E_n)$。我们令

$$E = \{a, b, c, d, e, f\}$$

$$S = \{<d, d>, <d, a>, <d, c>, <c, b>, <c, f>, <c, e>\}$$

它是从基础集中给定梯阵建构图式 S 从 E 的元素中选出来的（见图 5—1）。

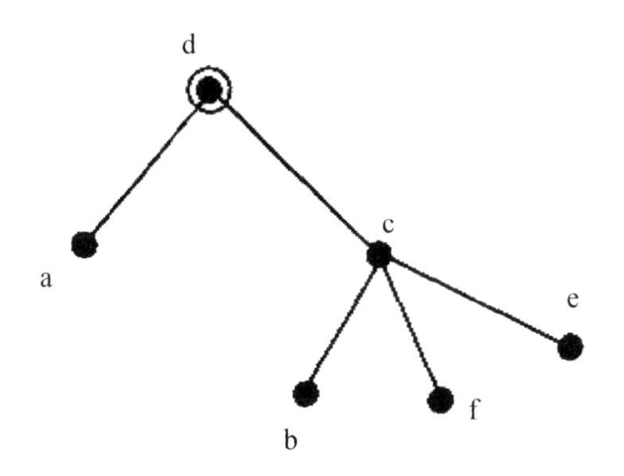

图 5—1　定型式 T 的图解

这是一个树根形的结构种，将基础集 E 及其每个元素通过 f_i: $E_i \rightarrow E'_i$ 的双射加以置换，换成 $E' = \{x, 3, u, v, 5, 4\}$，于是就有定型式从 T（E，s）转移到 $T(E', s')$，就叫作树根形结构沿 $f = <f_1, \cdots, f_n>^S$ 从 S（E）到 S（E′）转移，即上面所说的

$<f_1, \cdots, f_n; Id_1, \cdots, Id_m>^S(E) = E'$。这里 Id_i 表示辅助基础集 A_i 的自同构（见图 5—2）。

其所以有这种迁移，因为 S（E）与 S（E′）是同构的。

布尔巴基在他的数学原理第一卷第四章紧接着的讨论中，所运用的一些概念都是为了说明数学结构和结构种。

（1）同构。令 U，U′是两个包含 n 个基本元素的 Σ 型的结构，

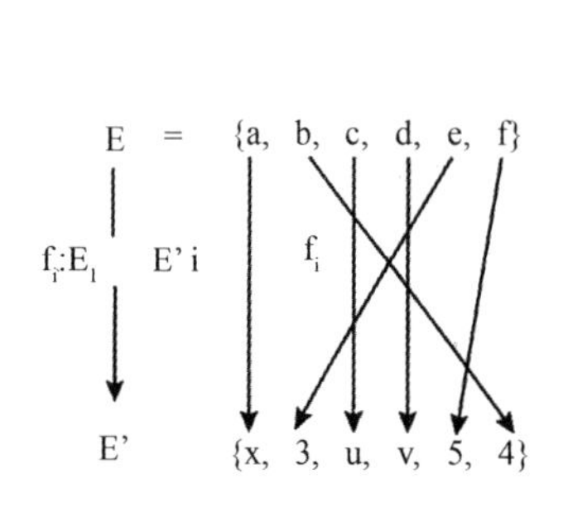

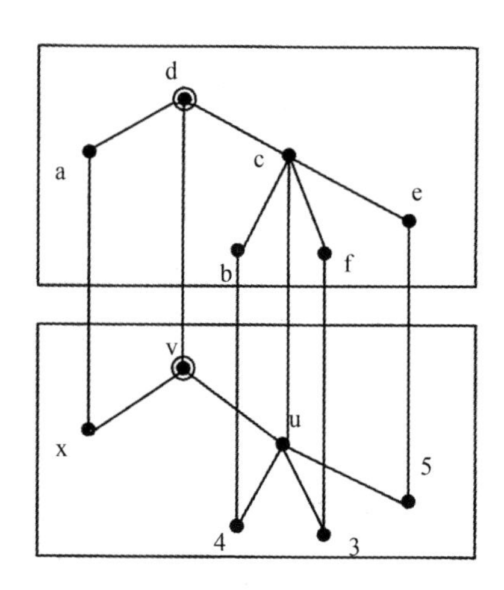

图5—2 结构种沿双射在不同的集合中的传输

并令 n 个双射为f_i：$E_i—E'_i$，若 S 为∑的梯阵结构图式，则

$<f_1，\cdots，f_n>^S$ 定义为同构，当且仅当

$$<f_i，\cdots f_n，Id_1，\cdots，Id_m>^S（U）=U'。$$

这个定义是用来精确表达他的“规范扩展”的概念的。这就为科学哲学将模型定义为同构类开了先河。

（2）结构演绎。布尔巴基用形式程序表达从已有结构推出新结构的过程。例如，生成结构$<S_1，S_2>$可推演出拓扑群结构种，从矢量空间结构可推出交换群结构，这就促使科学哲学将科学革命看作结构种的转换，但其转换并不是不可通约的。

（3）贫结构和富结构。同一基础集和同一型特征的两个结构，公理较“多”的“富结构”可从公理较“少”的“贫结构”推出。

（4）结构等价。这个定义可以说明同一结构可以用不同的方式表达。例如牛顿力学、哈密顿力学和赫兹力学表现了同样的经典力学的结构。

关于布尔巴基结构种，还有几个问题需要加以讨论。

（1）真的存在布尔巴基妖吗？就是说用布尔巴基集合论能表达

一切数学甚至自然科学的原理吗？科斯指出，“集合论理论家通常说，集合论语言是一种普遍的语言，并且运用它我们可以重构所有的数学（并且实践地重构所有的科学思想），这就是为什么语义学进路是如此有用和如此重要，因为它以这种方式公理化我们的理论使我们掌握全部数学（we have the whole of mathematics ‘at hand’）”[1]。特雷蒂（Terretti）说：“请想象有一超人智慧的神灵（demon）承担着建构物理学的工作。集合论的层级如此丰富，使他或她能从结构种中把握自然界的所有复杂性的实例。”[2]

（2）结构主义，包括数学结构主义和科学结构主义都有一个很明显的特征，就是抛开实体来理解结构，世界以及数学只有结构存在或只有结构值得研究，那些集合的个体只是一些符号或结构中的纽结，这种结构实在论我们能接受多少？有一种解释：如果一元谓词去掉变元就表现为 P（ ），多元谓词即关系去掉个体变元就成为 R（,,）。这就是所谓占位符（Placeholder，直译为位置标志或占位符，相当于社会学中某种未定位的角色）。可以先有谓词与关系，在它的约束下，再来确定个体实体，就像先有空着的总统职位，然后按它的职责要求去选举总统一样。这样实体就被定义为关系的函数。

$$\text{实体 } X \equiv (< R_1, R_2, R_3, \cdots, R_n >)$$

这里关系是原始概念，结构是关系的有序组合 $< R_1, R_2, R_3, \cdots, R_n >$。我们通常所说的实体或个体实体、个体变元，不过是一组这样的有序关系，它具有某种自我支持的稳定性和一组关系的持续性。因为这组关系是稳定的，在变化着的关系中是可识别的，具有持久性或连续性的（这些都是 F 函数的特征），我们便把它叫作实体，怀特海将实体看作“过程的持续性”也是这个道理，不过我们这里说的是关系的持续性。我们的基本立场是实体结构主

[1] N. C. A. Da Costa, and S. French, “The Model-theoretic Approach in Philosophy of Science,” *Philosophy of Science* 57 (1990), p. 258.

[2] R. Torretti, *The Philosophy of Physics*, Cambridge University Press, 1999, p. 415.

义，将实体看作优先于结构的世界本体，但是也承认存在第二种本体论结构，即曹天予所说的结构优先于实体的结构形式，即这里的“占位符”实体。但我坚决反对无实体的纯粹结构。因此，在布尔巴基结构种问题上，我仍然坚持实体结构主义的本体论立场。就数学结构来说，基本集合中的个体或个体变元，就是实体。它运用于物理学中，就是电子、原子、分子等。

（3）结构主义对于结构与模型有几种不同的见解。萨普是首先对公认观点发起总攻的旗手。但他似乎没有太多地利用结构种来构造他的语义进路的科学结构理论。他和范弗拉森所持的基本语义模型是状态空间模型。苏佩斯在 1957 年就提出“把一个理论公理化，就是用集合论的概念定义一个谓词叫作集合论谓词”，他是在科学哲学的理论结构研究中首先引进结构种的学者，但是他在模型类的研究中，主要贡献似乎在于他分析了统计模型和科学中的资料模型，对科学中的模型类的研究，并没有太系统的东西。倒是史纳德学派将结构种与模型类联系起来研究数学中的结构种与科学哲学中的模型进路到底有一些什么样的区别与联系？这些都是我们需要进一步研究的问题。

第四节 公理化中的结构种与模型类

本节的目的是要说明：布尔巴基的结构种是怎样运用于将一个数学理论公理化的；说明苏佩斯的基本命题：通过定义一个集合论谓词而将一个数学理论和科学理论公理化；在科学哲学的结构主义中，布尔巴基的结构种在物理学甚至一般科学中，是怎样表达成为科学理论的模型类的；它们又是怎样通过一些诠释和补充而成为元科学理论的模型类的。

我们在上节已经说明了布尔巴基结构种的四个基本程序或四个组成部分：（1）确定一个主要基础集（E_1，…，E_n）；（2）确定一个辅助基础集：（A_1，…，A_m）；（3）在 E，A 上（或只在 E 上）

建立一个定型图式 T（E，s），它在同类型 T（E'，s'）数学结构中，相对于型（Type）来说是可规范扩展的，也就是说它们是同构的；(4) 确定一组关系 R（E，s），它是结构种的公理集，对于定型式 T 来说是可传输的。

我们用一个数学上的广延公理系统 M（EXT）来说明结构种怎样运用于公理系统的建构。广延理论指的是这个数学对象域的元素之间是有前与后、大与小、主与次的顺序的，这一概叫作“优先性”（Precedence），又称为拟序（Quasi-ordering）。同时，这个数学对象的元素之间具有加和性，通过两个元素之间的“合并”（Concatenation）就能产生另一个元素。大家知道自然数、实数都有这种性质，2 大于 1，3 大于 2，1 + 1 = 2……不过其他的空间范畴，如长度、面积、体积的测量都有这类性质，甚至官本位也有这种性质，例如处长权力大于科长，厅长的权力大于处长……做了多年科长加和起来就变成即升为一个处长。当然官本位不能公理化，这里只是形象化，目的在于理解广延性这个抽象的数学概念；现在不说那些不精确的东西。这样，广延公理的第一步就是确定一个数学对象的集合 D，这就是布尔巴基的 E，它是主要基础集，至于第二步是确定辅助基础集 A。这里没有这个集。为了简便起见，现将 E 与辅助基础集 A 合称为 D。第三步就要确定“优先”关系和“合并加和”运算的定型图式。优先关系，记作≤，它是定义在 D 上的二元运算，满足的条件是：对于所有的 a，b ∈ D：a ≤ b ≡ f（a）≤ f（b）。这个二元运算是一个什么定型式？它是一个有序对 < a，b > 的集合，即“≤” ⊆（D × D）。因为 A 的幂集是 A 的所有子集的集合，所以 A 的一个子集就是这个幂集的元素，即“≤”是笛卡儿积的幂集的一个元素，即“≤ ∈ Po（D × D）”。这里我们特别要注意，在集合论中一个概念，例如优先性（“≤”）不是通过它的内涵来表示和定义，而是通过外延（一个特别的集合）来表示和定义。把所有有优先关系的元素有序对通通集合起来就是优先性本身，这是集合论的外延原理，这一点对于理解有关的概念十分重要。这就是为什么“$\leqslant \in P_0$（$D \times D$）”。不过这里我们要指出的是，这是$\leqslant$（优先性）的一个定型图式，这个型就是“$\leqslant \in P_0$（$D \times D$）”。无论用什么符号代入 $D \times D$ 都是那个型如$\leqslant \in P_0$（$E \times E$）以及$\leqslant \in P_0$（$\cdot \times \cdot$）等等。这个$\in$式右边的 P_0（$\times$）就是一个型，即 type（记作 σ）。再来看看运算$\odot$本身是什么。这个运算说明，例如 $a \odot b = c$，即任意二个 D 的元素“合并”起来，等于 D 中存在一个元素 C，所以用集合表示，它是属于 $D \times D \times D$ 的型，即

$$\odot \in P_0 (D \times D \times D)$$

这样广延性公理系统可表示为

$M_{(EXT)}$：x 是一个外延结构，当且仅当存在 D，$\leqslant$，$\odot$，使得

（1）$x = <D, \leqslant, \odot>$。

（2）D 是一个非空集合。

（3）$\leqslant$是定义在 D 上的二元运算。

（4）对于所有 a，b，$c \in D$：（如果 $a \leqslant b$ 以及 $b \leqslant c$，则 $a \leqslant c$）和（$a \leqslant a$）。

（5）$\odot$：$D \times D \rightarrow D$。

（6）对于所有的 a，b，$c \in D$：$a \odot (b \odot c) \approx (a \odot b) \odot c$。

（7）对于所有的 a，b，$c \in D$：$a \odot b \approx b \odot a$。

（8）对于所有 a，b，$c \in D$：$a \leqslant b$，当且仅当 $a \odot c \leqslant b \odot c$。

（9）对于所有 a，b，c，$d \in D$，存在着 $n \in N$ 使得 $a < b$ 蕴涵 $na \odot c \leqslant nb \odot d$。

我们已经讨论了公理（1）—（5），它是由布尔巴基结构种理论前面三个程序来加以确定的。第一、二个程序确定一个基础 D，第三个程序用集合论的词项对关系$\leqslant$与$\odot$进行定型（typified in terms of D）。公理（6）表达了一个结合律，（7）表达了交换律，（8）和（9）表达了单调律。这四个公理与第一组公理（1）—（5）不同，它不是表达一个概念的框架，一个“型”或“定型式”，而是表达了“律似联系”即相当于科学理论中的定律（Law）。关于什么是“定律联系”，什么是“非定律联系”，这个问

题，科学哲学的语法进路的研究虽然经过几十年的讨论一直到现在都没有取得什么大的进展，只说了定律是非重言式、全称命题以及支持反事实条件语句等，但对于“型”与“律”的区别则无所言说。但在模型论进路中它至少在这里找到了一个区别，就是在定型式的公理表达中，除了集合论和基础集之外，每一个公理只含一个关系表达式，这就是非律似性的公理特征［见 M（ExT）公理（3），（4），（5）］，而在律似性的公理的表达式［M（EXT）公理（8）—（9）］中每一个公理表达式除了集合论符号和逻辑符号之外，都包含至少有两个关系的概念（即≤与⊙），在（6）与（7）中似乎只有“⊙”一个关系概念，但要定义“≈”，就必须引进符号“≤”，例如 $a \odot b \approx h \odot a$ 应定义为 $a \odot b \leq b \odot a \wedge b \odot a \leq a \odot b$，用集合论的词汇来进行表达，就有两个关系概念，即≤与⊙。

我们可以用表 5—2 将运用结构种进行广延理论公理化的形式与特点表现出来。

表 5—2

<table>
<tr><th>布尔巴基结构种</th><th>广延理论的公理化</th><th>集合论性质</th><th colspan="2">模型</th></tr>
<tr><td>第一、二步：确定基础集与辅助基础集</td><td>（1）$x = \langle D, \leq, \odot \rangle$
（2）D 是一个非空集合</td><td>广延结构
主要基础集和辅助基础集</td><td rowspan="2">潜在模型</td><td rowspan="3">实在模型</td></tr>
<tr><td>第三步：确定 D 上的定型式</td><td>（3）≤是一个二元运算
（4）$\forall (a, b, c \in D)$（关系是可迁的和自反的）
（5）$\odot: D \times D \rightarrow D$</td><td>$\leq \in P_0 (D \times D)$
$\leq \in P_0 (D \times D)$ 的条件
$\odot \in P_0 (D \times D \times D)$</td></tr>
<tr><td>第四步：确定“似联系”</td><td>（6）$\forall (a, b, c \in D) (a \odot (b \odot c) \approx (a \odot b) \odot C)$
（7）$\forall (a, b, c \in D) (a \odot b \approx (b \odot a)$
（8）$\forall (a, b, c \in D) (a \leq b \leftrightarrow a \odot c \leq b \odot c)$
（9）$\forall (a, b, c \in D) \exists (n \leq N) (a < b \rightarrow ra \odot c \leq nb \odot d)$</td><td colspan="2">集合论形式的结合律
集合论形式的交换律
集合论形式的单调律</td></tr>
</table>

史纳德及其追随者对科学理论结构的研究，主要是从能够公理化的物理学理论开始，他们认为，“科学理论分析的基本单元是模型，而不是陈述”[①]。模型是经验知识的主要载体。一个理论可以有许多模型，如何研究它们呢？就要找出它们的共同结构。于是经验科学就成为研究模型类或模型的同构类的学问。史纳德等人的“模型类”概念有两个不同层次的含义，一个是属于对象科学的层次，一个是属于元科学的层次。一方面，属于对象科学层次的模型类指的是与布尔巴基结构种相对应的模型类，正是这个结构种揭示物理学公理体系中的模型类，例如我们下一章将要讨论的静力学滑动平衡的模型类、经典碰撞力学模型类、经典力学模型类、化学元素周期表的模型类都是属于对象科学的模型类，其中每一种都可以用自己的结构种表达出来。另一方面，属于元科学层次的模型类，指的是每一种模型或模型类都可以划分为实际模型、可能模型、部分可能模型等。按照波兰著名逻辑学家塔斯基的说法，模型就是结构的可能实现。苏佩斯说：“满足一个理论的所有有效句子的一种可能实现被称之为T的一个模型。”[②] 在史纳德与其他二人合写的一部著作中，他们直截了当地说“我们引进‘结构种’的概念来提供谈论理论的模型类的一般框架”。在这里“结构种”是模型类的“本质特征”，而模型类是结构种的“经验实现”。我们在后面将会看到物理学的各种理论的公理化体系，如力学、化学公理体系，都可以纳入布尔巴基结构种的分析框架。但是，问题还有一个方面，就是从元科学的层面上看，模型类的概念，包括实在模型、潜在模型Mp、部分潜在模型Mpp等，虽然它们是按照结构种概念的精神来

---

① W. Balzer et al.，*An Architectonic of Science*：*The Structuralist Program*，Dordrecht：D. Reidel Publishing Company，1987，p. 2.

② Patrick Suppe，*Representation and Invariance of Scientific Structure*，CSLI Publications，2002，p. 18. 中译本：［美］帕特里克·苏佩斯：《科学结构的表征与不变性》，成素梅译，上海译文出版社2011年版，第24页。

建立的，但它们比结构种的概念有着更广泛的类型。此外，我们还可以划分模型为理论模型、非理论模型（经验模型）、资料模型、应用模型和精确模型、粗糙模型，而这些模型，对于理解经验科学理论的结构这种科学哲学问题起到重要的作用，所以我们要特别预先提出元科学层次的模型类问题，使大家有个思想准备。第六章我们要讨论史纳德的模型类的理论，看看它在哪些方面运用了集合论中结构种理论，又在哪些方面不将结构种当作可以照搬的教条来用，而只作为指导思想或概念工具来用。

第六章

史纳德学派的模型类

史纳德创立结构主义的科学结构理论的原著是他在 1977 年写成的《数学物理学的逻辑结构》[①]。尽管他获得这个结构主义理论是通过"修正兰姆西语句"而达到的，但他的中心思想是认为科学理论的基本载体是模型，模型类就是这些结构的种，而要认识一门科学，就是要分析这些模型的类，而分析模型类的主要工具就是布尔巴基的结构种。因此，作为科学理论核心的模型是一种什么样的结构呢？史纳德学派认为，科学模型的结构或模型的类 x 可以这样来定义：

$x = \langle D_1, \cdots, D_m, R_1, \cdots, R_n \rangle$ 是如此这般的一个模型结构，

当且仅当有下列公理：

$A_1(D_1, \cdots, D_m, R_1, \cdots, R_n), \cdots, A_K(D_1, \cdots, D_m, R_1, \cdots, R_K)$ 成立。

这里 $D_1, \cdots, D_m$ 是基础集，包括主要基础集 E 和辅助基础集 A^*（为了不与上式的 A_i 相混淆，在辅助基础集上加（ * ）号）。$R_1, \cdots, R_n$ 是建立在 D_i 上的关系集。$A_i(D_1, \cdots, D_m, R_1, \cdots, R_n)$ 是第 i 个公理，它用集合论语言来表达并且括号里的 $D_1, \cdots, D_m, R_1, \cdots, R_n$ 必须满足这个公理。我们在上章中讨论的数学广

---

① J. D. Sneed, *The Logical Structure of Mathematical Physics*, Dordrecht: D. Reidel Publishing Company, 1979.

延理论就是以这种形式出现的。不过上面讲的是数学形式，而本章讲的模型类是有经验内容的，是有物理系统应用于这个数学结构的。用这个学派的话说就是："物理学理论就是结构种加上它在物理系统中应用的经验断言"[①]，这些经验断言用模型与模型类来表达。

在史纳德的"经验断言中"主要是在公理系中包含一些经验的定律或现象学的定理，而理论的定律，虽然包含不可观察的理论实体，但并不表示它就没有经验的内容，因此在讨论史纳德的模型类之前我们首先要区分经验的定律和理论的定律。

第一节　现象理论和深层理论

逻辑经验论的科学哲学崩溃的原因之一，就是坚持实际上不可区分的经验词与理论词以及与此相关的经验语言或可观察的语言和理论的语言，即不可观察的语词或语言。因而他们就区分了经验定律和理论定律，现在，我们在这里也讨论经验定律与理论定律，但并不是建立在经验与理论二分法教条的基础上。

南希·卡特赖特是一个新经验主义者，所以特别注重经验定律的研究，她明确区分经验定律（或现象定律）和理论定律（或解释性定律）二者，并认为现象定律"仅仅是描述性的定律"。而理论性的定律则是"基本的和解释性的定律"。她说了两句话表明现象定律与理论定律的划分。她说："物理学家不像哲学家，对他们而言理论定律和现象定律之间的区别与是否可观察没有关系；相反这些术语将基本的和解释性的定律与仅仅描述性定律区别开来。"例如，"现象学描述发生什么事情，包括超流体或介子——核子散射中发生的事情"。她又说："现象学定律意味着描述，并且常常描述得很好，并且合理。而基本方程意味着解释，非常矛盾的是，解

---

① R. Torretti, *The Philosophy of Physics*, Carnbridge University Press, 1999, p. 413.

释力要以描述的恰当与否为代价。”[①] 这样，我们便有了两种定律即关于现象的经验定律和关于解释现象的理论定律。一个学科的相关的经验定律的集合叫作现象理论，而关于理论定律的集合，我们称作解释性理论，或深层理论。现在我们首先研究现象理论中的现象定律。

一 现象定律例举

（1）伽利略落体定律与开普勒定律。伽利略定律表明在近地面上，自由落体在同一高度上下落具有相同的加速度。而开普勒定律表明，行星绕日运行于椭圆轨道上，太阳就在椭圆的一个焦点上；连接行星与太阳的连线在相同的时间里扫过相同的面积；行星公转周期的平方，与椭圆轨道转轴的立方比为一个常数。

（2）定比定律和倍比定律。定比定律：一化合物无论其来源或制备方法为何，其组成元素之间具有一定的质量比。倍比定律：如果两元素化合成多于一种化合物时，则在各化合物中，与一定重量的 A 元素相化合的 B 元素的重量，各成简单整数比。

（3）随着空气的密度增加，声音的速度下降。维基百科“声音速度”的条目，显示了一个图表，表明随着大气气温的下降，空气的密度增加，空气中声音的速度呈下降趋势（见表 6—1）。

表 6—1　　温度变化导致密度与声速成反比

温度变化对空气性质的效应			
温度 T（单位℃）	声速 c（单位 $m \cdot s^{-1}$）	空气密度 ρ（单位 $kg \cdot m^{-3}$）	声阻抗 Z（单位 $N \cdot s \cdot m^{-3}$）
+35	351.88	1.1455	403.2
+30	349.02	1.1644	406.5
+25	346.13	1.1839	409.4

① ［英］南希·卡特赖特：《物理定律是如何撒谎的》，第 2 页。

续表

温度变化对空气性质的效应			
温度 T（单位℃）	声速 c（单位 $m \cdot s^{-1}$）	空气密度 ρ（单位 $kg \cdot m^{-3}$）	声阻抗 Z（单位 $N \cdot s \cdot m^{-3}$）
+20	343.21	1.2041	413.3
+15	340.27	1.2250	416.9
+10	337.31	1.2466	420.5
+5	334.32	1.2690	424.3
0	331.30	1.2922	428.0
-5	328.25	1.3163	432.1
-10	325.18	1.3413	436.1
-15	322.07	1.3673	440.3
-20	318.94	1.3943	444.6
-25	315.77	1.4224	449.1

注：这涉及一个基本公式 $v = \sqrt{kp/d}$。v 为声波在气体中的速度，k 为气体绝热系数，p 为气体压强，d 为气体密度。从这个公式看，d 越大，v 越小。例如相同压强下，声在氢气中的传播速度会大于氧气中的速度。密度不变，提高温度，可以增大压强，可以提高声音传播速度。

（4）巴尔末氢光谱谱线系列定律。氢光谱发出的谱线波长 λ 符合简单代数式 $\lambda = B\frac{n^2}{n^2-4}$，式中 B = 3645.7$\overset{0}{A}$（常数）n = 3，4，5，…，$\overset{0}{A}$ 称为秒厘米。

（5）宏观经济消费函数：随着国民收入的增加，一个国家的总消费也增加。

这些现象定律，当有充分的实验或观察支持时，一般都认为是真的。在第一篇第二章讨论科学合理性时，我们讨论过了。而在史纳德的模型类的分析中，现象定律是作为一个结构集的公设条件之一。但理论定律的分析，可能就没有这么简单。我们再来看看理论定律。

（1）牛顿力学定律，它陈述所有物理客体都具有一定的质量。所有的力施加于它的总和等于它的质量乘以加速度，即 F = ma。并且两物体相互施加的吸引力与它的质量乘积成正比，与其距离平方（R^2）成反比，即 $F = Gm_1 \times m_2/R_2$。G 为万有引力常数。

（2）道尔顿原子理论定律：化学物质由原子组成。原子以一定的方式通过化学反应组成分子。同类的物质由同类的分子组成。

（3）气体分子运动论。这个理论假定气体由称为分子的微粒组成、分子间按牛顿运动定律互相施加作用。

（4）玻尔原子结构理论。原子由一个或多个原子核按固定的轨道运动。当电子从一个轨道跃迁到另一轨道时，发出或吸收电磁波。

（5）理论选择的效用定律：个体选择对它有最大效用的行为。

二 现象定律与理论定律的区别与联系

（1）一个观察或现象的定律，通常比较复杂，但它作为定律，有足够的经验支持，因此虽然并不那么严格，但如果符合我们第二章中讲的科学合理性的标准，它就被看作（近似）真的。

而理论定律通常是简单的、融贯一致的和比较系统的。它企图发现现象定律背后的深层实体、性质与关系。但它的真实性并不容易获得，不容易确定。

（2）观察或现象定律需要指明事情发生的特定经验条件，如落体定律发生于地球表面，行星运动定律发生于行星与太阳之间，它们只是对事情发生做出局部诠释。而理论或理论定律所覆盖的范围是比较普遍而完备的，如牛顿力学定律就覆盖了所有的有质量的物体相互作用的基本原则。

（3）理论和理论定律不仅可以引进它所解释的经验定律和现象定律所具有的概念，而且要引进现象定律所没有的“理论词”。例如牛顿力学定律引进落体定律所没有的“质量”与“力”的概念，化学理论引进定比定律和倍比定律所没有的“原子”“分子”概念。效用理论和理性选择理论引进了消费函数关系所没有的“最大效用”概念。

（4）当观察定律可以由理论定律加以推出或解释时，观察定律仍然可以独立，不依赖于相关的理论进行检验。当理论定律预言新的观察定律时，这些新的观察定律必须不依赖于该理论进行新的检验。在观察定律（3）中声速与其空气介质的密度成反比，这运用气体分子运动来解释。附加上其他辅助假说，密度越大，单位体积的分子越多，受随机运动相互作用的影响它的宏观传播速度变慢，或者还有其他的解释，直到现在似乎还没有统一的解释。这里有一系列非逻辑数学的物理理论语词："气体""气体分子""声""声的速度""由气体分子实现的长程波动"。这些理论词汇中有一些与气体分子运动论是无关的。如"气体""气体的质量密度""气体的声速"等，它们完全可以独立于理论定律的概念进行测量与检验。至于一些辅助假说，假如要实行测量就有一个如何产生与确定一个声波的问题，以及速度如何进行测量的问题。还有如何区别固态、液态、气态三态的问题，它的解决都独立于气体分子运动论。用亨普尔改进的逻辑经验主义理论来分析这些概念对于气体分子运动论是"先行于""无关于"特定理论（分子运动论）的术语。设分子运动论为 X 理论，则对于 X 理论来说它是"非 X 理论词"，相当于逻辑经验论的"观察词"；但它是一个相对的概念，而不是对一般科学语词做出固定的二分法分类。这就是说"非理论词"只是对于 X 理论来说是不带 X 理论负荷的，至于在其他的场合，情况就不是这样。例如"速度"有一个时间概念，体积有一个"空间"概念。"非理论词"对 X 理论无理论负荷是个观察词。但它对于牛顿力学来说则是地地道道的经典力学理论词。它明显是有理论负荷的。结构主义者在这一问题上跟随晚年亨普尔，对"观察词（非理论词）"与"理论词"做了重新划分。

有了这种理论词与非理论词的划分，我们便得出了结构主义的科学哲学对观察定律与深层理论或理论定律的区分标准：其一，一个理论是深层的理论或理论的定律，其中至少有一些来自 B 的理论词，是由它本身负荷的（be laden with its own）。其二，一个观察定律是非理论的定律就在于它没有自己的理论词，即不由自己定律负荷的定律。按照这个标准，我们上面举出的五个观察定律是名副其实的观察定律，因为它没有定律自身作负荷的定律，所以它不是理论定律。

当然，一个观察假说或当其为真时作为观察定律可以在形式上包含一些它自身的理论词，但它可以通过严格的观察定律来排除这些“自身理论词”，也可以作为观察定律来看待。

既然观察词（非理论词）与理论词是相对于一个 X 理论来说的，则观察定律也是相对于一个理论来说的，于是我们得出了理论定律和相应的观察定律的关系：一个律似陈述 X 是相对于 X′理论来说是它的观察定律，并且它不负荷于该理论 X′。

（5）同样的观察定律原则上可以由不同的理论定律来加以解释。例如菲涅尔的光学实验定律可以由法拉第的力线以及以太学说加以解释，也可以由麦克斯韦的电磁场理论加以解释，最后还可以由爱因斯坦的光量子加以解释。所以，观察定律与理论定律之间，观察定律有它的持续性和持久性，巴末尔的氢光谱线系列的观察定律，在玻尔的半量子化的原子理论被抛弃之后，仍然保持下来。

有了上述的非理论词（观察词）和理论词、观察定律与理论定律的非逻辑经验主义的分析，我们便可以将科学理论划分为下列几类，进行实体结构主义的分析。这就是：不分层的科学理论；分层级的科学理论；观察理论；深层科学理论。

不分层的科学理论叫作朴素的科学理论。这种理论没有严格将观察词和定律与理论词和定律严格区分开来。一旦对这两种陈述严格区分开来，事情就比较复杂，要在下一节进行讨论，才能得出观察理论与深层科学理论相结合的统一科学理论。

第二节 朴素的不分层的科学理论模型类

我们首先讨论不分层级的经验理论的各种集合论模型类的分

析。我们用一个最简单的案例，这就是滑动平衡的理论。运用如下的例子。①

图6—1不就是一杆秤或一个天平吗？它就是一个平衡仪。在这个平衡仪中，左右两边各放置有限个物体（object），它们与支点S各有有限长度的距离。我们左移右移就会把它们的各种可能平衡的位置分布找出来。但事实上人们总是笨手笨脚找不出它们的各种平衡点。无论找出来还是找不出来，我们总有个多元有序集 <P，PL，d，w> 作为操作框架，它就是我们的实体结构模型的基础，P是有重量的质点的有限集。PL是P的子集，它分布在S支点的左边，P－PL是两个质点集的差集，它分布在S的右边。对于所有的有重量的质点 $p \in P$，d（p）表示由S到p的距离。W（p）表示p的重量。这样我们已经将结构的元素不是或不只是用陈述语句将它表示出来，而是（或而且是）用集合论的语言表示出来。d与W是实数函数，即 $d: P \rightarrow R^+$，$W: P \rightarrow R^+$，R^+ 表示正的实数。

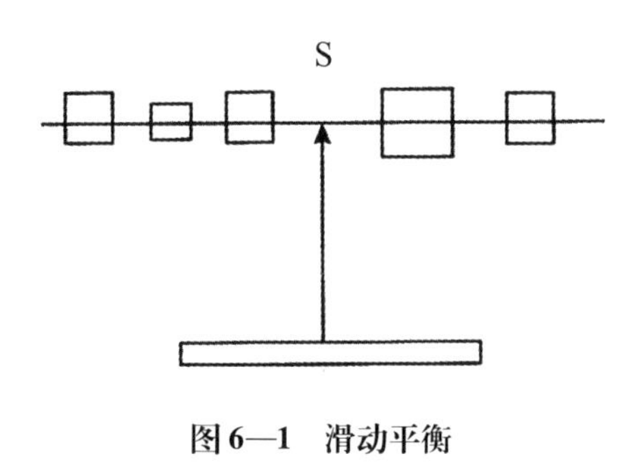

图6—1　滑动平衡

让我们称满足这些形式条件（包括表6—2中的条件1、2、3）的实体结构集 <P，Pl，d，w> 为有关滑动平衡状态理论的潜在模型的集合。所谓潜在模型，就是具有了模型的可能元素，并满足了形式框架。就像我们在上一章说的只要你是一个女人，你也就具备

---

① 本节和下一节的主要内容，出自 Theo A. F Kuipers，ed.，*General Philosophy of Science*：*Focal Issues*，Elsevier B. V.，2007，pp. 35－46。

了做女模特的可能的框架条件。这个潜在可能模型的集合记作SBp，在这可能模型SBp中，有一个应满足的重要条件，即平衡定律。

这个平衡定律用文字表述为：在S左边所有质点的重量乘以它与S的距离的总和等于右边所有质点的重量乘以它与S的距离的总和。如果SBp中有个子集E还能满足这个条件（表6—2中的条件4）则E应是一个实际模型。所有模型的试图应用I（intended applications）都应该在E的域中。

表6—2　　　　朴素的滑动平衡理论的集合论形式表达

<table>
<tr><td colspan="3">朴素滑动平衡理论 $\langle SB_p, SB, D, E \rangle$</td></tr>
<tr><td rowspan="3">↑包含→</td><td colspan="2"><P，Pl，d，w>当且仅当（这个理论的形式结构）</td></tr>
<tr><td>1. P是有限集以及Pe是P的子集</td><td>质点S是左边的质点</td></tr>
<tr><td>2. d：$P \longrightarrow R^+$</td><td>d（p）：从P到S的距离</td></tr>
<tr><td>SB_p</td><td>3. w：$P \longrightarrow R^+$</td><td>w（p）：p的重量</td></tr>
<tr><td>SB</td><td>4. $\sum_{p \in Pl}$ d（p），w（p）＝$\sum_{p \in P-Pl}$ d（p），w（p）</td><td>平衡定律</td></tr>
<tr><td colspan="3">概念与断言</td></tr>
<tr><td>$SB_p - SB$</td><td colspan="2">经验内容（被解释的）</td></tr>
<tr><td>E⊆SB</td><td colspan="2">概念的断言：所有企图应用的域D都可以作为潜在模型由E来表征，E称为企图应用</td></tr>
<tr><td>E⊆SB
E＝SB</td><td colspan="2">弱经验断言：所有企图应用都是平衡模型
强经验断言：所有的平衡模型都属于企图应用，反之亦然</td></tr>
</table>

将这个试图应用于实际的安排E记作SB（滑动平衡，slide balance）。我们的目的是除了表6—2中的1.2.3.之外（只满足1.2.3.的称为潜在模型SBp），还要用一些附加条件来精确地刻画E，它就是第4点：平衡定律。它就是满足滑动平衡理论的所有条件的所有模型的集合论表达式SB，即"E＝SB"。但E并没有穷尽作为结构的理论的经验内容，因为SB假定了一些理想状态，如滑动物体必须是质点，此外还有一些其他情况。所以有E⊆SB。

在表 6—2 中我们看到集合论的集合差式 SBp-SB 中，是有经验的内容，那就是要被解释的经验内容，例如，特别是当 SBp-SB 为非空。为什么这非空可能表明是有经验内容的？这就是它仍然可能被证伪。这里波普尔证伪主义的一个基本假说是，被证伪的可能性越高，它的经验内容越丰富。例如，在上述平衡定律的例子中，我们还没有用经验方法证明平衡定律，它就可能是假的，假的也是一种经验内容，一张钞票被大风吹得到处乱飞，它不是自由落体理论的模型，但它是潜在模型，本身就有经验内容。至于 SB 理论中的重量测量，我们在朴素滑动平衡理论中暂时回避测量的循环论证矛盾：因为你用什么方法来测量 P 的重量呢？你必须用一个砝码与 P 平衡，但这个砝码和重量如何测定？你还是要用另一把秤，另一个更精确的砝码来确定这个砝码的重量。这就是循环论证。这种情况下面还要讨论。现在言归正传，我们给定一个自然现象的研究领域 D，它指称某种状态、情况和系统（states，situation，systems）。我们本来可以将这个研究域 D，看作我们将理论应用于 D 中，但由于 D 的集合中的元素，我们还没有完全将它识别出来，至少 D 的集合中存在循环论证，所以我们暂且不将它称作我们试图应用的域，而将 D 称作属于我们建立起来的概念可能的潜在模型类（Conceptual Possibilities or Potential Models），记作 Mp。Mp 在理论上是一种类型的结构，是“类”与“型”的含义；在实践上它是一个研究纲领的概念框架。

在这里，我按照布尔巴基“型”与“律”的划分，将满足所有公理 $A_1 \cdots A_K$（在这里是 $A_1 \cdots A_4$）的模型称为模型，记作 M，而将只满足这些公理中的“型”公理，即只满足公理中的概念框架（$A_1 \cdots A_3$）的称为潜在模型 Mp。潜在模型的特点是它只描述了一个“框架条件”，即需要用到的基本概念本身，所以叫作概念上可能的。它是一个可能的世界的表征，对于现实世界无所言说。而实在模型则不仅谈论一个可能的世界，而且谈论了一个现实世界及其“实在定律”。这里所说的定律，就正如赫谢尔（J. Hershel）所说的，“定律就是以抽象的术语宣布一整群的特别事实，指出自然主体在特定环境下的行为是什么”。所以实在模型就是这个理论的基本谓词的整个外延。当然，潜在模型也不是无边无际，它至少谈论了有关的物理客体和物理系统，它有权利作为模型的候补者，就像选美活动那些报名者或候选人，总不会找一头猪或一头牛当作潜在的美女模型。现在，还有两个概念，对于一种单层次的经验理论来说是十分重要的，它就是被研究的自然现象的领域 D，相对于 Mp 来说，我们要研究的对象首先进入它的可能模型中，于是有 Mp（D） $=_{df}$I，但试图应用 I 的目的是达到现实世界和它的定律的理解和运用，它不是任何一种可能性，而是能够实现的可能性，是一组现实可能性（a realized，hence nomic，possibility）的集合。例如它对于实在模型来说，是近似真的。所以 I 是一个比较灵活的概念，可以划分为带有弱的经验内容和带有强的经验内容两类：弱的经验内容是 I⊆M，在滑动平衡案例中是 E⊆SB；而强的经验内容是 I = M，在滑动平衡案例中是 E = SB。这样我们便得到一种解释：<Mp，M>是理论的核心，而<D，I>是理论的应用目标。

这样我们便有了一个在认识论上不分层的科学理论，特别是观察理论的模型类。它的各种术语可以列表如下（见表 6—3）。

表 6—3　　不分层科学理论的模型类相关术语

<Mp，M，D，I>是在认识论上不分层级的理论	
Mp	潜在模型：一定类型的结构集
M⊆Mp	模型：满足所有公理的潜在模型
Mp - M	（被解释的）经验内容
D	被试图应用的域
I⊆Mp	被试图应用，起因于 D 可以表征为 Mp 成员的集的断言，即“I = Mp（D）”
I⊆M	弱经验断言
I = M	强经验断言

我们再来看看，不分层理论中 I 与 M 的差集 I - M。如果科学

理论集 $<Mp, M, D, I>$ 中试图应用集 I 与实际模型集 M 的差集非空，即 $I - M \neq \Phi$。也就是说模型的某个实际应用的结果与实际模型发生不一致。这就发生两种情况：实际应用发生错误，如实验应用发生错误；实际模型 M 被它的应用所证伪。例如，在日全食时发现星光在太阳附近引力场中发生偏移。英国皇家学会由天文学家爱丁顿带队前往西非和南美进行观测，结果这个偏离分别是 1″.98 ± 0.16 和 1″.61 ± 0.4。经典力学引力理论被证伪，由于"$I = Mp(D)$"，所以按定义 $Mp - M$ 也是非空，即 $Mp - M \neq \Phi$，这个差集，按波普尔的说法，是科学理论的"潜在证伪者"（Potential Falsifier）或科学理论的"经验内容"。

第三节 科学理论结构的分层进路

一 部分潜在模型的作用

我们前面研究滑动平衡范例时，没有考虑重量的测量问题。把它当作一个观察理论或现象理论来进行研究，现在我们重新讨论这个范例的重量测量问题。因为在这个范例中，有两个量必须测量，这就是距离与重量。距离的测量，不需要滑动平衡理论，所以对于滑动平衡理论或定律来说它是一个非理论词。但是对于重量测量来说，我们还是需要用平衡仪来进行测量。这就导致循环论证或无穷倒退。这个重量概念渗透了自己的理论或定律，所以它是自我负荷的，所以是平衡理论的理论词。这样"$I \subseteq M$"就不是一个经验断言了。

为了表达一个新的经验论断，我们必须引进一个潜在的部分平衡模型。这里暂时用回本范例的术语，称为 SBpp。史纳德从元科学哲学的观点，称它为 Mpp，即部分的潜在模型，这是后话。SBpp 表示在平衡理论的潜在模型中，去掉它的重量理论词，也就是说，删去表 6—2 中的公理 3，即 $W: P \rightarrow R^+$。结果，引进一个限制函数或射影函数（Projection function）π[①]。它从潜在可能模型 SBp 投射到部分潜在可能模型 SBpp。因此对于 x = <P，Pl，d，W> ∈ SBp，x 的投射 π（x）等于 <P，Pl，d> ∈ SBpp。对于 SBp 的 X 的任意子集，其 x 都转变为 π（x）为 SBpp 的子集。

这样试图应用 E 就不表现为 SBp 的平衡状态，而成为 SBpp 的平衡状态。由于 E 已经是 πSB 的子集，所以就不再负荷于重量词了。粒子的重量就不再是由经验决定的观察词，于是不再有循环论证了。这样 πSB 可以成为理论的潜在证伪者了。因为它是非理论的，属于波普尔所说的“基本陈述”的范围。

但是，不幸的是，新的断言虽然不会再有循环论证，但是它成了一个空论证，那个经验内容是空的。W 不再是变量了，它成了常量，分配给各种不同的粒子。于是我们有了一个滑动平衡的修正理论。（见表 6—4）

表 6—4　将部分潜在模型插入朴素平衡理论中，成为精确的滑动平衡理论

<table>
<tr><td colspan="3">滑动平衡的精确理论（SB_p，SB_{pp}，SB，π，D，E）</td></tr>
<tr><td rowspan="5">↑包含→
↑包含→

SB_{pp}</td><td colspan="2">（P，Pl，d，w）当且仅当</td></tr>
<tr><td colspan="2">（P，Pl，d）= π（P，Pl，d，w）当且仅当</td></tr>
<tr><td>1. P 是有限集
以及 Pl 是 P 的子集</td><td>粒子
S 是左边的粒子</td></tr>
<tr><td>2. d：$P \longrightarrow R^+$</td><td>d（p）：从 p 到 S 的距离</td></tr>
<tr style="display:none"><td></td><td></td></tr>
<tr><td>SB_p</td><td>3. w：$P \longrightarrow R^+$</td><td>w（p）：p 的重量</td></tr>
<tr><td>SB</td><td>4. $\sum_{p \in Pl} d(p) \cdot w(p) = \sum_{p \in P-Pl} d(p) \cdot w(p)$</td><td>平衡定律</td></tr>
<tr><td colspan="3">概念与断言</td></tr>
<tr><td>$SB_{pp} - \pi SB$</td><td colspan="2">经验内容
没有 w－约束是空的，有 w－约束非空</td></tr>
</table>

① 所谓投射运算就是这样的函数 π：$\pi(x_1, x_2, \cdots, x_j, \cdots, x_k) = x_j$。

续表

E⊆SB pp	概念的断言：所有企图应用的域 D 都可以作为潜在模型由 E 来表征，E 称为企图应用
E⊆πSB	弱经验断言：所有企图应用都可以扩展到模型
E = πSB	强经验断言：……反之亦然

这里，我们特别要注意部分潜在模型的概念。

部分潜在模型 Mpp。从科学哲学的理论结构的观点看，单将理论模型划分为实在模型 M 和潜在模型 Mp 不足以充分表达理论的结构。在理论的结构中，我们必须将理论性质的词即理论词和非理论词（或经验的词）区分开来，以便讨论抽象理论与观察之间的关系。布尔巴基的结构种并不讨论这个问题。逻辑经验论从分析语言的观点出发，想从语言上做出理论词与观察词的二分，但结果失败了。因为科学语言以及词本身并不能分解为截然不同的这两类。因为“观察渗透理论”（汉森）和“无中立的观察，我们只能用特定理论诠释观察”（费耶阿本德）。“观察不过是确定理论概念的一个值。”（邦格）史纳德学派提出了一个相对标准，即认为理论还是非理论，不是相对于语言来说，而是相对于某个我们要讨论的理论 T 来说的。凡是要依赖于 T 理论的实在模型，即依赖于该理论的实在定律才能确定它的意义和测量方法的概念是“T—理论的”概念，凡是不依赖于 T 理论实在模型的其定律能独立确定或计量的概念叫作“T 非理论的”概念。它是 T 理论的资料数据基础或依赖 T 理论模型以外的特别是低层次的理论来确定的概念。例如，上面对于平衡理论来说，p，d 与距离是非理论词的概念，它由欧氏几何和运动学理论和测量技术决定，可以不依赖平衡理论定律来确定。至于重量这个概念就不相同。它是与 M（SB）相联系而出现，要依赖 SB（平衡理论）来决定。在这里，理论的或非理论的不是概念的“内部性质”，它依赖于不同理论，因理论不同而不同。例如，位置与距离在质点（或粒子）运动学中是“理论的”，而在平衡理论中是非理论的或前理论的。重量在经典平衡理论中是“理论的”，而在热力学与化学中则是非理论的。

这样在理论的潜在模型中，删除其中的“T 理论”词，所留下来的潜在模型就叫作部分潜在模型，或称为部分模型，记作 Mpp。对于平衡力学来说它的定义是：

$$Mpp\,(SB) = \{ <P, d>: \exists_m\,(<p, d>) \in Mp\,(SB) \}$$

Mpp 与 Mp 的关系是 $Mpp \subset Mp$。

从 Mpp 到 Mp 再到 M，通常是一个科学发展的过程，是一个发现和确证自然类型和自然定律的过程。例如，在发现海王星以前，行星体系不是牛顿力学的实际模型，因为计算起来，它不符合万有引力的定律，它只不过是一堆数据。它只能算是一个牛顿力学的部分潜在模型。但预料到有海王星存在，它就可以由部分潜在模型发展为潜在模型，再发展为实在模型。从 Mpp 到 Mp，再到 M，又是一个从可能世界逐步降落到现实世界的过程。

二 分层理论的结构分析

对于比较标准的分层理论的结构分析，我们可以先开列出这种结构类型的元结构特征。

表 6—5　　分层理论的元结构特征

（Mp，Mpp，M，π，D，I）是在认识论上分层级的理论当且仅当	
Mp	潜在模型，一定类型的结构集
Mpp	部分潜在模型，限于非理论成分的 Mp 结构
$M \subseteq Mp$	模型，满足所有公理的潜在模型
$\pi: Mp \rightarrow Mpp$	从 Mp 到 Mpp 的射影函数 $\pi X = \{\pi(x) / x \in X\}$，对于 $X \subseteq Mp$，蕴含 $\pi X \subseteq Mpp$
πM	射影模型
$Mpp - \pi M$	经验内容
D	被试图应用的域

续表

$I \subseteq Mpp$	被试图（进行非理论的）应用，起因于 D 可以表征为 Mpp 成员的集的断方，即“I = Mpp（D）”
$I \subseteq \pi M$	弱经验断言
$I = \pi M$	强经验断言

我们可以称 $<Mp, Mpp, M, \pi>$ 为理论核心。而 $<D, I>$ 仍可表示为应用目标。图 6—2 表示精致的经验断言，阴影部分表示 $I - \pi M$，这个差集必须为空集，精确地说 $I - \pi M$ 在概念基础上是空的，即在概念特征上 I 与 πM 不能为 $I - \pi M$ 这个差集留下空间，更不用说给实际的企图应用留下空间了。这是因为在 Mpp 中，那些“理论词”已经完全删除了，I 与 πM 完全相等。

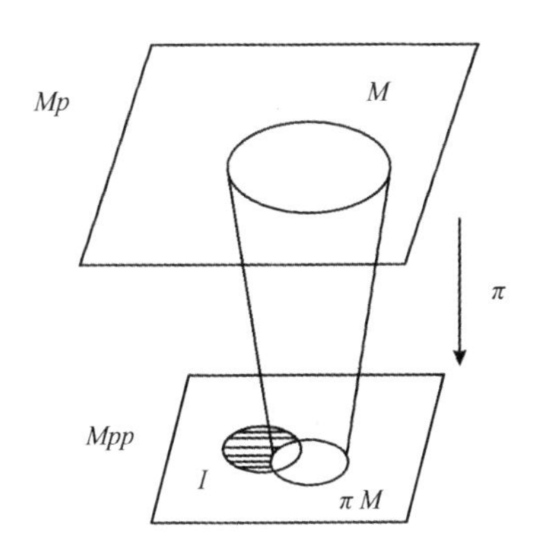

图 6—2　分层级理论各类模型之间的关系

范例 1　经典粒子力学的理论结构

牛顿粒子力学的核心是大家熟知的牛顿三大定律：惯性定律，力等于质量乘加速度定律（$F = ma$）以及作用力与反作用力，大小相等，方向相反定律。再加上一些特殊的附加定律，如有关引力的万有引力定律，有关弹性力的虎克定律以及有静电力的库仑定律等，组成了一个完整的粒子力学（Classical Particle Mechanics）体系，简称为 CPM 理论。

表 6—6　　经典力学模型的分析

<table>
<tr><td colspan="3">一堆经典力学（以引力为特例）CPM =（CPMp，CPMpp，π，CPM，GCPM）</td></tr>
<tr><td>包含→</td><td colspan="2">（P，T，s，m，f）当且仅当</td></tr>
<tr><td>↑包含→</td><td colspan="2">（P，T，s）=π（P，T，s，m，f）当且仅当</td></tr>
<tr><td>↑

CPM_{pp}</td><td>（1）P 是有限集
（2）T 是实数间隔
（3）s：P×T→R
给定第一时间到第二时间的时间导数
v：P×T→R
a：P×T→</td><td>粒子
时间间隔
位置

速度
加速度</td></tr>
<tr><td>CPMp</td><td>（4）m：$P \to R$
（5）f：$P \times T \times P \to R$
$f(p, t, q)$</td><td>质量
力
于时间 t，q 加上 p 上的力</td></tr>
<tr><td>CPM</td><td colspan="2">（6）第二定律（在公式中包含第一定律）：对于所有的 P 中的 p 和 T 中的 t，有：$\sum_{q \in P} f(p, t, q) = m(p) \cdot a(p, t)$
（7）第三定律（作用 = −作用）
对于所有的 P 中的 p 与 q 以及所有的 T 中的 t，有 $f(p, t, q) = -(q, t, p)$</td></tr>
<tr><td>GCPM</td><td colspan="2">引力定律：有一个普遍的实数常数 γ 使得对于所有的 P 中的 p 与 q 以及 T 中的 t 有 $f(p, t, q) = +/-\gamma[m(p) \cdot m(q)]/[s(p, t) - s(q, t)]^2$</td></tr>
</table>

在表 6—6 中，质量和力都作为经典力学的理论元素看待，经典力学涉及普遍理论。（6）与（7）看作一般的定律或原理，由于经典力学附加上万有引力定律作为特例，所以它作为子集列入经典力学中，即 GCPM⊂CPM。πCPM 与 πGCPM 提供了 CPM 与 GCPM 的射影模型 CPMpp = πCPM 以及 GCPMpp = πGCPM。它们分别组成经典力学（CPM）和万有引力理论（GCPM）的经验内容。请注意，经典力学的部分潜在模型的经验内容少于万有引力理论部分潜在模型的经验内容，而前者成为后者的一个子集 πCPM⊂πGCPM。

因为在万有引力定律的部分潜在模型中，我们并没有排除质量的概念，我们一开始就将万有引力理论作为经典力学的试图应用的地位。因此落体与行星绕日运行，以及抛射体运动都作为经典粒子力学的应用。

范例 2　化学元素周期表的模型结构

表 6—7　　化学元素周期表的结构分析

<table>
<tr><td colspan="3">化学元素周期表（朴素的与精确的）NPT/RPT =（PTpp，PTp，πNPT/RPT）</td></tr>
<tr><td rowspan="3">↑包含→
↑包含→</td><td>（E，m，≈，z）当且仅当</td><td></td></tr>
<tr><td>（E，m，≈）= π（E，m，≈）而且仅当</td><td></td></tr>
<tr><td>1）E：有限集
2）m：E→R
3）≈：E 中的等价关系</td><td>化学元素
原子量
化学类似性</td></tr>
<tr><td>PTp</td><td>4）z：E→R</td><td>原子序</td></tr>
<tr><td></td><td>5）a. range（=）1，2，…，max（z）
b. m（e）<m（e′）仅当 z（e）<z（e′）
c. z（e）<z（e′）蕴含 e = e′</td><td>z 发现 {1，…，max（z）}
随着 m 的增加而增加
z 是一对一函数</td></tr>
<tr><td>NPT
RPT</td><td colspan="2">6N）朴素周期律
e≈e′，并且仅当 | z（e）−z（e′）是八重的
分别地有：
6R）精确周期律，优雅的，但复杂的：其核心是：
如果 e≈e′和如果在 z（e）与 z（e′）之间没有 z 数目的元素，则 | z（e）−z（e′）|
可写成 $2n^2$，即 2 或 8 或 18 或 32 等</td></tr>
</table>

大家从科学史中知道俄国化学家门捷列夫发明元素按其原子量的增加排列，如此他发明了一个原子序概念，按照这个原子序，每隔 8 个元素，其化学性质与前八个大体相似。这就是表 6—7 上所说，于是将化学元素分成八个族，随原子序数的增加，化学原子呈周期性的重复变化。这就是表 6—7 用 NPT 表示的朴素的元素周期表（naive periodic table of chemical elements），后来有人要使这个定

律能与实际情况精确符合，就改变 8 重的排列，成为一个“精确”周期律，表 6—7 中记为 RPT（refined periodic table of chemical elements）。将这个理论看成纯粹观察理论。

从企图应用的观点上看，就要改进一个部分潜在模型。NPT 将它改成 <E ∗ , m ∗ , ≈ ∗ >，即 д（NPT） = <E ∗ , m ∗ , ≈ ∗ >，而 RPT 将它改成 д（RPT） = <E ∗ , m ∗ , ≈ ∗ , z ∗ >，特别注意改变原子序。以现代的观点看，这两个理论改变它们的经验内容是没有多大的困难的，不过事实上这两种理论都错了。

（1）5a 的原子序排列漏掉了许多元素，它们是后来才发现的；

（2）5b 按原子质量排序，那些质量错误地测量大了或测量小了，这也是有错误的；

（3）5c 由于有同位素，它不可能是一一对应的函数。

应该注意，这里反例的概念是用在低层次上，而不是用在总体的安排的层次上。因为这里只有一种局域的试图运用，即 <E ∗ , m ∗ , ≈ ∗ >如果它不符合 дNPT 或 дRPT，这个失败只是由特别元素的反例造成，即来自系统化的或局部的反例。门捷列夫的企图应用有两种：z ∗ 与 <E ∗ , m ∗ , ≈ ∗ >。而 RPT 只有一种试图应用，这就是后者，一个成功的研究是理论指导观察而不是理论负荷观察。

量子力学为这个研究提供了一个还原论的解释，决定化学元素周期律原子序的不是原子量，而是原子的外层电子的数目，它是可以独立于 RPT 进行测量。RPT 事实上是一个观察论，而门捷列夫的 NPT 理论是一个分层理论。Z 是一个理论词。它和原子理论一起发展，最后变成一个纯粹观察理论。

第四节 科学理论结构的扩展分析

现在我们从扩展的观点看史纳德的结构主义怎样从元科学上分析科学实体结构的各种模型类。

一　结构主义科学理论观是实体结构主义在科学理论结构上的反映

结构主义科学理论观的基本进路是模型论，即认为模型是科学理论的核心，“科学理论分析的基本单元是模型而不是陈述”[①]。确定一个科学理论就是将它所属或所对应的模型的类找出来，这里模型与逻辑经验论所说的理论语句的直观诠释的意义不同，它是现代逻辑和模型理论的一个专有名词，并且是不很直观的。还须指出，结构主义的模型概念与日常生活和经验科学的模型概念有所不同，后者在“图像”与被描述的对象之间认图像为模型，而结构主义依数学与逻辑的概念认被描述的对象为模型，就像人体摄影中以模特为模型一样。于是，关于什么是模型，这就只好求助它的数学定义：模型就是某种类型的元素之间的一种关系结构，所以它是实在论的实体结构主义在科学结构上的反映。这种类型的结构 X 定义为（符号“：=”表示“定义为”）：

$X := <D_1, \cdots, D_m, A_1, \cdots, A_k, R_1, \cdots, R_n>$，使得

A_1（$D_1, \cdots, D_m, R_1, \cdots, R_n$）与……与 A_k（$D_1, \cdots, D_m, R_1, \cdots, R_n$）成立。

这里 D_i 或 D 不过意指一些作为基本研究对象的某种集合，它被称为基本集（basic sets），这些集合的元素就是自然科学中的具有某些性质和结构的实体，即实在事物。而 R_i 或 R 就是定义在这些集合上的关系，从集合论的观点看，它是通过基本集的可能重复使用的幂集和笛卡儿积而建立起来的，所以它也是一种集合，不过相对于基本集来说它被称为“导出集”（derivative sets）。这里 $A_1, \cdots, A_k$ 是表达集合论语言的公理，括号（）内的项目必须满足这些公理。[②] 根据奎因所说的“存在就是约束变元的值”的观点，这里各 D_i 说明了这个理论的“本体论预设”。它预设了在这一

---

① W. Balzer et al., *An Architectonic for Science*: *The Structuralist Program*, p. 2.

② Ibid., pp. 14 – 15.

理论中有什么被看作“真实的”事物客体存在着。而关系 R_i 在定量的科学中，一般用函数来表示，例如将经验的客体映射到实数、矢量或其他数学实体中，于是这些经验客体便有了某种实变函数表达式，等等。这里关键的问题不是选择公理，这是有几份任意的事情；关键的问题是公理集的选择必须唯一地决定模型的类，它能覆盖我们所要研究的某种现象领域，这就是为什么我们说结构主义主张的科学理论并不是陈述的类，而是结构的类、模型的类。前者是逻辑经验论的“科学理论的陈述观”，后者是“理论的非陈述观”。

二 潜在模型与实际模型

在选择公理系统时必须注意要严格区分两类不同性质的公理，一类是“框架条件”（frame conditions），它对于世界无所言说，只是组织好我们所需要的概念的形式性质。另一类是“实在的定律”（real laws），它是一种借助于“似律断言”（lawlike claims）来谈论这个世界，有经验内容并且具有普遍性特征，这种普遍性不是像新经验主义所说的那样是“拼凑”的。只要求满足公理的框架条件要求的模型类（结构类）称为理论的可能模型集或潜在模型类（class of potential models），记作 M_p（T）或 M_p。而除此之外，还要满足实在的定律要求的模型类，称为理论的实在模型（actual models），记作 M（T）或 M。现实世界是可能世界的一个子集。在集合论上，显然有 $M \subset M_p$ 很可能对于某一个理论来说是实在模型的东西，对于另一个理论来说是潜在的模型。用一个理论的模型的域值来划分理论的和经验的，比起逻辑经验论用语句来划分理论语句和观察语句处于更加有利的地位，因为要将科学的词汇严格划分为观察词和理论词是不可能的。因为说一个词是观察词，它已用了许多概念，而概念本身是抽象的，多少是依赖于理论的，不存在一个确定观察词的标准，一个理论词也不可能由观察词来定义。这里用潜在模型类与实在模型类的区别代替理论与观察的区别是有它的优点的。

现在我们再用一个经典碰撞力学的例子来说明这个问题，假定有一群研究者（“研究者的集合”）对球的碰撞相互作用很感兴趣，他们首先重构这些现象，将相互碰撞的球概念化为质点，在这个抽象中，现象的简单性质保留下来了。这就是球是有质量的，球之间是相互区别，碰撞前和碰撞后有时刻的区别的，以及它们的速度是很好地被定义的。于是建立理论潜在模型就是首先确定 D_i，这里 D_i 有三个：（1）质点集，它是一个由许多质点组成的集 P；（2）时间集，它是由时刻 t 组成的集 T；（3）还有辅助的域，实数集 R。其次，我们要在这些集合上建立一种关系（R），于是我们还要引进测量函数 V 和值 m。作了这些本体论选择之后，现在我们可以建立一个有关碰撞力学的潜在模型类来刻画已选域（D）和关系（R）的形式性质了。这就是：

结构 $<P, T, R, v, m>$ 是碰撞力学（记为 CM，下同）的一个潜在模型，当且仅当存在着 t_1，t_2：使得：

（1）质点 P 是有限的非空集；

（2）瞬间集 $T = \{t_1, t_2\}$。（这里只需两个瞬时元素的集合表现它的状态变化）；

（3）速度函数 v：$P \times T \rightarrow R^3$（V 为有两个变量的矢量函数，$R^3$ 是实数集的笛卡儿积 $R \times R \times R$。）；

（4）质量函数 m：$P \rightarrow R^+$（质量为粒子的有正值的实数值函数）。

这里（1）（2）属于域 D_i，（3）（4）属于 R_i。这就决定了 CM 的一个框架条件，于是我们确定了 M_p（CM）。

现在，只需补充一个动量守恒的现实定律，我们便可以得到碰撞力学的实在模型 M（CM）。形式地说：$<P, T, R, v, m> \in M$（CM），当且仅当存在着 t_1，t_2 使得：

（1）$<P, T, R, v, m> \in M_P$（CM）；

（2）$\sum_{P \in P} m(p) \cdot v(p, t_1) = \sum_{P \in P} m(p) \cdot v(p, t_2)$。（这就是笛卡儿的动量守恒定律：如果系统内各物体所受合外力为零，则系统合动量保持不变。）

以上对碰撞力学模型的这样一些集合论表达，模型论中就叫作通过“定义一组集合论谓词”来刻画一组模型的类（model classes），这组模型的类就是法国数学家写作组布尔巴基所说的“结构种”（structure species），所谓集合论谓词是苏佩斯引进的一个词用以刻画模型类或结构种的性质，它是该理论的各种模型结构的“族名”（family name），记作 P_{Σ}，它用集合论语言说明科学理论模型类中的基本集的性质，基本关系的型和特征，它所需要满足的条件；而对于实在模型来说，它还要刻画说明它的相关定律。

三 部分模型 M_{PP}

前面讲过，从科学哲学的理论结构的观点看，单将理论模型划分为实在模型 M 和潜在模型 M_P 不足以充分表达理论的结构，在理论的结构中，我们必须将理论性质的词即理论词和非理论词（或经验的词）区分开来，以便讨论抽象理论与经验观察之间的关系。例如上面讨论的笛卡儿碰撞力学，潜在模型中揭示的概念框架中有四个概念：P，T，v，m。质点、时间、速度这些概念对于笛卡儿碰撞力学来说是非理论的概念，它是由它的“下层理论”即运动学理论和测量技术决定的，可以不依赖动量守恒定律来确定。至于质量这个概念就不相同，它是与 M（CCM）相联系而出现的，要依赖 CCM（碰撞力学）来决定。在这里理论的或非理论的不是一个概念的“内部性质”，它依赖于不同理论，因理论不同而不同。例如，位置在运动学中是“理论的”，而在经典质点力学中是非理论的，或前理论的，这样在理论的潜在模型中，删除其中的“T 理论”词，所留下来的潜在模型就叫作部分潜在模型，或简称为部分模型，记作 M_{PP}。对于碰撞力学来说，它的定义是：

$$M_{PP}(CCM) = \{ \langle P, T, v \rangle : \exists_m (\langle P, T, v, m \rangle) \in M_P(CCM) \}$$

M_{PP} 与 M_P 的关系是 $M_{PP} \subset M_P$。

以上三点，是上一节已经讨论过的，为完整起见，以下是上面没有讨论到的。

四　理论的约束因素 C

同一理论的各个模型之间并不是彼此无关的，它们被一些共同的条件规定着和约束着，这样的约束记作 C，所有约束的总和叫作总体约束，记作 GC。例如，在地球上用火箭来做实验，它是万有引力的一个模型，这枚火箭飞到月球上围绕月亮转动这又是一个万有引力模型。但这两个模型至少有一个交叉领域，就是同是这枚火箭。我们需要提出这样一个问题，这枚火箭到了月球上它的质量是不是和原来在地球上的质量一样呢？这不是一个无意义的问题，在理论上牵涉到相对论，在实际上牵涉到火箭发射能否成功的问题。经典力学假定这枚火箭的质量 m 是相同的，这是一个约束。同样在碰撞力学的实例中，对于不同的模型的质量函数也同样有这个约束，叫作质量守恒的约束，它讲的是如果有一个粒子或质点 P，出现于不同的模型（例如 X 与 Y）中，它们应该具有同一个质量值。你在广州玩桌球，研究桌球的相互碰撞，你当然有一个碰撞模型，你将这个弹子球带到北京与其他弹子球一起玩，建立另一个弹子球相互碰撞的模型，不论你这个模型在实际运行时成功不成功，那个球的质量是一样的。这个质量守恒约束（$X \in C_{m}^{=}$（CCM））可以形式化定义如下：

令 $\varphi \neq X \subseteq M_P$（$CCM$），则 $X \in C_{m}^{=}$（CCM），当且仅当

$\forall$（x，$x' \in X$）$\forall$（$p \in P \cap P'$）（m（p）$= m'$（p））。

在经典物理、经典化学的理论中，质量守恒定律在模型论中就是这样表达的，它作为一种约束集的一个元素而存在。

在经典碰撞力学（CCM）中，还有另一个约束，叫作“加和约束”，记作 C_{m}^{+}（CM），它说的是如果在模型 x 中有一粒子 P''是由连接模型 x'中的粒子 P'与模型 x 中粒子 P 合成。则质量是质量 P'与 P 的总和。这可以形式化为

令 $\varphi \neq X \subseteq M_P$（$CM$），则 $X \in C_{m}^{=}$（CM），当且仅当 $\forall$（x，x'，

x''）$\forall$（P，P'，P''）（$P'' = P \oplus P' \rightarrow m''$（$P''$） $= m$（P） $+ m'$（P'））。$\oplus$为连接符号。例如氢氧化合为水可记作 $2H_2 \oplus O \rightarrow 2H_2O$。

于是我们有总的质量约束 GC（CM） $= C_m = C^{=}_{m}$（CM）$\cap C^{+\prime}_{m}$（CM）。

一般说来，约束是同一理论诸模型之间相互联结在一起的首要特征和必要条件。因为如果没有不同模型之间的同一性质和共同定律，我们怎能说理论就是各个模型的（同构）类？约束是同一理论的同类潜在模型的各个模型之间相互结合的条件，用集合论来表示，就是 $C \subseteq P_0$（M_P），请注意 x，x'，x''都是$\in M_P$，因而将 x，x'，x''结合起来的共同性质同条件都包含于 P_0（M_P）之中。

五 理论之间的联结因素 L

不同理论的各个经验模型之间也是相互联系的。跨理论之间的联系叫作"连接"（links）。总连接记作 GL。前面我们已经说到一个理论 T 的非理论词 n 可以借助于另一个理论 T'的理论词 t 来引进。这就是一种理论间的联结，它起到理论之间传递资料和传递概念的作用。在 CM 的范例中，速度 V 和时间 t 的概念是属于古老的运动学，质量 m 属于牛顿的粒子力学或质点力学，二者是相互连接的。它们传递到碰撞力学中成为动量守恒定律，它表明这三个理论之间的联结因素。用集合论来表示，两个理论之间的联结就是 $L \subset M_P \times M'_P$。此外，还原与突现的问题也属于跨理论的连接问题。

六 可允许粗糙模型类 A

严格说来，没有任何经验理论可以精确地运用于它认为可以运用的域（domain）中，所以粗糙性、近似性便总是理所当然的。在模型的设定中，这意味着模型必须带粗糙性、"肮脏化"（blurred）。如果要用一个数学概念来表达它，这就是模型（或潜在模型）的拓扑一致性（topological uniformity），这就确定了一个类：可允许的粗糙模型类，英文叫作 class of admissible blurred models，我无法想出一个合适的中文译名，暂且叫作可容许的不洁净模型类。台球就是经典碰撞力学的模型，地—月运行就是万有引力理论的模型。这就引起理想主义者和新经验主者两面夹攻。一方面，如柏拉图说，世间的现实的几何图形是污秽的、粗糙的和不清晰的，只有那几何的理念才是值得哲学沉思的。另一方面，新经验论者和实践哲学却反其道而行之，认为柏拉图式的抽象模型或大理论是一些谎言，那些所谓理想状态、理想模型，像理想分子、绝对黑体以及各种科学定律和同构关系都是“假”的，只有粗糙的实践和破碎的经验才是值得哲学去沉思、值得哲学去欣赏的“混乱的美”[①]。结构主义要在这种夹攻中闯出一条路。他们认为，粗糙的模型与科学定律和数学的简洁性之间的可允许的偏离程度，应由科学共同体依测量技术的状态来决定。以上六个组成部分，组成一个理论的核心（theory-core），有时有人称它为“理论的形式核心”（formal core），命名为 K，用集合论表示：

$$K = <M_P, M, M_{PP}, GC, GL, A>。$$

但是，无论称 K 为理论核心还是理论的形式核心，都不能将理论还原为一个数学结构或数学形式。理论必须包括一个叫作试图运用或预期运用的内容，英文叫作（intended applications）。即想运用到什么地方（世界的哪一个稳定部分）。这一部分是用非形式语言，日常语言（informal, everyday language）来表达的。叫作“理论应用域的非形式描述集”，记作 I。例如可以大致看作与环境无摩擦的刚体粒子的相互作用就是碰撞力学的预期应用域。没有这个 I，我们不知道这个理论要讲些什么，描述世界哪一部分，它要处理什么问题、达到什么目的。有了这个部分就知道它要解释、预言和控制世界的哪个部分。当然，我们要注意在一本理论教科书中，并不是都有一个什么独立的篇章来讲这个应用域，而是以暗含的方式，在

① ［英］南希·卡特赖特：《斑杂的世界》，王巍、王娜译，上海科技教育出版社 2006 年版，第 21 页。

字里行间，特别是通过一些例子显示这个预期应用域存在于整个理论陈述中。

理论的应用域的非形式描述集的产生和发展是一个历史的过程和实用的过程，它最初是由这个理论的创始人用范例的形式，给出他的理论的部分潜在模型 x_1，x_2，x_3……指明它们是这个理论的预期应用域。然后，有追随者以类比的方式将它应用到其他领域即扩展到其他应用领域。这种预期应用域的扩展会发生很多问题或预料不到的事情。例如，笛卡儿做梦也没有想到他的碰撞力学可以用到加速器、原子弹和核电站及其事故的粒子碰撞中。当然，这里实际的应用与经典碰撞力学的应用存在一点差别，它要由经典碰撞力学修改成相对论碰撞力学才能加以解决，因为预期应用域是用非形式日常语言描述的而不含理论词，所以史纳德将它表达为 $I \subseteq M_{pp}$，它可以视为部分可能模型的特殊部分。

于是，一个理论便由两个部分组成，即 $T = <K, I>$

对于科学理论的组成部分，史纳德学派还有一个扩展的研究，在此我们不加以讨论。不过需要说明的是，各种模型类的适当排列可以反映人们的一个认知的程序。杜威和波普尔认为认知起源于问题；“生存问题”或“不安的状态”，在这里可能就是某种预期的应用 $I \subseteq M_{PP}$，这个问题到底属于什么范畴类型或概念框架？用先验的范畴和后验的实践来思考它，便是一个从部分模型 M_{PP} 到可能模型 M_P 的发展问题，只有在正确解决这个问题以后，才有可能发现现实定律，建立一个理论的实在模型 M，并进而解决模型之间的关系和理论之间的关系问题。这样就可以运用粗糙模型、资料模型、计算模型来解决现实问题，达到预期应用的目的 I′。所以，$I \rightarrow M_{PP} \rightarrow M_P \rightarrow M \rightarrow GC \rightarrow GL \rightarrow A \rightarrow I'$ 是一个从抽象的可能世界下降到具体的现实的斑杂世界的过程。我相信儿童认知心理学会证实这个过程。斯泰格缪勒对 K 旁边的 I 十分不解，认为这是一个柏拉图主义的东西。不过我认为，上式中的 I′若是一个现实的应用就不是柏拉图主义的东西了，它是地地道道的杜威实用主义，认知的过程完全可能是从柏拉图主义下降到杜威主义的过程。

七　理论网络与理论整体子

我们遇到的科学理论的一些最简单的情况是一个理论只有一个理论元素。但大多数的情况是，单个的理论必须看作有几个甚至是许多个具有“同一结构”的理论元素的聚合体（aggregates）。这反映了许多科学理论在概念安排上包含有各种不同普遍性程度的实在模型、实在定律和应用范围。这些理论元素之间，典型的情况是组成由普遍到特殊、由抽象到具体的“理论网络”和层级结构：有一个或少数几个基本定律来刻画所谓基本理论元素，其他的理论元素及其定律或约束构成基本理论元素的连续的具体化过程。这就构成在不同方向不断增加具体化的理论元素。这个过程叫作理论专门化（specialization）的过程。结果理论元素之间便组成了一个新经验主义者所不愿看到的金字塔网络，它包含关系具体化、数量具体化、参数获得值的具体化以及改变近似值的承诺等情况。

即使是 CM 的简单理论实际上也要比理论元素复杂得多。由动量守恒定律以及上面提到的质量约束决定的理论元素，的确是属于理论的基本元素，这里 CM 的任何应用都包含在这个理论元素之中，但是 CM 还有许多特殊的定律在处理碰撞的特殊情况时是非常有用的。例如，除了弹性碰撞中的动量守恒之外，我们还要补充动能守恒定律。如果将弹性碰撞力学记作 ECM，则用集合论谓词来定义相对应的模型 M，它就是：

$<P, T, R, v, m> \in M(ECM)$，当且仅当存在着 t_1，t_2 使得

（1）$<P, T, R, v, m> \in M(CM)$。这里已经包含了动量守恒定律，我们还补充

（2）$\sum_{p\in P} m(p) \cdot (v(p, t_1))^2 = \sum_{p\in P} m(p) \cdot (v(p, t_2))^2$。

至于弹性力学的具体化的另一种形式，完全非弹性力学（PICM）的模型，则是另一种形式：

$<P, T, R, v, m> \in M(PICM)$，当且仅当存在着 t_1，t_2 使得

（1）$<P, T, R, v, m> \in M(CM)$

（2）$\forall (p, p' \in P)(v(p, t_2) = v(p', t_2))$

即在完全非弹性碰撞后，两球体的速度是一样的。这又是另一种 CM 的具体化，在这里也存在着一个理论金字塔网络（见图6—3）。

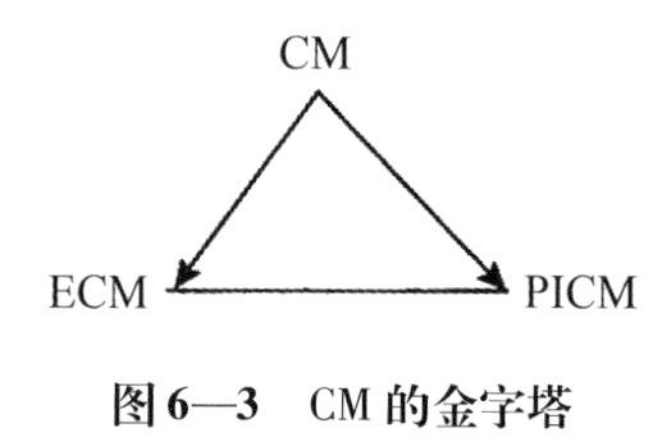

图6—3 CM的金字塔

至于牛顿力学，经典电动力学的理论金字塔更加复杂得多，似乎任何一门学科的理论金字塔都可以在它的教科书中找到。

这样从理论层级的观点看，理论元素是研究理论的较小的单元。例如笛卡儿的刚体碰撞理论、牛顿的引力理论等。研究理论的较大单元是理论网络，例如牛顿粒子力学或孟德尔遗传学；而研究理论的最大单元是理论整体子（theory-holons），如经典力学、热力学、量子场论以及新古典经济学等，它由许多理论网络所组成，限于篇幅，我们不能在此进行讨论，它相当于一个“学科”或“学科群”。所以科学理论之间是有内部层级结构的，它是金字塔式的，虽然我与穆林斯等结构主义者不同，我认为理论金字塔不仅包括还原金字塔而且包括突现金字塔。但它们完全不会是像新经验主义和新实践哲学所说的科学观那样：科学之间所具有的不是非金字塔组织而是“菜园子式”（即无组织地种着各种不同的科学蔬菜式的）。①

① ［英］南希·卡特赖特：《斑杂的世界》，王巍、王娜译，上海科技教育出版社2006年版，第8页。

第五节 实体结构主义对几个热点问题的分析

以上是结构主义科学哲学对理论元素、理论网络和理论整体子的基本分析，那么它对当前科学哲学的一些重大问题是如何解决的呢？本章因篇幅限制不可能做详细讨论，只对下列几个问题做一些初步分析，而且要尽可能略去一些数学形式表达。

一 理论与经验（或理论与观察）的关系问题

从以上的科学模型种类、科学理论要素、科学金字塔网络以及科学理论整体的层次结构的初步分析可以看出，科学理论被看作模型的类，模型的类的类……这样看来，结构主义对理论与经验的关系好像纯粹是语义学的观点：经验不过是理论函数的一个定义域的域值，而科学的目的是找寻各种模型的同构类，以便发现各个领域的共同的普遍定律。但是如果我们仔细研究结构主义所分析的理论诸元素以及它们怎样从抽象的基本理论层次一步步“向下”具体化为非理论的集合模型 Mpp 和它怎样期望可能得到的理论“预期应用域”I 中可以看出，它在最抽象的理论和最具体的经验之间有许多逻辑经验论所没有的中间环节，它是能够容纳理论与经验的矛盾以及科学共同体的意向以及当时的文化背景的，并且是历史地向前发展的。例如在 CM 的范例中，发明碰撞力学的笛卡儿、惠更斯，他们将碰撞力学只运用于弹子球相互作用之类的现象，他们做梦也没有想到这个力学可以运用于亚原子粒子的领域，α 粒子依碰撞定律被卢瑟福用于撞击薄金箔的原子核。这里的历史经验的场域在某种意义上也应列入碰撞力学的“应用域”中，至于今天的高能粒子对撞机的经验事实，则是碰撞力学所不能完全解释而需要求助于相对论的碰撞力学。后者对经典碰撞力学做出两条修正：将 m 看作时间函数从而有 m：$P \times R \rightarrow R^{+}$，以及粒子（记作 e）的“存在函数”

从而有一个辅助的基本集 e：P×T→｛0，1｝。不但 I 的确定和界限，依赖于观察的作用和科学共同体的实用语境，而且对于模型的其他因素为 M_p 与 M 的严格划分，M_p 与 Mpp 的严格划分，理论间相互联系的 L 连接的选择，以及从理论到非理论、从抽象到具体的层级结构并且允许低近似值程度的不洁净模型 A 等都有一个观察的实用的和语境的因素，并不像逻辑经验论只有理论定律和桥接原理两个简单要素和理论词与观察词的简单划分。这个划分是完全失败的，因为不可能确定观察词或观察语句的标准，也没有任何一个理论词可用观察词来定义。结构主义科学观可以容纳历史学派（例如拉卡托斯）通过修改低层次专门化的具体理论元素“保护带”来保护那些基本的理论元素以保证理论网络及其核心的本质不变，从而容纳历史学派在理论和观察之间的整体主义的弹性观点。结构主义科学观在相当大的程度上容纳了理论与经验证据之间的合理的整体性以及历史学派所主张的“范式”及“研究纲领”的稳定性。它企图在逻辑学派与历史学派之间、理论派与经验派之间找到一个平衡点，所以结构主义的理论与实践的关系观是比较全面的。

二 理论还原与理论突现问题

迄今为止，科学哲学讨论还原问题，说的都是一个被还原的理论（T_R）是怎样被一个更加广泛或更加深刻的还原理论（T_B）加以推出的问题，他们追问推出的可能性是什么，推出的条件是什么，推出的逻辑类型和逻辑结构是什么。至于还原理论与被还原理论的本体论预设、本体论结构和本体论关系一般都没有被讨论，这也许是由于“拒斥形而上学”的缘故。结构主义由于对科学理论进行集合论谓词的分析，就有可能发掘出被还原理论的模型与还原理论的模型之间各组成要素的本体论还原连接（ontological reductive links，简写为 ORL）。这是理论之间可还原关系或不可还原关系（突现关系）的一个重要方面，这就是本章第四节讨论的理论间的连接（links）的一种最重要的形式。

结构主义研究理论还原，不是从 T_B 到 T_R 的语句的推理观点看，而是从 T_B 的模型的域与 T_R 的模型的域（domain）之间的关系来看，这就可能接触到本体论还原问题。从模型论的观点看，还原是理论模型之间相互关系的一个子集。写成数学符号，令 ρ 为还原关系，则 $\rho \subseteq Mp(T_B) \times Mp(T_R)$。在抽象代数中，×号表示笛卡儿积，用来说明两个集合的关系。同质（homogeneous）本体论还原连接（ORL）就是 $M_p(T_R)$ 的基本集 D_i 是 $M_\rho(T_B)$ 的基本集 D'_i 的一个组成部分，即子集。因而同质还原保留了被还原理论的论题。而所谓异质（heterogeneous）本体论还原连接（ORL）就是 $Mp(T_R)$ 至少有一个基本集 D_i 是 D'_i 中所没有的。所谓 T_R 到 T_B 的还原关系就是包括同质还原关系、异质还原关系和同质、异质混合的还原关系。后者在科学中是至为重要的还原关系。例如刚体力学到牛顿粒子力学的还原关系，以及牛顿粒子力学到相对论力学的还原关系都是混合的还原关系。在刚体力学与牛顿粒子力学之间，在时空点的基本集上是一样的，但刚体的基本集就不是牛顿粒子力学中的粒子基本集的一个子集，它们之间是异质的。至于牛顿粒子力学与相对论力学的还原关系，这两种力学的粒子集是同样的，但时空点的基本集却是异质的，相对论力学的时空点的基本集是明可夫斯基的时空点集。

异质还原有着各种各样的复杂情况。其中比较复杂的是从被还原理论 T_R 的基本集 D_i 到还原理论 T_B 的一系列基本集 $D'_1 \cdots\cdots D'_j$ 以及关系 $r' \cdots\cdots r'_m$ 的还原，例如孟德尔遗传学中一个基因决定一种表现型。于是一个基因 D_i 便对应着一系列生物大分子 D'_j 及它们之间的相互关系和相互作用（r'_k）。这就是刚才所说的基因 D_i 的基本集是生物大分子这个基本集所没有的，如果能够进行理论还原在这里就必须通过反复对 $D'_1 \cdots\cdots D'_j$ 进行幂集运算（S 的幂集记作 $\wp(S)$）并运用笛卡儿积来表示这些还原理论 T_B 的基本集上的关系。这在集合论中，它的表示如下：

从 T_R 到 T_B 的本体论还原连接的条件是：

$D_i \in \wp \cdots \wp$（［$\wp$］$D'_1 \times \cdots \times$［$\wp$］$D'_j$）其中 j = 1，2，…，m

其中，$\wp$表示幂集运算，［$\wp$］表示可进行也可不进行幂集运算。

如果 T_R 中的 D_i 与 T_B 中的 D'_1，…，D'_j 有这样的关系（在数学上称为 D_i 是 D'_1，…，D'_j 的梯阵集合（echelon-set）），我们就称 T_R 本体论地还原为 T_B，如果不用精确的模型论语言来表达理论间的本体论还原，直觉地说它表达了这样的意思：说一个理论 T_R 还原为 T_B。就是说前面所指称和所承诺的本体论要素必须能够从后者所指称和承诺的本体论要素中构造出来，而构造出来之后，前者的要素依然存在，否则便是本体论上不可还原的。这就相当于纳格尔第一个还原条件：可连通条件。至于纳格尔的第二个还原条件可导出条件，是一个“律则维度”。将被还原的理论的律则由还原理论的律则推导出来在这里也可以用模型论的语言加以表达。这里涉及被还原理论与还原理论有相对应的经验场域即上一节所说的“理论应用域”I。这里 $I(T_R) \subset M_{PP}(T_R)$，$I(T_R)$ 通过本体论还原的梯阵集合对应于一个结构，如果这个结构是 $M_{PP}(T_B)$ 的一个适当子集，即 $I(T_R) \subset M_{PP}(T_B)$ 则 I（I_R）所应用的定律可由 $M_{PP}(T_B)$ 推导出来，这可以称为 T_R 律则地还原为 T_B。

现在我们可以简单地归纳如下：

对于具有基本集 D_i 的理论 T_R 和具有 D'_1，…，D'_j 基本集 T_B，我们说 T_R 可还原为 T_B，当且仅当：

（R_1）D_i 是 T_R 的模型的基本集。

（R_2）D'_i 是 T_B 的模型的基本集。

（R_3）包含于 T_R 的“应用域”I 是一个对应于 T_B 的应用域的（适当的）子集。

（R_4）存在着 T_R 到 T_B 的本体论还原连接。

（R_5）T_R 律则地可还原为 T_B。

相对应地，我们可以定义 T_R 为 T_B 的突现或 D_i 是 D'_i 的突现，当且仅当：

（E_1） = （R_1）

（E_2） = （R_2）

（E_3） 包含于 T 的应用域类似于 T_B 的应用域。

（E_4） = （R_4），但 D_i 不在 D'_1，…，D'_j 的集合中。

（E_5） T_R 并不律则地还原为 T_B[①]。

突现的基本特征是高层次的基本定律并不由低层次的基本定律导出，当人们说化学的性质和定律是从一定的物理系统的组合中突现出来，生物的“性质”是从一定化学组合中“突现”，这个问题在结构主义科学哲学中可以这样表达：经验相关的生物理论模型的基本集可被建构为经验相关的化学理论模型的某些基本集的梯阵集合，不过生物模型的关系与模型中的关系如此不同，并且生物世界出现的初始条件对于化学理论模型来说是非律则地偶然的。因此没有希望能建立两个模型之间的律则还原，所以生物模型中域中的许多事物及其性质与定律相对于化学事物来说是一种突现。总之，结构主义的还原理论虽然比较难懂，但它保留了逻辑经验主义还原理论的优点，即保留了纳格尔的可连通性（桥接原理）和可推导性，并重新从本体论上进行论证。由于它不要求不同理论的理论语句的逻辑推导，于是就避开了不可通约的困难和不容许近似性的还原这两个逻辑经验论和历史学派还原难题。它还独特地提出了突现问题的分析，超越了逻辑经验论和历史学派的理解。

三 理论间的科学革命与继承问题

这就是科学理论范式转换中的持续性与非持续性问题。逻辑经验论的科学哲学，将科学的发展看作一个真理不断积累的过程，没有根本的变迁和科学的革命，波普尔证伪主义的科学哲学视科学发展为不断的证伪，即一个假伪的学说为另一个假伪的学说替代这样一个不断更替的过程，而库恩的科学范式的革命，因为范式的不可

① C. U. Moulines，“Ontology，Reduction，Emergence：A Geneml Frame，” *Synthese* 151（2006），pp. 320 – 322.

通约而不存在科学进步与知识的继承与积累。这些都与科学发展中继承与变革同时存在的历史事实不相符合。结构主义由于主要不将科学理论看作语句的集合，便跳出了规范之间理论不可通约、不可比较的陷阱。结构主义科学理论元素的内容相对说来是比较丰富的，它包括模型及其元素的本体论承诺 $D_i \in M$，又包括科学理论的潜在模型 M_P 以及它的可应用场域 I，还有它的数学结构 A_i 以及实体之间的关系结构 R_i，等等。在科学发展中，这些要素的变化和保留，正好反映了科学革命与科学继承。结构实在论创始人英国伦敦经济学院的沃勒尔教授吸收了结构主义科学模型 $M = < D_i, R_j >$，$T = < M, I >$ 的概念，主张从一个理论到另一个新理论的转变，不仅有成功的经验内容而且有理论形式特别是数理结构从旧理论转移到新理论，因此存在着科学发展的积累性或半积累性（quasi—cumulative）的进步。他以光学中描述偏振光中入射光、反射光和折射光相互关系的菲涅尔方程为例。他指出，无论光学怎样从光的以太粒子说转变为经典电磁场说以及后来又转变为光的量子说，菲涅尔方程这个数理结构在这个走马灯式的范式转变中却稳坐钓鱼台成为三朝元老。其实这并不是个别例子。例如热力学第二定律最初用热质说来解释，后来用分子运动论来解释，它在范式的转变中持续下来。不过沃勒尔走向一个极端，认为实体在科学革命中的经验性和实在性是靠不住的，只有结构是物理本体论承诺中的唯一实在。不过结构主义科学发展观并没有这种片面性，它认为无论实体的内在性质还是关系结构的性质，无论是物理内容还是数学的形式，在科学革命的转变中都可以划分为持续性的部分和非持续性的部分。例如，在基本粒子理论范式的转变中，粒子的内部性质，它的质量、平均寿命、同位旋、自旋、电荷、宇称这些实体的“性质”都可能保持下来，这里包括潜在模型的保留。可见结构主义的科学革命观比逻辑主义和历史主义的科学变化观更为全面一些。

四 结构主义与新经验主义的辩论

结构主义科学哲学近十年来已经引起国际科学哲学界的密切注

意。《综合》杂志 2002 年 130 期用专刊讨论了结构主义；2003 年 136 期专刊讨论了结构实在论；2006 年 151 期专刊讨论了突现与还原，这是依突现与还原国际讨论会（巴黎会议）记录修改而成。该期论文除发刊词以外，第一篇论文就是穆林斯的从结构主义看本体论、还原与突现，即本节第二点讨论的内容。对于这个观点，新经验主义提出强烈的批评。鲁菲（S. Ruphy）指出，结构主义想在“混沌的科学超市”中找出本体论还原和本体论突现的秩序是不可能的。任何秩序都只不过是相对于研究者的兴趣和能力来说的，你想要什么本体论就可以从物理学中提炼出那种本体论。她举出卡特赖特举过的例子，说科学定律无法预言和解释广场上被风吹起的一张纸币的行为。穆林斯回答道：虽然这张纸币的运动不是经典力学的实在模型，但它依然是经典力学的潜在模型。如果你将它放到真空里或者只计算它几个微秒后的行为，它就是经典力学的实在模型，力学定律明显地起了作用。即使它是潜在模型，质量守恒仍然是它与其他模型的共同约束。科学理论和普遍定律在本体论上和方法论上的地位是不能忽视的。

以上的分析表明，科学哲学的斯坦福学派首创者是苏佩斯，而史纳德的研究建立了一个比较完整的元理论体系，使这个学派走向成熟。结构主义的科学理论结构观相对于传统的“公认观点”的科学哲学来说，是一种全新的研究进路，虽然它并不完全否定科学哲学的陈述观点和句法进路，但他们开创了一个语义的、非陈述的或集合论、模型论的进路来研究经验科学的逻辑结构和模型结构，取得了显著的成果，成为一个科学哲学界不可忽视的学派。这个学派在“分析”与“综合”（对他们来说是潜在模型与实在模型）的关系、“理论与经验”的关系、理论与模型的关系、模型之间的关系、理论之间的关系以及还原与突现的关系、数学与经验科学的关系、常规科学和科学革命的关系等一系列重大问题上提出了自己的新观点，值得我们重视。

正像逻辑经验论的理论结构观强烈地依赖数理逻辑的发展一

样，科学哲学中的结构主义的中心分析工具是布尔巴基学派的集合论特别是他们的“结构种理论”。史纳德的结构主义科学理论观可以看作集合论的“结构种”在科学理论中的模型类的应用。他们在以上问题的见解大多数可以用结构种来加以解释：潜在模型是结构种的基础集与型，实在模型是有物理系统断言的结构种，总体约束不过是结构种型的一种幂集，总体连接属于结构种型之间的笛卡儿积，等等。但是，经验科学理论也有自己特有的模型类：部分可能模型、粗糙模型类以及理论的预期应用类都是结构种所不具有的东西，是基于理论与经验、理论与实践、数学与科学的关系而建构的东西。所以，一方面我们要将集合论和结构种看作分析科学结构的中心工具，但另一方面我们又不能教条主义地运用它。所以我不太同意苏佩斯所说的“不存在一种理论的方式来划清数学和理论科学的界限”。我认为，“结构种”理论使科学哲学带有某种逻辑理性主义的色彩，强调数学的结构和数学的美对科学理论发展的作用，但“模型类”的各种划分又给科学理论做出种种经验的断言。所以我们并不给结构主义起名为逻辑理性主义。

现在，关于结构主义科学理论观和史纳德及其追随者的研究进路有许多不同的名称：“修正的兰姆西观点”“非陈述观点”“语义学进路”“结构主义”“元理论结构主义”“模型论进路”，而且还有“斯坦福学派”“史纳德学派”“苏佩斯学派”等称号。尽管当代重要的结构主义科学哲学家摩林强烈反对“集合论进路”的说法，认为是一种“误导”，但我认为，为了准确地说明这个元科学理论结构主义的工作范围和主要研究方法，称它为“理论结构研究的集合论进路”也未尝不可，不过这个集合论的进路是明确地包含元素的集合，即 $< D_1, \cdots, D_m, A_1, \cdots, A_k, R_1, \cdots, R_n >$ 中的 D_i 集的，所以和科学实在论中的比较中肯结构主义一样，同样也就是实体结构主义的进路。

第七章

科学理论结构的语义、语法和语境进路*

探讨“科学理论的本质与结构”一直是科学哲学的主要目标，这个目标现在与探索科学的模型问题连在一起。自从逻辑经验论的“公认观点”失败后，具有逻辑与分析哲学倾向且对历史进路不满意的哲学家们不断尝试寻找一个新的进路，他们在状态空间理论中，特别是在集合论中找到了出路，把模型类看作科学理论的核心，将集合论看作对科学理论进行语义分析的工具。这种趋势逐渐占据了科学哲学对理论结构分析的主流，构成科学理论结构的模型论进路，成为“新的公认观点”。但是近20年来，科学理论结构的语义模型论进路又面临新的困难。这个困难集中在科学理论的语义和语法的关系以及模型概念的两难处境上。在诸多新进路的研究中，笔者认为科学理论与模型研究的语用论进路是很有启发的，认为它是或应该是在不放弃语义模型观和语义模型研究进路的基础上才有新发展。从这个立场出发我们分析科学理论结构从语法进路到语义进路再到语用进路的艰难过程。

---

* 本章部分内容发表于齐磊磊、张华夏《理论的结构与科学的模型——从语法进路到语义进路再到语用进路》，《哲学研究》2013年第3期。

第一节 “语法”进路的衰落

逻辑经验主义对科学理论结构的观点，在20世纪很长一段时间里（从30年代到60年代）成为科学哲学的中心论题，被称作科学哲学的“公认观点”（received view）。一直到现在，我们许多大学的科学哲学课程或自然辩证法课程都不加批判地沿用这种观点。那么，它的基本观点是什么以及它是怎样衰落和被取代的？了解这个发展情况显然是有必要的，因为现在的科学理论结构和科学模型的研究，已经走得很远，目前科学哲学家们正在讨论否定“公认观点”的语义进路到底还有什么新困难，是否还要开辟更新的进路来讨论科学的理论与实践，在这种情况下再回到起点去讨论“公认的”语法观点何以失败是必要的。

什么叫作“公认观点”的科学观呢？简单地说，它是在吸收数理逻辑研究成果的基础上将科学理论T看作一组被部分诠释（partially interpreted）了的抽象运算或推理体系。大家知道，成熟的科学特别是物理学的理论是由一组很抽象的初始概念、公理或方程来表达，组成一个演绎的语句或公式体系，叫作抽象运算C_T，它由一组不可观察的语词V_T经一定的运算规则组成。那么，这样抽象的东西的意义如何能够给出以及如何能够被人们理解呢？“公认观点”认为，在科学中还有另外一些词汇，它们是可观察的，叫作V_0，通过一个对应规则$R=(x)(V_T(x)\equiv V_0(x))$将不可观察的理论词与观察词联系起来，人们就可以对理论加以理解。例如，在气体分子运动论中，分子的微观运动不可观察，就是通过将分子运动的平均动能（V_T）对应于可测量的气体温度（V_0），将分子运动对容器壁的冲量（V_T）对应于宏观世界的容器壁受到的压力（V_0），从而推出波义耳定律、查理士定律等经验定律和经验现象而为人们所理解。但是科学哲学家后来发现，这种语法分析进路的科学理论结构论有三大困难。（1）语言根本不能区分为理论语言和观察语言两类。“长度”这个概念是可观察的吗？一个原子的“长度”看得见吗？（2）对应规则在大多数情况下不能成立。例如“夸克”用什么可观察的东西与它对应呢？“虚数”又对应于什么？我们每人有10个指头，有些人还有11个或12个，但谁有“虚指头”？分子运动中的“熵”“焓”又各自对应于什么？谁能给出它们对应规则R呢？于是对应规则或者不能给出，或者同一个理论词能给出很多不同性质的对应规则，于是它的意义就成为“异质混淆”的东西。(3)“公认”的语法观点完全忽视模型在科学理论中的作用。逻辑经验主义创始人之一卡尔纳普说过：“重要的事情是要认识到模型的发现至多只有美学的、在课堂上说教的和启发的价值，不能成功地运用于物理理论。”[1] 一旦科学成熟，模型就退出历史舞台成为多余的东西。所以，语法进路的理论结构观可以用图7—1表示。

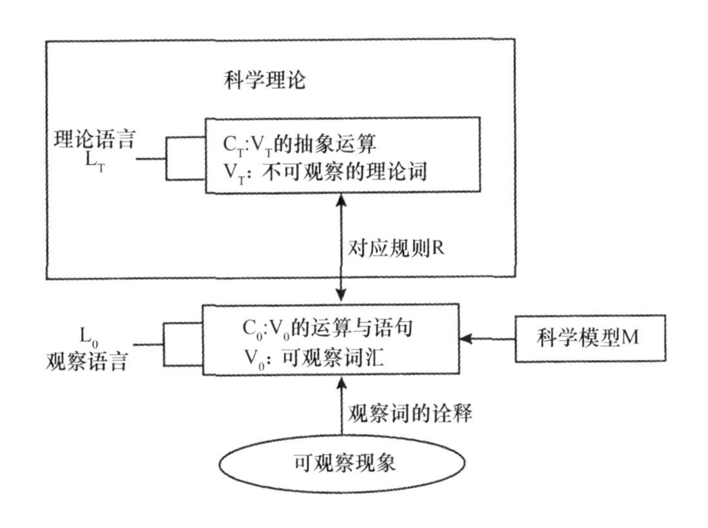

图7—1　逻辑经验论的科学结构观示意图

① R. Carnap, "Foundations of Logic and Mathematics," in C. A. Newton et al., *Science and Partial Truth: A Unitary Approach to Models and Scientific Reasoning*, Oxford: Oxford University Press, 2004, pp. 42－43.

从图 7—1 中可以看出理论 T = < C，R >，是理论语句 C 加上对应规则 R，根本不包括科学模型。模型只在可观察的层次上起到可有可无的替代作用。

在第四章中我们曾经说过，随着科学哲学领域研究的深入，尽管逻辑经验主义者不断地完善他们的理论，但根本困难一直得不到真正的解决。1969 年 3 月 26 日，在 1200 人参加的关于科学理论结构的伊利诺伊州讨论会上，卡尔·亨普尔是开幕式的演讲者，用今天的话来说，就是作基调报告。大家都希望他能提出公认观点的最新修订版本，但出人意料，取而代之的却是他告诉人们他为什么放弃公认观点以及对语法公理化失去了信任。① 他说："我并不假定熟悉的理论与观察的二分……实体和它的特征不能表现为由不依赖仪器和理论推理的直接观察来加以确定。"② 他又说："现在我转向标准观点（Standard View）另一个困难，就是 T = < C，R >，我对它的适当性的怀疑不断增长"；"对应规则，作为科学理论的组成，习惯上设计为一种语句，当作'规则'或等位的（coordinative）操作的'定义'，可以传达一种真理。这个思想由于多种理由现在已经站不住脚了。"③ 至于模型，原来认为它只是有"教导和启发价值"的类比，"现在看来它在表述和运用到许多理论中起到本质的作用"④。这就等于逻辑经验主义创始人公开宣布解散"公认观点"学派。

"公认观点"的另一个代表人物英国哲学家艾耶尔更加极端，在接受访谈时他说："我想逻辑经验主义的最重要的过失是……几

---

① Patrick Suppes, *Representation and Invariance of Scientific Structures*, Stanford: Stanford University Press, 2002, pp. 102 – 116.

② Carl G. Hempel, "Formulation and Formalization of Scientific Theories," in Frederick Suppe, ed., *The Structure of Scientific Theories*, University of Illinois Press, 1979, pp. 244 – 254.

③ Carl G. Hempel, 1979, pp. 244 – 254.

④ Ibid..

乎所有的东西都错了。"[①] 不过我们认为，科学理论结构研究的语法进路仍有许多合理的因素，至少采取公理化的方法来研究科学理论的进路并没有错，因为它可以以最典型的方式厘清理论的基本概念、组成和结构，并进行理论之间的比较、研究理论的还原与突现、科学之间的统一性和多样性、引进数学的方法来分析这些问题，更何况任何语义要表达出来总是离不开语言和语句的。逻辑经验论存在的问题在于只采取语言和语法的方法对理论进行形式化的分析，而替代的方法就是提供语义的模型论进路。这就是说，近年来现代结构主义用集合论与模型论将自己武装起来，重树科学理论结构的旗帜，成为一种新的研究趋势。它从 20 世纪 70 年代开始占支配地位，到现在又成为新的"公认观点"，又被称为"主流观点"（mainstream view）[②]，只是由于它在技术上的难度在我国科学哲学界中还没有进行系统的研究和充分的批判性的探讨。

第二节　语义模型论的兴起及其基本观点

语义模型论进路有许多不同的名称，视研究者的倾向而定。通常有"非陈述观点""语义进路""模型论进路""集合论进路""结构主义"等，我们喜欢使用大家都没有用的名称，叫作"实体结构主义"进路。要讨论科学哲学的理论结构的模型论的兴起，首先要讨论数学和逻辑学中模型论的兴起。模型论是在集合论的基础上发展起来的。从集合论的观点上看什么是理论结构或模型？它包括基础集合 D（实体集）和发生在 D 上的关系集 R（结构集），记作模型 $M = \langle D, R \rangle$。当附加（attach）上一个形式语言 L 对它进行描述时，M 结构就可以对 L 的符号和语句做出诠释。例如，我国计划生育政策规定一对夫妻只生一个孩子，那么一个家庭就是一个

① Oswald Hanfling, "Logical Positivism," in *History of Philosophy*, Routledge, 2003, p. 193.

② Gahriele Confessa, "Introduction," *Synthese* Vol. 172 issue 2 (2010), p. 193.

集合 D，由 x，y，z 三个人（元素）组成。R 就是发生在 D 上的三元关系 $D\times D\times D$ 的一个子集 R（x，y，z），表示家庭中父、母、子（女）之间的关系。符号"×"称为笛卡儿积，即从旁边有"×"的多个集合中各取一个元素形成多元有序组而组成新的集合（积集）。模型 M 表示中国标准的两代人的家庭关系或结构。如果 L 的一组语句或公式 φ（例如"我们是标准的中国家庭"这句话或公式）在结构 M 中是真的，我们就说 M 是 φ 的一个模型，记作：$M\models\varphi$。也可以说 M 满足（或诠释）了语句 φ，这里符号 ⊨ 表示满足。如果 T 是一个由 L 语言表达的理论（公认观点只是这样看理论），则当 T 的所有有效语句 φ 得到 M 满足时，我们称 M 是 T 的一个模型。这就是模型论和语义真理论的创始人塔斯基（A. Tarski）的一句名言："理论 T 所有有效的语句都得到满足的可能实现，都被称为理论 T 的模型。"① 请注意，塔斯基所说的模型指的是符合一个理论的非语言实体，模型论就是这样研究模型的本质和作用的。

上面的例子只说了标准家庭的一条原理，并没构成现代家庭的理论，倒是古代有一套由系列公式 φ_1，φ_2，φ_3 组成的家庭理论。如"父母在不远游"（φ_1）、"不孝有三，无后为大"（φ_2）、"父为子纲，夫为妻纲"（φ_3）等。如果你的家庭完全符合这些标准或者叫作"满足"了这些标准 $\varphi\in L$，则你的家庭（M）就是孔孟家庭理论的一个模型，记作 $M\models\varphi$。孔孟家庭理论的语法进路的有些研究者满口是仁义道德的经书语句，不注重自己的家庭是不是孔孟家庭的模型，或者别人的家庭是不是孔孟家庭的模型；而符合这个标准的所有家庭组成一个家庭类，也研究这个家庭类在所有家庭中占有什么样的比例等等。而孔孟家庭的语义进路研究者却恰恰着重研究这些问题来理解一切孔孟家庭的"模型类"（史纳德语：class of models）和"结构种"（布尔巴基语：structure species）。

---

① Alfred Tarski, "Contributions to the Theory of Models," *Indagationes Mathematicae* 16 (1954), pp. 56－64.

集合论是一切数学的基础，它的运算虽然简单，但所能构造的基础集合的类型和关系（如积集和幂集）却是如此丰富足可以将数学上甚至物理上的几乎一切结构表达出来。这使得语义学进路的创始人苏佩斯有把握地说："公理化一个理论就是定义一个集合论谓词"，即说明"某理论是一个什么样的集合。"①

不过，很"不幸"，语义进路的研究者并没有这样研究社会组织与家庭，他们与语法进路研究者本来是难兄难弟，他们都是（一阶）数理逻辑的继承人和使用者，而且都是以使用这种逻辑、采用公理化的方法来研究物理学的理论结构而起家的。不过语义进路的研究者所使用的工具进了一步，是高等数理逻辑，它大概有四个重要组成部分：公理化集合论、证明论、递归论和模型论。语义进路主要用到集合论与模型论。为了说明这个问题，我们再举一个力学例子，就是经典动量理论。从语法方面来说，它包括质量、质点、时间间隔这些初始概念，包括质点系、动量这些导出的即被定义的概念，也包括质点的动量定律和质点系动量守恒定律，它是一组抽象的演算。从质点动量定律 $f_i \cdot dt \equiv q$ 推导出动量守恒定律：$\sum q_i = \sum m_i v_i =$ 常量 C，这里 q 表示动量。谁赋予这组抽象运算及其公式以意义呢？科学理论的语法论者说，这是由一组观察语言通过对应规则给出这个理论的经验意义。但语义论者看出，实际的弹子球的实际运动是有摩擦的、球的形状是有大小的、空气也有阻力、运动也有快慢，所以观察的语言根本无法对应于经典动量理论的抽象概念和抽象定律，例如质点和动量守恒定律。语义模型论者分析这些词汇（或概念）和这些定律的集合论基础，这里集合包括绝对理想的弹子球的集合 B、实数集 R、时间集合 $T = \{t_1, t_2\}$ 区间、弹子球的质量 m_i、位置 P 和速度 v。这样，结构 $<B, T, R, v, m>$ 就是经典动量理论（记作 CM）的一个潜在的模型（potential model）

① Patrick Suppes, *Introduction to Logic*, Mineola and New York: Dover. Publication, 1957, §12.2.

或称为可能模型（possible model），当且仅当存在着 t_1，t_2 使得

（1）质点 B 是有限的非空集合；

（2）瞬间集 $T = \{t_1, t_2\}$（这里只需两个瞬间元素的集合来表示）；

（3）速度函数 v：$P \times T \rightarrow R^3$（V 为有两个变量的矢量函数，$R^3$ 是实数集的笛卡儿积 $R \times R \times R$，“→”为映射）；

（4）质量函数 m：$P \rightarrow R^+$（质量为粒子的有正值的实数值函数）。

这里（1）（2）属于域 D_i，（3）（4）属于关系 R_i。这就决定了 CM 的一个框架条件或定型式（typification），于是就可以确定经典动量理论的潜在模型 M_P（CM）。所谓潜在模型说明理论的一个框架或论域，一种可能的世界的状态，只要不超出这个论域，什么事都可能会发生。

现在我们只需补充一个质点动量定律和质点系动量定律的现实定律，便可以得到经典动量理论的实际模型（actual model）M（CM）。这样，粒子系统只能在一定的定律下行动，所以它是实际模型。形式地说，x 是经典力学动量理论，当且仅当存在着 B，T，v，m，使得

（1）$x = \langle B, T, R, v, m \rangle \in M_p$（CM）；

（2）$F = m_i v_i / dt$ 为质点动量定律，$\sum_{p \in B} m(p) \cdot v(p, t_1) = \sum_{p \in B} m(p) \cdot v(p, t_2)$ 为笛卡儿动量守恒定律。

从以上的（1）（2）两关系式来看，当科学结构理论的语义观创始人苏佩斯创立这个观点时（1957），他从数学集合论的观点出发提出论点（1），即这里叫作可能模型的东西，只是问题的一个方面。[①] 因为人们发现，力学不是数学，他一定丢失了什么东西。R. 吉尔（Ronald Giere）于 1985 年给他补充了第（2）论点，他认为

① Patrick Suppes, *Introduction to Logic* (Princeton and New York: Van Nostrand, 1957), §12.5. 中译本：[美] P. 苏佩斯：《逻辑导论》，宋文淦译，第 360 页。

理论是理论定义和理论假说的结合，所以不但要用定义的模型来表现，而且要规定模型的应用域，即现在表达为受到实际定律约束的实际模型。[①] 这就使得理论模型有了经验内容。

以上的例子表明，理论分析的基本单元是模型而不是陈述。苏佩斯认为公理化一个理论就是定义一个集合论谓词，即说明“某理论是一个什么样的集合”；史纳德认为阐明一个理论就是刻画一个“模型类”（model classes）；法国数学家团体布尔巴基（BOURBAKI）认为阐明一个理论就是找出它的“结构种”（structure species），它们归根结底主要都是由集合论建构起来的。

语义模型论进路有两种不同的研究路线。其一是直接从塔斯基那里派生出来的，它由苏佩斯和他的合作者加以发展，称为“集合论模型研究路线”。这个理论在欧洲大陆一些哲学系中成了学习和研究科学理论的标准教材，其中史纳德[②]、斯泰格缪勒[③]，特别是鲍尔泽、穆林斯[④]的几本书就是其中优秀的教材。这个学派被称为“新维也纳学派”，我们前面讲的就是集合论的研究路线。另一个研究路线来源于塔斯基的学生，由荷兰的埃弗特·贝斯发展起来，萨普、范弗拉森继承下来的进路，被称为状态空间研究路线。下面我们简述其中的要领。

范弗拉森这样谈论他的状态空间语义模型论进路。首先，他认为，一个科学理论的新图景有几个一般特征。他说：“一幅图景就只一幅图景，它引导我们沿着它进行想象的东西。我已经建议一幅新图景来引导讨论科学理论的最一般特征。表征一个理论就是刻画（to specify）一个结构的族（a family of structures），亦即它的一组

① Ronald N. Giere, “Constructive Realism,” in P. Churchland & C. Hooker, eds., *Images of Science: Essays on Realism and Empiricism, with a Reply from Bas C. van Fraassen*, Chicago: The Universityof Chicago Press, 1985, pp. 75 – 98.

② Joseph D. Sneed, *The Logical Structure of Mathematical Physics.*

③ Wolfgang Stegmüller, *Structures and Dynamics of Theories*, New York: Springer-Verlag, 1976.

④ W. Balzer et al., *An Architectonic for Scienee: The Structuralist Approach.*

模型；其次，刻画这些模型的特定部分，即作为经验子结构（empirical substructures），使它们作为可观察现象的直接表征（direct representation）的候选者；那些可以在实验与测量报告中加以描述的结构，我们称为表象（appearances）：如果一个理论有某些模型使得所有的表象（appearncces）同构（isomorphic）于该模型的经验子结构，则它是经验地适当的。”①

牛顿的天体运动理论有一套抽象概念与公理，绝对空间、绝对时间、万有引力等。依这套语言，他刻画了一个结构的族，即天体运动的理论模型：天体在绝对时空中依理想轨道围绕不动的太阳做绝对运动的图景。在这个图景中，有一个模型的特定部分，“经验的子结构”（这里没有绝对时空的概念），它就是各行星运动的轨道，它与我们看到的行星运动的表象（如行星有顺行也有逆行）是不同的。但二者是同构的。同样公元前4世纪初的几何学有欧几里得的几何，后来还有非欧几何，二者在数学上一样正确，但如果说到物理空间，情况就不一样。它有一个“经验子结构”，就是非欧几何的光线的结构。它与光线在水星近日点的弯曲同构。注意，建构经验论者范弗拉森当时称作“表象”的东西就是实在论者叫作“客观现象”或“实在现象”的东西。很明显，范弗拉森也是将理论的基本载体看作模型类M而不是形式语句L，而且这个模型类有一个子集与现象世界（或范弗拉森称作“表象”的世界）同构，这就给抽象的模型世界或结构嵌入了经验内容，就像集合论的实际模型引进了定律就给模型引进经验内容一样（见图7—2）。这一点是否成立非常重要，它给语义观将来会发生危机埋下伏笔。范弗拉森的模型是状态空间模型。为什么叫作“状态空间模型”？下面会有答案，我们再继续介绍状态空间模型的另一个创始人萨普的观点。萨普下面的这段话希望读者能慢慢体味，下面我们还要图示给大家。

---

① Bas C. van Fmassen, *The Scientific Image*, Oxford: Clarendon Press, 1980, p. 64.

萨普说：“（我们的）这个建议认为，理论是由作为模型的抽象结构来建构的，这些模型或抽象结构是用来诠释理论语言的语句公式（$\varphi \in L$）的……理论所直接描述的是物理（模型）系统的抽象行为，它的行为只依赖于被选择的参数。当然，物理（模型）系统是实际现象的抽象‘摹本’（replica）。这些所谓摹本是什么呢？它是没有任何其他参数影响时的东西，因此通过描述物理（模型）系统，理论就是直接给出实际现象的反事实特征（counterfactual characterization of actual phenomena）。”[①]

例如弹子球模型中绝对刚体的球、无摩擦力阻碍的运动、无大小的质点以及“倾向性”“能力”“严格定律”，这些东西的抽象性质和抽象行为就是实际现象的反事实特征。

范弗拉森和萨普对于科学理论模型的分析着重说明了这些模型是抽象理论实体的抽象行为，它依赖于建模者选择什么参量而排除其他参量来确定它的经验意义，所以不要将这种语义模型与那些直观可见的实际模型、类比模型、尺度模型、资料数据模型等认识论上的模型混淆起来，至于它们的联系后面还要谈到。另外，二人又具体讨论了这些抽象模型与现实世界可观察的现象世界（范弗拉森的“表象”与萨普的“客观实际现象”）的对应关系。对这种语义模型，我们图示如下（见图7—2）。

这个模型也适用于集合论进路的理论结构，因为它们都将语义模型看作科学理论的主体。现在来回答为什么这又叫作状态空间模型呢？因为它从它预期应用的客观现象中提取出为数不多的抽象参量（abstracted parameters），隔离开现象的其他参量，选择出这些参量。在状态空间中，一个参量用一维坐标表示，n个参量就用n维坐标来表示。于是它就组成一个n维的状态空间。例如描述一个质点的力学的系统，就有6个维度：点的位置有空间三维 $q=(q_x$，

---

① Frederick Suppe, *The Semantic Conception of Theories and Scientific Realism*, University of Illinois press, 1989, pp. 82 – 83.

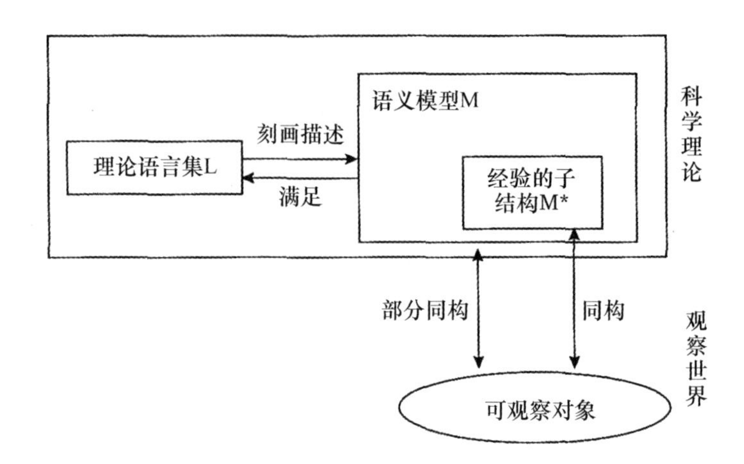

图7—2 语义模型进路的科学理论结构示意

q_y，q_z），质点的动量矢量又有三维 $p=(p_x, p_y, p_z)$，由此组成6维状态空间（q_x，q_y，q_z，p_x，p_y，p_z）。要研究两个质点就要有12个维度的状态空间。这就是质点的物理（模型）系统，它是现象世界的一个摹本。n维参量在状态空间中，一个个体在某一时刻在n维空间中是一个点，这个点在时间过程中的变化组成状态空间一条行为轨线。这就是物理（模型）系统的抽象实体的行为。三维以上的空间行为轨线一般是图示不出来的，因为现实空间只有三维。如果简化为多个二维或多个三维的状态空间的行为轨线，那是可以画在纸上让人们直观看到这个语义模型在直观上是怎么一回事。

由于作为语义模型的物理（模型）系统的各种参量，是可以在现象世界（现实世界）中测量的，这就有一个这些模型与现实世界的关系问题。测量出来的资料要经过转换才能与作为模型的物理系统所预言的结果进行比较，来检查模型是否预言了现象世界和被现象世界所确证。

第三节 语义模型进路面临的困难和出路

科学理论结构的语义模型进路相对于语法进路有下列一些

优点。

（1）语义模型进路无论是集合论进路还是状态空间进路，都以科学理论的语义结构为研究重点，而不再预设、不再认同观察语言与理论语言的二分以及对应规则的成立，这就克服了“公认观点”的致命弱点。通过模型，它同样可以说明抽象的理论和具体的观察经验之间的语义关系和实践关系。

（2）语义模型进路的研究，有一个“自下而上”（bottom up）的彻底分析或“分析到底”的研究思路。语法观点只注意理论的语言表达以及这种语言表达的形式推理结构，然后用一些经验的东西来诠释它，这是一种“自上而下”（top down）的分析，但却不注意它的逻辑根基在什么地方。而语义分析指出这个推理的根基不过就是基本元素的集合和集合之间的内部关系和外部关系。成熟的、能公理化的科学理论的数学基础不过就是集合论和实数理论，它在一定程度上还可运用于其他不甚成熟的科学。有了这种分析，就为科学中运用数学敞开大门。例如，对于粒子力学理论，从语法的进路看，有拉格朗日方程和哈密顿方程这两种不同的表达式，而从语义模型的集合论观点看，二者都只有一个共同的集合论模型。所以，语义模型进路比语法模型进路更加本质。[①]

（3）语义模型进路比较注重各种科学模型在科学研究中的作用，不像语法进路，完全忽视模型，把它看作形象化的工具和可有可无的东西。在语义模型中，由于具体描述了理论中的理想实体（特别是在集合论模型中）和理想行为（特别是在状态空间模型中），这就比较容易与认识论中的实际模型（即所谓表征模型）的形成和发展联系起来。力学中的弹子球模型、玻尔的原子模型和沃森和克拉克的DNA分子结构模型都可以看作相应的语义模型在三

① Frederick Suppe, *The Structure of Scientific Theories*, Urbana Chicago London: University of Illinois Press, 1977, p. 82.

维空间中的表现和发展。语义观的理论结构对自然科学和社会科学的建模实践活动具有重大作用。

（4）在检验科学理论方面，语法观直接求助于语句与实验资料结果的对比，这种观点将理论检验的结构过分简单化了。例如，波普尔就提出这种检验结构，首先对于所有 x，如果它是 F，则它是 G：(x)（Fx→Gx），这里 F、G 都是理论词，由此推出一个存在命题常量 a，使得 a 具有 F 性质也具有 G 性质：$\exists(a)(Fa \wedge Ga)$。但这仍然不能检验，于是将理论词通过对应规则还原为观察词 $F_a^* \wedge G_a^*$，这样直接将 $F_a^* \wedge G_a^*$ 与实验发现相比较。但苏佩斯说，$F_a^* \wedge G_a^*$ 是语句，它与实验结果的事实没有相似之处，如何进行比较呢？而按照语义观点，这个比较是不同层次理论的理想化（或近似值），由各自的模型来描述。这个理论检验就是模型与模型之间的比较，这才是可以进行的。[①]

尽管语义模型进路有它的许多优点，但它目前遇到两个重大问题有待解决。它的创始人苏佩斯和范弗拉森，一个 90 多岁，一个 70 多岁仍在努力解决这些问题，改进他们的研究进路。第一个问题是语义模型论的科学理论观与语法论的科学理论观的关系问题。在语法论和语义论的争论中，我们已经看到语法论者否认科学模型，认为理论只不过是抽象运算（C）与对应规则（R）的合取，即 T = <C，R>。模型在理论中没有地位，它只是一种形象化的和启发性的工具，成熟的理论应该清除它。而语义论者认为理论只是“模型类”或“结构种”，“一个模型是一个理论的非语言实体”[②]。这就是 T = M = <D，R>，但是实际的情况并不完全是这样截然分开的。语义论者和语法论者都是用数理逻辑来分析科学理论的结构，他们本来就是一对难兄难弟。就他们分析的内容来说，语法结构与语义结构是相互关联的，是一个钱币的正反两面。如果有一组

---

① Liu Chuang, “Models and Theories: The Semantic View Revisited,” in *Internntional Studies in the Philosophy of Science*, Vol. 11, No. 2 1997, p. 154.

② Patrick Suppe, *Representation and Invariance of Scientific Structures*, p. 20.

理论语言的公式集，就一定有一组与它相对应的语义内容可以用集合论和模型论来加以揭示。当我们将一个理论的集合论结构找出来，就有可能或有必要用语言集将它表达出来。霍奇斯（Wilfrid Hodges）在《技术与工程科学的哲学》一书中写道："比较重要的是，人们拥有理论的主要目的就是我们能够在杂志论文中或计算机程序中将它写出来。我们不能用模型类来写作。为了思考模型类或结构种，我们也必须用词或图将它描述出来，这样我们就要返回语言的语句中。"[①] 因此在这个问题上，我们有保留地赞成我国大陆留美学者刘闯的看法。他引述苏佩斯的话说："我们支持语义观点的原创文献，并不是因为（语法观点）的标准论述完全错了，而宁可说它过分简单了一些。"所以刘闯自己提出，要建立一种能将语法论题整合进来的"混杂语义观点"（hybrid semantic view）。他说："我不仅要区别理论（语句）T 与（语义）模型 M，而且要平等地对待它们……现实的问题是，语法观在高层理论语句上从不考虑模型，理论推理被看作只通过语法规则进行直到它获得解，然后进行实验检验。这样就自然要为不充分决定性问题而苦恼。减轻这些苦恼并不在于放弃语言而是严肃地对待模型，要通过模型对高层理论与实验的关系进行研究。"依我们的理解，他主张，例如我们不能单纯从牛顿粒子力学方程推出宏观气体运动方程，而必须结合理想气体分子模型而将它"解"出来。我们认为这个观点非常重要，它揭示了科学模型的一种推理功能。应该说，除了"平等对待"（Put them on a par）的提法我们有所保留外，刘闯在 1997 年就提出这种意见是有先见之明的。现在，语法观与语义观的混合观，作为一种替代科学理论结构的语义进路观点正在兴起，但我们还没有发现在科学哲学上有比刘闯提出"混合进路""整合描述"更早的文献。现在提出语句与语义混合进路的标准文献，第一篇是 Anjan Chakra-

---

① Wilfrid Hodges, "Functional Modeling and Mathematical Models: A Semantic Analysis," in Anthonie Meijers, ed., *Philosophy of Technology and Engineering Sciences*, Noah Holland: Elsevier, 2009, p. 689.

vartty 写的《理论的语义的或模型理论观与科学实在论》[1]，他埋怨语义进路论者完全丢失了理论的语言表达和公式表达，“结果命题成了抽象实体的‘纯’结构，以便完全摆脱语法的镣铐（shackles）”“结果完全回避了语言实体与世界的关系”和“模型的描述如何对应于世界的关系”。另一位权威作者 R. 弗里格（Roman Frigg）写的《科学表征与理论语义观》，作者提出，现在是到了唤醒人们放弃反语言的非语言实体观的时候了，它对于运用科学语言是一种误导。“科学表征包含一个语言要素与非语言要素的复杂的混合。我们必须理解这种混合是什么样子的以及怎样整合这两个不同的因素。”[2] 不过，我们认为现在谈论建立语义进路和语法进路整合的科学理论结构观还为时过早，我们主张两种进路及其关系都应得到充分研究，只有在这基础上才有协调的整合，并且还要提防重新走回已经过时的纯语法进路，即逻辑经验主义的进路。刘闯的提法妙就妙在它是“混杂语义观点”，他从语义上揭示理论的结构，但还牢记语言表达还有相当的重要性。

语义模型进路的第二个重大问题，就是它只从集合论和模型论的数理逻辑概念来分析理论的语义。它局限在“模型类”和“结构种”以及它的比较直观一些的状态空间概念来讨论科学模型。这种分析虽然具有前面我们讲过的四大优点，但是它与在科学理论和科学实践中广泛应用的模型概念有相当的距离。首先，它未能恰如其分地将科学中常用的模型概念和它的作用整合到科学理论的语义模型中。这里说的科学中常用的模型，指的是像气体分子弹子球模型、玻尔的氢原子模型、DNA 三维度的双螺旋结构模型、洛伦兹气象模型和蝴蝶效应以及计算机动态模拟（元胞自动机等）这样的广为科学家所采用的模型。其次，语义模型要建模来解释的对象

① Anjan Chakravartty, “The Semantic or Model-Theoretic View of Theories and Scientific Realism,” *Synthese* 127 (2001), pp. 325 – 345.

② Roman Frigg, “Scientific Representation and the Semantic View of Theories,” *Theoria* 55 (2006), p. 62.

（或目标系统）主要不是客观的物理世界或物理现象，而只是理论的语句。塔斯基和 J. 艾迪逊在 1965 年合编的一本书中这样写道："这里被考察的模型是关于理论特定的结构，而不是旨在解释世界上特定现象的领域。"①

由于这种区别，权威的语义学家霍奇斯在讨论科学理论的语义模型时，不得不要求读者先进行"洗脑"，他很客气地说："请原谅我请大家注意，不要把平日叫作具体的可感觉的，例如风力马达那样的模型叫作语义模型。而且语义模型对被模型者（理论语句）没有一种同构或类似的关系。"②

由于这里存在一个表面上的鸿沟，这便在近十年来兴起了一个取代语义进路的新研究。主要代表人物是南希·卡特赖特、M. 莫里和 M. 摩根。他们提出了一种观点，主张模型有自己的自主性，科学理论并不是模型的集合，相反，科学理论是科学家用以建构模型的工具箱，而模型是抽象理论世界与具体系统之间的中间人（models-as-mediators）。这种观点的一个明显特点是，不管他们怎样看待理论与模型，科学模型在科学理论与实践中仍然占着中心的地位。而且他们既然将理论从模型类中解脱出来，他们就不会反对主要从语法观点上理解理论。所以前面所说的语法观与语义观混合的理论观点与这种模型中介论是相容的或者是它的一个组成部分。在反对单纯语义进路的科学理论观上，这两个进路显然是同盟军。

应该说，科学和哲学有不同的观点和进路的竞争，对于竞争的双方都有好处。事实上，理论工具箱论和模型中间环节论都应属于一种忽视理论作用的新经验主义。但他们对于模型的自主性研究，

---

① John W. Addison et al. , *The Theory of Models*: *Proceedings of the* 1963 *International Symposium at Berkeley*, NordrI-Holland, 1965, p. 669.

② Wilffid Hodges, "Functional Modeling and Mathematical Models: A Semantic Analysis," in Anthonie Meijers, ed. , *Philosophy of Technology and Engineering Sciences*, North I Holland: Elsevier, 2009, p. 669.

具体分析了科学理论和科学实验的各种形式的模型，大大丰富了哲学对于模型的了解。从他们的研究成果的角度看，这种研究对于科学理论的语义进路是很有好处的。问题是要重新申明和适当改进语义模型进路的观点，并吸收和消化他们的批评。下面，我们再看看科学理论的语义论观点的创始人和倡导者如何回应对方的质疑。

（1）引进表征概念，拓广科学理论的语义模型。在语义模型观点创立的初期，其创始人集中在科学理论的各个分支上如物理学、生物学、经济学上寻找各种事例说明科学理论本质上是各种模型的类或模型的族。但模型类的意义从哪里来，他们根本没有解决。根据塔斯基的语义学和真理论，科学理论的公式与语句由于有模型满足它，所以它是真的，但这是一个关于形式真的定义，因为他又用真来定义满足。塔斯基的真理论对语句如何表征世界无所言说，对它是“符合论”还是“实用（真理）论”也无所论证。只是到了1954年，塔斯基修改了他的真理定义，将满足看作原始概念，认为对象语言中已经包含了某种意义或可赋予某种意义的东西而不是纯粹形式的东西，这些原始概念的意义可以通过模型或“结构”用集合来合理地给出。[①] 正因为认识到这一点，苏佩斯和范弗拉森才有可能将物理学家的典型物理模型所用的粒子、时间、空间、速度、质量与力的概念置于用集合论表述的“可能模型 Mp”中，又将物理基本定律看作对集合和状态空间的约束而成为有经验内容的“实际模型 M”或状态空间的“经验子结构”。于是，集合论的语义模型概念和物理学家所常用的物理模型就在相当大的程度上统一与协调起来。不必“洗脑”，科学模型可以同时具有两种基本功能，著名科学哲学家 R. 吉尔这样说，模型第一是例示（instantiation）或诠释（interpretation）概念体系，可满足理论对它即为“真描述”；第二是表征客观世界，自身可以成为“现实真”或经验地适当。关

① Wilfrid Hodges，“Functional Modeling and Mathematial Models：A Semantic Analysis，” in Anthonie Meijers，ed.，*Philosophy of Technology and Engineering Sciences*，p. 668.

于这个问题塔斯基20世纪50年代已经“洗了脑”。苏佩斯2002年在《科学结构的表征与不变性》中重申这一点，他说：“只要我们用物理模型的元素来定义集合论模型中的对象就行了”，又说：“根据塔斯基的定义，一个模型是符合一个理论（命题的集合）的非语言实体”“塔斯基意义上的模型概念可以被用来摘取所有科学的基本概念。在这个意义上，我断言模型概念在数学上和在科学上的含义是一样的。”他认为力学中的弹子球模型、玻尔的原子模型、DNA分子结构模型等都可以做这种处理，“被简单地用来定义集合论模型中的对象集合”。例如在经典质点力学中，“把质点集合看成星体质心的集合”，他说：“争论Model这个词的哪一种用法在经验意义上更基本或更适当，似乎是无用的。我自己的论点是，集合的用法是更为基本的。”他还说：“数理逻辑学家所用的模型概念是经验科学的任何一门分支的精确陈述所需要的基本陈述。”①

苏佩斯的论证虽然是有力的，他强调的是逻辑学家的语义模型理念与理论物理学家的物理模型概念是一致的，不过事实上，他达到这种一致主要取决于他引进了表征的概念，并准备更详细使用这个表征概念。范弗拉森特别注意模型表征世界的功能。他早在20世纪80年代就引进表征概念，语义模型中的“经验子结构”就是用来表征世界的。和苏佩斯一样，范弗拉森在1991年和2002年的论著中重新申明语义模型有表征世界的功能，他说：“明显地，适当表达的现实世界是你的理论的一个模型。”笔者也是理论的语义模型论者，但我认为语义模型和表征模型是两种不同性质的模型，表征模型不是语义模型的子集，但它们有很大的交叉重叠，因为通过模型对世界进行研究，其成果自然可以放进和改进原初的科学理论和它的语义模型。这里有一个分析真与综合真的关系问题，这里所说的“分析真”，是在研究工作开始以前利用已经有的知识进行

① Patrick Suppes, *Representation and Invariance of Scientific Structures*, pp. 21 - 24.

分析或逻辑分析。总之，不管怎样，科学哲学的语义学派的创始人和倡导者现在运用科学表征的概念拓广了塔斯基的集合论语义模型的概念，使它更能反映模型在科学研究中的中心作用。不过它还留下了一个如何用统一的观点来处理实验模型、资料数据模型和粗糙的类比模型问题。

（2）分析模型的层级，注重模型与现象的关系。在科学理论中，我们不仅要注意“纯”理论的科学模型，而且要注意任何一本理论科学的教科书，事实上都必定包含对于一个理论成立来说是关键性的科学实验模型和资料分析模型。因此，在 2002 年的大部头著作中，苏佩斯说道：“提供一个理论的经验解释的必要性与阐述这个理论的形式问题恰好是同样重要的”，“如果有人问‘一个科学理论是什么?’似乎对我来说，根本给不出一个简单的回答。但我们将会把为了检验理论而精心构想的统计方法论作为理论的一部分包括进来……我们也一定在更详细的理论描述中包括设计实验、评价参量和检验理论模型适合度的方法论……重要的是承认，存在着由检验基本理论的实验方法论所产生的理论的层次结构，这是任何一门精致科学的学科的一个基本要素”[①]。语义学家苏佩斯如此重视科学实验是出人意料的，他将模型层级划分为：①基本理论或原理模型；②实验模型（规定试验次数，参量的选择）；③资料数据模型（规定同质的，稳定的，以及与经验参量相一致等原则，这类模型与原理模型的巨大差别是，它是离散的不是连续的。我们不可能在理论曲线的所有点上获得数据）；④实验设计（统计技术，随机取样等）；⑤其他情况均同的条件模型。他在 2002 年的著作中重申他 1962 年的观点：在这里每一个层次上都有自己的理论，它的经验的意义是由与此相关联的低一级层次给出的，而层次之间的形式关系要用集合论来说明。这个层次结构是通过一系列模型来解决从基本的抽象理论到具体的完整的实验经验的复杂的相互关系问

① Patrick Suppes, *Representation and Invariance of Scientific Structures*, pp. 7 – 8.

题，它既解决了语法观点将科学结构看作形式运算加对应规则诠释的简单化理解，又回应了科学结构的后语义进路研究者对语义观没有概括科学模型多样性的批评。

无独有偶，关于多层次的实验模型与资料模型是科学模型的组成部分问题，语义观的另一个创始人范弗拉森也有同样的感受。当他在《科学形象》（1980）中第一次提出科学理论结构的语义观时，他漫不经心地说了一句话："如果一个理论有某些模型使得所有的表象同构于该模型的经验子结构，则它是经验地适当的。"（见前面引文并见图 7—2）经验子结构这么容易同构于表象？26 年之后，他在《表征：结构主义的问题》一文中反思了自己这段话，认为这样说太简单了，是一种"即席的实在论反应"。他说："理论的模型与现象的关系是通过理论模型与资料数据模型的关系来实现的，二者都是抽象实体"。为什么不能一步到位？那是因为资料数据模型是要对现象进行有选择的相关的描述，"不是抽象结构自身能决定它们相关的资料数据模型（data model）来匹配这个理论"，"它不是在语义范围里能决定的事"，同样，也不是由现象本身能决定资料模型。这依赖于我们对现象的选择意向以及我们注意哪些方面，并以哪些方式表征它并表征到什么程度。这就决定结构—现象关系不是二元关系而是三元关系，"某些人运用什么来如此这般表征什么"。这不但将语义模型如何是经验地适当的（或为真的）这个问题具体化了，而且已经走出了一般语义学进路的范围并进入语用学的领域。

（3）有了科学模型的双重功能和模型层级多样性的见解，南希・卡特赖特和莫里森的科学模型的自主性和中介性的见解就不会对科学理论结构的语义观构成很大的威胁，语义进路的模型多样性足够吸收和消化卡特赖特等人的科学模型独立性和多样性的见解。由于篇幅所限，在这里我们不能详细讨论这个问题。

第四节 科学理论研究的语用进路

尽管科学理论结构的语义进路存在着前面所说的一些困难，但目前还没有出现一种形势像20世纪60年代迫使语法进路崩溃那样迫使语义进路退位。语义进路这种“新的公认观点”还有生命力，它或者通过丰富和修正自己的观点来消除某种新进路（例如卡特赖特的新经验主义）所提出的反例，或者它被兼容或包容于某种新进路（例如语用学进路）之中，成为它的主要内容。所以，后者更值得我们关注，将它看作一种可能更好的替代方案。未雨绸缪，科学理论的语义学派的创始人（例如苏佩斯和范弗拉森）和积极倡导者（例如吉尔），虽然年事已高，但仍能提出新概念、新思维来分析科学理论结构研究的语用进路。

苏佩斯在2002年出版的著作《科学结构的表征与不变性》对语义进路的缺点和语用进路（又称为语境进路）优点作了这样的提示：“现代逻辑的语义分析还远不足以对语言的认知用法给出说明，因为它没有对言说者和著作者与听众和读者对语言刺激的产生和接受做出明确和仔细的思考……在一般情况下，用这种［语用学的］行为主义方式考虑理论或语言是有很大吸引力的。然而，当前它所缺乏的是充分的科学的深刻性和明确性，以便能作为一种真正的选择来替代现代逻辑和数学的进路”[①]，并将已相当完备的语义论模型与理论“作为一级近似”包括在这个新进路中。这样看来，苏佩斯的思路似乎有点保守，他对“现代逻辑和数学的进路”情有独钟。

不过另外两个语义学派的创始人和倡导者范弗拉森和吉尔却与此不同。范弗拉森在他的《科学表征——悖论与视界》（2009）一书中，吉尔在他的论文《模型是怎样表征实在的》（2004）和《基于主体的模型概念与科学表征》（2010）中对语用学进路都做出了

① Patrick Suppe, *Representation and Invariance of Scientific Structures*, pp. 9 – 10.

苏佩斯所说的“深刻与明确的分析”。他们提出的基本观点如下。

（1）提出和阐明科学表征（scientific representation）的新概念，认为科学表征是语言的形式与含义的实体与世界的一部分或现象之间的关系，这个概念比模型的概念更一般、更基本，所以要运用表征的概念来说明模型，模型不过是科学表征的主要形式。所以要以科学的表征为出发点来研究问题。

（2）不但要从语法与语义上研究科学表征，而且特别要运用语用的观点来分析表征的作用与功能。因为从自然语言和科学语言的历史来考察，语言是作为人类的主要文化成果而起作用，是文化的人工事物（culture artifact），所以要特别注重从语言的主体（agents）、语言的情景（context）、语言的使用（use）来分析科学表征，把科学表征看作一种表征的实践活动（the pragmatic action of representing）。

（3）科学模型研究的语用进路超越语法和语义的进路而又包含语法与语义的进路。传统的语义进路将语言表征，包括科学表征在内，只看作语言自身与现象世界的二元关系，而吉尔从语用论出发将表征的活动看作四元关系，即有意向（P）的主体（S）通过模型等表征形式（X）来表征世界（W）。吉尔的公式是：

S 运用 X 表征 W 以达到目的 P。

他说：“在这里 S 可以是一个个体科学家、一个科学家小组或一个更大的科学共同体，W 是现实世界的一个方面。……关键问题是变量 X 的值域是什么？……X 可以是许多事物，例如词，方程，图解（diagrams），图表（graphs），照片（photographs）以及不断增长着的计算机图像。但在这里我要集中在科学表征的传统中介，即科学理论来讨论问题”。这里的科学理论应理解为“以模型为基础的理论”，按照这种观点“模型在科学中是主要的表征工具”。[①]

---

① Ronald N. Giere, “How Models are Used to Represent Reality,” *Philosophy of Science* 71 (2004), pp. 743 – 747.

吉尔公式的关键所在是“作为认识主体的科学家运用模型来表征世界”。科学家怎样能运用模型表征世界呢？是因为模型自身类似于世界的某一方面吗？不是！“任何事物都有无数方面类似于别的事物，但并不是任何事物表征任何事物。并不是模型本身干出这种表征，而是科学家从模型中选出特别的特征来表征被科学家设计好的客观世界的类似特征。”[1] 分子生物学家沃森（James Watson）用他的薄铁条（作化学键）和厚纸板（作分子体）制造成 DNA 大分子模型，他的确没有说 DNA 分子结构就像他所切割出来的厚纸板和薄铁皮那样。他是从他的模型中选出相关的类似特征，即双螺旋结构来表征 DNA 分子结构。他还希望可以通过这模型推论出现实世界中一些别的特征来，当然铁皮纸板做的 DNA 模型的键角并不和实际的 DNA 键角完全一样，但没有人怀疑这种模型足够表征出 DNA 分子的双螺旋结构。他又调整了模型的键角使它足够反映后来做实验获得的实际数据大小。所以必须将认识的主体性加进表征和加进模型之中才能有模型的表征作用，是主体使模型与被模型对象之间具有部分同构关系与同态关系。所以，模型的语用观并没有除去模型的语义观，而是加深了模型的语义观。

如果说吉尔的科学模型的语用观是侧重于认识的主体及其目的性，它可以表达为表征 R 的四元组：R = <S，X，W，P>。其具体分析和例证已如上述；则范弗拉森的科学模型语用观的侧重点有所不同。他强调的是运用（use）的概念，他说：“语用学强调的是运用的概念，而不是语法论或语义论的一般表征的概念。”[2]

为了比较方便，用吉尔的符号，则范弗拉森所说的表征就是：

S 运用 X 用 C 的方式将 W 表征为 F。

他说：“什么是被表征，以及它是怎样被表征，这不是只决定

---

[1] Ronald N. Giere, “How Models are Used to Represent Reality,” *Philosophy of Science* 71 (2004), pp. 747 - 748.

[2] Bas C. van Fraassen, *Scientific Representation: Paradoxes of Perspective*, Oxford: Oxford University press, 2008, p. 25.

于用什么颜色、线条、形状来表征对象。X 是否表征了 W，或 W 是否被 X 表征为 F，大部分取决于，有时唯一地取决于，X 被运用的方式。在这里‘运用’（use）被了解为包括许多情景因素（contextual factors）：创造者的意向，以及习惯上（语言）共同体存在着什么样的译码，听者或看者采取什么方式听和看，被表征的对象以什么方式展示出来，等等。因此，要了解表征，我们必须认真研究表征的实践（practice），研究表征被运用的情况，这就首先包括应用者的广义的‘运用’概念……除非有某种事物（some things）被运用，被制成或被取来这样或那样地表现（represent）某些事物，否则就没有什么表征。”①

所以，范弗拉森的表征（包括用模型表征）的主要特征是模型被应用的方式和情景 C。它是以 C 为中心的五元组：R = <S，X，C，W，F>。他的语用观表现为依不同情景的实践观，而且带有哈贝马斯的社会交往合理性的色彩。由于语义是语言的一种结构形式，而语用是语言的一种实践的活动，这种活动方式的结果确定了它此时此地的语义。因此，我们不可能用一个静态的图式将语义和语用的区分和联系表达出来。因此要给出一个从语法、语义进路到语用进路的理论结构和科学模型界线分明的图式自然不可能，于是图 7—3 便只能是一个示意图了。

这个模式示意了一个比较全面的科学理论结构的研究：它包含的Ⅰ代表了语法进路；它包含的Ⅱ代表了语义模型进路或科学模型的语义方面；它包含的Ⅲ代表了语用模型的进路或科学模型的语用方面。二者没有一个明确的界限。Ⅳ进入了技术和技术科学哲学的领域。科学模型是人工事物，它不是自然事物也不是心灵世界里的东西，如感觉、意念、想象这些东西，这个人工事物的概念就是从技术哲学中取来的。总之，科学模型有双重的任务：（1）模型表征被选择的世界的一部分。它要通过科学的实验模型和资料数据模型

---

① Bas C. van Fraassen，*Scientific Representation*：*Paradoxes of Perspective*，p. 23.

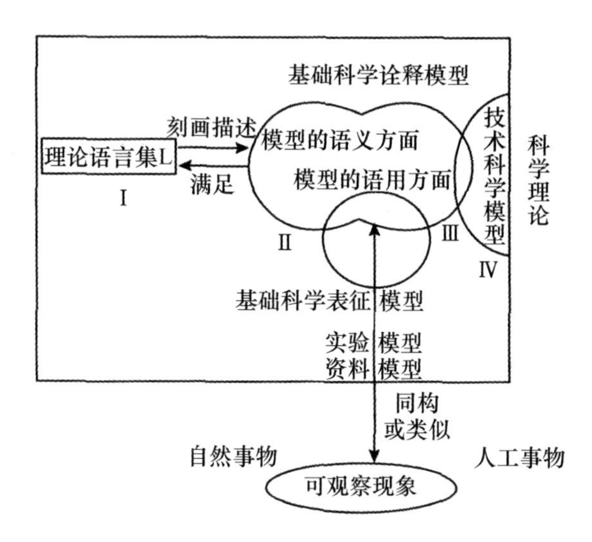

图7—3 科学理论结构中的科学模型
（语义模型和语用模型）示意

与现象世界相联系；（2）模型例示了理论语句，特别是诠释理论的公理和定律这个任务主要由语义模型来执行。表征世界和“表征”理论并不是不相容的，它可以同时具有两种功能。

理论的结构和科学的模型始终是并越来越是科学哲学的核心内容。从语法进路到语义进路，再到语用进路，研究科学的结构与科学的模型始终是科学哲学的主线。本章只探索了这个发展的一个梗概。我们兜了一个大圈子还是回到了马克思主义哲学的起点，马克思主义认识论已经承认或应该承认理论认识、模型认识和实践认识的主体性和实践性，不过我们不能空泛地谈论这个问题，必须研究语法的进路以及逻辑经验主义何以失败，抽象难懂的集合论和模型论何以成功以及何以取代逻辑经验论成为新的“公认观点”。还应研究这个新的公认观点面临什么困难，以及它如何探索了各种各样的科学模型而丰富和发展自己进入语用研究的新阶段。在这些问题上，我们面临各种非常抽象又非常实际的问题：科学抽象何以必要，模型对现实世界的近似性何以可能，科学是否以探索自然界的定律为目的，并以说明世界、预言世界和改造世界为己任。在其中又包含科学模型如何分类，各种科学模型怎样实现它们的表征功能、解释功能和发现功能以及推理功能等问题。很可惜，我们的哲学工作者没有按照马克思所说从具体到抽象，又由抽象回到具体的方法探索以及用逻辑与历史统一的方法对科学成功与失败的例证进行探索。好像我们对每一个进路都不甚了了，都没有进入角色，似乎这种研究是“西方的科学哲学”，殊不知它就是狭义自然辩证法即科学方法论的主要内容。

第三篇　科学中因果性与自然律的结构

科学中的因果性和定律的研究一直是科学结构研究的主要内容之一，虽然在第二篇关于科学理论的模型结构中我们将表征自然律的科学定律视作模型的基本概念或经验断言进行讨论，但由于上篇论述的主题限制未能充分加以展开。本篇将要对因果性和自然律进行详细的讨论。

关于因果性和因果律的讨论，逻辑经验主义主要立足休谟的原因与结果的关系是事件的“恒常结合”的条件因关系进行讨论。在逻辑经验主义衰落之后，哲学家们提出了实体作用动力因、因果过程及其守恒量（如物质、能量等）交叉传递因以及复杂系统科学哲学提出信息因，包括对各种下向因果性的研究。问题一步步深入，使我们有可能将它们综合整理为当代因果性结构的学说。

关于自然律的研究，逻辑经验主义的主要立场是休谟、穆勒的进路：将定律看作能支持反事实条件句的事件或属性的“恒常结合”这种“规则性”或“齐一性”。在逻辑经验主义衰落后，研究定律的第二个进路是阿姆斯特朗的自然主义进路，将定律看作事态共相的必然性联系。第三个进路是21世纪埃里斯等人的新本质主义进路，从“自然类”的观点或从“倾向性”观点研究自然律。第四个进路是新经验主义进路，否认自然律的客体性。这些新进路使我们有可能综合探索出自然律的结构，我们特别注重研究自然律之间的关系以及自然律与初始条件、边界条件和应用条件的关系，为科学解释、科学预言和科学的技术应用与技术哲学研究奠定基础。

第八章

因果性的结构

因果性或因果关系是科学哲学的一个基本概念，几乎没有一个科学哲学家不讨论因果性问题，甚至大多数科学哲学家都有自己的专门关于因果性的哲学著作。这反映了因果关系问题的重要性。科学知识论、科学实在论、科学解释和科学结构以及归纳逻辑和科学合理性都与因果性问题有着密切的关系。科学的知识首先是有关事物之间、事件之间有因果关系的知识，科学实在论专门有一个学派即因果实在论的学派。至于科学的合理性有一个归纳的合理性问题，它指的是因果关系的因果律有普遍性，否则归纳何以可能呢？至于科学解释，即寻求一个科学事实和一个科学定律，为什么能够成立，这个“为什么”主要指的就是原因是什么。科学理论的结构有一个各种因果律的关系结构问题，特别是当代复杂性科学的兴起，引出了许多重大的因果性问题，例如，系统整体是怎样形成的，这就涉及自组织形成突现的整体系统的上向因果关系。至于系统整体，整体的突现如何作用于它的组成部分，这就引出了所谓下向因果关系的问题，心灵的因果作用问题，它对于物理世界有因果作用吗？当然，这并不是说弄清因果关系可以解决所有的科学哲学问题，不过大多数科学哲学问题的解决都与因果性有关。这就是为什么许多著名的科学哲学家都有自己专门的因果性著作的原因，这是问题的一个方面，但由此出现了问题的另一个方面：由于科学哲学家和自然哲学家争相研究因果问题，就出现了因果理论的众多学派和众多观点，如何运用我们的实体结构主义的观点，将这些理论综合建构，梳理出一个系统来是本章一个困难的任务。

当代哲学的因果理论，一般有两种研究进路，不能混淆。第一条进路是概念分析的进路（the approaches of conceptual analysis）。按照费尔·多约（Phil Dowe）的说法，“概念分析就是从我们日常常识语言中对相关的概念做语义分析来建构什么是因果性、什么是原因、什么是结果以及它们之间关系的概念。”概念分析不单是查字典做出描述，而是做出讲究逻辑推理的并建立有理的、逻辑协调一致的、有启发性的概念说明。它一般并不做出对因果概念的修正与更替。第二条进路是经验分析的进路（the approaches of empirical analysis）。它的目的是要依靠科学来搞清楚因果关系在现实世界中实际上指的是什么，而现在流行的得到科学经验支持的因果概念指的是什么，所以它是后验的（posteriori）。这种进路又被称为“经验的形而上学”“本体论的形而上学”“物理分析”“事实分析”以及“哲学宇宙学”。这两种不同的进路反映了我们在第一篇所说的知识划分为科学知识和日常生活知识，它们的统一与差别。

根据马奇（J. Mackie）的说法，“休谟的因果定义是改革的定义，是经验的分析的定义，而不是对我们日常语言中关于什么是因果性的分析结果，因为我们的日常语言中，因果性常常有一个什么‘力’从原因作用到结果中。休谟的定义是主张真实存在的因果是有规则性的持续性（regular succession）”[①]。而在日常的单称因果陈述中，根本没有什么有规则的持续性可言。至于因果律这个规则性普遍概括支持反事实条件语句，而偶然概括不支持反事实条件语句这个因果律命题则是概念的语义逻辑分析的结果，而不是经验分析的成就。因此，我们的实体结构主义科学哲学主张既要区分概念分析和经验分析的两种进路，同时又要使用和驾驭两种进路，使它们

① J. L. Mackie, *The Cement of the Universe: A Study of Causation*, Oxford: Oxford Universily Press, 1974, p. 59.

在因果性的研究中各得其所，并在逻辑上相互协调。例如，在物理世界的因果关系的研究中，我们同意经验分析的进路，将物理因果关系视作能量/动量的交换或守恒量的交换。而在复杂系统世界中，对于控制因、选择因、心灵因的研究，我们就侧重于对因果作用作语言和概念的分析。因此，本章中我们力图使两种因果分析进路并行不悖又相互协调。依这种综合方法来分析处理休谟—马奇学派的条件因，洛克—马顿—邦格的作用动力因，然后再分析罗素—萨尔蒙—多约的视因果为守恒量交换的过程因，以及复杂系统世界的从控制因、选择因和心灵因而概括出来的信息因。这就是我们提出的新四因论来区别于亚里士多德提出的四因论。

还需要注意的是，这里所说的“控制因、选择因和心灵因”一般被认为是下向因果关系，即所谓从一个事物系统的整体作用于它的组成部分。这种因果关系有一点特殊。无论排除下向因果关系，还是赞成下向因果关系，都必然会遇到如何定义下向因果关系，它们可以叫作因果关系吗？很不幸，自从亚里士多德提出四因论（物质因、作用因、形式因、目的因）以来经过两千多年的努力，科学家和哲学家对因果性还没有取得一致的意见，于是摆在我们面前的问题就是如果我们承认下向因果关系，承认的是哪一种或哪几种下向“因果”关系？有没有可能达到一个统一的论述？在目前承认下向因果关系的哲学家中，有一些指的是形式因，有一些指的是条件因，有一些则指的是动力因或因果力，还有人认为它是目的因。因此我们需要采取一揽子的办法从事件条件因、实体能力因、过程作用因，一直说到概率的因果性和概率因果力，进而用信息因来讨论选择因、控制因和心灵因。我们认为，这八种说法都可以用来说明下向因果关系，我们力图构造一个统一的因果概念来说明下向因果力。这就是本章的第二个目标。

以上所说的内容是因果研究的方法论或元因果理论，其中一些术语看不懂没有关系，本章各节将会陆续加以说明，是为导言。

第一节 事件条件因

事件条件因理论是一种倾向于对因果关系进行经验主义的条件分析的学说，以休谟及其现代继承人马奇为代表。逻辑经验主义的主要代表人物也采取这种观点。所以我们要从休谟的因果观分析开始。在休谟看来，因果关系指的是事件之间的一个序列，如果事件A引起事件B，则事件A是原因，而事件B是结果。这里关键的一个词就是“引起”或“必然引起”，即作为动词的Cause。休谟因果观的特点是，他恰恰不在“引起”和“必然性”一词上下功夫，因为它是看不见摸不着的。休谟在他1739年出版的《人性论》一书中只对“引起”B的条件进行分析，他认为所谓A引起B就是A是B出现的条件。他写道：“有一弹子球置于桌面上，另一个急速地运动着的弹子球冲向它。它们碰击了，前面静止的那个球获得了运动，这是一个因果关系的实例，和任何一个我们通过感觉和反思获得的实例一样完善。让我们来检查它。很明显，这两个球在运动传递之前相互接触了，并且在冲击与运动之间没有间隔。因此，在时空中的邻接性（contiguity）是所有原因运作的一个要求。同样明显的是，作为原因的运动先于作为结果的运动。因此，时间的先行性（priority）是所有原因的另一个要求。事情还不仅如此。让我们在相似的情况下试验另外的同类的球，我们总可以发现，一个球的冲击产生出另一个球的运动。因此，这里有第三种情况，即原因与结果之间的恒常结合（constant conjunction），类似于这种原因的东西总是产生类似于这种结果的东西。超出了邻接性，在先行性和恒常结合三者，在原因中我们没有发现任何别的东西。”① 所以，休谟给原因下了这样的定义：“一个对象超前于并邻接于另外一个对象，

① D. Hume, *A Treatise of Human Nature* (2nd ed.), Oxford, England: Clarendon Press, 1987 (Original work published in 1739), pp. 649 - 650.

而所有类似于前一对象都有相同的关系出现：它超前于邻接于相类似的后一对象。”这里，休谟说出了因果关系的三大特征：第一，事件之间的时间先后性（前因后果）。第二，事件之间的邻接性。虽然作为原因的事件与作为结果的事件可以不连续但总可以找到一些中间环节插入二者之间使之连续邻接着，这是一条因果链条。第三，因果之间具有恒常结合的规则性（regulation）。说完这三个条件，他就去攻击在他之前洛克所提出的因果力论。他问道：我们在因果之间发现了因果力没有呢？没有！我们发现了因果之间的必然性没有呢？没有！休谟说：“在哲学中，最含糊、最不确定的各种观念，莫过于能力（Power），力量（Force），能量（Energy），或必然联系（Necessary Connection）。”[①] 由于原因与结果的恒常伴随或恒常结合，每当一个类似于先前观察到的原因出现时，我们总是预言会有一种类似于我们先前结果的出现，这就叫作规则性（regularity）。他认为，所谓因果律指的就是这种普遍的规则性。那么，因果之间的恒常结合是什么意思？它指的是原因是结果的充分条件呢还是必要条件呢，还是充分必要条件？休谟本人首先混淆了三者，他在《人类理解研究》一书中首先给原因下了一个充分条件的定义：“所谓原因就是被别物伴随着的一个对象，在这里我们可以说，凡和第一个对象相似的一切对象都必然被和第二个对象相似的对象所伴随。”不过充分的也不一定是必要的。例如他指出死亡的结果可以由毒死、病死、老死引起，可见原因是充分条件而不是既充分又必要条件。但紧接着这个定义后，他又若无其事地给原因下了另一一个定义：“换言之，如果第一个对象不出现，则第二个对象也就不出现。”[②] 例如火不出现，金就不熔化，所以火是熔化的原因。可见这里将原因又理解为结果出现的必要条件。为什么休谟否认从原因到结果之间有一种“力量”的作用传递呢？因为我们没有

---

① ［英］休谟：《人类理解研究》，关文运译，商务印书馆 1957 年版，第 57 页。

② D. Hume, *An Enquiry Concerning Human Understanding*, Chap. 7.

观察到它，所以无从用经验的方法认定它，但无从用经验的方法认定它，难道就不能用理性的推导方法来推定它吗？如果眼不见不为实，试问有谁见过基本粒子和四种相互作用力？这不就完全否定微观物理学吗？这就是休谟讨论因果问题的要害所在，他一开始在讨论单称因果命题时就忽略了一点，为什么一个原因产生一个结果，为什么它有能力（Power 或 Capacity）产生一个结果，而只是借助于一般因果条件来讨论问题。所以，休谟的因果图式可以简单表达如下。（见图 8—1）

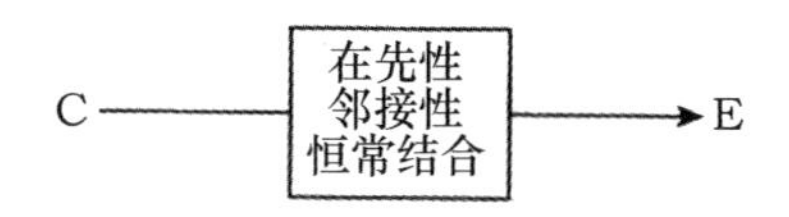

图 8—1　休谟条件因的示意

我们现在暂且搁置必要条件和充分条件问题，来看看逻辑经验论怎样支持这个观点。卡尔纳普将因果性表现为下面的条件语句。

因果定律：（x）（Px ⊃ Qx）。其中 ⊃ 表示实质蕴涵（material implication）。如果在这句话的后面加上“它带着必然性成立”（and this holds with necessity），“这并没有在他的定律（Laws）中加上有意义的东西”。卡尔纳普这样评价道：“实质上，这是 18 世纪大卫·休谟的看法。在他的因果性的著名批判中，他争辩说没有根据在任何已被观察到的因果序列中假定包含有一种内在的‘必然性’。观察到事件 A，然后再观察到事件 B，你所观察到的东西只不过是时间上连续相继事件，而没有观察到‘必然性’。休谟实际上是说，如何没有观察到必然性，也就不要断言必然性。必然性对于观察的描述根本没有增加有价值的东西。休谟对因果性所做的分析在一切细节上可能不是完全清晰或完全正确的，但是我认为，这种分析本质上是正确的。……自休谟的时代起，马赫、彭加莱、罗素、石里克等人对因果性进行了最重要的分析，他们给予休谟的条件论观点愈来愈强的支持。关于因果关系的陈述，就是条件陈述，它除了描述一种被观察到的自然规则性（regularity of nature）之外，别无他物。”①这里卡尔纳普所指的休谟条件因果的缺点，似乎是指他的条件分析“不是完全清晰或完全正确的”。

马奇继承休谟的经验主义，将因果的条件分析精确化。他认为，所谓一个事件的原因，并不是这个事件的充分条件，也不是这个事件的必要条件，而是这个事件的非必要的但充分的条件中的一个不充分的但必要的（或非盈余的）部分，其英文原文是：“The so-called cause is，and is knowen to be，an insufficient but necessary (or *non-redundant*) part of a condition which is itself unnecessary but sufficient for the result。②简称为 INUS 条件。例如房子因电流短路而失火。这里电线电流短路是失火的原因。电线电流短路（记作 C）所属的那个集并非失火的必要条件，即失火并非非电流短路不成，煤气炉爆炸（C_1^2）、小孩子玩火（C_1^3）、易燃物品受热自燃（C_1^4）也可以引起失火。这里 C 的上标1，2，3，4……标明某一个充分条件组。所以，要将异因同果或现在我们喜欢说的多重实现的现象概括进因果关系中，原因这个范畴指的就不是必要条件集。那么原因是不是结果的充分条件呢？电流短路 C 绝不是失火 E 的充分条件，如果电线附近没有可燃（C_2^1）物体的存在，如果不是有粗心大意的住客（C_3^1）等就不会失火的，所以原因 C 只被看作充分条件组

$C = C^1$，C^2，C^3……中的某一个（例如 C_i^1）必要因素。其中 i＝1，2，3……这样因果关系便可表述如下：

$$(C_1^1 \cdot C_2^1 \cdot C_3^1 \cdot, \cdots, C_n^1) \vee (C_1^2 \cdot C_2^2 \cdot C_3^2 \cdot, \cdots, C_m^2) \vee \cdots \longleftrightarrow E \qquad (8.1)$$

这里符号·是“合取”，符合∨是“析取”，表示这些最小充分条件组不必同时出现。每个最小充分条件组都叫作“全原因”。

① ［德］R. 卡尔纳普：《科学哲学导论》，第194页；英文本，第201页。

② E. Sosa, *Causation and Conditionals*, London: Oxford University Press, 1976, p. 67, also J. L. Mackie, *The Cement of the Universe: A Study of Causation*, Oxford: Oxford University Press, 1974, p. 62.

他还指出在确定某一充分条件组时，作为原因的，只能在一定的背景环境条件中起作用，这种背景条件叫作“因果场”（causal field）。为了不使充分条件组扩展得很大，以致到了不可收拾的地步，马奇划分出一个背景条件，叫作因果场，排除在充分条件组之外。

在马奇的分析中，所谓原因，是在背景条件下，从某一个充分条件组中选出与结果最为相关的必要条件作为原因。这个被候选为原因的标准是什么？如果没有一个从原因到结果的力量解释和机制说明，即因果必然性和因果作用的分析，便很难从原因的候选者中确定真实的原因与因果关系。事件条件因有以下几个明显缺点。

（1）原因与结果的本体论状态没有得到很好的研究与确定，因为对于休谟，特别是马奇，被他们列入原因与结果的东西有一事物实体（如可燃物体）、主体（如住客）、条件（如氧气的存在）过程、性质（粗心大意）、事件等等。这些本体论的范畴以及它们之间的关系是很关键的，下面我们要力图厘清这一点。

（2）因果之间的连接没有得到很好的研究。首先事件之间是独立的、孤立的，它们之间只有一种条件逻辑的联系，与事物的实体和性质没有实质的关系，事件是最原初的，事件条件因的概念不能引导到对因果之间的实体连接机制和动力进行研究。

（3）事件的条件因，只注意因果关系语言形式，它的普遍规则性（regularity）或（x）（Px ⊃ Qx）。但怎样区分普遍的（因果律）和偶然的概括呢？例如怎样将万有引力定律的那种定律普遍性（万有）与偶然概括，如“这个箱子里的石头都是含有铁成分的”或“在这个教室里的所有学生都穿着校服”这样的陈述区分开来？显然，这个箱子里的石头，完全可以有些不含铁质，这个教室里的学生也完全可以不穿校服。但是既然它是概括出来的偶然事实，所以也符合（x）（Px ⊃ Qx）的语言形式。怎样区分出这是因果定律还是偶然概括呢？逻辑经验论者提出了一个很著名的反事实条件语言论证。它是逻辑学家顾德曼想出的一种卡尔纳普称之为因果性或因果律的模态的全称表达。这就是定律全称语句支持“反事实条件语句”而偶然概括不支持“反事实条件语句”。所谓反事实条件就是事实上虽然 A 不是 P 类，如果 A 是 P 发生了，则 A 是 Q 也已经成立。用亨普尔的话来表述是：

If A were（had been）then B would be（Would have been）the case，where in fact A is not（has not been）the case[①]。用卡尔纳普的话说就是：A counter-factual conditional is an assertion that，if a certain event had not taken place，then a certain other event would have followed[②]。例如万有引力就支持这样的反事实条件语句。“我拿着一块石头，松手它就会下落，但我没有松手，如果我松手，它就会下落”。但箱子里的石头含铁就不支持这样的反事实条件语句：“如果我将一块石头放入箱子，则它也含铁，虽然我没有将随便一块什么石头放入箱子。”“在这个教室里的所有学生都穿着校服”这个语句，并不支持这样的反事实条件语句：“如果我将任一个学生在任一个时间里叫他进入这个教室，他一定要变成穿校服的。”所以不支持反事实条件语句的全称命题明显表明这不是定律。不过仔细研究这个普遍规则性（universal regularity）怎样通过反事实条件为真的（所谓支持反事实条件）论证而获得不是偶然概括而是自然律或自然因果律的论证。这里只解决了一个普遍性的范围问题，没有能够解决规则性怎样能成为自然定律问题。“这只箱子里的石头含铁”是否支持反事实条件论证呢？如果我在铁矿区的范围里随便找一块石头放入我的箱子里它是含铁的。那么这只箱子里的石头含铁就有相当的普遍性。但我还没有解决为什么它必然含铁的问题。这个班的学生都穿着校服，这被看作偶然概括。但是如果学校规定所有的学生在学校时必须穿上校服，这也是对反事实条件的一个支持。这里还没有解决的一个

① ［美］卡尔·G. 亨普尔：《自然科学的哲学》，张华夏译，中国人民大学出版社 2006 年版，第 246 页。

② Rudolf Carnap，*An Introduction to the Philosophy of Science*，p. 209.

问题是这里被称为“偶然概括”的语句，为什么在一定情况下可以被称为“定律”呢？如果不将它的“必然性”找出来，我们能将它也称为定律吗？就万有引力被公认为自然界的普遍定律来说，有没有可能使它的反事实条件为真呢？假定我掌握的是一组中微子组成的“物体”，当它被“放出”时，它不会向地面下落，而是在一切方向到处逃散，这就不支持反事实条件了，难道万有引力就不是自然律吗？还可设想在另一个可能世界里，万物是相互排斥的。这样万有引力也不支持反事实条件了。那么难道它就不是这个现实世界的自然定律吗？这又要求解释因果律的必然性机制问题。我们不是说规则性（regularity）错了，而是要问“为什么有这种规则性”“为什么因果定律能支持反事实条件”。

不过马奇的事件条件因的概念，扩大了对事物的原因的分析，特别是作为“全原因”的充分条件组，显然包括了或容纳了整体因果网络的概念，对于我们将要分析的下向因果关系有重要意义。

今天我们对 INUS 公式（8.1）进行重新分析，我们看到它至少包含两个垂直的（整体与部分之间的）因果关系概念：（1）一个结果可以被多重（充分条件组）加以实现，如果这些充分条件组都是微观元素，则对于宏观结果来说，它们就是多重实现的上向因果关系。（2）在 $C_1^i \cdot C_2^i \cdots\cdots C_n^i$ 诸多必要条件中，作为一个“全原因”它是由许多元素组成的一个集合或一个网络，这个网络不仅可以包括在一个系统整体中，而且包括它的环境，这就为整体对部分的下向因果关系，提供了一个条件因果关系分析。在一个事物整体中，它就是各个元素及其整个关系网络，它的整体特征，特别是它的突现性质都可以作为因果条件或整体因对它的某个部分发生影响。所以下向因果关系的概念完全符合条件因果的分析。即使我们不引进形式因、主体因、约束因或控制因这些新概念，也可以进行下向因果关系的分析。在 INUS（8.1）公式中，我们没有理由将 C_j^i 只分配给同一层次的实体、事件或变量，因为条件这个概念，没有包含它是元素、系统整体还是环境这样的限制。我们有时会说：

“没天哪有地，没地哪有家，没家哪有你（父母），没你哪有我”，这就是将 C_j^i 分配给不同的层次。这种分布可用图 8—2 表示，它将 INUS 条件分布在第三个层次。

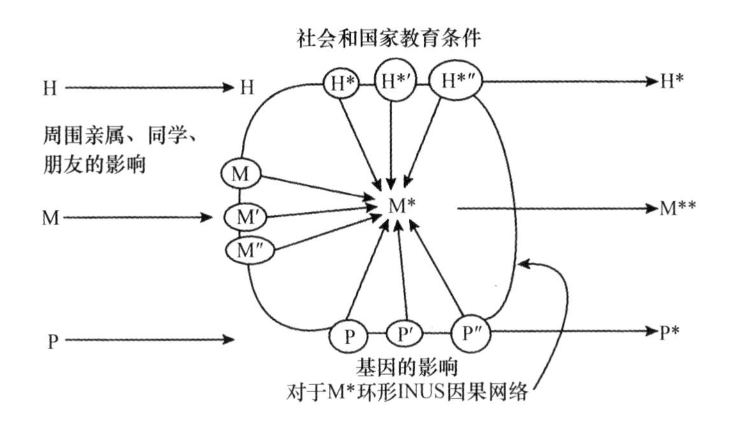

图 8—2　环形 INUS 因果网络（以个人 M 的发展为例）

其中，H 为高层次社会大环境对个人的影响，P 为低层次组成要素，例如，基因对个人的影响，M 为其他个人、朋友或家庭对个人的影响。所以，艾里斯（G. Ellis）将下向因果关系定义为：下向因果关系就是“改变高层次变量导致低层次变量以确定的方式改变”①（How do you demonstrate top-down causataion? You show that a change in high level variables results in a demonstrable change in lower-level variables in a reliable way, after you have altered the high-level variable）。这与 INUS 因果定义是完全一致的。不过我们并没有真正解决上向和下向因果问题，只是利用条件因的简单性和多面性对它做了一个初步分析，关于这个问题的复杂性，我们在下面还要谈到。

不过条件原因有一个致命的弱点，就是充分条件不一定就是真

① G. F. R. Ellis, “Top-Down Causation and the Human Brain,” In Nancey Murphy, George F. R. Ellis, and Timothy O’Connor, eds., *Downward Causation and the Neurobiology of Free Will*, Springer, 2009, p. 66.

正的原因。在农村的条件下，鸡鸣是日出的充分条件，但鸡鸣不是日出的真正原因。黑夜过后就是白天到来，前者是后者的充分而且必要的条件，但黑夜并不是日出的真正原因。这就是“第二个休谟问题”：我们有什么理由说从个别事例归纳出来的（条件）因果关系有“普遍必然性”呢？而没有普遍必然性又怎样能说就是因果关系呢？康德也发现这个问题，他说这个因果必然性是先验的范畴。人先天就有凡事必有原因的概念范畴。但这也没有能够给我们指明条件因是怎样变成必然因的，或是怎样能够找出必然因的呢？这就导致原因与结果之间的因果力或因果作用力的研究。下面我们首先讨论洛克（John Locke）和赫勒（Rom Harré）的因果力的概念，然后再讨论邦格的因果作用的分析。

第二节 实体能力因与作用因

一 自然主体能力因及整体因果力

因果力的概念，在近代是由洛克首创的。他问道：“能力（Power）这个观念是怎样得来的?”人们每天都观察到外部事物的变化。“因此，它就根据它寻常所观察到的来断言，在将来，用同样执行者和同样途径在同样事物中发生同样的变化”（Concluding from what it has so constantly observed to have been, that the like changes will for the future be made in the same things, by like agents, and by the like ways, concluding from what it has so constantly observed to have been, that the like changes will for the future be made in the same things, by like agents, and by the like ways）。“事物有引起那种变化的可能性。因此，它就得到所谓能力底观念。因此，我们就说，火有熔金的能力（就是能把金底不可觉察的部分底密度和硬度毁坏了，使它变为流体的）。”（Considers in one thing the possibility of having any of its simple ideas changed, and in another the possibility of making that change; and so comes by that idea which we call power. Thus we say, Fire has a power to melt gold, i. e. to destroy the consistency of its insensible parts, and consequently its hardness, and make it fluid; and gold has a power to be melted）他又说："能力是一切动作（action）发生的来源。在施行能力发为动作时，能力所寓的那种实体就叫作原因；至于由此所产生的实体，或者能力施展时在任何实体中所产生的简单的观念，就叫作结果。"（Power being the source from whence all action proceeds, the substances wherein these powers are, when they exert this power into act, are called causes, and the substances which thereupon are produced, or the simple ideas which are introduced into any subject by the exerting of that power, are called effects）① 你若是不相信有一种作用力从原因到达结果，你试着用意志举起你的双手，你就会体会到有一种能力传递到你的手，引起它的运动。这些引文表明，洛克学说和休谟学说不同，首先是在本体论上的不同。休谟将世界看作连续发生的独立的事件世界，在事件的背后不能或不知道有什么实体出现，而在认识论上只能有形式的分析和经验的确证，否则就是一种形而上学的"拟人观"。洛克说，你不信有一种因果力（Power），你试着举起你的手，你就会体会到有一种力在起作用。休谟就斥之为一种拟人观，因为人觉得自己在发力，但没有证据证明这种看不见摸不着的东西。洛克则相反，认为世界首先由实体组成，实体具有能力（Power），实体产生事件，所以洛克将因果之间的关系看作实体之间的关系，没有把它看成是事件之间的关系，力图从内部机制上分析从原因到结果的必然联系。火通过它自身具有的因果力的作用，即通过能量的传递，破坏了固体金的内部的分子结构，从而导致金熔化为液体。一定的原因之所以必然引起一定的结果，是因为原因所属的实体有一种"动作"发向"受动"的实体造成结果。这种观点应该比较接近我们

---

① ［英］洛克：《人类理解论》，关文运译，商务印书馆 1959 年版，第 204、264 页。英文本：John Locke, *An Essay Concerning Human Understanding*, Book 2: Chapter 21, Section 1; Chapter 22, Section 11。

的实体结构主义。继承洛克的传统，1975 年赫勒与马顿写了《因果力》一书，他们说，“我们的最中心概念是具有因果力的特殊事物”（powerful particular），是“自然的主体”（natural agents）或“因果主体”（causal agents），具有这种 power 来作用于另一个自然主体—物质的特殊事物。“我们以完全没有拟人观的方式来建构因果力和因果主体的概念。”[①] 这就是说，事物的实体与结构不是消极的、被动的，即使是无机物的实体也有自己的主动性（activities），所以它就是行动主体或行动者。

所以说，“我们提出自然必然性的概念来描述刻画特殊事物的性质和它的力存在的情况和这些可观察结果的力的表现之间的关系。在这个意义上，因果关系总是关于物质的特殊事物，它生产和产生出什么东西……我们选出一些事件，它释放出力，作为力的表现的原因。……在任何特殊的因果性概念的运用中，我们认为，使作用成为原因的关键要素就是具有因果力的特殊事物。而事件不过是因果关系的一种作用。事实上无论促成某种作用的生成机制的，还是为特殊事物已经准备发生作用扫清障碍的，它们都是因果关系的一种作用。”“在事物中因果力和潜力之所在，不应想象为某种神秘的性质，在实体所包含的化学的、物理的或遗传基因的性质中就已经给出了它的毫无问题的基础。化学原子的化合力和键价力就存在于它的电子的组成和结构中，抵抗被切削的力就存在于金属的晶体结构形式中，重新强调事物的这种性质导致重新引进自然类的概念。有机体的基因型和元素原子的亚原子结构，对于我们来说这些性质就是它们的因果力，这些事物和物料（things and materials）是我们的最基本证据，来维持这些性质就是因果力这一经验假说。对于物理学家来说，势场（field of potential）也起到这种作用……这些因果力展示出一种性质与机制，给事物预示出它有什么事件的模式以及事物有什么性质的集的表现的逻辑可能性予以理性的约束和

---

① R. Harté and E. H. Madden, *Causal Powers* (Blackwell, Oxford, 1975), p. 5.

限制，从这些约束和限制中我们设计出自然必然性。”[①] 赫勒在这段话中已经很明确说出因果力存在于物质实体的结构中，并表现为一种必然性。

这里他们所谓因果力就是实体或自然的主体的一种作用能力，这个能力的一般概念包含两种根本思想，即“自发性”与“效力”（The generic concept of “power” seems to involve two root ideas, “spontaneity” and “efficacy”）[②]，这就是说，任何事物的实体就是自主自动的，任何特殊事物都具有某种因果力，它就是事物的倾向素质（disposition），这种因果力来源于事物的性质与内部结构。因果力总是要在环境中表现出来，从而必然导致它的结果，这就是前面赫勒所说的“作为力的表现”。铜受热膨胀，在一定端电位差下导电；硫酸溶解锌并使石蕊试纸变红，这些倾向素质就是它的因果力。再如，疟原虫、磁铁、发动机、电磁场等事物就是具有因果力（倾向素质、能力）的主体，疟原虫有导致疟疾病的因果力，磁铁有吸铁的因果力，发动机有产生机械运动或机械能的因果力，力场有使带荷质点运动的因果力，这些都是因果力的例子。来自物质的内部结构必然性就表现在事物的性质与结构、因果力、因果力的表现这三者的关系中，某物因有某种性质，必然要对环境的某对象客体发生某种作用，铜有某种性质与结构，它就必然导电。所以因果必然性要通过理论来进行分析，但有些效应是可以观察的，打开因果黑箱，看看里面是什么，就会明白因果必然性，所以这个必然性也是后验的而不只是先验的。这就是赫勒与马顿的理论的关键所在。赫勒和马顿的因果力的观点，比休谟和马奇的条件因果的优势还在于，事件是转瞬即逝的，而实体的因果力则是持续地存在于事物之中的，即使未实现出来，那因果力仍存在着，这就是说它能通过支持作为具体能力的反事实条件表现出规律性。

---

① R. Harré and E. H. Madden, *Causal Powers*, pp. 5 – 6.

② Rom Harré, “Do Explanation Formats in Chemistry Depend on Agent Causality?” *The Rutherford Journal*, 1（2005）.

这里值得注意的是，哲学上的因果力，不是专指某个物体所具有的能量或具有的自由能，而是指它能产生某种特殊效应或效力的能力。赫勒指出，“因果主体模型”有两个基本的方面：（1）主体自身的性质与结构；（2）主体在其中运作的系统结构。“因此，应该划分两种基本的因果力……一种是简单实体所具有的因果力……例如，电子就是简单的因果主体，在静电场中具有位能的因果力，在化学反应中具有化学价的因果力、亲和力的因果力与带正电粒子或离子有相互吸引的因果力。而复杂主体具有它的因果力，这些因果力是更深层基本结构的突现性质，例如疟疾的因果主体是寄生于人体血液中的疟原虫，它有引起疟疾病这种因果力，是它的解剖的/生理的结构的一种突现性质。这些结构在一定条件下对引起那种疟疾病起本质作用”[①]。所以按照洛克—赫勒（Locke-Harré）的因果力概念，不但一个复杂系统的组成部分具有它的因果力，而且由这些部分组成的突现整体同样具有另一种因果力。这些宏观因果力与部分的因果力具有不同的性质和种类，但部分的因果力（如造成酸的 H^+ 离子）有一种上向因果力经突现形成整体盐酸性。这些酸性物质与碱性物质相互作用中有约束它的分子的运动的下向因果力。洛克与赫勒的自然主体因果力的作用概念与休谟的事件因概念是很不相同的。赫勒甚至认为是彼此不可通约的。因果力作用是以实体为本体的，以能力为动力持续地有必然因果性，而事件因果则以事件为本体，是瞬间作用的无必然性的。不过我们认为只要我们弄清一些本体论范畴之间的关系，我们就有可能将两种因果观整合起来。根据我们的本体论基本观点，我们是实体结构主义者。在第一篇第三章中我们已经表明，我们将实体看作本体论的第一范畴性质，包括它的倾向素质，都是实质具有的。而事件不过是实体的状态的一种瞬间变化，状态不过是实体多维性质在某个时刻的一个描

---

① Rom Harré, “Do Explanation Formats in Chemistry Depend on Agent Causality?” *The RutherfordJournal*, 1 (2005): 1. http: //www. rutherfordjournal. org/article 010102. html#top.

述。“九一八事件”不过是日本侵略者（社会实体）在1931年9月18日的一种瞬间对中国东北的突发侵略行动。由于日本帝国主义有强大的反华的政治力和军事组织力，以及周密的计划力，因而这个事件有它的必然性。

我认为将动力因与条件因统一得较好的是邦格的作用因，下面我们对他的理论作一点说明，并用图8—3来表明这种统一性。

二 事物作用因

邦格对实体的相互作用造成一种因果关系作了如下的形式论证。他对因果性作了如下的定义：“令 $e \in E(x)$ 为事物x于时间t的一个事件，$e' \in E(x)$ 为事物 $x' \neq x$ 于时间 t' 的另一个事件，这里各事件与时间都是相对于同一参考系来说的。进而，我们称 $A(x, x')$ 为x在x′上的总的作用或效应，则我们称e是e′的一个原因，当且仅当

(i) $t \leqslant t'$

(ii) $e' \in A(x, x') \subseteq E(x)$。[1]

注意，这里x，x′为事物的实体，即因果主体，E（x′）为x′的一个事件集。

不过，这个表述有一个缺点，就是事件e与e′容易被认为是瞬时地完成的。应该说e为事物x于时间 $t_1 - t_2$ 之间的一个事件，e′为事物x′于时间 $t'_1 - t'_2$：的一个事件。任何事件都有一个开端状态，一个终结状态。如果这样，则（i）应改为 $t_1 \leqslant t'_1$，$t_2 \leqslant t'_2$。我们记得，华中科技大学万小龙曾经指出过这个问题。如果考虑到休谟所说因果间有一个接触性（邻接性 contiguity），则 $t_1 \leqslant t'_1$ 与 $t_2 \leqslant t'_2$ 之间会有一个时间交叉连接，即 $t'_1 \leqslant t_2$。如果再将马奇的INUS条件综合到一个统一的因果定义中，则事件与实体合称为事物，即

① Mario Bunge, *The Furniture of the World*, D. Reidel Publishing Company. Dordrecht, Holland, 1977, pp. 260, 326 - 327.

有具体属性与状态的实体，于是一个比较完善的因果关系定义式应至少包含下面三个部分。

（i）原因事件发生于结果事件之前，即 $t_1 \leqslant t'_1$，$t_2 \leqslant t'_2$：和 $t'_1 \leqslant t_2$；

（ii）原因事件所属的实体有一种作用传递到结果所属的客体，而结果就是这个作用的一种效应，即 $e' \in A(x, x') \subseteq E(x)$，这里 x，x′是实体；

（iii）原因是结果的 INUS 条件，即 $e \in INUS(e')$。

$$C(e, e') = (t_1 \leqslant t'_1,\ t_2 \leqslant t'_2) \ \& \ (e' \in A(x, x') \subseteq E(x')) \ \& \ (e \in INUS(e'))$$

这里 $t_1 \leqslant t'_1$，$t_2 \leqslant t'_2$ 和 $t'_1 \leqslant t_2$ 简化表达为 $t_1 \leqslant t'_1$，$t_2 \leqslant t'_2$

邦格接着指出："比条件（ii）更加精确的条件应该是：在时间间隔［t，t′］中，即我们的 t'_1 与 t_2 之间有一种能量从 x 到 x′的转换，这种能量转换（energy transfer）对 e′来说是充分的。不过，我们并不需要这样过分的精确性。"[①] 这句话隐藏了后来被别人展开的一个很微妙的争论。例如，有一个香港哲学家 Pailricia W. Cheng 教授，曾在香港中文大学研究和讲授认知心理学，后来在美国加州大学洛杉矶分校等美国大学任教。他提出了第三种进路的因果问题研究，就是概率因果力，建立了因果力的概率比较模型（Power PC 理论）。赫勒认为，他的因果力学说在隔了二三十年之后找到了这样的继承人。他在论文《从共变到因果性：一种因果力理论》中指出："因果力这个词，我用它来概括产生结果的形成源泉（generative source）、因果机制（causal machanism）、因果倾向（causal propensity）等含义，它的直觉概念就是一个事物借助于施加力（power）和能量（energy）来引起其他事物。"[②] 这就等于赞同邦格的因

---

① M. Bunge, *Treatise on Basic Philosophy*, Vol. 3, Dordrecht-Holland/Boston-U. S. A: D. Reidel Publishing Company, 1983, p. 327.

② P. W. Cheng, "From Covariation to Causation: A Causal Power Theory," *Psychological Review* 104 (1997), p. 368.

果力概念精确化的观点，将能量的物理概念引入哲学的因果概念之中。我们到底应该怎样看待因果作用和因果力，所有的因果作用或因果力都是一种能量的转换，可以用能量转换来定义吗？关于这个问题，我们留到第四节进行分析。现在，我们先将条件因与作用因整合起来，将概念分析进路与经验分析进路整合起来，得出图 8—3。

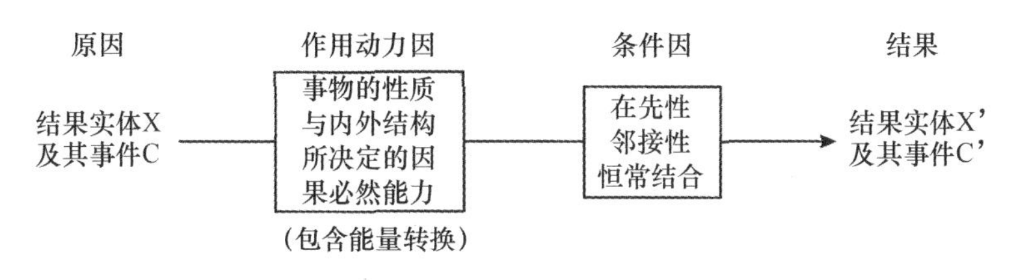

图 8—3　作用动力因与条件因的统一

不过这个整合只是对决定论的因果关系有效，对于非决定论的即概率因果关系，我们现在不进行讨论。

第三节　因果过程理论与物理因

一　罗素对传统因果概念的批评

1913 年，罗素写了一篇重要论文《论原因的概念》，这篇论文发表至今，已有 100 余年了。该文在今天起到越来越大的作用，这并不是因为罗素的观点完全正确，而是因为他抗拒传统潮流，提出了很好的问题。他的问题有三个：（1）在哲学上，“原因”一词由于它会引起种种误导的分析，应该从哲学词汇中清除出去。（2）在自然科学中，因果律根本不是基本的规律。他说：“我们考察了科学定律的性质，发现代替‘事件 A 总是跟随事件 B 出现’的陈述，科学家们陈述的是：一定时间里一定事件之间的函数关系，它特别是由微分方程来表达”，而这些函数与方程是对称的，而不是因果关系那种不对称的。例如，$F = ma$ 也可以表达为 $a = F/m$。（3）因果性这个概念展示了它的目的论与决定论。他说："各个学派的所有的哲学家，都认为因果关系（causation）是科学的一个基本公理或公设，但奇怪的是，在现代的科学中，为什么引力天文学中，'原因'一词从来不出现。"哲学家认为最终的真理应从发现"原因"中得到，但是，物理学家们从来没有去寻找终极原因的真理。

他说，我相信符合哲学家要求的因果律是一个逝去时代的遗留物，就像君主政体一样，它的存在只因为人们错误地认为它是无害的。后来有人寻找到当时他讲话的笔记，发现在这句话的"君主政体"一词之前有一个"不列颠的"（the British）的形容词。原来英国在20世纪初发生了帝制（君主立宪制）的危机。由英王出面公开宣布王室绝不干预英国公民的自由权，才将"帝制"保留下来，这才度过了危机，罗素当年是支持君主立宪的，所以就说出这句话来。

罗素这篇论文的观点，显然有很大的片面性。第一，他认为现代物理学已经不用因果这个词了。不过情况并不是这样。著名科学哲学家苏佩斯检查了60年代《物理评论》（*Physical Review*）杂志，发现每一期至少有一篇论文用了"原因"和"因果性"的概念。[①] 至于近期的统计，物理学运用原因与结果的概念的情况更多，完全不像罗素所说的那样。第二，罗素只是根据休谟的因果概念来做出因果概念不能成立的断言。当然，休谟和洛克的因果概念是决定论的，不过事实上随着科学与数学的发展，因果概念也不断发展，例如因果概念可以不是决定论的。事实上许多统计学家，如在1935年Ronald Fisher早已提出了概率因果以及如何通过可控实验来证实因果关系，而不只是"关联"关系而没有"因果关系"。[②] 上一节我们已经略述了不仅休谟的条件因果论可以包含概率因，而且能力

---

① P. Suppes, *A Probabilistic Theory of Causality* （Amsterdam: North-Holland, 1970） pp. 5–6. 有关Suppes的统计和罗素1912年演讲的原稿均来自 How Price, "Where would we be without Counterfactuals," M. C Galavotti 等编, *New Direction in the Philosophy of Science* （Springer, 2014）。

② Ronald Fisher, *The Design of Experimentl* Macmillan Publishing Co. Inc. , 1935.

因果也包含因果力的概率表达，但是罗素这篇论文却没有寻求如何改进因果关系的概念就将这个概念轻易地抛弃了。

二　罗素提出因果过程的概念

罗素在1948年出版的《人类的知识》一书中，突然转变观点，不是抛弃，而是仍然使用因果的概念，并认为因果律仍然是科学推理的基础。不过这个新的因果概念与过去的因果概念比较，已面目全非了。这个因果概念叫作“因果线”（causal lines），指的是事物有某种“准持续性”（quasi-permanence），它在经过时间过程中粗略地保持不变。例如一个人、一套桌椅、一个光子在一定时间里我们仍然认出它们是原来的那个东西，它们前前后后有大体相同的性质与结构。他说：“当两个事件属于一条因果线时，我们可说较早发生的事件‘引起’较晚发生的那个事件”①；“所以，这种因果线概念，就是认为存在着这类多少同自己决定的因果过程”②。他还说牛顿力学第一定律惯性定律就是这种因果过程的最好论证，所以科学推理之所以可能，就是依赖这种“准持续性”或相对稳定性。按照罗素和他的老师怀特海的过程哲学的观点，世界的终极实在不是实体而是过程（怀特海）或事件（罗素），那么，实体是什么？它不过就是过程（或事件）的“持续性”。依这个观点，他在《人类知识》一书中用了五章来讨论这个问题。最后总结为因果线或因果过程的五大公设，作为科学推理的基础。这五大公设是：（1）准持久性公设：已知任何一个事件A，经常发生的情况是：在任何一个相邻的时间，在某个相邻的地点，有一个与A非常类似的事件。（2）可以分离的因果线公设：在事物与过程中有长期的持久性的不同因果线存在。（3）时空连续性公设：这个公设用来否认有超距作用的存在。他说：“在两个不相邻的事件之间有着因果关联时，在

① ［英］罗素：《人类的知识》，张金言译，商务印书馆1983年版，第380页。

② 同上书，第549页。

因果连锁上一定存在着一些中间环节，都与下一个环节相邻，或者情况是存在着一种具有数学意义上的连续程序。”（4）结构性公设，罗素说：“当许多结构上相似的复合事件在相离不远的领域围绕一个中心分布时，通常出现这种情况：所有这些事件都属于以一个位于中心的具有相同结构的事件为它们的起源的因果线。”这是关于概然性因果关系的推论的外界条件。例如有600万人收听首相的广播，概然性由于围绕着一个中心的规律性而增高。又如许多人都听到同一个大爆炸的声音，所以大爆炸出现的因果概率就比较大。[①]（5）类推公设：如果已知A和B两类事件，并且已知每当A和B都能被观察到时，有理由相信A产生B，那么如果在一个已知实例中观察到A，但却没有方法观察到B是否出现，B的出现就具有概然性；如果观察到B，但却不能观察到A是否出现，情况也是一样。

罗素的功绩在于他首次提出了因果线的新概念，提出因果线具有持续性、稳定性、概然性和前因后果关系。所以罗素说：“一种东西或一块物质，不单看作是一个单一的有持续性的物质实体，而是要看作一连串彼此互有某种一定因果联系类型的事件。”[②] 在这里他想用因果关系来说明因果的持续性。但什么是因果关系或因果的相互作用呢？如果他又用因果持续性来解释因果的相互作用就陷入了循环论证，而且如何用因果的持续性来解释因果相互作用呢？它缺少了因果的传输性的概念，怎样说明因果相互作用呢？这就为后来许多科学哲学家留下了发挥新的因果理论的余地。

这里一个首要问题是如何准确表达和定义因果线或因果过程问题。

三 作为守恒量传输的因果过程理论

从20世纪70年代开始，经过阿伦森（Jerrold Aronson），大

① ［英］罗素：《人类的知识》，张金言译，商务印书馆1983年版，第585、586—587页。

② 同上书，第547页。

卫·费尔（David Fair），特别是萨尔蒙（Wesley C. Salmon）和多约（Phil Dowe）等人的研究，形成了比较成熟的关于因果关系或因果过程之间的能量传输理论，对因果过程和因果作用的内部机制做出了比较深入的分析。在本节中，我们首先介绍这个理论的产生和发展过程，然后以萨尔蒙、多约为代表介绍这个理论的基本内容。

阿伦森认为，既然休谟说原因 A 与结果 B 之间是邻接的，也就是排除超距的作用。那么这个无中介的接触作用是怎样引起结果 B 的呢？赫勒曾经说过，这依赖于某种物质实体或“质料”（substance）的传递，但阿伦森说：“我们可以在数量上认定（numerical identity）这种质料，它就是速度、动量、动能以及热等等。”[①] “原因”这个词，从语法方面来说，本质上是一个传输的词，如“推”“打”等，所以能量的传输来解释原因对结果的作用是比较合适的。不过这里没有定义出传输了一些什么东西，也没有说明这种传输如何进行，在什么条件下出现。传输理论的第二个重要人物是大卫·费尔（David Fair，论文发表于 1979 年[②]），他认为，物理学已经发现，因果关系确实是能量和/或动量的传递。他要求将日常生活的用语还原为物理学的语言，他主张要将事件、事实、性质等用语都还原为物理实体（object of physics）来考虑。有人问他，张三发怒打了他的儿子张四如何用能量传输解释它的原因呢？他的回答很简单：这个问题要等到科学统一之后再说。这些论证虽然很有启发，但并不令人满足，也不能系统回答因果过程和因果传输理论。正是在他们论文发表之后，邦格知难而退。前面讲过，他说了这样的话：“比因果作用传递的更加精确的条件应该是：在时间间隔［t，t′］中有一种能量从 x 到 x′的转换，这种能量转换（energy transfer）对结果 e′来说是充分的。不过我们并不需要过分的精确性。”[③] 于是

① J. Aronson，“On the Grammar of ‘Cause’”，*Synthese* 22（1971），pp. 414 – 430.

② D. Fair，“Causation and the Flow of Energy”，*Erkenntnis* 14（1979），pp. 219 – 250.

③ M. Bunge，*Treatise on Basic Philosophy*，Vol. 3，p. 327.

摆在萨尔蒙和多约面前有三个大问题：（1）什么是因果过程；(2）什么是因果相互作用，它是怎样发生的；在什么条件下发生的，它是决定论的还是非决定论；（3）原因与结果是怎样区别开来的。对于这几个问题，萨尔蒙连续研究了30年直至2001年逝世，在他逝世后多约继续研究至今天。科学哲学家称他们的理论为萨尔蒙—多约因果过程理论。它主要由三个原理组成。

（1）一个因果过程就是具有守恒量的一个客体的世界线(World Line)；

（2）一个因果相互作用，就是包含守恒量交换的世界线的交叉；

（3）因果相互作用主要是概率性的，决定性因果不过是概率因果的特殊情况：P（E | C） =1。

什么是客体（Objeet）呢？它是科学本体论中发现的任何东西，例如粒子、波与场等，也包括桌子、板凳、人这些宏观物体。所谓过程就是客体通过时间的轨迹，它是客体经过的时间中发生的一系列事件的序列的集合，每一个事件都表现为同样客体中发生的。这就要求在不同的事件中识别同一客体的同一性(Identity）问题。罗素说的是这些事件与过程有着相同的稳定性、持续性。而萨尔蒙认为，这就需要有一个在过程中持续出现的标志信息，例如，事物的序与前后一致的结构都可作为这个标志(Mark)，用来识别同一过程或同一因果过程。最后多约提出了他的识别标准，就是当一个过程具有同样的守恒量时，表明它与那有相互作用的别的过程是有区别的。这里的客体指的是因果客体，而假客体（例如一个影子）因为没有因果关系，所以不是真客体。而所谓守恒量就是一个由当代科学发现的守恒定律来确定的。例如质量—能量、动量、电荷等都是守恒量。于是一个因果客体过程就表现为具有守恒量，即明可夫斯基提出的时空世界线，这就是因果过程的严格定义。

世界线（World Line）是美国物理学家阿尔伯特·爱因斯坦

在他 1905 年的论文《论动体的电动力学》中提及的概念。这个概念是他的老师明可夫斯基首创的，他将时间和空间合称为四维时空，粒子在四维时空中的运动轨迹即为世界线（见图 8—4）。在物理学上，世界线是物体穿越四维时空唯一的路径，因加入时间维度而有别于力学上的“轨道”或“路径”。世界线是时空中某物体的历史所组成的事件序列，事件的发生与其前后演变可用四维坐标标示。世界线是时空中的特殊曲线，线上的每个点都能标出物体在那个时间的时空位置。举例来说，地球的公转轨道是宇宙中一个近乎圆形的三维封闭曲线，地球每年都会转回同一个点，但时间却不一样。地球的世界线会在四维时空中循环（像弹簧的形状那样沿螺旋式轨迹延伸），而不会回到同一点上。图中的世界面、世界体只是为了衬托世界线而取得二维空间，它在三维空间中无法表示。在三维空间省略为一维空间坐标时，“世界面”“世界体”都表现为世界线。

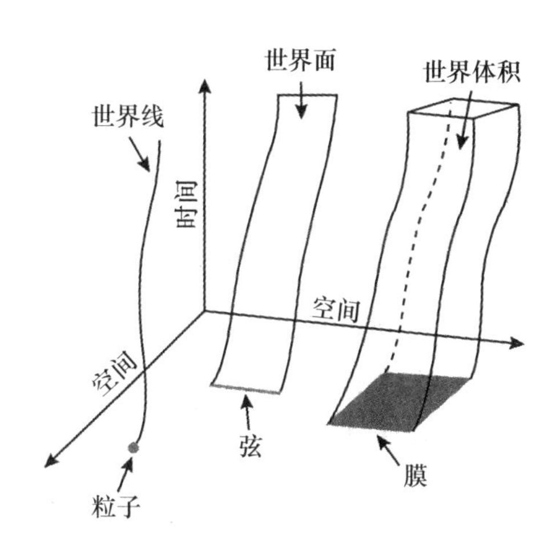

图 8—4　世界线与因果关系

注：世界线、世界面、世界体系即为点、线、面在四维时空中的路径三维空间中的一个空间维度，无法表示，已省略。

关于第二个原理，因果过程相互作用原理，萨尔蒙和多约将因果相互作用看作两个或多个过程的交叉重叠。这就是说两条或多条因果过程世界线有共同的交点或交点集，在这里发生守恒量的交换，这种交换就是守恒量交点上至少有一个输入点和一个输出点，依守恒定律发生守恒量的变化。在这里萨尔蒙所说的“因果性”是指过程及其相互作用的性质，现在我们举出三个例子来说明因果过程的守恒量与传输。

例一，α 粒子击中氮原子引起的核反应，产生一个氧原子和一个氢原子。

反应公式如下：

$$^{4}_{2}He + ^{14}_{7}N + Q \longrightarrow ^{17}_{8}O + ^{1}_{1}H$$

α 粒子即$^{4}_{2}He$，氮原子为$^{14}_{7}N$。氧原子为$^{17}_{8}O$，氢原子为$^{1}_{1}H$。Q 为必要的能量。在这一原子转变的反应式中，上标是原子量（atom mass），它随原子的不同而不同；下标是原子序数，是一个原子核内的质子数。拥有同一原子序数的原子属于同一化学元素。

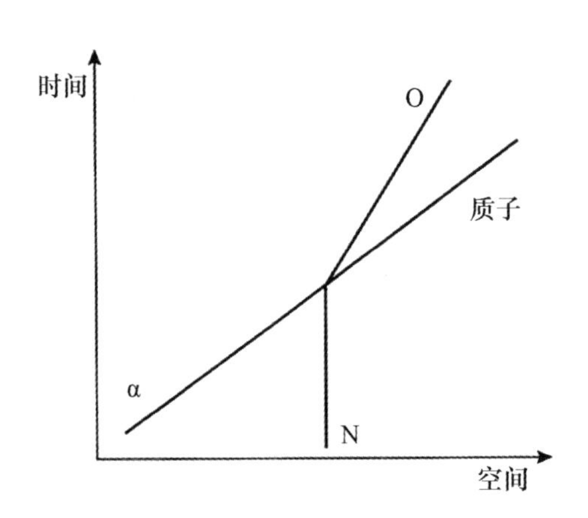

图 8—5 α 粒子击中氮原子的核反应

这个反应是因果相互作用的一个典型例子。因为这里有两条世界线的交叉（见图 8—5），在两条世界线中，原子上标表示的电荷发生了交换。在由 N 到 O 世界线中的电荷由核子的正电荷 14 增加到 17，而 He 到 H 的世界线中的核子电荷由 4 减少到 1，α 向氮传输了3个单位的电荷，从而改变了NQO（氮—能量—氧）的因果过程。

例二，铀226的衰变过程，产生氡222是另一种类型的世界线相互交叉表示的因果相互作用过程。它的公式与图式如下。（见图8—6）

$$^{226}_{88}R_a \longrightarrow ^{222}_{86}R_n + ^{4}_{2}He$$

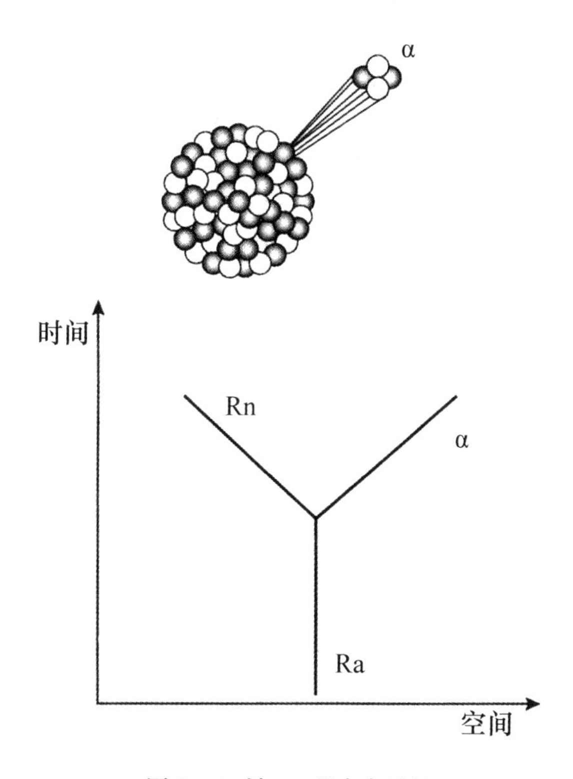

图8—6　铀226的衰变过程

这是在（三条）世界线之间发生电荷的交换过程，输入的世界线分叉为两条输出的世界线，输入世界线将守恒量传递给铀222（R_n），是世界线和α世界线的因果过程。

这里很明显的是对于每一个铀226（R_a）的原子来说，它的衰变并不是决定论的，而是以一定的概率发生的，这里原因与结果的关系是概率性的，例如 R_a^{226} 的半衰期为 1600 年，即每个 R_a^{226} 原子每年半衰变概率为 1/1600。

我们再来讨论过程因果关系的第三个原理，即萨尔蒙和多约的因果非决定性原理，它说明因果相互作用的概率性，它的目的，主要是要克服休谟的因果决定论特征。因为世界上大多数的因果关系的出现是概率性的。

过程 A 和过程 B，可以相互独立，如果它们在统计上是独立的，其条件是

P（A/¬ B）=P（A/B）=P（A），以及

P（B/¬ A）=P（B/A）=P（B）。其中，P 表示概率。

即一个过程 A 出现的概率与另一过程 B 无关，这就出现过程之间不发生因果关系的情况。而过程间的因果关系可用例三来例示。

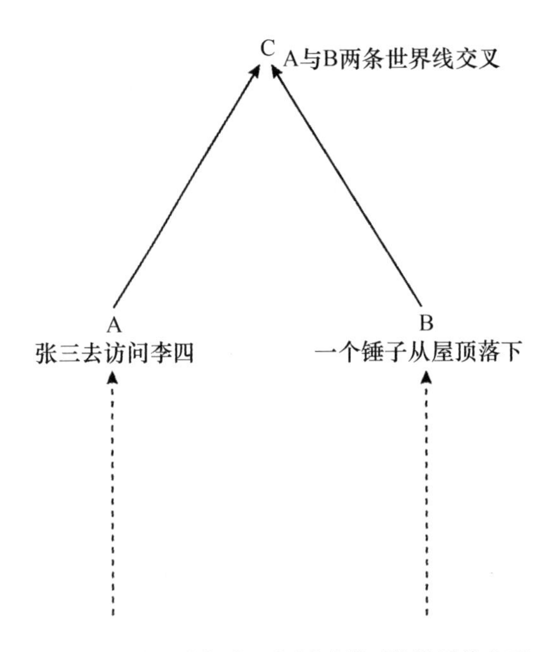

图 8—7 张三访问李四与锤子落下的世界线交叉

例三，设张三教授去访问李四教授准备讨论一些哲学问题。当张三教授走到李四的宿舍门口时，突然有一个锤子落下，真是飞来横祸：张三被锤子砸死。这就如图 8—7 的虚线所表示的那样。张三访问李四，与锤子的下落是 A 与 B 分别独立的因果历史。这就有上面所说的 A 与 B 因果无关的概率公式：

$$P(A/\neg B) = P(A/B) = P(A) \text{ 与}$$

$$P(B/\neg A) = P(B/A) = P(B)\text{。}$$

但事有不巧，或事有凑巧，当张三访问李四，李四的房子正在装修，装修屋顶的工人不小心掉下了一个锤子，正巧落在张三的头上，导致张三的死亡。这里因果过程或世界线交叉的概率是：$P(E_1 \wedge E_2/c) > P(E_1) > \times P(E_2)$。

即图 8—8 的

$$P(D \wedge E/c) > P(D) \times P(E)$$

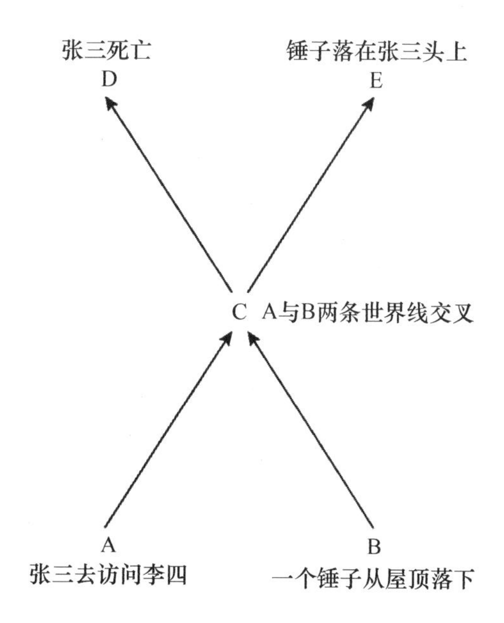

图 8—8　张三访问李四与锤子落下的世界线交叉

这就是因果过程或世界线的相互交叉成立的条件及其有关概率

因果的情况。这是因为，如果 E_1 事件与 E_2 事件的世界线是不相交叉的，只是 E_1 与 E_2 出现，则：

$$P(E_1 \wedge E_2) = P(E_1/E_2) \times P(E_2)$$

而不会有：$P(E_1 \wedge E_2) = P(E_1/E_2) \times P(E_2)$

四 过程因的特点和局限

我们前面讨论了过程因的基本进路，它与休谟—马奇学派和洛克—赫勒学派在进路上有很大区别。就因果的主体来说，休谟—马奇的因果主体是事件，洛克、赫勒和邦格的因果主体是实体或事物及其具有的因果力。而罗素、萨尔蒙和多约的因果主体是过程，而且是具有相对稳定（所谓持久性）结构的过程。事件是实体性质的变化，而过程是事件的系列。因果过程是具有稳定性或相同结构的事件系列。所以最简单的因果关系，从过程因的观点看，它涉及四个要素：（1）一个因果过程。（2）另一个因果过程。（3）两个过程的交叉点。（1）（2）（3）表明原因可以展开为两个过程和一个相互作用的“叉”。（4）结果1，它是因果交叉后的第一个结果过程及其中的事件。（5）结果2，它是因果交叉后的第二个过程及其事件。而简单的事件因只是两个事件的关系。简单的实体因或主体因也只是两个实体（或自然主体）的关系。因此，过程因的分析要比实体因和事件因的分析复杂得多，并因此而深入一些。它涉及守恒量，特别是物质能量在时空中的交换和传输，它涉及因果关系的物理本质。因为从物理事件与过程的观点来看，实体因所说的实体具有的作用“能力”实质上是物质能量的传递与交换。如果要绘出一个过程因、实体作用因与条件因的三统一图式，这个图可以展示如下（见图8—9）。

过程因的缺点是，它引出了一大堆问题。例如将原因看作因果过程之间的守恒量，特别是物质与能量的交换。如何识别哪个是原因哪个是结果呢？输出了负能量的是原因还是结果？在同一个因果过程中能流从先前的时间的过程流向后面时间的过程是不是一种因果关系呢？特别是原因 3 如何定位，它是我们所说的触发因吗？是偶然因吗？等等。

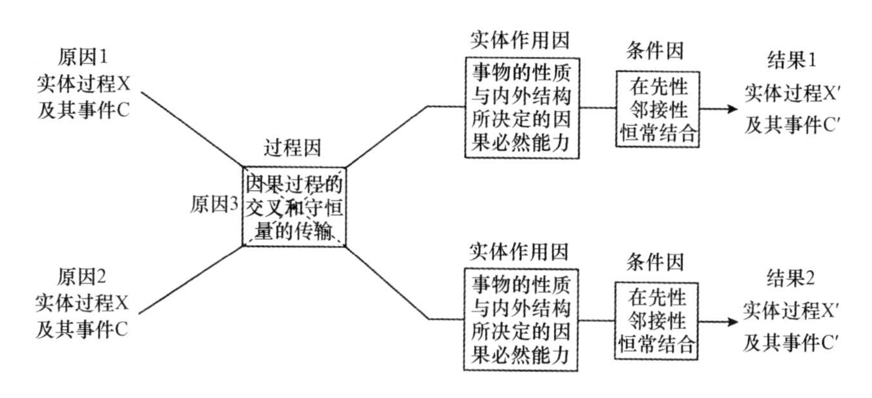

图 8—9　过程因、实体作用因与条件因的三统一

另外，更为重要的是，过程因有两个问题。

其一，能量转换或如爱因斯坦所说的质能转换以及守恒量转换只是因果关系的物理基础，不是因果作用本身的各种因素的概括。在离开物理化学之外讨论问题，例如讨论社会学问题时，那能量概念就很难派得上用场。改革开放的社会政策是原因，人民生活水平的提高是结果，这个因果作用与因果力包含了能量转换，但能量转换并不能说明这个社会因果的本质和机制，一个正确的社会政策包含了许多潜力。它被看作因果力，不过将它归结为它的物理基础上的能量的转化，这就将哲学概念和物理概念混为一谈了。马利奥·邦格很明白这一点，所以作为物理学家他强调因果作用实质上是能量的转换。所以他说因果关系“更加精确的条件应该是：在时间间隔［t，t′］之间有一种能量从 x 到 x′的转换，这种能量转换对 t′来说是充分的”。不过作为哲学家的邦格意识到因果关系，作为自然、社会和人类心灵的共同具有的基本关系这个定义是不合适的，所以他说，“我们不需要这样过分的精确性”（见上述引文）。

其二，说因果力或因果力的物理基础是能量/守恒量转换，这在休谟时代用弹子球来讨论因果关系可能大体上是恰当的。因为它包含了一种动量的守恒，可是在复杂系统科学发展起来之后，因果力或因果作用的基础就不仅是能量转化或后面将要讨论的因果过程中的守恒量的交换而是物质的、能量的和信息的转化。维纳说："信息就是信息，不是物质也不是能量，不承认这一点的唯物论，在今天就不能存在下去。"① 我正在讨论复杂系统因果关系时，特别是讨论复杂系统的信息交换和心灵通过信息对身体进行控制的关系时，应该特别注重信息的因果力和信息控制的因果力。一个高层级实体具有因果力是什么意思？例如说一个人具有举起自己的手的能力或他具有领导一个国家的能力，这并不是说，他具有一种与物理化学因果力无关的心灵力量，而是说他具有控制、选择和组织一个复杂系统的物理力、化学力甚至生物活力等。这种因果力，我们可以称为信息因果力，我"具有"举起自己的手的因果力，指的只是我具有通过意识、意志的信息控制我的生理力量的能力。如果我的一只手全瘫痪了，即使我具有这只手，我去摸它就好像不是摸自己的手，而是摸了别人的手那样，所以心灵和意志的因果力就是一种通过信息控制我的生理状态的因果力。这是心灵突现的下向因果力。一个国家元首和三军统帅，作为一个国家或社会的突现性质的代表或突现主体，他具有的下向因果力，就是指挥千军万马的力量。说"一言可以兴邦，一言可以丧邦"这些都是指信息控制的由上到下的因果力，是不可以还原为枪炮的爆炸力、人马的奔跑力和各支军队的战斗力的。所以心灵的下向因果力和社会集团或社会突现的下向因果力与哲学的因果力概念也是相容的。马克思在《资本论》中讲到劳动过程和劳动生产力时本来就是这样提出问题的，他说："劳动首先是人和自然之间的过程，是人以自身的活动来引起、调整和控制人和自然之间的物质变换的过程。人自身作为一种自然力与自然物质相对立。为了在对自身生活有用的形式上占有自然物质，人就使他身上的自然力——臂和腿，头和手运动起来。当他通

① ［美］N. 维纳：《控制论》，郝季仁译，科学出版社 1962 年版，第 133 页。

过这种运动作用于他身外的自然并改变自然时，也就同时改变他自身的自然。他使自身的自然中沉睡着的潜力发挥出来，并且使这种力的活动受他自己的控制。”[①] 这里最关键的词“引起”“调整”“控制”“激发”“潜力”，后面还有“目的意志”，它们是马克思用来表达因果关系或因果力特别是下向因果关系方方面面的重要语词。D. 坎贝尔、斯帕里，以及波普尔讨论下向因果关系时也是这样提出问题的，只是当时没有受到哲学家们的注意，只是到了近年心灵哲学和复杂性科学哲学家重新讨论这个问题，于是才有大批哲学家投入研究这种不是横向而是纵向的因果关系。下面我们还要详细讨论这个问题。

第四节　信息因和复杂系统的下向因果关系

复杂性科学的发展重新掀起了突现研究新浪潮，其中关键问题是探索复杂系统的下向因果关系，特别是突现的下向因果关系。为此，我们应努力坚持“因果力守恒量在物理世界中是封闭的”原则，否则就不是守恒量，就会与上一节讨论发生矛盾。同时，我们力图界定复杂系统，以便明确我们的研究范围。我们还要力图说明什么是突现，以便消除突现这个概念的种种混乱的解释。

首先，我们来界定复杂系统。盖尔曼在《复杂适应系统》一文中写道：“复杂适应系统（CAS）包含地球生命出现前的导致生命的前生命化学反应，生命进化本身，个体生命有机体和生态共同体的功能，生命子系统如哺乳动物免疫系统以及人类大脑的运作，人类文化进化方面，计算机硬件和软件的功能，地球上各种经济系统的进化，组织与社团的进化等的多种多样的过程。这样一种观点导致力图去理解作为所有这些系统的基础的一般原理以及理解这些系统之间的关键性的区别。”所以复杂系统主要讨论的是与生命有关

---

① 《马克思恩格斯全集》，第23卷，人民出版社1972年版，第202页。

的系统，不过为了使我们讨论精确化，复杂系统学家常常喜欢运用一些“前生命物理化学反应”，来说明复杂系统的一些一般原理。例如普列高津的贝纳德元胞和 B－Z 化学反应、哈肯的激光形成、艾根的超循环等。

其次，复杂系统通过自组织突现而产生的多层级系统，于是突现有下列基本特征。

（1）突现产生层级，层级是突现的基本结果。突现是性质上不同于其组成部分或元素的新事物的产生和层级的创造。就无生命世界说来，它包括量子场、基本粒子、原子核、原子、分子的层级突现。就复杂系统，例如生命系统来说，我们有生命大分子、细胞、组织、器官，生命有机体、生物群体、物种、生态系统等层级。而世界的最基本的层级可以总括为下列四个世界：物理世界（包括化学世界）、生命世界、精神世界和社会生活世界，后面三个世界都是从物理世界中在一定条件下顺序地突现出来的，但它们并不违反它们的基础，即物理世界的基本规律。

（2）高层级的实体尽管由低层级实体组成，但它有自己的独立性和自主性。1994 年，盖尔曼提出他的层级粗粒化（coarse graining）[①] 和模块性的观点，认为高层级实体的结构就像电子照片中的图像一样，它的像素的低层次结构的信息可以忽略不计，从而凭借自己的网络结构确定自己的实在性，这就是高层级的实体、性质、过程具有不完全由组成元素行为来决定的独立性，而多重实现又进一步显示高层次性质相对于组成元素性质的独立性和自主性（autonomy）。

（3）高层级的实体、过程有自己不同于其他低层级和更高层级的规律性。这种高层级的实体规律所支配的现象对于低层级现象和规律来说，是不充分决定的、偶然的、无规则的乃至不可理解的。

---

① Murray Gell-Mann, *The Quark and the Jaguar: Adventures in the Simple and the Comples*, *Brockman.*, Inc., 1994, Chapter 3. 中译本：［美］M. 盖尔曼：《夸克与美洲豹》，杨建邺等译，湖南科学技术出版社 2001 年版，第 29～30 页。

一个下象棋的人移动他的棋子，从物理化学的观点来看，是完全无规则的，而分子生物学家莫诺指出，生命出现以及它的特征，对于从物理化学的观点来看，是完全偶然的现象。对于这种现象，新实体与过程的描述有自己的规律性，例如生物的进化规律就不是物理规律或化学规律。

（4）高层级现象有不同于低层级的谓词、变量与语言表征。不同层级既然有自己的特殊现象、特殊结构和特殊规律，所以它就是运用高层次概念和语言来刻画描述系统状态的量。它不必要也不能还原为，至少不能完全还原为低层次的语言来表示，由于多重实现的析取支是如此众多和不确定，它也不可能由低层次的语言来定义。这四条原则导致一个根本问题：高层次对象有没有独立的因果关系和因果力以及跨层级的因果关系和因果力是否存在的问题。

（5）高层级有自己不同于低层级所具有的因果力，层级之间有跨层级的因果关系。于是，在多层级复杂系统中，存在着三种因果关系：下向因果、上向因果和同层因果。

以上是我们关于突现的基本特征的见解。本身是反还原论的。这里我们特别注意层级，用层级来界定突现，因为通常所说的突现是系统因自组织而突现产生的新颖性、不可还原和不可预测性等等。但是，同类突现是经常发生的，许多突现现象又是经常消失的。只有当它形成一个层级，即系统的类或自然类而稳定下来时，它的实体、结构、下向因果关系，特殊规律、特殊变量和语言表达形式才确定下来。所以突现产生层级常常有一个很长的过程，有时以亿年计算，所以自然界标准的突现性质是在层级中才有标准的表现。所以讨论复杂系统，我们要特别注意对层级的下向因果关系的分析。但是，以金在权（Jaegwon Kim）为代表的标准还原论的观点则主张世界上只有底层的事物有真正的因果力和因果关系，其他的所谓因果关系都可以还原为底层的因果关系。

关于这个问题，我们将在下一节作详细论证。我们在这里先做一个通俗性的说明：在高层级或这里的中间层级中（因为我们没有说到大环境的高层级世界，所以当它作中间层次——见图 8—10），例如在宏观世界，伸手进火炉，觉得痛，于是赶快缩手。金在权认为，这表面上痛是原因，而且是心理原因，“缩手”是结果。这是高层次的同层因果。可是痛是怎样实现的呢？由于 C 神经激发，实现了痛而引起缩手，这是上向因果关系，可是缩手的真正的直接原因是什么呢？那是由于有 E 神经状态指挥肌肉的运动造成的。所以真正的因果关系是低层次的同层因果关系 C 神经激发导致 E 神经激发造成的。这样分析就消除了上向因果关系。如果说痛通过引起 E 神经状态激发指挥肌肉的运动而实现，这是下向因果关系，可是痛有它的实现者 C 神经激发，何必需要痛这种宏观原因呢？在因果关系上这是多此一举。所以上向因果和下向因果以及突现的“痛一缩手”同层因果等等，在真正的因果关系（微观同层因果关系）面前都是一种假象或副现象，这就消除了上向、下向、同层因果关系，留下了图 8—10 之右图。

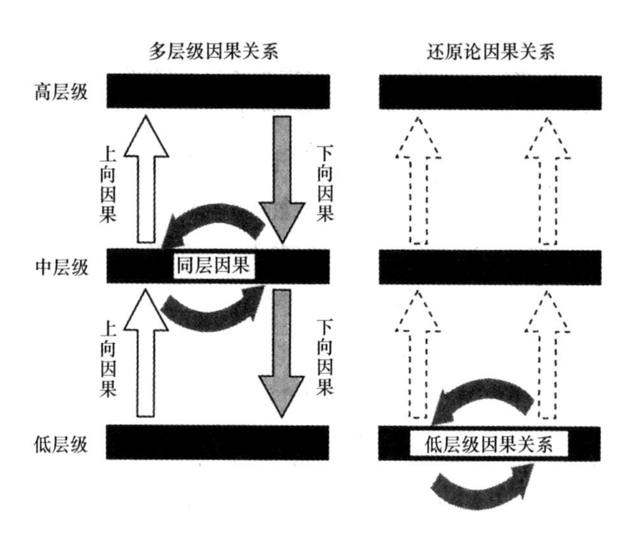

图 8—10　多层因果突现论与向低层因果还原论的对比

金在权反对多层级因果关系，提出了最根本的问题是在系统层次的相互作用中，真正的因果力和能量/守恒量的转换都集中在最低的层次中，而上向因果关系可以显示出因果力和能量传递的作用。所以对于上向因果关系和下向因果关系，关键的问题是下向因果关系，本节和以下各节特别要讨论下向因果的存在问题。因为如果连下向因果都能成立，则同层因果与上向因果就不成为问题了。因此，哲学家金在权说："突现性质具有自己的、不可还原为其基本性质的因果力的、独特的因果力，这对于突现主义者来说至关重要。缺乏因果力的性质——某客体所具有的性质与其所具有的因果潜力毫无差别——不会引起任何人的关注。"①

而系统科学家，布鲁塞尔大学的海里津指出："大多数的突现概念如此模糊，以致我宁愿将突现的概念表达为更为精确的下向因果性概念。"②

但是，"比较精确的下向因果性的概念"是什么？这首先依赖于什么是更为精确的因果性概念。由于下向因果的概念是要表明由部分组成的系统整体反过来对组成部分发生因果作用，就使得许多哲学家认为，传统的即流行于现代科学和现代哲学的因果性概念已经不适用于表达下向因果关系，因而主张先修改因果性概念，再来讨论突现性质的下向因果关系。关于这个问题比较有代表性的意见，是 Claus Emmeche 等三人在 2000 年写的一篇论文"Levels, Emergence, and Three Versions of Downward Causation"。他们在这篇论文中提出要改变现行的将因果关系的概念看作作用因果性（efficient causality）的概念，他们说："如果下向因果关系被视为作用

---

① "It is critically important to the emergentists that emergent properties have distinctive causal powers of their own, irreducible to the causal powers of their base properties. Properties that are lacking in causal powers-that is, whose possession by an object makes no difference to the causal potential of the object-would be of no interest to anyone." [Jaegwon Kim: "Emergence: Core ideas and issues", *Synthese* (2006) 151, pp. 547-559]

② "While the systems scientist, Heylighen in Brussels University points out the sense of downward causation: Since emergence is a rather slippery concept, which has been defined in manv different ways, most of which ale highly ambiguous or fuzzy, I prefer to express this idea with the more Dre-cise concept of downward causation." (F. Heylighen, "Downward Causation," *Principia Cybernetica* Web: http://pespmcl. vub. ac. be/DOWNCAUS. html 1995, p. 1)

因果性的一个例（instance），那么它将成为该概念的一种‘强形式’，我们将看到，这不会是一种可行的形式。所以因果性的概念应该加以扩大，使得下向因果关系有意义。”[①] 他们的基本看法是要恢复亚里士多德的四因论，使之能看到下向因果关系的含义，而下向因果关系只不过是“高层次约束低层次过程的一种纯粹形式因”[②]。最近 Alicia Juarrero 发表了一本著作《行为的动力学》和许多论文，也谈到要修改现行的因果性概念。她说：“特别是，当讨论到自我指称和展示跨层级之间的作用的层级系统时，因果性概念自身必须在术语上重构概念，使它不同于桌球碰撞的机械论的遗赠品。将因果看作力的冲击（forceful impact）对于复杂系统是极不合适的。将因果理解为约束的工作展示了新的问题，导致新进路，并提出新问题。”另外，“物理稳定性、化学效率、适应性不过是同一个钱币的另一个方面：测量整体施加于组成部分的下向选择约束，复杂系统对于它的微观状态的依随性也可以看作一种‘约束的满足’，或者说，哪一些概念是适合的，哪一些概念是不太适合而需要补充的。像神经网络也是如此。进化展示了历时和共时的约束”[③]。

---

① Claus Emmeche, Simo Kcppe and Frederik Stjernfeh, “Levels, Emergence, and Three Versions of Downward Causation”. In P. B. Andersen, Claus Emmeche, N. O. Finnemann & P. V. Christiansen (eds.), *Downward Causation*. Aarhus, Denmark: University of Aarhus Press. They said: Very often “causality” is implicitly equated with the usual notion of efficient causality, but if downward causation is regarded as an instance of efficient causality it will form a “strong version” of the coneept, which, as we shall see, is not a plausible one. (p. 17)

② Ibid., p. 23. “We ascribe the purely formal cause on the higher level……to constrain lower level processes.”

③ Alicia Juarrero (1995), *Causality as Constraint*. “In particular, when dealing with hierarchical systems that are self-referential and display inter-level effects, the notion of causality itself must be reconceptualized in terms other than that of the billiard-ball, collision conception which is the legacy of mechanism. Understanding causality as the workings of constraint reveals new questions leading to interesting new avenues of research, and renders other questions moot.” “In turn, physical stabihty, chemical efficiency, and fitness are the other side of the constraint coin: measures of top-down selectionist constraints which wholes exert on their components. The ‘superveníenee’ which complex systems display with respect to their microstates can also better be understood as a version of ‘weak constraint. satisfaction,’ in the sense used by Neural networks. In addition. one must keep in mind that evolving systems exhibit diachronic as well as synchronic constraints.” http://pespmel.vub.ac.be/Einmag_ Abstr/AJuarrero.html.

我们很佩服作者的勇气和创新，不过在我们决定是否需要修改现行因果性概念之前，我们不妨仔细研究一下现行的因果关系概念是否适合于表达下向因果性的概念。下面我们将要说明，现行的因果性概念必须补充一个信息因的概念，才能解释清楚下向因果的各种类型：约束、选择与控制。我们将要说明在下向因果关系中，约束、选择与控制的作用，主要是由信息而引起的因果关系的表现。

第五节　下向约束因

我们在上面已经讨论过，下向因果关系的概念是与传统的因果观念特别是与休谟及其后继者的条件因的概念以及洛克及其后继者的非还原物理主义的因果力概念基本上是相容的。因此我们不需要像 A. Juarrero 那样用特殊的作用因“约束”来代替整个传统的作用因的概念，相反我们还要用作用因和过程因的概念来对下向因果概念做部分的解释。复杂系统结构的下向因果关系或下向因果作用有三种形式，这就是下向约束、下向选择和下向控制。从本节开始，我们就要讨论这几种复杂系统中下向因果关系的形式。首先我们来讨论下向约束。

下向因果关系的原始思想，早在英国突现主义那里就已经有了萌芽。摩根在他的《突现进化论》一书中曾经说过：“在任何给定的层次上是什么东西的突现提供了一个实例呢，那就是我所说的在低层次中所没有实例的新种类的关系。世界因出现生命和意识关系而大大丰富了……但当某种新种类关系依随而生（例如在生命层次上），则生命阶段所包含的物理事件的过程方式因生命出现而迥然不同，不同于生命尚未出现时的情况……这将如何表达这事呢？我会说，这些低层事件出现的新方式依赖于新种类的关系，即亚历山大所说的突现性。”①

怀特海从他的过程哲学出发，认为世界的终极实在是过程的有机体。他说：“持续的具体实体是有机体，所以整体的结构图式影响着它的从属组织的各种各样的特征。以一个动物为例，心理状态进入了整体机体的构成中，并从而对于一连串的从属机体，一直到最小的机体——电子都有影响和修正。因此，生物体内的电子，由于身体结构的缘故，与体外的电子是不同的。电子在体内和体外，都盲目运行，但在体内时则遵循体内的性质运行。换句话说，便是遵照身体的一般结构运行，而这一结构便包含心理状态在内。这性状更改的原理在自然界中是很普遍的，绝不是生物独有的特征。”②

在这里，摩根和怀特海事实上都谈到下向因果关系，他们将高层级实体看作一种过程结构、一种有机的复杂系统，对它们的组成部分的行为发生“影响”（influence）“修改”（modify），并将这种下向的影响和修改作用视为自然界的普遍原理。

不过，这种下向影响、修改以及后来说得准确的概念“下向约

---

① Morgan, C. L. 1923. *Emergent Evolution.* Williams and Norgate LTD. London: 1927. pp. 15 - 16. “Now what emerges at any given level affords an instance of what I speak of as a new kind of related - ness of which there are no instances at lower levels. The world has been successivelv enriched through the advent of vital and of conscious relations……But when some new kind of relatedness is supervenient (say at the level of life), the way in which the physical events which are involved run their course is different in virtue of its presence—different from what it would have been if life had been absent……How, then, shall we give expression to it? I shall say that this new manner in which lower events happen—this touch of novelty in evolutionary advance—*depends* on the new kind of relatedness which is expressed in that which Mr. Alexander speaks of as an emergent quality.”

② Whitehead 1925, *Science and the Modern World.* New York: The Free Press. Shanghai Education Publishing Company of Foreign Language. p. 109: “The concrete enduring entities are organisms, so that the plan of the whole influences the very characters of the subordinate organisms which enter into it. In the case of an animal, the mental states enter into the plan of the total organism and thus modify the plans of successive subordinate organisms until the ultimate smallest organisms, such as electrons are reached. Thus, an electron within a living body is different from an electron outside it, by reason of the plan of the body. The electron blindly runs either within or without the body; but it runs within the body in accordance with its character within the body; that is to say, in accordance with the general plan of the body, and this plan includes its mental state. But the principle of modification is perfectly general throughout nature, and represents no property peculiar to living bodies”.

束”是如何发生的呢？整体由部分组成，是部分相互作用的结果，它怎样可能反过来又影响、修改和约束自己呢？这个问题对于聚合的加和系统来说是不可理解的，甚至认为这等于承认一种外来的“活力”，但是近年来发展起来的复杂自组织系统理论，解开了这个死结。因此让我们在这里从最简单的复杂自组织系统开始说明这个问题。

研究自组织突现过程的典型案例是贝纳德卷筒，即一个平底容器的液体在底部均匀加热，而上部自然冷却，当温差到达一定临界点，导致形成对流层。这种对流层从上端看形成十分规则的六角形元胞，叫作贝纳德元胞，从侧面看，液体分子形成由下而上又由上而下（或由上而下又由下而上）的有规则地运动着的滚筒。（见图8—11 a）

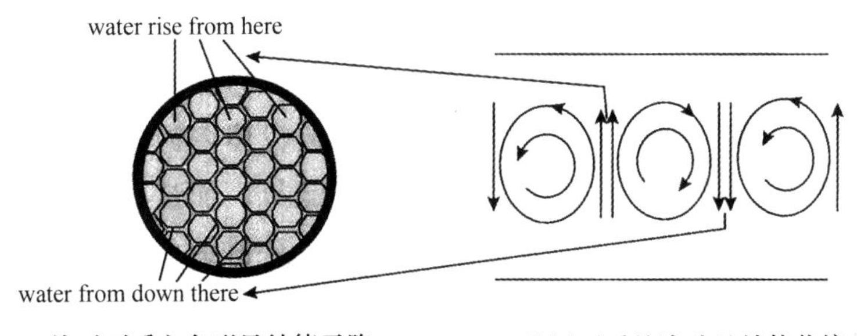

a.从正面看六角形贝纳德元胞　　b. 从侧面看的滚动贝纳德花纹

图8—11　六角形贝纳德元胞

但这只是在环境温度达到一定临界点时才出现的过程结构，在此以前液体分子或流体元素之间只有局域性的相互作用，这些局域性相互作用不相联系，知道某部分局域性信息不能推断其他部分的局域性信息。在液体被加热的例子中，在贝纳德卷筒形成之前，零散的局域的对流圈偶尔也形成，但受到环境的抑制，因而分子的运动只遵循统计的规律，这是一种抵偿与抹平的动力学。

但通过自组织从局域性相互作用导致和进展到全局性的相互作

用之后，情况发生根本的变化，你知道卷筒形一面的分子运动是下行的，那在卷筒的另一面，分子就是上行的。因为所有卷筒的大小和形状是相同的，出现了对称的协同的对流的“集体效应”（over-all effect）。你知道一个卷筒中分子运动的旋转方向是顺时针的，你就会预见到邻近一个卷筒旋转运动的方向是逆时针的，如此类推。因为这里的流体运动已经形成了宏观的规律，它的行为服从于这种规律，所以就可以利用这种规律对宏观现象进行预测和解释。

复杂系统自组织的理论向我们表明，这个局域相互作用到全局性组织过程是通过突变、分叉而达到的。也就是说，它达到的全局性的稳定构型或稳定宏观模式，可能有好几个，就像一个醉汉走到有好几个分叉的路口时一样，他究竟会走哪条路，在此，随机偶然性起了决定性的作用。没有任何一个稳定的构型或模式被偏爱或被预先设计和被预先选择。例如，在贝纳德六角形元胞的对流层中六角形中心的分子是向上的还是向下的，这完全是随机起伏的事，所以叫作由涨落来决定。

这里，我们需要注意的是：像贝纳德元胞这样的复杂自组织系统，按照它们起作用的尺度与范围的大小，有二三个层级的系统和三个层级的动力学：“微观动力学”（Micro-Dynamics）、“宏观动力学”和“环境动力学”（Macro-Dynamics and Environment Dynamics of Emergence）。[①]

（1）流体元素或液体分子的层级，它们之间发生局域的相互作用。这就是分子的随机运动和未形成贝纳德元胞时它们的局域的对流圈，这就是流体的局部的动力学（Local Dynamics of the Fluid）或微观动力学。即使在贝纳德元胞形成之后，分子之间这种短程的随机运动和相互作用依然存在，表现为分子对邻近分子之间的相互排斥和相互碰撞并存在一种对整体序的偏离。

① Zhang Huaxia, “Exploring Dynamics of Emergence,” *Systems Research and Behavioral Science Syst. Res.* 24（2007）, pp. 431 – 443.

（2）贝纳德元胞的宏观动力学或整体动力学，它们是分子之间的长程的和大尺度的（每一个分子与元胞中所有分子相耦合）整体相互作用的过程。这是贝纳德元胞的整体过程结构形成的从微观到宏观的机制，它形成后就有自己的稳定性、持续性、自我维持性和Self-identify（自我识别性）的规律。这正如普利高津所说的“这种流体动力学结构是一个案例，说明（许多宏观性质赖以生成的）结构不是由永恒的组元所组成的结构，而本质上是过程的结构”[①]。有关过程结构的本体论意义，以及它的参量对其组元的行为构成脉络敏感的约束（context-sensitive constrains），我们将在后面加以阐明。

（3）环境动力学：贝纳德元胞的形成和它的有序结构是在一定环境下出现的，这就是特定的温差，即温度梯度。温度的概念和其他案例中的其他序参量、控制参量一样，不是微观分子的概念，而是宏观概念，特别是与环境有关的变量。只有当这种变量使整个系统环境处于混沌的边缘时，贝纳德元胞这些复杂系统才会出现。“自组织研究者运用科学的，可控的实验方法来研究自组织的微观机制，可是他们常常没有注意到，混沌边缘的环境及其控制参数都属于宏观条件。”[②]

三种不同的结构、三种不同的观念、三种不同的过程、三种不同的规律和三种不同的动力学，使我们想说，这里是有三种不同的事物，它们是相互关联的但又相对独立的，切不可将它们混淆了。微观分子虽然组成了贝纳德元胞，但它们的行为不能充分决定贝纳德元胞的出现，更不能决定整个外部的条件，相反，分子的行为除了部分地由它们自己决定之外，在复杂系统中，它们还取决于混淆边缘的外部环境条件，以及对环境有着脉络敏感性的宏观整体。在一定的阈值中，环境敏感地决定着宏观型构、宏观的动力学，贝纳德宏观对流层调整了、修正了流体分子的行为轨线，或压制了

---

① E. Jantsch, *The Self-Organizing Universe*, Pergemon Press, 1980, p. 24.

② Zhang Huaxia, “Exploring Dynamics of Emergence,” *Systems Research and Behavioral Science-Syst. Res.* 24 (2007), pp. 431 –443.

（suppress or overthrow）微观局部动力行为的偏离。这就是复杂系统及其环境对微观分子行为的下向约束。它的触发因是环境过程、系统元素局域因果过程的交叉点，在那里交换了负熵产生了结构信息，产生了一种约束，改变了诸多元素的因果过程，使它成为全局性的、有序的、协同一致的新的因果过程。

这里“约束”一词指的是它的约束者不是分子行为的（INUS条件意义上的）“全原因”而只是它们行为的部分原因，它没有完全决定结果的行为，只是限制了结果的行为某些状态、某些方面、某些特征和某些自由度。这就为我们在第二节中讨论的将 INUS“充分条件组”做出三个层次上的分配，即划分为上向、下向和同层因果关系提供了一个复杂系统理论和实验的证据。

从本章第三节讨论的过程因来看，在微观动力学领域存在着以单个分子为中心的诸多微观元素的因果过程及因果相互作用（即过程交叉）的过程。这些诸多的微观因果过程及其相互作用，可以用 L_1，L_2，…，L_m 来加以表示。这是一系列短程的随机因果过程。

在宏观动力学方面，这些微观局域、短程的因果过程，因环境参量的变化，发生一个巨大的因果过程之间的交叉，通过突变、分叉和偶然的选择，产生了一个整体的新的综合的宏观有结构的、有序的因果过程。记作 M_i，i 是几个序参量竞争协同的结果，于是在过程因果图中出现如下的因果线，见图 8—12。

在环境动力学中，环境是一个高层级的独立变量。它在自组织中表现为一个独立的因果过程，是它给系统携带了负熵导致了宏观的结构过程和约束信息，改变了原来的系统元素的因果过程及其相互作用。请注意，这里“输入负熵”就导致了一个信息因的作用。因为，按照信息论创始人申农的原初定义，信息就是“不确定性的消除”，是多样性的测量，这个测量的公式就是带负号的熵，令它为 H，有公式 $H = -N\sum_{i=1}^{n} P_i \log_2 P_i$。熵是系统无组织程度的测量，负熵就是有组织程度的表征。图 8—12 中输入负熵在自组织过程中产生了元素相互作用的对称性破缺。这就将系统的内部信息，即结构信息带入非平衡有序过程 M_i 中，它成为一个信息因，约束着系统元素的全局性因果线的出现，即 L′的出现。因此作为自组织系统的下向约束为标志的下向因果关系，根源于结构信息的支配。它必须遵循能量守恒定律，是过程守恒量的交换，但没有信息，这种守恒量交换是无头无脑无秩序的，只有信息才能决定这些物质能量如何变成有组织的，所以决定这个秩序的原因不是物质因，不是能量因，而是信息因。

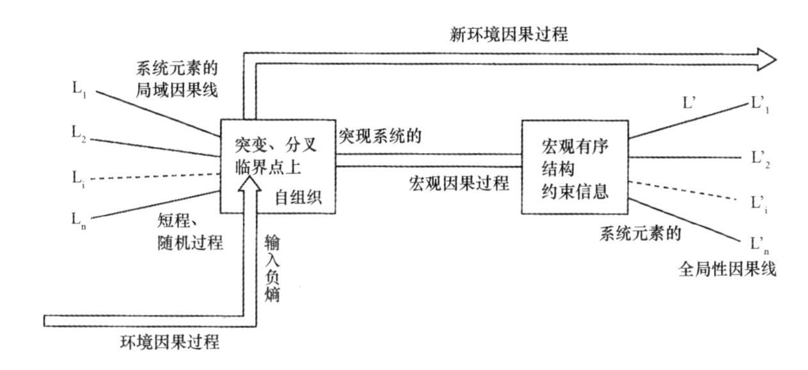

图 8—12　自组织约束因的因果过程

其实下向约束这个结论可以由高层次具有自己独特的定律加以推出。艾什比曾经说过，如果将约束看作对自由度和变异度的限制，则“由于每一自然定律总意味着有不变量的存在，所以每一自然定律就是一种约束，事实上定律，只是约束二字的同义语。”(As every law of nature existence of an invariant, it follows that every law of nature is a constraint)① “没有约束的世界是混乱不堪的世界。”② 复杂系统的整体及其规律给其组成元素加上一个“序”，

---

① W. R. Ashby, *An Introduction to Cybernetics*, London Chapman & Hall Ltd, 1957, p. 131. ［英］W. R 艾什比：《控制论导论》，张理京译，科学出版社 1965 年版，第 129—130 页 (7. 15 节)。

② W. R. Ashby, *An Introduction to Cybernetics*, p. 131.

所以就是一种约束。依据怀特海的上述话语，“约束”一词的含义就是，它们“要遵循高层次的性质、结构和规律运行”的程度。

第六节 下向选择因

下向因果关系和信息因的第二种形式是下向选择。选择也是对低层级产生的多样形式进行约束，这种约束的特点是：淘汰那些不适应环境的形式，保留那些适应环境的形式。并不像上节所说的在临界点上由随机偶然性来决定哪一种宏观形式。唐纳德·坎贝尔（D. T. Campbell）曾经对进化认识论或广义进化论做出这样的概括“盲目的多样性与选择保留”（bind variation and selection retention）[①]。就在同一年，即 1974 年，他根据这个广义进化论的思想，提出了下向因果关系的概念。他在《在层级地组织起来的系统中的下向因果关系》一文中写道：“所谓下向因果关系原理就是处于层级的低层次的所有过程到受到高层次定律的约束，并遵照这些规律行事。”[②]（Processes at the lower level of a hierarchy are restrained by and act in conformity to the laws of the higher levels）这些定律作为进化的选择系统定律起作用，这是不能由物理、化学定律来进行描述的。“这些高层次选择系统的定律，部分地决定低层次事件与实体的分布。”（The laws of he higher-level selection system determine in part the distribution of lower-level events and substances）这就是下向因果规律，坎贝尔解释道：“下向因果……如果是一种因果关系，那它就是一种自然选择和控制的间接变种，它是由进行选择的系统

① Donald T. Campbell, “Evolutionary Epistemology,” in D. T. Campbell, ed., *Methodology and Epistemology*, 1974.

② Donald T. Campbell, “Downward Causation in Hierarchically Organized Biological Systems,” in F. J. Ayala and T. Dobzhansky, eds., *Studies in the Philosophy of Biology: Reduction and Related Problems*, Berkeley and Los Angeles: University of California Press, 1974, p. 176.

造成的原因，这些系统编织着直接物理原因的产物。”[①]（Downward causation……If it is causation，it is the back-handed variety of natural selection and cybernetics，causation by a selective system which edits the products of direct physical causation）这里坎贝尔使用下向因果的概念是比较谨慎的，他指出下向因果关系对于其组成元素的作用不是“直接原因”（direct causation），而是间接原因（back-handed cause）。坎贝尔运用白蚁和蚂蚁中兵蚁的额骨钳夹结构来说明这个问题。这些蚁的额部构型及其相应的肌肉的布置完全符合阿基米德的宏观物理学的杠杆原理，其铰链以最合适的距离发出最大的力，其中包含组成肌肉和外壳的蛋白质的结构特征以及其中的分子与原子的或强或弱的协同作用过程。尽管合乎杠杆原理的兵蚁的宏观有机体的操作规则可用蛋白质的分布来解释，而蛋白质分布又可用DNA 模板的复制来加以说明，但这是上向因果关系。这种上向因果关系已经比自组织中的耗散结构组织高了一级，因为它是一个有复杂编码的信息传递过程的结果，而不单是物质与能量的传输。但是，自然选择却是造成这种额部最优效率的原因，是形成兵蚁额部的蛋白质分布及其 DNA 模板的原因，而选择的对象是有信息编码并有不同功能的生命信息及其载体。这是下向因果关系和下向因果律，它需要用整个自然环境选择来加以解释。这种下向因果关系的作用可用图 8—13 来加以说明。

他所留下的问题是：为什么“选择”“约束”和“控制”（这几个词他都提到）可以看作作用的因果关系（作用因）呢？而且是与物质、能量传输不同的信息因？他对这个问题没有详细说明。所以他写道：“‘下向因果关系’的表达是‘笨拙’的，并且遗憾的是这与哲学分析通常向我们展示的‘原因’一词的意义有所不

---

① Donald T. Campbell，“Downward Causation in Hierarchically Organized Biological Systems，” in F. J. Ayala and T. Dobzhansky，eds.，*Studies in the Philosophy of Biology*：*Reducion and Related Problems*，pp. 180 – 181.

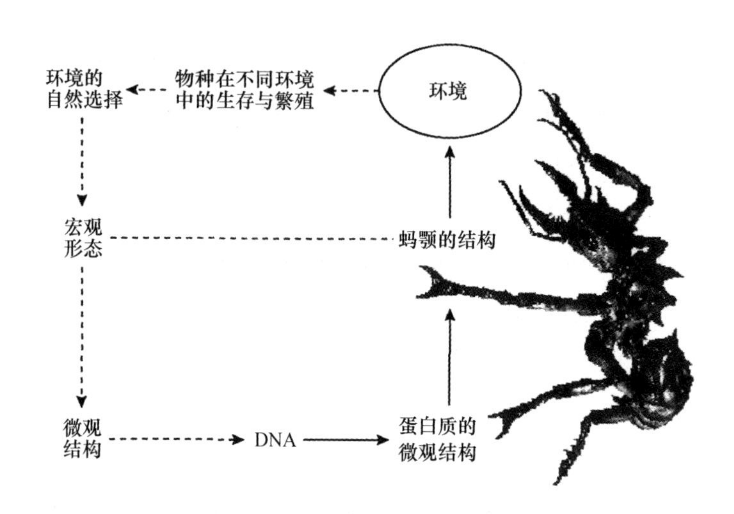

图8—13 坎贝尔的上向因果关系和下向因果关系示意

注：带箭头的实线为上向因果关系，带箭头的虚线为下向因果关系。

同，由此造成一种混乱。”[①]（That the expression “downward causation” is “awkward” and excusable only because of the shambles that philosophical analysis has revealed in our common sense meanings of “cause”）那么他认为作为选择的下向因果关系所表示的“原因”概念与哲学分析中展示的“原因”概念到底有什么不同呢？依我们的解读，他主要指的是两点：（1）根据休谟的“原因”概念，这里包括了原因与结果的邻接性。而选择因，从环境的变化到物种的竞争、淘汰到保存下来的物种的适应环境的功能之间有一个很长的亿万年的历史过程。这个问题就是从原因到结果之间有了“间隙”（gap）问题。（2）环境选择系统的作用，是不是具有物理因果力的作用呢？环境的选择不是直接物理原因，而是编辑、重组了物理原因的间接原因。那么这种间接的物理作用按哲学上的因果概念是

① Donald T. Campbell, “Downward Causation in Hierarchically Organized Biological Systems,” in F. J. Ayala and T. Dobzhansky, eds., *Studies in the Philosophy of Biology: Reduction and Related Problems*, p. 180.

否也算是具有因果力的作用呢？是不是只具有质量—能量或其他守恒量的传递或转移的作用？对于第一个问题，我们可以作这样的回答：自然选择和物种的适应性功能（例如兵蚁的额结构）之间的时间间隙，可以通过因果关系的可传递性来解释，即使经过亿万年也可以插入原因可传递性造成的因果链将它们“邻接起来”。这是与哲学分析的条件因完全协调的，但比邻接因高了一级，它是通过一系列物质、能量和信息的传递的复杂条件因，正如波兰尼所说的是“施加了约束物理和化学定律的一系列有组织的边界条件”[①] 的结果。

至于第二个问题，坎贝尔可能误解了，因为环境选择系统对物种基因的选择具有因果作用，在哲学分析的条件因和作用因果力乃至过程因的概念中也是完全肯定的或完全相容的。在兵蚁额骨的形成过程中，的确有力、物质/能量转移到那里去，问题只是这里涉及的是物理学家的物理因果力的概念，这个因果力与能量传递相联系，并且在物理世界中是封闭的，要说明这种下向的原因的“间接变种”并符合“物理世界中物理因果力的封闭性原理”，这就不是那么容易了。因为这里环境作为原因，并没有将它的物质、能量和因果力直接转移到兵蚁的结构和额骨中去，而是作为复杂边界条件起到选择作用。哲学家波普尔很理解这个问题的难处，让我们先分析波普尔对下向因果关系的分析。

英国哲学家卡尔·波普尔（1977）很快支持了坎贝尔的下向因果的观点并对它作了如下的扩展解释：我们说的下向因果关系，就是指一种较高层级的结构对它的次级结构起着原因的作用。理解下向因果关系的困难就在于此。我们认为，我们能够理解一个系统的次级结构如何协同地去影响整个系统，这就是说，我们认为，我们能够理解上向因果关系，但是反之就很难设想。因为一组次级结构

① Michael Polanyi, “Life's Irreducible Stucture,” *Science* 160 (1968), pp. 1308 – 1309.

似乎无论如何在因果关系上总是相互作用而产生任何情况的，而对于上面来的影响与作用，没有留下任何余地和任何的开放性。正是这种情况导致我们用分子或其他基本粒子来解释每一件事的启发式要求（一种有时被称为“还原论”的要求）。

“下向因果关系有时候至少可以解释为作用于随机涨落的基本粒子上的选择操作。基本粒子运动的随机性（通常称为分子混沌状态）为较高一级结构的干预提供机会。一种随机运动，当它顺应较高一级结构时就被接受下来，不然的话就遭排除……选择压力可以通过选择对具体的生命机体产生一种下向作用，这种作用也许可以用由遗传连接的世世代代的漫长序列来加以放大。”①

坎贝尔只谈到作为生态系统的一部分的生存环境通过生物物种的生存与死亡来选择物理化学的一定组织形式DNA。这是高层次物质系统“编辑”了和“组织”了直接物理原因的产物，那么这种生态“力”（power）或生物“力”是不是一种物理化学的“力”呢？波普尔看出，如果说是，那就是循环论证，并且和“因果力在物理世界上是封闭的”。而他是不同意“因果力在物理世界上是封闭的”。如果说不是，那就应该有一个“开放的宇宙”（Open Uni-

---

① K. Popper, “Natural Selection and the Emergence of Mind,” *Dialectica* Vol. 32. Issue 3 - 4. December 1978, p. 348. 中译文见［英］K. 波普尔《自然选择和精神的出现》，《自然科学哲学问题丛刊》1980年第1期。有关原文是：We may speak of downward causation whenever a higher structure operates causally upon its substructure. The difficulty of understanding downward causation is this. We think we can understand how the substructures of a system cooperate to affect the whole system; that is to say, we think that we understand upward causation. But the opposite is very difficult to envisage. For the set of substructures, it seems, interacts causally in any case, and there is no room, no opening, for an action from above to interfere. It is this that leads to the heuristic demand that we explain everything in terms of molecular or other elementary particles (a demand that is sometimes called “reductionism”) I suggest that downward causation can sometimes at least be explained as selection operaing on the randomly fluctuating elementary particles. The randomness of the movements of the elementary particles-often called “molecular chaos” -provides. as it were, the opening for the higher-level structure to interfere. A random movement is accepted when it fits into the higher level structure; otherwise it is rejected. ……Selection pressures, can, by selection, have a downward effect on the concrete living organism-an effect that may be amplified by a long sequence of generations linked by heredity.

verse)。所以他在《开放的宇宙》一书中，将世界1看作物理世界(包括化学和生物学的世界)，而“物质世界1在因果关系上不是封闭的，而是向世界2开放，向精神状态和事件开放的”[①]。

波普尔“开放宇宙”就是承认物理世界在因果力上应向非物理世界开放，即向独立的心灵世界和作为世界3的客观的观念世界开放。但我们不想沿波普尔的思路走上一条承认柏拉图和黑格尔的客观观念世界的路。我们怎样能够从“因果力在物理世界中是封闭的”与“高层次系统（例如生态系统和生物系统）确实对物理世界诸元素起因果的作用”之间的狭缝中闯出一条中间道路来呢？哥里克（R. V. Gulick）提出了他的因果活性选择论来解决这个问题。他说：“一个可能的解决方案将集中到这样的方面：高层级结构模式也许包括对低层级因果力的选择活性。”[②] 这就是说，环境通过生物系统的生存竞争对低层级的选择，例如DNA结构的选择，并不是选择这些低层次要素的某些因果力，淘汰其中另一种因果力，因为这就可能违反能量守恒原理了，而是重新安排低层级物理化学要素的因果力活性，抑制其中分子结构的某些活性，激活另一些分子结构的活性，从而使他们服从自然选择的高层级进化定律，又不违反低层级物理化学定律，例如能量守恒定律。他又说：“高层级系统的结构模式可以影响它们的组成元素的哪些因果力是活性的或像是有活性的。一个给定的物理组分可以有许多因果力，但其中只有某些元素，在特定的情景下是活性的（will be active）。而包含这些组分的大的脉络（即结构模式）会影响这些因果力获得活性。所以整体不是部分的简单的函数，整体至少可以决定它的部分（在因果

① Karl Popper, *The Open University: An Argument for Indeterminism*, ed. W. W. Bartley, Hutchinson, London, 1982, pp. 114, 156.

② R. V. Gulick, "Reduction, Emergence, and the Mind/Body Problem," in Nancey C. Murphy, William R. Stoeger, eds., *Evolution and Emergence* (Oxford University Press, 2007), p. 65. (One possible solution would focus on the respect in which higher-order patterns might involve the selective activation of lower-order causal powers.)

力上）做出什么样的贡献。”①

我们在前面曾经说过，这个问题在分子生物学中是十分明显的。一个生物有机体是一个宏观网络系统，它包含的细胞具有大体相同的结构，为什么在身体中不同器官的细胞之间会如此千差万别呢？肝中的细胞、神经细胞、心脏中的细胞之所以不同是因为它们有不同的基因活性类型，生物整体结构（例如人体结构）提供的信息编码足以通过不同的催化酶激化它们的化学反应生产出几十万种不同的蛋白质，环境与生物宏观结构的下向因果作用通过它们对有机体物理化学成分的反应的活性选择而发挥作用。

看来哥里克的论证可以避免生态环境与宏观生物定律对于物理化学的微观结构的“直接干预”，从而违反了物理世界的守恒定律和物理世界对于因果力是封闭的原则，而又保持了自然选择、宏观生物系统结构对于微观物理化学结构行为的下向因果影响力，迫使物理主义承认在自然选择和宏观生物形态变化中，物理化学的定律只起到非充分决定性（underdetermination）的作用。这种情况对于我们在上一节中讨论的贝纳德元胞的例子也同样有效：液体分子或流体元素依它们的局域相互作用的行为与规律对于贝纳德元胞的形成也是非充分决定的，这就为环境与客观控制参量（主要是温度梯度）做出一种下向约束、干预和选择作用提供了波普尔所说的“开放性”（openess）和“余地”（room）。但是对于哥里克的论证还可以提出异议说：难道生态环境变化和宏观生物结构对物理化学元素相互作用的因果力的活性选择不也是一种作用因吗？这种作用因虽然从物理化学的变化中突现出来，但它的作用不也违反了物理世界

① R. V. Gulick, “Who's in Charge Here? and Who's Doing All the Work?” in Nancey C. Murphy, William R. Stoeger, eds., *Evolution and Emergence*, p. 83. （“Such patterns can affect which causal powers of their constituents are activated or likely to be activated. A given physical consituent may have many causal powers, but only some subset of them will be active in a given situation. The larger context (i. e. the pattern) of which it is a part may affect which of its causal powers get activated. Thus, the whole is not any simple function of its parts, since the whole at least partially determines what contributions are made by its parts.”）

因果（力）封闭的原理吗？不过问题在于：这里没有说明被封闭的是什么因果力？是作为必要条件被封闭还是作为充分条件被封闭？我们首先需要注意的是，生物系统及其环境对物理系统因果力的活性选择作用本身，并不是一种我们在第四节中所说的物理因果力。所以即使有这种下向作用因的存在，也并不违反“物理因果力在物理世界是封闭的”这个原则，即虽然有一种外加的因果作用进入物理世界，它可以不违反质量或能量守恒定律。这就是我们在第四节中要区分两种因果力概念的原因。我们说过有两种因果力的概念，一种是洛克首创的作用因果力的概念，它不局限于需要能量传递的因果关系、因果作用。第二种因果力的概念是邦格、沙尔蒙等人首创的因果力，它用传递能量或传递守恒量来做充分必要条件的定义。不过如果我们将物理世界进一步加以推广，推广到包括生物世界，甚至包括人类社会，将这个世界称为物质世界，则“物质世界对物理因果力仍然可以是封闭的”，只是它对信息因果作用或心灵因果关系是开放的。因为信息是不遵循信息守恒定律的。在宇宙大爆炸开始后 10^{-43}秒（普朗克时间）时，宇宙只能处理 1 比特的信息，而现在却可以处理 10^{120}比特的信息。[①] 所以宇宙早就向信息开放了。这是信息本身的性质决定的。信息就是负熵。熵是不守恒的，否则就违反热力学第二定律。但是熵是可以干事情，尤其是负熵是可以下事情的。前者起到破坏有序结构的作用，后者起到保持、促进有序结构发展的作用。生命的进行就是靠着信息向前突进。至于心灵对于物质世界的作用是一种精神原因，是一种特殊的信息因果作用。当然它实实在在地对人类的身体和神经系统发生影响。但这种影响对于物质世界的变化是充分条件呢还是必要条件呢？如果是充分条件，则这种信息因果作用和心灵因果作用便是违反了“物质世界对物理因果力是封闭的”原则。问题在于它们只是

---

① P. Clayton and Davies, eds., *The Re-Emergence of Emergence*, Oxford University Press. 2006, p. 50.

作为必要条件起作用。没有什么纯粹的信息、纯粹的心灵，它需要有（即使很少的）物质、能量作为载体才能发挥作用。作为信息的心灵是与神经状态缠结或结合在一起才发挥充分原因作用的。因此，心灵是实在的，心灵原因是存在的，物理世界是因果地封闭的，这三者是相容的。这可能是解决心灵的下向因果关系问题的关键所在，也是解决其他高层次系统组织的下向因果关系与"因果力在广义的物理世界中是封闭的"原理同时并存的难题之关键所在。这正像控制论创始人维纳所说的那样，"机械大脑不能像初期唯物论者所主张的'如同肝脏分泌胆汁'那样分泌出思想来，也不能认为它像肌肉发出动作那样能以能量的形式发出思想来。信息就是信息，不是物质也不是能量，不承认这一点的唯物论，在今天就不能存在下去"[①]。不过我们要给维纳补充一点：信息是与物质、能量相缠结、相结合而发挥作用的。有关这一点在下一节讨论下向控制中，特别在图8—14中看得很清楚：所有这些控制都是传感器和执行器以上的信息流与传感器和执行器以下的物质动力流相结合的结果。

第七节 下向控制因

所谓控制就是通过信息的反馈对一个变量或一组变量的集合Q的可能状态进行约束，使之保持一个特定状态，或特定状态的阈值Q（这里暂不讨论无信息反馈的或前馈的约束即所谓"无馈控制"或"前馈控制"）。例如身体通过出汗或发抖以及调节内分泌等方式使体温保持在36.6℃左右、人们骑自行车通过反馈信息

---

① ［美］N. 维纳：《控制论》，郝季仁译，科学出版社1962年版，第133页。英文本：Norbert Wiener，*Cybernetics*，The Massachusetts Institute of Technology John Wiley & Sons. Inc.，1949，p. 132.（The mechanical brain does not secrete thought "as the liver does bile"，as the eadier materialists claimed，nor does it put it out in the form of energy，as the muscle puts out its activi-ty. Information is information，not matter or energy. No materialism which does not admit this can survive at the present day.）

的作用使人车保持平衡不倒等都是一种控制。这里我们看到“控制”也是约束的一个类，它们都是以信息为基本特征，这种约束的类型特别强调信息流的作用。不过我们现在要讨论的不是一般的控制，而是整体与部分之间的相互控制。前面第六节中我们讨论过，当整体与部分属于不同层级时，描述整体有自己不同于描述部分的变量、谓词和语言表达，通过部分行为变化的联合作用产生整体的突现性质，这个过程叫作上向因果性，霍兰（Holland）将这个机制称为“受约束生成”（constrained generating procedures）[①]，是一种上向约束和控制。我们在第5节中讨论的自组织生成整体突现，也是一种约束与控制，在贝纳德元胞生成过程中，液体分子由短程的局域动力学进展为全局的长程关联的动力学，也是一种上向控制，海里津称它为“分布式的控制”（distributed control）[②]，也是一种上向的控制。

不过系统的控制过程，大部分表现为整体对部分的控制，这是因为控制的目标通常要用高层次的变量或谓词来表示，表达系统整体要求什么样的行为，发挥什么样的功能，达到什么样的状态，并且通过一个什么样的整体的网络，特别是信息网络来评价这些目标、确定这些目标，发出指令，对进行的结果进行比较与评价等等。而执行这个信息网络的还有一个动力学网络（即控制论所说的“执行器”），由此而决定整体的各个部分的行为。例如人体各种内分泌的调节与控制，就是一种下向控制，人们骑自行车时各种神经细胞与肌肉细胞状态变化恰到好处，以保持身体和自行车的人车动态平衡，就体现了这种下向控制关系。

现在，哲学家们对于下向控制的研究着重在对复杂系统的控制层级的阶次（orders）进行研究。它的目的是想通过不同下向控制

---

① John H. Holland, *Emergence: From Chaos to Order*, Oxford University Press, 1998, p. 125.

② F. Heylighen, “The Science of Self-organization and Adaptivity,” in L. D. Kiel, ed., *Knowledge Management, Organizational Intelligence and Learning, and Complexity*, in *The Encyclopedia of Life Support Systems* (EOLSS) (Eolss Publishers, Oxford), section 3. 3, p. 8.

层次一层层向上叠加，直至达到心灵控制的层级的阶次（order），试图为探索自由意志的突现和心灵的原因做好准备。

迪肯（T. W. Deacon）写过几篇论文，讨论下向因果关系的几个不同的阶梯。不过他不太注意通过负反馈进行控制的阶梯，他注意的是自组织的阶梯。迪肯认为，第一阶段的下向因果关系，是由系统的总体熵和热耗散这种关系对其组分的随机涨落出现的模式进行控制，使系统达到一种自稳定的状态。它的动力学是平衡动力学，是一种下向的抵偿与抹平的动力（canceling or evening ant dynamic），液体的黏性以及恒星的自稳定（引力与核爆炸的平衡）就是通过这样动力学实现的。迪肯的第二阶下向因果关系或下向控制是由自组织系统的形成和自组织系统结构对它的组成元素施加一种下向因果力和下向控制，它淘汰了一些随机涨落的自组织形式，放大其中一些自组织形式，使之在全局中占支配地位。普利高津的耗散结构、艾根的超循环、考夫曼的自催化以及迪肯喜欢例举的雪花的形成，就是在一定历史条件下放大某种自组织形式的下向因果作用或下向控制作用，其动力是放大的循环因果动力学。

迪肯认为第三种下向因果关系，是对放大了的自组织形式进行再一次因果循环放大，这是由环境的选择对自组织形式施加又一个自组织，它是自组织的自组织，自催化的再催化。这种突现及其出现的下向因果关系只有在生命中才能实现。因为生命能表征自己的自组织形式，令它繁殖放大。这种表征（如 DNA 编码）由环境选择而再一次被放大。所以迪肯说，“在这些系统中，有一个自组织与表征的协同作用，尽管哪一种自组织构型被高阶放大是不可预测的，但这类现象我们必须引进第三阶突现和下向因果控制。”[①] 迪肯称这种动力学为表征或记号的动力学。迪肯认为，从对元素组成高阶组织以及高阶组织怎样支配组元的行为与状态来说，只有一种突

---

① T. W. Deacon, “The Hierarchic Logic of Emergence: Untangling the Interdependence of Evolution and Self-organization,” in *Evolution and Learning: The Baldwin Effect Reconsidered*, Cambridge MA: MIT Press, 2003, pp. 273 - 308.

现和三种下向因果关系。因为第三种突现已包含对形态的表征，所以不能有第四阶突现和第三阶放大。这可能是迪肯分类的一种局限，再一个局限就是他将问题的焦点放大到正反馈上，不能应用标准的控制论形式表达这些突现的阶次和下向因果阶次。为此，我们提出一个带两个正因果链的三个负反馈环并向更高反馈环开放的图式来概括迪肯的多层级控制（见图 8—14，特别是图中的输入—输出线）。

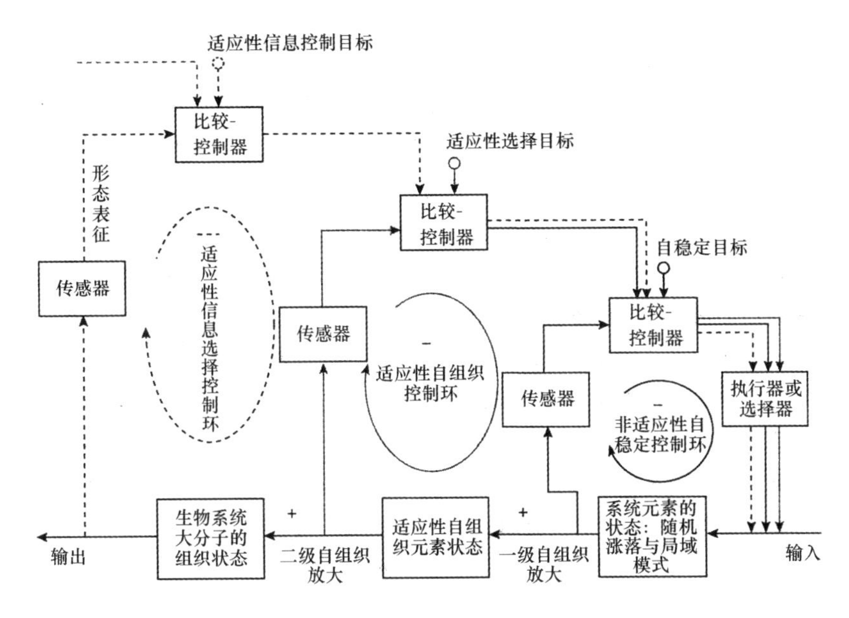

图 8—14　多层级下向控制

我们认为，艾里斯的五类下向因果关系即五类反馈控制的分类倒是相当合乎负反馈的下向控制的进化阶梯或进化模式。下面是他的分类：第一类下向控制是"算法下向因果"，即高层次变量（例如录像编成的电子程序）通过它的结构对低层次动力学（例如电子开关电路的状态变化）起到一种因果控制的作用，使得较低层次的结果总是取决于高层次结构、边界条件和初始条件。这就是控制论中的前馈控制或无馈控制。

第二类下向因果是借助于非适应性信息的控制，例如空调机对室温的调控以及骑自行车的负反馈调控就是属于这类。它的高层次目标（例如室温与人车系统的平衡）是既定的取常数的设置，它是由系统的整体行为目标来表达的，所以是一个简单的整体对部分（例如室内空气的分子运动或人们神经细胞或肌肉细胞的状态变化）的下向控制。

略去艾里斯的第一阶，他的第二阶非适应性信息控制与迪肯的第一阶自稳定控制相一致，相当于图 8—14 的自稳定控制环。

艾里斯的第三阶下向控制是适应性选择，其中较低层次的实体展示变异性。那些能比较好地适应环境的实体被选择，而其他的变体被淘汰。这个阶段的下向控制还有一个特点，就是不但被控制的低层级实体，包括各种形式的自组织突变是多样性的，而且控制的目标，即适应目标也因环境的变化而变化。所以相比第二类下向控制来说，它加上了一个元目标（Meta-purpose）来控制那个原来是常数的目标状态，使之适应作为变量的适应性目标。因此这阶段的适应性目标是对低层次控制目标的再控制。我们删去艾里斯这个阶段的有关生命的案例与内涵，使之与一般自发自组织的多样形态（各种自组织、自催化、超循环等）的选择相一致，这便是图8—14中处于中间位置的适应性自组织控制环，它给出了自稳定反馈环一个元目标：将最适的被选的自组织形态稳定下来。

艾里斯的下向控制的第四阶段被他称作“适应性信息控制”。这种控制的特点，不仅体现为因环境改变而发生行为的选择目标和选择标准的变化（或进化），而且系统可以通过学习改变它的目标并能预测未来的结果，例如山羊发现有肉食动物来袭击时，可以从找水源喝水的目标迅速转向逃离肉食动物追击的目标。这要建立一种对元目标进行再修正的元目标，所以叫作适应性信息控制，即通过获得信息来对适应性目标进行控制。将这个阶段与迪肯第三阶段统一起来，仍然称它为适应性信息控制环，用图 8—14 的“适应性信息选择控制线”表示，它给适应性自组织控制环再加上一个信息元目标，事实上包括艾里斯第三、四阶段的许多内容。

艾里斯下向控制的第五阶段，是智能下向因果关系。在这个阶段，系统能够通过意识自觉地选择行为目标和行为的方法，信息的储存、交流和运用成了一个很关键的问题。

大家知道，一个控制系统对被控对象（在这里被控对象是系统的各个组成元素的状态）的控制大致由下列几个要素组成：（1）目标变量，或目标状态，表示整体对被控制的对象所要求的行为状态。（2）控制器或比较器，表示系统从系统组成部分中收集到的信息与目标变量所表示的系统组成元素应达到的状态并做比较，从而发出指令信息到达执行器，这是一个下向信息因。执行器起到下向动力因的作用，调整组成部分的现实状态使之达到目标所要求的状态。（3）传感器，它将被控对象达到目标的实际状态以信息的形式传达到控制器以供控制器发出指令参考。（4）被控对象，在这里是系统的组成元素。这样我们得到图 8—14 的完整内容。

关于这种多层级下向控制，早在 20 世纪 70 年代已经在动物与人类的行为控制论中有很好的说明，只是没有使用下向因果关系或下向控制关系的述语。例如，纽约大学的计算机科学家，来自当时苏联的控制论专家图琴（Valentin F. Turchin）就提出了在生物与人类中控制行为的五个层级：（1）细胞兴奋是对行动的控制（水螅阶段）。（2）反射是对细胞兴奋的控制（蚂蚁阶段）。（3）联想是对反射的控制（动物纪元）。（4）思想是对联想的控制（思维纪元）。（5）文化是对思想的控制（文化纪元）。[①] 而美国芝加哥大学系统工程师感知控制论的创始人则提出人类认识的 11 层控制，这就是：强度感知、感觉、构型、事件、关系、范畴、序列、程序、原理、系统概念。[②]

这样我们已经讨论了复杂系统下向因果关系的四种基本形式：

---

① V. Turchin, "A Dialogue on Metasystem Transition," in F. Heylighen, C. Joslyn & V. Turchin, eds., *The Quantum of Evolution*, New York: Gordon and Breach Science Publishers, 1995, Chapter 3.

② 颜泽贤、范冬萍、张华夏：《系统科学导论》，人民出版社 2006 年版，第 305、312 页。

下向约束、下向选择、下向控制和心灵作用。约束、选择、控制和心灵这四个概念并不是截然分开的，在概念的外延上，约束包含选择，选择包含控制，控制包含心灵，因而后一个比前一个的内涵更丰富，它们在主要特征上都是信息因。信息因可以与传统的条件因、作用因和过程因相容。这就是实体结构主义因果观所主张的新四因论。这四种因果关系的统一和相互关系可以总结如下。（见图8—15）

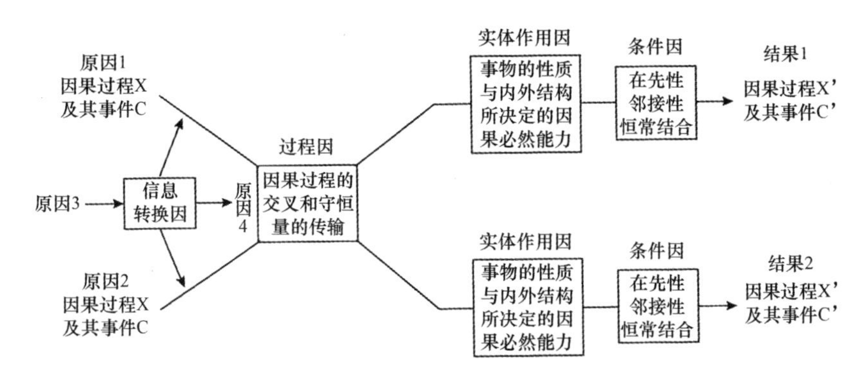

图8—15 信息因、过程因、实体作用因与条件因的四合一

第八节 精神原因

要讨论精神原因就要讨论世界的物质统一性。物理主义原来是一个很强的哲学论点，即认为世界上所有的存在的事物都是它们的物理性质的扩展（extension），所以世界上除了物理的东西什么都没有。这种观点大家很熟悉，就是唯物论，又叫作世界的物质统一性原理。三国演义最后有一回“一统归司马懿”，唯物主义最初有第一论题：“一统归物质，世界上除了物质和它的各种表现和发展阶段外什么也没有”。不过“物质”一词是比较含糊的，列宁的物质定义也比较空洞（他只是说，凡是客观的东西都是物质），其实，当时和后来唯物主义所说的物质，事实上指的是一种当时公认的有广延性的“质料”（substance），但现代物理的东西与“质料”不

同，能量、时间、空间、无质量又不占时间空间的物理力等不是原来所说的“质料”，却都属于物理的东西。所以当今讨论“世界是否有一统归属”的时候讨论的是“世界是否一统归属物理的东西（physical）”，即物理学所研究的本体论的东西。所以讨论物理主义能比唯物主义更加准确表达万物的统一性问题。

物理主义有两个学派：还原物理主义和非还原物理主义。但我个人倾向于将物理主义划分为强物理主义和弱物理主义。因为还原论题只是强物理主义和弱物理主义区分的一个标准，物理主义的强弱划分还有其他标准。强物理主义，例如当代计算主义的物理主义，可以采取非还原主义的立场，承认高层级的结构模式自己有某种独立自主性和行为规律性。而弱物理主义也可以承认物理因果的封闭性的强命题，但同时又承认精神原因的存在。弱物理主义有四个论题，即等同性论题（Identity Thesis）、依随性论题（Supervenience Thesis）、突现论题（Emergence Thesis）、因果封闭论题（Causal Closed Thesis）。这里我们只分析弱物理主义的第一论题：个案等同性论题（Token Identity Thesis），用它来分析精神原因以及精神与其他物理状态的关系。

等同性的观点也有两个学派，一个叫作类型物理主义（Type physicalism），一个叫作个案物理主义。强物理主义的类型论主张类型等同原理（Type Identity Theory），它认为，精神事件类型的性质，就是神经状态类型事件性质。类型等同原理比个案等同原理（Token Identity Theory）强得多，因为它要求有普遍严格定律决定类型上的心物等同。精神事件，例如痛（所有物种的有机体个体在所有时间里的痛感觉）这种类型的事件不是别的，它等同于大脑事件中的C神经系统的激发，就像水是H_2O和闪电是云层的一种放电一样，都是同一种类型的事情（见图8—16）。[1]

---

① Jaegwon Kim, “On the Psycho-Physical Identity Theory,” *American Philosophical Quarterly*, Ⅲ（1966）, p. 231.

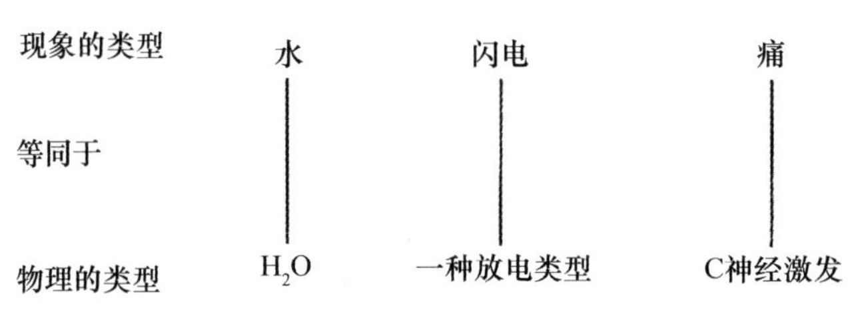

图 8—16 类型—类型等同理论

类型等同理论或型—型等同（Type-Type Identity）理论以最直接的方式来表述强物理主义的是同一性论断：性质同一性论断（Property Identity Claim），简称为 PI。

（PI）“世界上所有的性质都必然地是物理性质。”（Every property is necessarily identical with physical property）这里的物理性质，根据约定指的是微观物理的性质与状态，因为宏观或中观的物理性质可以还原为微观物理的性质。

Identity 一词很不好翻译，有时译成“等同”，有时译成“同一”，PI 用逻辑符号表示为：（1）$\square$（x）（$M_{型}$（x））$\longrightarrow$$P_{型}$（x））或（2）M = P。

但是（1）式并不是逻辑经验主义的“桥接原理”，而是一个本体论原理：型—型等同。（2）式是完全等同的意思。这是一个类似于分析的必然真，否定它会引起自相矛盾。

弱物理主义的同一论叫作个案物理主义（Token Physicalism）。Token 一词表示一种独一无二的特殊的个体，如果同一个体用两个不同的词来表示，例如启明星与暮星都是同一颗金星的 token（记号），那么就是个案等同性或记号等同性（Token Identity），Token 因此而得名。不过个案物理主义的名称更符合它的内容。个案物理主义的基本观点是：“对于所有特殊个别事态（实体、事件与过程）x，总存在特殊个别物理事态（Particular）y，使x =

y。”[1] 这里 x，y 都是特殊事态，例如特殊精神事态 x，它等同于特殊物理事态 y。

个案物理主义的创始人之一是戴维森。他提出异态一元论，是一种心理—物理个案等同性主张，它有三个基本论点：（1）所有心理事件最终都与物理事件具有因果相互作用，这叫作因果相互作用原理（the Principle of Causal Interaction）。（2）哪里有因果关系，哪里就有定律，这叫作因果性的律则原理（Principle of the Nomological Character of Causality）。（3）不存在能据以预言和解释心理事件的决定论的严格定律。这叫作精神异态论（the Anomalism of Mental）。[2] 由此，戴维森便提出了独特的精神原因理论：精神对于物质（物理的东西）有因果作用，但这种作用没有严格因果律。他认为这三个原理是协调的也只能是协调的。我认为他说得很有道理。例如自由意志就不会由严格的心理定律和物理—心理定律来解释与预言。“我突然觉得很恐怖”这是一个心理事件，它也是一个有关神经状态的物理事件。这是个案的心理—物理的等同，其他人处于我的相同的物理条件下可能没有我的那种具体的恐怖感。这就为精神因果关系留下余地。又如，有一个母亲听到她儿子被枪杀了，这个信息令她立刻晕倒，从此卧床不起，这是精神信息对她的身体物理状态的因果作用。整个过程在物质、能量和其他守恒量上是封闭守恒的。但其他的母亲在与她一样的情况下就不一定有同样的反应。我个人同意弱物理主义的这种心物等同（identity）和心物因果原理。它的意思是说不可能有一组无论怎样复杂的物理概念能唯一地将每一个心理事件识别和选择出来；而每一个心理事件不可能有唯一的一组物理事件作为结果与它相对应。这并不是说不可能有将心

---

① Daniel Stoljar, “Physicalism”, *Stanford Encyclopedia of Philosophy*. First published Feb 13, 2001; substantive revision Sep 9, 2009.

② Donald Davidson, “Mental Events,” reprinted in *Essays on Actions and Events*, Oxford: Oxford University Press, 1980. 中译本，［美］戴维森：《真理、意义与方法》，牟博译，商务印书馆 1912 年版，第 435—436 页。

理事物与物理事物联系起来的普遍陈述，但这些普遍陈述不具有决定论的严格定律性质，它们只是大致是真的，有许多例外的和不同的情况。也有一些哲学家这样反对强物理主义[①]，例如杰里·福多提出了多重实现问题来对抗强物理主义论题，所谓多重可实现(multiply realizable)，就是“世界上至少存在一种精神性质F，可以由不同的物理性质在不同场合来加以实现”。由此得出：“世界上至少存在一种精神性质F，不与作为实现者物理性质必然共外延(necessarily coextensive)。”其含义如图8—17所示。

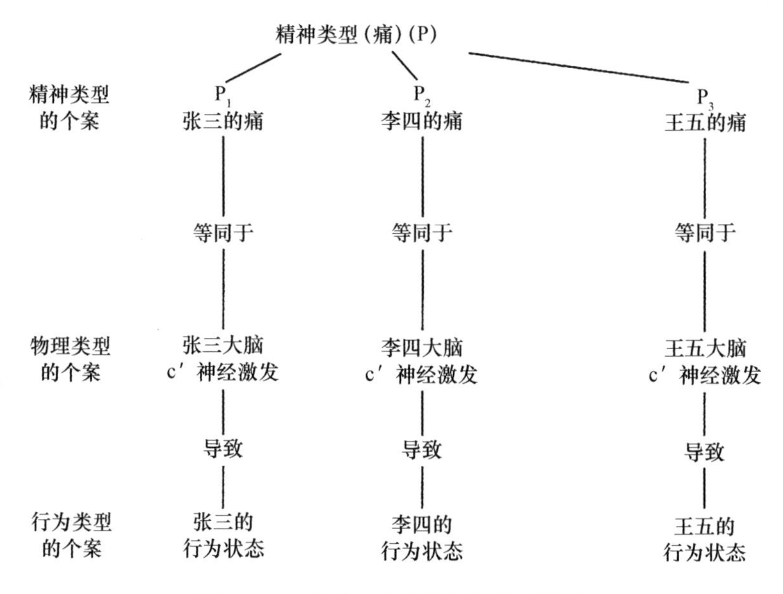

图8—17 个案—个案等同性和因果性

这就是说，张三的痛、李四的痛和王五的痛，各有各的对应神经状态和行为结果，痛是多重实现的，不仅没有共外延的神经生理状态，而且没有共外延的行为结果。

这就是心灵信息因与物理信息因的区别。

---

① Hilary Putnam, “The Nature of Mental States,” in W. H. Capitan & D. D. Merrill (eds.), *Art*, *Mind*, *and Religion*, Pittsburgh University Press, 1967.

第 九 章

自然律的结构

在第八章的前言中我们分析了科学理论的两个目的，第一个目的是发现现象、探求它背后的真实原因；第二个目的是从因果关系中进一步揭示科学事实所遵循的普遍规律，这就是自然定律。因果关系也是通过自然定律的作用而从原因导出结果的。

自然科学到处都展示出自然定律的作用。例如，牛顿万有引力定律、牛顿三大运动定律、理想气体定律、热力学的三大定律、电磁学的欧姆定律、化学中的价键定律、遗传学上的孟德尔遗传定律、经济学上的供求定律，等等。

哲学家们常常对自然律做出种种区别，有一些是因果的（例如化学常常有许多定律说明在一定条件下，两种化学物质将会化合成什么），有一些则是非因果的（例如各种守恒定律）；有一些是基本的（例如万有引力定律），有一些是导出的（例如落体定律）；有一些是决定论的，而有一些则是概率统计性的（例如放射性元素的原子衰变概率定律）；有些是从理论性的模型中导出的，有些则是从实验和观察中发现的经验定律或现象定律；有一些则是特殊科学的或不精确的（例如人口增长定律，生态定律或心理学的一些定律），等等。

对于自然定律的研究进路，基本上有四大学派和相应的四大进路：第一是休谟主义的进路，包括逻辑经验主义的进路；第二是必然性进路，主要代表人物是阿姆斯特朗的自然主义进路；第三是新本质主义进路，主要代表是艾尔斯的进路；第四是新经验主义进路，主要代表人物是南希·卡特赖特，因为世界是斑杂混乱的，根本不存在自然律，充其量只有“其他情况均同定律”。它们之间除了彼此有分歧之外，还有共同的一面，我们力图用我们主张的实体结构主义的观点，将它们统一起来，揭示自然律的内部结构、自然律之间的结构和自然律与它们发生作用的条件之间的结构。

第一节 传统经验主义进路

对于传统的经验主义，即 17、18 世纪英国经验主义，以休谟为代表，他们被称为休谟主义者。他们对什么是自然律有什么基本的看法？我们在上一章中，已经谈到休谟关于因果律的看法，即认为因果律就是两个事件或属性 F 与 G，它们前后相随、相互接触，并恒常结合。这种普遍特征就是因果关系的定律。但我们现在讨论的是自然律，不限于因果律。那么，自然律的最基本特点是什么呢？因为自然律不限于前后相随，也不限于相互接触，不过 F 与 G 的“恒常结合”（constant conjunction），“相互伴随”（inter-accompany）类似于 F 与 G 的东西也“恒常结合”“相互伴随”。这就是逻辑经验论所赞同的自然规则性（regularity of nature）观点，或自然齐一性（uniformity of nature）观点。前者主要是休谟说法，后者则是穆勒的术语。不过 regularity 一词在中文文献中常翻译成规律性，似乎很容易被误解。因为，规律性的中文含义，有必然性的意思，而休谟主义者坚决反对这一点。所以我把 regularity 译成“规则性”，很少使用“规律性”这个词，而 law 一词译为定律，有时不得已也译为规律，有不便之处敬请读者谅解。这件事之所以令人头疼，是因为翻译这件事是否可能保持原义，这本身就是个问题。休谟主义者认为，什么必然不必然，这东西看不见、摸不着，是一种应该坚决拒斥的形而上学术语。逻辑经验主义沿着这个进路继续走，也遇到了许多困难，它后来自己变成相对说来是比较过时的哲学，也与此有关。他们认为，什么是自然律，它首先是一种恒常出现的，因而具有一定普遍性、齐一性的事物或事件之间的规则。用 H 表示休谟主义者的观点。我们首先有：

（H）定律就是真的律似语句（lawlike sentences）。这里“律似”的意思是某种恒常出现的因而是有某种普遍性的东西，在语法和语义条件上可表述为：

$$(x)(Fx \rightarrow Gx)$$

这就消除了经验主义所否定的所有的神秘或空洞的“力”与“必然性”的形而上学的影子。让我们现在来打个擦边球，看看休谟主义只运用这个概念来说明什么是自然律能够走多远，达到什么样不可逾越的界限，以便让如阿姆斯特朗（Armstrong，1983）等人的“必然主义”进路能够登场演出。

现在（x）（Fx→Gx）已经是个经验主义的擦边球了，试想牛顿第一定律：“如果一物体不受外力的影响，则它沿着直线做等速运动”。这里说物体不受外力的影响，这已经不是惯性运动的经验实例，它只是在极为近似的情况下成立。就算合外力 =0 也只是一个理想的情况，它不是经验的实例，而是个空洞的先行条件，这是第一。第二，这里的（x）（Fx→Gx），（x）（Fx→G′x），（x）（Fx→G″x）中 Gx，G′x，G″x，是彼此有差别的，就这两个理由，牛顿第一定律严格说来是拿不到“恒常结合”的许可证的。

再来看看赖欣巴哈的一个古老例子，它反复被人们当作“定律”引用过：世界上所有的黄金金块都没有超过 10 吨一块的，是的，世界所有银行金库储存的储备金谁看过 10 吨一块的呢？而且这个恒常结合要举出来的例子几乎是无限的。列宁曾经说过：“我们将来在世界范围内取得胜利以后，我想，我们会在世界几个最大城市的街道上用金子修一些公共厕所。这样使用金子对于好几代人说来，是最‘公正’而富有教益的。”①

① 《列宁选集》第 4 卷，人民出版社 1972 年版，第 578 页。

因为争夺黄金的战争已经死了几千万人。不过将来到了列宁所说的那个时候到底有没有10吨一块的黄金还要用实例来证明。所以我们充其量说赖欣巴哈（Reichenbach，1891－1953）的普遍性概括是一个事实而很难说是一个自然定律了。不过如果说世界上不能在一个地方聚集10吨铀235，这肯定是一个定律，因为它的临界质量只有15公斤，所以不能有10吨一块的铀235，肯定是个公认的自然定律，因为人们不知不觉地将休谟要坚决否定的必然性带到定律中来。

那么，怎样能从经验主义出发，将事实的偶适的普遍概括与定律的普遍概括区别开来？我们试着再打几个擦边球，给予“恒常结合”的规则说明以种种限制，来看看附加上一些什么样的条件，休谟的“规则说明”能成为比较满意的自然定律。

现在我们来谈谈匹兹堡科学哲学研究中心主任厄曼（John Earman）教授对这种限制条件的设计。他的设计倒是很先进的，就是引进可能世界的概念，不过其实可能世界的设计已经超过规则性（regularity）的范围。这里我们不详细探讨模态逻辑的种种情况，所谓引进可能世界，就是引进可能是这样或可能是那样的东西，它不同于现实世界发生的情况。例如中国1936年西安事变中张学良、杨虎城放了蒋介石，实现了国共第二次合作，共同抗日，而张学良被软禁了一辈子，放出来时已经到了一百岁，而杨虎城则在重庆的监狱里被杀，死无葬身之地。但如果想象有另外的一种可能性，即当年张、杨杀了蒋介石，会有什么情况呢？这是另一个可能世界。依照这类考虑，他举出的限制并不违反休谟的传统，因为经验主义的定律观不是要谈到已经出现的东西，而是要预见未出现的东西和可能出现的东西。所以厄曼提出了经验主义的约束（empiricist constraint），记为E。于是有：

（E0）“定律是偶然（contingent），即它们并不是在所有可能世界里都是真的。”[①]

这是第0号约束，定律不是逻辑规则，逻辑规则适用于一切可能世界，包括孙悟空大闹天宫的世界，因为那个世界也不违反形式逻辑。经验主义对于这个（E0）是可以抵挡得住的。现在再进行两种约束：

（E1）“对于任何 w_1 与 w_2，如果 w_1、w_2 在所有发生的事实是一致的，则 w_1 与 w_2 在定律上是一致的。”[②]

因为已发生和正在发生的事实一致，于是两个世界的定律就没有什么不同。但问题在于，什么是事实呢？老经验主义主张需要用单称的直接观察到的经验事实来约束（E1）的前件，而比较自由的经验主义者还要用一般的事实包括不可观察的事实来约束（E1）的前件，例如夸克。夸克不是可观察的事实，而是一个可推出的事实，但老经验主义不承认它是事实。这里牵涉到本体论问题：世界是由事实组成的；也牵涉到认识论问题：不可观察是不是就是不可认识的。（E1）说的是定律依随于事实问题，迫出了两种经验主义的定律观。一种是朴素经验主义，就是休谟的经验规则性和经验齐一性。另一种是下一节讨论的公理体系的公理、定律对一般事实，例如对P（o，t）的依随性，这里P是合适的谓词函数，“o”是物理客体或空间定位，t是时间。将许多不同的定律的陈述组成一个公理体系，说明自然律之间是有结构的，彼此之间不是独立的。

（E2）“对于任意 w_1 与 w_2，如果 w_1 与 w_2 在定律上没有什么不同，则由定律推出的恒常结合的规则性（regularities）就没有什么不同。”[③]

这里没有注明这个定律是决定性的还是概率性的。如果是概率

---

① John Earman, “Laws of Nature,” in Yuri Balashov and Alex Rosenberg, eds., *Philosophy of Science-Contemporary Readings*. Routledge, 2002, p. 119.

② Ibid., p. 120.

③ Ibid..

性的两个世界在定律上似乎一致推出的“恒常结合”在统计案例上并非完全一致。一个钱币在这个世界掷了十次得到6个是正面的，而在另一个世界上掷得4个是正面的。于是可能恒常结合的规则性有些不同。偏重频率与倾向性的哲学家重视（E1），因为从无限抛掷的极限这个观点上看，它们的事实还是一样的；而偏重于概率事实的哲学家重视（E2），因为一点点概率事实不同就会影响恒常结合的齐一性。

经验主义还有两个约束值得一提，不是为了我们所说的约束的完备性，而是因为它们还是经验主义定律观的组成部分。

（E3）适当的事实之间和规则之间的不同，就会造成定律的不同。

问题是什么叫作“适当的”？

（E4）当定律组成公理系统时，谁来当公理？存在着“事实与规则的民主投票”。问题是这个民主怎样才不会退化为朴素经验主义的暴民统治？

下面我们再来讨论为了处理好休谟主义的定律观的五个约束，如何导致将定律整理成一个公理系统，而只将其中的处于公理和定理地位的恒常结合的齐一性叫作自然律。这个休谟主义公理化的观点使休谟主义能解决许多问题，所以需要另立一节来讨论。

第二节 自然律的M-R-L理论

这里，M指的是穆勒（J. S. Mill，著作：1882）；R指的是兰姆西（Ramsey，著作：1978）；L指的是路易斯（D. Lewis，著作：1973）。他们都是用一种公理化系统的观点来讨论和发挥休谟主义的自然律观念，我们首先来讨论穆勒的自然律观念。

一　穆勒论自然定律

穆勒是英国经验主义的集大成者，他的《逻辑系统》（严复的文言文译本为《穆勒名学》）卷三专门有一章叫作自然律。他用一个更好的名词“自然的齐一性”来作为休谟的自然的规则性的同义语来使用。他认为自然界有许多齐一性分别来描述不同的现象。“这些不同的齐一性（或规则性）当它被科学归纳断定为真时，通俗地来说，它就是自然律。”[1] 但是这些诸多的齐一性组成一个复杂齐一性的自然过程。这些齐一性之间，有些齐一性由另外一些齐一性推出。所以我们将那些能够还原为最简单的表达的齐一性，称为严格意义上的自然定律。他说：“科学地说，自然律这个名称用严格意义来说是用来指称被还原为最简单表达式的齐一性。”[2] 例如空气具有重量，空气能在各个方向同等地施加压力，并且在不同方向上最后达到平衡。这是最简单和最基本的齐一性。托里拆里的水银气压器的定律不过是它的一个实例而已。科学指定那最简单、最基本的齐一性和规则性为定律。他说：“按照问题的某一种表达模式什么是自然定律呢？我们可以这样陈述这个问题：那是最少数的和最简单的设定，能得到整个存在的自然秩序（order of nature）的结果。而另一种模式可以是这样：那是最一般的命题，从这些命题存在于宇宙的其他所有的齐一性能够由此而被推出。”[3]

二　兰姆西论自然定律

兰姆西早在讨论一般全称命题与特称命题的区别时就已经有某种自然律的观点。他说一般命题，虽然包括特别命题的总和，但一般命题（例如所有金属受热膨胀）与特别命题，如铜受热膨胀、铁受热膨胀……不同，它包括无限的东西。他在《一般命题与因果

---

① John Stuart Mill, *A System of Logic*, eBooks @ Adelaid, 2011, p. 300.

② Ibid., p. 303.

③ Ibid., p. 302.

性》（1927）一文中，进入了一个当时讨论得很热闹的问题领域。铜受热膨胀，这是一种定律，它与“某某哲学家桌面上的书都是哲学书”不同。前者是定律的一般概念（universal of law），后者是偶然概括或事实陈述（accidental generalization 或 universal of fact）。他不满意当时大家讨论一般命题与特殊事实谁更为普遍时的概念模糊与混乱，为了取得正确的解，他在《定律的普遍性和事实的普遍性》（1928）的论文中，对定律和事实做了一个公理化的分类。他认为这里有四类：（1）终极的自然律（the ultimate of law of nature）。（2）导出的自然律，即从终极自然律中可演绎出的一般命题。（3）在松散意义上可被称为定律的东西，它是从终极定律附加上假定已被人们所熟知的存在的各种事实（如落体）中演绎出来的一般命题。（4）事实的概括（universals of fact），它与（3）没有明确截然的区分。从决定论的观点看，所有这些事物陈述都可以从终极定律和足够存在的事实中推演出来。他接着说：“即使我们知道所有的事情，我们仍然需要系统化我们的知识，使之组成一个演绎系统，而系统中的一般公理，就会是基本的自然定律。公理的选择在某种程度上是比较任意的。不过，如果我们将保持简单性的要求作为基本普遍化的主体（a body of fundamental generalizations），则哪些被选作公理，哪些被选作被导出的命题，那就不那么像是随意的事情了。某些其他的真概括就只能从这些基本的普遍概括，在存在的特殊事物的帮助下推演出来。于是这些基本的概括就是我们的普遍化的分类中的类型（1）和（2），其中公理就形成类型（1）。”①

三 路易斯论自然定律

在自然律的 M－R－L 理论中，第三个人物就是路易斯。在讨论自然律时，路易斯说，我讨论自然定律时，所采取的工作假说就是兰姆西对定律的论证：“如果我知道一切，并将它们组织成尽可

① F. P. Ramsey, *Foundation of Mathematics*, Rontiledge & Kegan Paul, 1978, p. 131.

能简单的演绎系统，则取作公理的命题，就是定律。”不过路易斯主张一种称为去除兰姆西表达的认识的形式（de-epistemologized version of Ramsey）的进路。他建议删去知识论中全知全能的条件来讨论演绎系统，不论这些条件是我们知道的还是不知道的。他说：“一个偶适的普遍概括是一个自然律，当且仅当，它呈现为一个真演绎系统的定理（或公理），而这个演绎系统要达到简单性和强劲性的最好的结合。”[①]［A contingent generalization is a law of nature if and only if it appears as a theorem（or axiom）in each of the true deductive systems that achieves a best combination of simplicity and strength］

他还说：“演绎系统是演绎地封闭的可公理化的真语句的集合。在这些真演绎系统中，有一些进行公理化比其他的系统简单一些。也有一些公理化中比较强劲一些，或者说是信息内容比较多一些。简单性和强劲性倾向于冲突的。有简单性而无强劲性，就会成为纯粹的逻辑，有强劲性而无简单性就会成为一个日历。还有些演绎系统既无简单性，又无强劲性。我们所要评价的演绎系统要求简单性和强劲性的适当的平衡。它们二者都是真的，而我们的平衡的方式也是适当的。”[②]

路易斯虽然建议删去知识论中全知全能的条件来讨论演绎系统，不过他还是想象上帝是全知全能的。他说得很有意思，他假想上帝要我们了解他已经了解了的世界上的所有事实，他就决定给我们一本书，是一本上帝有关世界事实的大书，伽利略不是也说过我们要学习自然界这本大书吗？这样的思想实验是没有问题的。而上帝写的那本书的第一稿是开列了世界所有的特殊事实。于是这本书记录了过去、现在或未来的所有事实，它对凡人说来，它的内容如此之多，以至于不可能阅读，也不可能理解，这

① D. Lewis，*Counterfactual*，Cambridge，Basil Blackwell Ltd.，1973，p. 73.

② Ibid..

本书是有强劲性而无简单性。于是上帝写了那本书的第二稿，他将这长长的系列加以公理化，他写下一些普遍化的概括（universal generalization），从这些概括中能导出这系列的许多其他的因素。例如上帝的第二稿大书中将所有的满足 f = ma 的事实，在开头的标题上写上 f = ma 作为“公理”，而将那些无限长的属于这个范畴的事实加以删去，上帝如此仁慈，将这些特别的事物写得尽可能短。于是他写的公理尽可能少，而它概括的东西尽可能多。这就是一本简明的统一科学百科全书。所以自然定律就是它的简单性和信息强劲性尽可能平衡的结果。如果这个世界是决定论的，能公理化的，我们就只需要在“事实”的标题下开出一系列的初始条件，加上在“公理”的标题下开列一些简单的“规则性”就万事大吉了；如果这个世界是概率的世界和“非规则性”世界，则在“公理”的标题下写下的东西不多，而在“事实”标题上写下的东西就是很大量的了。

总之，M - R - L，即穆勒—兰姆西—路易斯的基本观点认为定律是一种偶然的（不是逻辑必然的）普遍概括，它在一个公理系统中是普遍的一般命题，通过真的公理与定理，使这个系统组织成为简单性，与推出信息的数量繁多性达到平衡。这些都没有超出休谟经验主义的规则性和齐一性。不过 M - R - L 对这个规则性和齐一性施加了一些约束，这些约束满足我们前面所说的（E0），即是偶适性而不是逻辑必然性；并且满足（E1），即对于任意两个可能世界 w_1 与 w_2 中如果所有的事实是相同的，则公理化之后，它们的所有的定律也相互一致。这个 M - R - L 也提供了事实与规则性之间在选择定律上的民主（E4）。并且，这个框架还说明了事实与规则性的不同会做成定律的不同（E3）。不过厄曼的经验主义的五条约束还有很大的争议，将可能世界的模态论题以及依随性概念引进定律的研究也并不是经验主义的原意。

第三节　传统经验主义定律观点的问题

一　自然律何以能够成为科学解释的基础

我们已经介绍了关于定律的经验主义论证的顶峰，它就是穆勒、兰姆西、路易斯的公理化的规则集。其中经验事实和经验事实组成的各种规则性、齐一性被整理成一个演绎系统。尽管作为规则性之间的演绎关系可以是很完善的，但每一个规则，或经验主义者称为定律是缺乏内在的联系的。如果 x_1 是落体，即 F_{x1}，则它以每秒 9.8 米的加速度下落，即 Gx_1。这样，所有的落体和下落都有这种规则性、齐一性。这是“残酷的经验事实”，没有什么必然性和因果力对它负责，如果有什么可解释的就是它逻辑上可以由另外一种更高的规则性和齐一性加以推出，这就是运用牛顿第二定律的规则齐一性 $F = ma$ 以及万有引力的规则齐一性 $F = G\frac{m_1 m_2}{r}$加上地球的质量事实加以推出，这是一个演绎的逻辑关系问题。它就是亨普尔的 D – N 模型，称为演绎律则模型（Deductive Nomological Model of Scientific Explanation）和 I – S 模型，即归纳统计模型（Inductive Statistical Model）。二者合称为解释的定律覆盖模型（The Covering Law Model of Explanation）。逻辑经验主义曾因为这两个模型而名闻天下。有人统计，自亨普尔 1948 年的论文提出了 DN 模型和 1962 年论文提出 IS 模型后，30、40 年来世界杂志上发表的科学解释论文，无论同意他的观点还是不同意他的观点，有 75% 的论文都引用了他的两篇论文。这两篇论文的用语妙就妙在“定律覆盖”四个字，只要一件事情（或一个定律）落入某个定律，它就得到解释；就D – N来说，就得到演绎解释。在决定性的世界中，解释就是逻辑推理，此外没有别的。这就是规则性定律的解释观。

现在逻辑经验主义的解释观遇到了很大的困难，已经不再时兴了，其中有几个原因。（1）DN 模型有太多的反例，我在 2002 年的一篇论文中就收集九个反例。[①] 其中金属受引力作用，DN 解释可以是：①所有（或某件）金属都导电；②所有导体都受引力；①②作用解释者解释了③：所有金属都受引力作用。但金属导电本身解释不了它受引力作用。另外的一个案例是用几何定律能从旗杆的影子长度和角度推出旗杆的高度，但旗杆的影子解释不了旗杆的高度，这些反例说明不能用“导出”来代替“解释”。（2）逻辑经验主义对于定律的理解只限于规则性（regularity）和齐一性（uniformity），而否认定律本具有必然性、倾向性和因果力作用。这样由它主导的 DN 模型和 IS 模型就不能揭示出事件和行为的内部原因与机制，就像 Salmon 所说的那样，离开了 Cause 来讲 Because。这样就将把有很好的解释与有很好的理由混为一谈。（3）用一个规则性的普遍性来解释规则性的特殊性，就是用自己来解释自己。“所有的 Fs 都是 Gs”这种规则，实际上可改写为“所有观察到的 Fs 都是 Gs，并且所有还没有观察到 Fs 都是 Gs”。用这个命题来解释所有已观察到的 Fs 都是 Gs，就无异于未观察到的 Fs 都是 Gs，或来解释已观察到的 Fs 都是 Gs。所以阿姆斯特朗说：“我们很可能应该拒绝自然定律作为解释原理。”[②] 他引用维特根斯坦的话。维特根斯坦说：“整个有关世界的现代概念是由这样一个幻想形成的，这个幻想认为所谓自然律是对自然现象的解释。”（The whole modern concern conception of the world is founded on the illusion that the so-called laws of Nature are the explantions of natural phenomena）

所以逻辑经验论密切联系着两个顶峰，一个是兰姆西和路易斯公理化自然律理论，另一个是亨普尔的解释模型，但它们都没有能够很好地解决科学解释问题。

---

① 张华夏：《科学解释标准模型的建立、困难与出路》，《科学技术与辩证法》2002 年第 1 期。

② D. M. Armstrong, *What is A Law of Nature*, Cambridge University Press, 1983, p. 41.

二 如何解决确证悖论与自然律概念的内涵问题

所谓确证悖论（The Paradoxes of Confirmation）是亨普尔在1945年提出来的。确证 H 就是用某种观察证据支持、意谓或证实一个假设 H。当然一个假说 H 有一个等价的假设 H′，则如果观察事实 S 确证了 H′，则它也确证了 H。

亨普尔的确证悖论是指：

（命题 1）对于所有的 x，如果 x 是乌鸦（raven），则 x 是黑的（black）。记作：

$$(x)\ (Rx \rightarrow Bx) \tag{1}$$

它的等价命题是：

（命题 2）对于所有的 x，如果 x 不是黑的，则 x 不是乌鸦。记作：

$$(x)\ (\neg Bx \rightarrow \neg Rx) \tag{2}$$

确证第二个命题的事例很多，如一双白鞋，一支红色的铅笔，一个白种人，它（他）们都不是乌鸦。

这些证据都是确证了“不是黑色的事物，则它不是乌鸦”，等价地说它们也确证了命题 1：凡乌鸦都是黑的。

如此风马牛不相及的证据却与真正举出乌鸦是黑的实例做证据具有同样确证效力，这就是“悖论”。

我们已经知道传统经验主义和逻辑经验主义都将自然律看作一个具有实质蕴涵的全称命题，例如（x）（Rx→Bx）。这称为休谟主义的定律观，将定律定义为事物或命题之间的规则性、齐一性。这种观点称为自然律的规则性理论。当然逻辑经验主义补充了自然律的第二个特征，就是这种规则性支持反事实条件的语句，因而定律与偶然概括（或偶适概括、偶遇概括）区别开来的特征就是，“定律能够而偶然概括不能用来支持反事实条件句（counterfactual conditionals)”[1]。我曾在本书第八章中讨论过具有这个特征的因果定律不过是扩大了范围的规则性命题，这个问题在下一节中还要讨论。现在让我们集中讨论乌鸦悖论。暂且撇开反事实条件句，对于一个全称普遍命题，它的前件R和后件B可以有四种可能组合来谈论一个个体a：

（1）Ra & Ba；

（2）Ra & ¬ Ba；

（3）¬ Ra & Ba；

（4）¬ Ra & ¬ Ba。

其中（1）（2）称为正面的例示（Positive Instances），（3）（4）称为负面例示（Negative Instances）。实质蕴涵式→不过就是“并非前真而后假”，即除了上述（2）式外，（1）（3）（4）都符合全称实质蕴涵的标准，它的定义可改写成

（x）（（Rx & Bx）∨（¬ Rx & Bx）∨（¬ Rx & ¬ Bx））（3）

亨普尔没有提出什么方案来解决这个乌鸦悖论。不过这个悖论只打击了休谟主义的自然定律的规则观。对于休谟的经验主义来说，只要支持（3）式的证据，甚至不是乌鸦也不是黑色的任何东西，都成了“天下乌鸦一般黑”这个“定律”的证据。

不过阿姆斯特朗的自然必然性定律观和本质主义的定律观都不受影响。对于阿姆斯特朗的自然必然性定律观来说，他认为自然律就是事物共相性质（universals）之间的必然联系。而负的性质（特殊性质的补）根本不算性质。所以不是乌鸦的任何例证都不是例证。有人反驳阿姆斯特朗，说你也主张自然定律，需要用全称蕴涵式来表示，并且自然律能导出齐一性。而既然非乌鸦的例证确证了齐一性，因此，也确证了你的自然律。阿姆斯特朗回敬了他一个例子：所有的老鼠短于三英寸（P），导出所有的老鼠都短于三英尺

---

① ［美］卡尔·C. 亨普尔：《自然科学的哲学》，张华夏译，中国人民大学出版社2006年版，第86页。

(Q)，而二英尺的老鼠（R）确证了（Q)，因而就确证了（P）。阿姆斯特朗说："这是一个很坏的论证，我们没有理由接受它的结论。这是一个错误的原则：P 导出 Q，R 确证了 Q，则 R 必定确证 P。"①

值得注意奎因也是从解决这个悖论中得出了自然类的概念，从而导出了本质主义的自然律的观点。他的基本观点是论据必须投射到同一个自然类。而有关不是乌鸦的红铅笔与不是乌鸦的任何东西（不管它是不是有颜色的）都没有投射到乌鸦的自然类。有关这个问题，后面我们还要讨论。

很显然传统休谟经验主义和现代逻辑经验主义的定律观跨不过乌鸦悖论这个高栏。它就成了经验主义自然律观念的一个限制。在这个限制里衍生出必然主义的和本质主义的自然律观念。

第四节　自然律研究的必然性进路

前面讲过，自然律的规则性进路在科学解释、科学确证以及科学归纳上遇到不可克服的困难。有些科学哲学家便开始突破休谟经验主义的进路而开辟新途径，在这方面比较突出的就是阿姆斯特朗（1978）②，此外还有 F. Dretske（1977）③ 和 M. Tooley（1977）④，他们三人各自独立提出和分析了同样的新观念。这里括号中的年号是论文发表的年代，由于阿姆斯特朗的《什么是自然定律》的著作（1983）论述得比较完备，所以我们主要介绍他在《什么是自然定律》的分析。他提出的问题是：

是什么东西使得全称蕴涵命题（x）（Fx→Gx）成为自然定律？他提出了三种可能的选择：

---

① D. Armstrong, *What Is a Law of Nature?*, Cambridge: Cambridge University Press, 1983, p. 44.

② D. Armstrong, *A Theory of Universals*, Cambridge: Cambridge University Press, 1978.

③ F. Dretske, "Laws of Nature," *Philosophy of Science* 44 (1977), pp. 248 - 268.

④ M. Tooley, "The Nature of Laws," *Canadian Journal of Philosophy* 7 (1977), pp. 667 - 698.

（1）正是物理必然性使得（x）（Fx→Gx）成为自然律；

（2）正是逻辑必然性使得（x）（Fx→Gx）成为自然律；

（3）正是自然齐一性使得（x）（Fx→Gx）成为自然律。

我们已经讨论过，上面命题（3）不能成立，阿姆斯特朗选择了命题（1），因为自然律不是逻辑定律，所以，它必须对命题（x）（Fx→Gx）加以限制；所以（1）比（2）弱，但它比自然齐一性强，因为它可以推出自然齐一性。前面已经讲过，单纯的自然齐一性（x）（Fx→Gx）这个进路已遇到种种不可克服的困难，现在的问题是如何防止自然律以新的休谟经验主义面孔（3）出现。

但什么是物理必然性呢？阿姆斯特朗说，这是“物理地必然的”（physically necessary），“偶然的必然性”（contingent necessity），“从物的必然性”（*de re* necessity）。[①]

现在我们再来考察（1）式，将物理必然性用模态逻辑来表示，物理必然性模态符号记为$\Box_N$。□是“必然地”的符号表示，逻辑必然地用□或$\Box_L$表示，N 表示律则的（Nomologic）或自然的（Natural）。于是有：

$$\Box_N (x)(Fx \rightarrow Gx) \quad (1)$$

这里 Fs 表示在类 S 中的个体元素中有性质 F，a，b，c……表示类 S 中的各个个体。于是 Fa 必然有 Ga，Fb 必然有 Gb……现在考虑普遍命题（x）（Fx→Gx）。如果我们将它看作不过是 Fa 必然有 Ga，Fb 必然有 Ga……即这些个体 a，b，c……分别具有的必然性关系的概括，则我们就返回正统的规则性理论中了。因为这里自然律没有向我们提供个体例示的内在必然性，于是我们也陷入了归纳问题，只是达到个别必然性之间的齐一性罢了。这样我们就会像阿姆斯特朗说的“钉死在休谟的十字架上”（nailed to Hume's cross）。所以包含在自然律中的必然性，必须是共相之间的关系（relation between universals）。个体 a 因为具有这种共相 F，所以它

---

① D. Armstrong, *What Is a Law of Nature*? pp. 77, 86.

才必然具有共相 G。这就是说在每一个必然性的例示中，F 与 G 必须精确相同。所以，阿姆斯特朗并不满意上述模态符号表示的自然定律的表达式。他提出的表达式是：

$$N(F, G) \rightarrow (x)(Fx \supset Gx) \qquad (2)$$

其中 $N(F, G)$ 表示共相 F 与 G 之间的必然关系。上式读作 F 与 G 之间的物理必然性使得 x 是 F 得出 x 是 G。

但 $(x)(Fx \supset Gx) \nrightarrow N(F, G)$。$\nrightarrow$ 为不能蕴涵得出的意思。这里 N（F，G），表示借助于物理必然性或“从物”的必然性或非逻辑的必然性或偶然必然性使得 Fx 必然蕴涵 Gx。符号 ⊃ 在许多逻辑教科书中与符号→同是实质蕴涵的意思，⊃ 现在已不通用了，所以他特别借用符号 ⊃ 来表达他是用限制蕴涵式的前件的办法来解决乌鸦悖论的。

阿姆斯特朗在自然律上取得的重大突破的关键是共相的概念。他与先验实在论不同，他反对有独立于具体事物的“共相”。共相一般说来就是某种一元的性质，二元、三元的性质不叫性质，而叫作关系，任何一种性质都是某些实在的特殊事物的自然性质。关系也只在具体事物之间成立或在具体事物性质之间成立，这就叫作世界的例示原理（Principle of Instantiation）。那么“共相”（Universals）怎样来的呢？他说，他坚持一种后验实在论（Posteriori Realism）。他说：“按照后验实在论的观点，在这个世界上共相是什么？它就是特殊事物所具有的（可重复的）性质，以及特殊事物之间（或同一事物性质之间）具有的（可重复的）关系，它是在总体科学基础上由后验来决定的。”[①] 所以他认为，一种性质，取最简单的一元情况来说，它在所有不同的事例中是严格地被认同的（identical），严格地是一样的（strictly the same）。就像在现代物理学中，所有的电子都具有相同的电荷一样。正因为这样，所以没有概括特殊事物的析取的和负的共相，当然并不排斥有合取的和结构复杂的共相。

---

① D. Armstrong, *What Is a Law of Nature?*, p. 77, 83.

这就达到了阿姆斯特朗的事态（States of Affairs）的概念。这是他的关于世界的本体论概念。事物并不像罗素所说的那样，是一束共相。没有离开特殊事物的共相性质，但也没有离开性质的特殊事物，它们共同组成世界的事态。所以他用“共相”这个概念打开认识定律的缺口，他就由此深深进入本体论或形而上学的领域。1997 年他写作了他的形而上学著作《事态的世界》。①

在讨论定律时，阿姆斯特朗特别提出，不要随便将性质与关系加于一阶性质与关系之上，将逻辑关系加于共相之间的关系也是不恰当的。“关系”（relation）一词也不是任何可加在共相之上或共相之下的东西。他认为自然律就是真正的共相之间的关系。

我赞成这个主张，虽然在阿姆斯特朗的本体论中，事态是最根本的存在。事态就是维特根斯坦和斯特劳森的具体事物（Particular），而事态又可以组成高阶的比较复杂的事态。性质与关系是事态所具有的，它们不能脱离事态而存在。这样，定律在事态中处于什么地位，起到什么作用呢?

在阿姆斯特朗的定律公式 N（F，G）→（Fx ⊃ Gx）中，特殊的事物或事态 a 具有共相性质 F，即 Fa，以及这些特殊事物之间的关系 Rab 属于一阶特殊事态。它是处在共相 F 或共相 G 之下的。而包含 F 与 G 的特殊事态，是二阶事态，一阶事态所具有的共相及其齐一性都是归属于二阶事态的。那么，类比于这种划分，单个的共相属于一阶共相，那么定律是共相之间的荧系，因此应该属于二阶共相。这样我们可以将它们的关系图示如下（见图 9—1）。

依据这个考虑，循此推进，在低层次上可以有非共相的必然性，单个事件，单个性质的单称事物的必然性为 N（a 必然是 F，a 必然是 G 等），而在更高层次上由于必然性在所有层次上都可能成立，于是我们有一阶共相组成一阶定律，二阶共相向上组成二阶定律，循此推进会有三阶共相组成三阶定律，等等。

---

① D. Armstrong, *The World of State of Affairs*, Cambridge: Cambridge University Press, 1997.

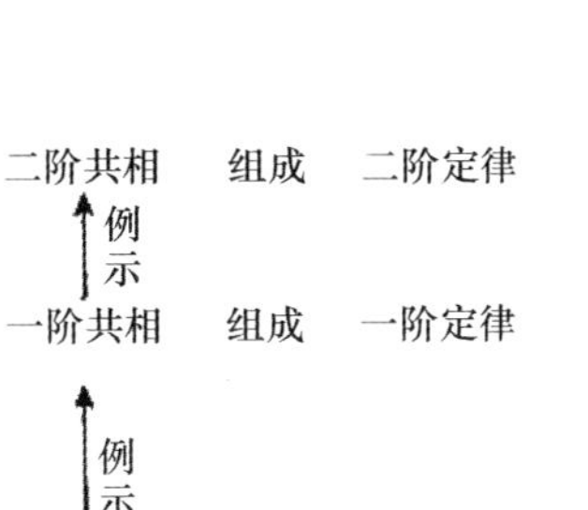

图 9—1　定律在事态世界中的地位

第五节　自然定律研究的本质主义进路

本质主义是这样一种信念，认为世界上事物都有一种性质或特征，这些性质或特征是这些种类的事物所具有，从而使该类事物成为是其所是的东西。科学与哲学的主要任务就是发现和表达事物的本质及其本质的关系或本质间的关系，后者称为自然律。

因此，研究自然定律，按本质主义的进路就首先要研究自然类，从自然类的研究中进一步发现该类事物的本质。不过对于自然类，在 20 世纪有些哲学家曾经对此进行严格的审查和批判，得出这样的结论：在事物的种类中，没有什么共同特征可以叫作本质，只有彼此相邻、连环相类似的事物序列，可叫作家族类似 0，其形状如图 9—2 所示。

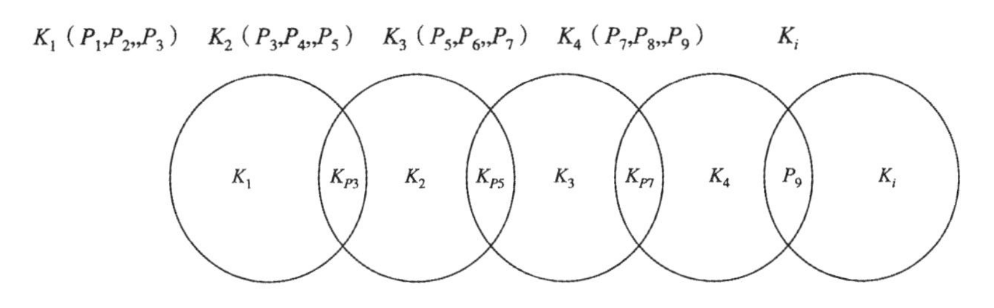

图 9—2　家族类似示意

K_1，K_2，K_3，K_4，K_i 的并，即 $K_1 \cup K_2 \cup K_3 \cup K_4 \cup K_i$ 结成一个家族类似类，这里 K_1 与 K_2 为该家族的两个成员，他们之间有 P_3（例如身材）类似，而 K_2 与 K_3 之间又有 P_5（例如相貌）的类似，而 K_3 与 K_4 之间又有 P_7（例如眼睛颜色）的类似等，但并不存在一组共同的特征，作为共相贯串于 K_1，K_2，K_3，K_4，K_i 之中。

这种观点叫作反本质主义。维特根斯坦就提出过这个观点，认为，“我想不出比家族类似更好的说法来表达这些相似性的特征：例如身材、相貌、眼睛的颜色、步态、禀性等等，以各种方式交叉重叠在一起”“考虑一下我们称为‘游戏’的过程。我指的是棋类游戏、牌类游戏、球类游戏、奥林匹克游戏等等，不要以为它们一定有某种共同点，否则它们不会都叫作‘游戏’的”①。不过维特根斯坦只说了自然界和社会生活中一种“类型”——家族类似类，但是另一种更为基础的类型“自然类”，他没有详细研究，例如中国的象棋，或现在流行于世的中国“麻将”，都有极其严格的基本规则，这些规则就构成“麻将”或“象棋”的本质，不过自然类的概念要经过许多哲学家的思考才能系统化地表述出来。到了21世纪的第一个年代，自然类的研究已成为本体论、形而上学和科学哲学研究中的一个很重要的问题。不过，对这个问题的研究还得从20世纪50年代和60年代开始讲起。

一 归纳确证悖论和顾德曼的分析

在上一节中我们谈到了归纳确证的第一个悖论就是亨普尔提出的乌鸦悖论。现在我们讨论归纳确证的第二个悖论，叫作顾德曼悖论，就是顾德曼（N. Goodman）于1955年提出的“绿蓝”悖论，又称为“新归纳之谜”。他这样写道：“假定所有的宝石在时间t之前检查出它的颜色是绿色（green）的。于是在t时，我们的观察支

---

① ［英］维特根斯坦：《哲学研究》，汤潮、范光棣译，生活·读书·新知三联书店1992年版，第45—46页。

持了‘所有的宝石都是绿色的’这个假说，这是按照我们的确证定义来进行的。我们的证据陈述断定宝石 a 是绿的，宝石 b 是绿的，宝石 c 是绿的等等。每一个确定事例都确证了一般假说，即所有的宝石都是绿色的。到目前为止，一切顺利。现在让我们引进另一个比‘绿’这个字来说很不熟悉的谓词叫作‘grue’，[可以译成绿蓝色或生造一个词‘𫜇’色的]，它运用于所有这样的事物，在 t 之前检查过正好是绿色的东西，而其他的事物正好是蓝颜色的（it applies to all things examined before t just in case they are green but to other things just in case they are blue）。因此，正在 t 时刻，我们根据给出的证据陈述，断言你正在拿出来的宝石是 green（绿色）的，但一个平行的证据陈述又断定这块宝石是 grue 色（‘𫜇’色）的。并陈述宝石 a 是 grue 的，宝石 b 也是 grue 的等等，于是每一个都确证了一般假说，即所有的宝石都是 grue 的。因而，按照我们的定义，所有随后检查过的宝石将会是绿色的这个预言和所有的宝石将会是 grue 的这个预言都被同样的观察的证据陈述同样确证。但如果随后检查的一块宝石是 grue 的，它就是蓝色的，而不是绿色的。因而，虽然我们会很好意识到这样两个不相容的预言，按照我们的定义，是真正同样好地被确证。”① 分析这个奇怪的确证悖论，它向我们指明，无论什么预言，只要你“适当”地选择谓词，同样的证据都可以确证它是真的。不过顾德曼指出，“只有预言归入一定的律似假说（lawlike hypotheses）时，它才是真正地被确证；可惜我们还没有确定什么是律似性（lawlikeness）的标准”②。没有这个标准，我们只好忍受任何事情可以确证任何事情的结果。不过顾德曼并没有解决怎样区分律似陈述的假说和有不良谓词的偶似假说（contingent hypotheses），因为当时还没有解决“什么是定律”这样的本体论问题。

---

① N. Goodman, *Fact*, *Fiction and Forcast*, Cambrige. Mass.: Harvard University Press, 1983, p. 74.

② Ibid., p. 75.

顾德曼提出的第二个问题就是可确证的假说和不可确证的假说之间（between confirmable and non-confirmable hypotheses）的区别问题。他直截了当提出的问题是：不仅要注意“什么是假说的正的实例”，而且还要注意“什么样的假说能被正的实例确证”。他批评休谟和他的一些后继人，用狭隘的规则性（regurality）观点来看归纳，认为只要现在和将来相似就可以纳入确证的范围。他忽略了像“grue”这样的谓词，也如 green 一样，过去是绿的，将来还是绿的，所以过去是 grue，将来还是 grue，也是一个合乎规则性和齐一性的问题，他忽略了如何区分可投射的假说和不可投射的假说之间的区别。

他说得很明确：许多问题，例如倾向性与可能性问题都可还原为“投射问题”，“律似的或可投射的假说不能仅仅在语法观点的基础上，甚至不能仅仅从一般意义的观点上看待这个问题。我希望在这个问题上寻找出新的进路”①。那么，什么叫作一个假说对于证据来说是可投射的？

先要指出的是，他实际上只局限在语法上和语义上讨论“可投射”问题。他的进路是首先明确假说已被投射的概念，然后运用这个概念来讨论“可被投射的假说”问题。

（1）所谓“被投射”“可投射”“可投射性”指的是要被确证的假说或律似陈述（H）与证据（E）之间的关系。

说 H 已被证据投射指的是这样的 H，它在 t 时已被证据支持，未被证据违反，而且尚未被证据所穷尽，这就留下了一个空间，可能再被证据投射。所以它是一个倾向性的概念。

如果一个假说 H 的蕴涵式（x）（Ax ⊃ Bx）已被证据投射则它的前件谓词 A 与后件谓词 B 也被称为在 t 时已被投射。

（2）在顾德曼的投射理论中，第二个重要概念是捍卫（entrenchment）。一个谓词 A（或 B）被称为比 A′（或 B′）更好地被

① N. Goodman, *Fact*, *Fiction and Forcast*, p. 83.

捍卫，指的是 A 比 A′（或 B 比 B′）更多地被投射。这就要看这两个谓词“过去被投射地记录了”。这就踏进了顾德曼的蓝绿悖论了。他说“绿”这个谓词比起［绿］（grue）这个谓词有更多的投射，在它的档案里有更多被支持的记录。所以谓词“绿”比“grue”有更好的被捍卫（better entrenchment）。[①]

不过这里“捍卫”的概念比较复杂，他用了许多心机将它的各种 H 中的谓词比 H′中的谓词更被捍卫的规则找出来，例如要注意谓词中有各种名称。这些名称如果是共外延的，在比较它的被捍卫多少时，不仅这个谓词的被捍卫要计算在内，而且共外延的同义词的被捍卫也要计算在内。于是他脱口而出：“不是这个词的问题，而且是这个词的‘类’（class）。”

（3）最后顾德曼对可被投射的假说做出了这样的论述：“现在让我们试图制定一个普遍的规则并且考虑怎样运用于进一步的场合。由于只有已被支持，不被证据所违反（否证）以及不被穷尽的假说都是可投射的。现在我们要限制我们的注意到这里：在诸多的假说中 H 称作推翻 H′，如果这两个彼此冲突假说中，H 比较好地受捍卫，而与之冲突的 H′仍未被很好地捍卫。我们的规则就读作：一个假说是可投射的，如果所有的冲突假说都被推翻，而且被推翻的假说不可投射，而处于冲突地位的未被推翻的其他假说已是不可投射。”[②] 例如，那个所有宝石都是 grue 的假说，虽然在 t 时刻之前与所有宝石都是 green 的旗鼓相当，都是已被投射了的。但 grue 这个谓词，又带有时间因子，它完全不如“绿色的”这个谓词能受到好的捍卫，当 t 之前所有的证据都检查过后，它是被推翻了。

有人说顾德曼这三条太严格了，有些条件是不必要地严格。[③] 不过如果不制定一些严格的投射规则，就不知道哪些是有效的证据，哪些证据算是有效地投射到“律似性假说”中。事实上他的两

---

① N. Goodman, *Fact*, *Fiction and Forcast*, p. 94.

② Ibid., p. 101.

③ Dale, Gottleb, “Rationality and the Theory of Projection,” *Noûs* 3 (1975).

篇长文（《新归纳之谜》与《投射理论前景》，均载于他的名著《事实、虚构与预言》[1] 中）的目的是想说明那些证据算是指向自然定律的证据，并且自然定律的标准是什么，他的投射理论正是要指向这个目的。不要忘记，这是1955年写的。

二 奎因的自然类理论

“你方唱罢我登场”。1969年，奎因写了《自然类》[2] 一文，针对两个确证悖论进行分析，他将顾德曼想要说的话说了出来：解决两个悖论的根本问题就在于制定一个自然类的理论，由此来确定什么是自然定律，凡能投射到自然类和自然定律中的证据才是真正的确证证据。

这样，奎因首先将亨普尔乌鸦悖论融入顾德曼蓝绿悖论中，指出一个可投射谓词的补（逻辑学上的complement），与该可投射谓词相比，是不可投射的，这一点根据我们在上面提到的投射理论可以得出这个结论。例如，“乌鸦”与“黑色”对于“天下乌鸦一般黑”的陈述可以算是可投射了的。因为它符合投射理论，因为“天下乌鸦一般黑”是已被证据支持，未被证据否证，尚未被证据穷尽，因而它的谓词是已被投射了的，从而对于“天下乌鸦一般黑”来说是可被投射的。[3] 这样黑乌鸦间接地对于命题“所有不黑的东西就不是乌鸦”来说也是可投射的。因为“不黑就不是乌鸦”与“天下乌鸦一般黑”说的是同样的东西。但是一片绿叶对于“天下不黑就不是乌鸦”从而对“天下乌鸦一般黑”的命题是不可投射的。“不黑”，“不是乌鸦”是不可投射的；“绿”与“叶”是可投射的。绿叶算作投向“所有的叶子都是绿色的”以及“所有绿的东西都是叶”的可投射谓词。所以只有黑乌鸦能确证“天下乌鸦一

---

① N. Goodman, *Fact*, *Fiction and Forcast.*

② W. V. Quine, *Ontological Relativity and Other Essays*, New York: Columbia University Press, 1969, Chap. 5.

③ Ibid., p. 115.

般黑”，它的黑乌鸦的补是不可投射的。奎因这个可投射概念比顾德曼的可投射概念更加简单明了。

那么到底什么是可投射谓词的基础呢？直觉地看，它就是类似，严格地说它就是自然类。他写道：为什么我们期望检查下一块宝石它是绿的，而不是 grue 色的呢？直觉的回答建立在类似性（Similarity）的基础上。如果只有一块宝石是 grue 的，那么两块宝石是绿的，比两块宝石是 grue 色更加相类似。绿色的东西至少绿的宝石是一个类（Kind）。一个可投射谓词是所有的和唯一的属于一个类的事物时才是真的（A projectible predicate is one that is true of all and only the things of a Kind）[①]。这样奎因转向类的分析与研究，他大体上指出下列几点：

（1）类的概念与类似（similarity）或相似（resemblance）是不相同的，而且后者是易于变化的。这就需要用类的概念来定义相似的概念。因为相似的事物是在同一个类中进行比较的，尽管类和相似是同源词。当然我们也可以用卡尔纳普的方法来说明什么是类。卡尔纳普说：“一个集合是一个类，如果它的元素与这些元素与集合外的事物比较起来，彼此更加相似。”

（2）对于类的区分，有两种标准：直觉的标准和“理论的标准”。通过表面的观察和对日常语言的分析，我们常常会得出直觉的标准。所以我们需要用科学的理论的标准来修改直觉的标准。一个关键的例证是从直觉的观点看，海豚和鲸鱼都属鱼类；而从科学的标准看，它们都是属于哺乳动物。另一个重要例证是袋鼠，袋鼬和负鼠（opossums）都属于有袋动物，不属于通常的鼠类；特别是其中的袋鼬很像鼠类。但“从理论标准看，不属鼠类才是真的”[②]。这个理论标准随着科学和哲学的发展而不断发展。

（3）讨论自然类时，要特别注意对倾向性的词和虚拟条件进行分析。例如可溶于水的性质，即使一大部分根本没有实例可检查也

---

① W. V. Quine, *Ontological Relativity and Other Essays*, p. 116.

② Ibid., p. 128.

可以进行分类。

（4）最终要发现各个学科的不可还原的自然类标准，科学和哲学的发展，迫使我们在寻找适合于特殊科学的不完备类似性概念的同时，还一直要寻找那些基本的和绝对类似性的概念，即宇宙的类似性概念（cosmic similarity concept）。现代物理学的基本粒子探索就是在这个方向上的一种努力，例如世界上的电子是绝对类似的，电子之间在质量、自旋、电荷等特征上是完全相同的，但是，相对类似性的研究也是必要的，明显的例子是化学和生命科学。

科学在分类上虽然也有坏的名声，但一方面人类有适应自然界、认识它的齐一性的天赋能力，这是宇宙进化和人类进化的前定和谐。另一方面随着科学的发展，人类对事物的分类标准也不断发展。例如化学的发展，使得人们比较物质的类似性建立在它的化学组成部分即分子的基础上；分子的相似不相似建立在原子之间通过化学键来看它的拓扑结构的相同与不相同的基础上，这就建立起一个相似度或匹配度的测量标准。而元素之间的比较就建立在原子数和原子量的基础上。至于生物之间局域的、表面性的类似性现在已经可以用始祖是否相近来做动物种的类似性分析，现在还可以做（奎因那时还不知道的）基因分析来确定两个物种亲缘上的相类似的程度。

最后，奎因总结了人类对类似性和自然类认识的过程。他说："一般说来，我们可以确定一个科学分支完全成熟的特别标志，那就是它不再需要类似性和自然类的不可还原的概念。这就是类似性概念发展的最终阶段，那时人类的动物遗迹已完全被理论所吸收。在这样一个类似性概念的发展过程中，开始于先天形式（人类先天就有辨别物类的能力），进一步发展到积累对类的认识的经验，从直觉的阶段再发展到理论性的类似性。当所有这些都已经消失时，我们就有了一个从非理性到科学的进化范式。"①

① W. V. Quine, *Ontological Relativity and Other Essays*, p. 138.

奎因这篇论文，可以看作自然类的研究纲领。

三　什么是自然类

在当代自然类和自然律的哲学研究中，最有代表性的人物就是布恩·埃里斯（Brain Ellis）。他在21世纪初接连出版了两本著作，第一本是《科学本质主义》（*Scientific Essentialism*，2001），第二本是《自然哲学——新本质主义导论》（*The Philosophy of the Nature-A Guide to the New Essentialism*，2002）。另外就是分析哲学的国际刊物*Ratio* 2005年第4期专刊主编的对新本质主义的讨论论文：埃里斯的主题论文《物理实在论》（“Physical Realism”，2005），以及他对批评者的回应论文《共相、本质与范畴》（“Universals，the Essential Problem and Categorical Properties”，2005）。在他的这一系列关于科学本体论的著作与论文中，他的目的是用新本质主义理论来论证科学实在论，中心主题是自然类及其密切相关的自然律。他认为这是一场新的哲学运动，旨在说明一个与现代自然科学相适应的世界图景。埃里斯还指出这是一种后休谟主义的自然哲学，因为休谟及其追随者是不承认因果性、必然性、自然律和自然类这些形而上学范畴的，而他的进路正是从自然类的研究进到自然律的研究。

与奎因不同，埃里斯首先给自然类确定一个严格的标准，这标准包含五项：（1）自然类是现实的，客观实在的，不以人的认识思路为转移的，例如自然界的元素与化合物就是由它的本质性质和结构决定它是客观实在的自然类。所以是自然界给出一条界线来划分自然类，不是人为的需要给出分类标准来划分自然类。（2）组成自然类的成分之间的区别是范畴上相互区别的（categorically distinct），即自然类之间是离散的，不连续的，不能从一种自然类事物连续地平滑地变迁为另一种自然类事物。（3）自然类之间的区别是内在的，不能以它们的外在表现来区别，只能以它的内部性质和结构的不同来区别。（4）自然类的划分从属于一个层级系统，如基本粒子类→同位素原子的不同类→单原子的分子类→小分子类→大分子类等。(5) 每一种不同的自然类的事物有它的本质性质或叫作本质属性 (essential properties)，其中所谓本质属性或本质结构是一组这样的性质，对于自然类的成立来说 (分别开来) 是必要的，而 (结合起来) 是充分的，因而它决定了自然类是其所是。例如，电子离开它的单位负电荷、自旋、微小质量就不再是电子了，水离开 H_2O 这一本质成分就不再是水了。因此，正是这种客观的、内在的、离散的、有层级的性质和结构决定了自然类的自身的本质，从而决定了各自然类本身的运动方式和相互作用方式，进而决定了它们的因果力和内在规律性的不同。

进一步说，如何运用自然类的概念来解释世界呢？他认为，总体方案就是将自然类的概念从物质或实体的范畴推广到事件或过程的范畴再推广到因果与自然规律的范畴。他说："世界的自然类结构反映到它的可能产生的事件与过程中，就形成世界的动力学结构。"[①] 这是因为"每一种自然类事物都有它自身的行为方式，以及其与其他事物相互作用的方式。相同的自然类就有相同的本质性质和结构，因而这类事物与其他自然类事物的作用和相互作用基本上也都采取相同的方式"[②]。例如，化学物质的类型相同，它与其他化学物质的反应过程的类型也相同，所以不仅有化学物质 (元素与化合物) 的几十、几百或几千种的自然类，而且有化学反应的事件和过程的自然类。这些由化学反应方程式来描述的过程类也是合乎自然类的标准的。例如化学反应是客观的，符合标准 (1)，并由反应的内在性质来决定，符合标准 (2)，还是有层级的，符合标准 (4)。例如，单原子化学反应，$H + H = 2H$，有不同分子的化学反应，$2H_2 + O_2 = 2H_2O$，由小分子到大分子的化学反应，如由碱基对形成的 DNA 大分子等等。

不仅如此，"事件与过程的自然类的层级结构的存在，也就

---

① B. Ellis, *The Philosophy of Nature: A Guide to the New Essentialism*, Chesham: Acumen, 2002, p. 32.

② Ibid., p. 32.

推出对应的自然律层级结构的存在”[1]。传统的自然律被认为是由外部强加给自然界的，笛卡儿与牛顿就认为自然界的行为规律是由上帝决定的，另一种观点认为，自然界有自然定律是这个世界自然的原始经验事实，是不可解释的，无可奉告。休谟及其追随者就是这样认为的。现在埃里斯的新本质主义提供了一种新的进路来理解自然律，认为它应该是由自然类的本质结构决定的。这是因为，从本质主义的观点看，整个世界的基础是由不同自然类组成，所以一切自然定律都由各种自然类的性质和各种自然类之间的关系来决定。所以自然律的分析要从自然类的分析开始。

四　自然类本质主义的自然定律观念

埃里斯引进了两个概念来解决自然定律的三大问题即必然性问题、理想化问题和本体论承诺问题，两个概念是：自然类和倾向性。前面已经概述了自然类是什么，自然类概念揭示了该类成员所共同具有的本质性质。这些本质性质使该类事物成为其所是的东西。可以把这个本质性质划分为两类：一类是倾向性质，它指明自然类具有的倾向性、潜能、因果力，另一类是范畴性质即范畴性或结构性性质。于是自然律便可表述为：“如果 x 属于自然类 A，则在条件 C 下 x 内在地（必然）倾向于出现自然类 B 的事件。”[2] 用符号表示：

$$(x)\ (x \in A)\ \exists\ (Cx)\ (Ax \rightarrow \Box_N Bx) \qquad (1)$$

这里$\Box_N$是一种倾向性或自然必然性。Bx 为 x 属于过程或事件自然类 B。简化为：

$$\Box_N\ (x)\ (Ax \supset Bx) \qquad (2)$$

这里使用符号⊃，与阿姆斯特朗的公式带有同样的意思，只包

① B. Ellis, *The Philosophy of Nature: A Guide to the New Essentialism*, p. 35.

② B. Ellis, *Scientific Essentialism*, Cambridge University press, 2001, p. 204.

括正例示实现的 A 与 B。排除（x）（Ax→Bx）的逻辑等价形式（x）（¬ Bx→¬ Ax），因为按照自然类的性质，对于所有的（x）有不同的自然类 K_1 与 K_2，不存在

$$(x)\ (x \in K_1 \vee x \in K_2)$$ 。[①]

为了解释埃里斯的自然定律公式（1）与（2），有必要说明下列几点。

（1）关于自然类的性质可划分为两类：第一类是倾向性质（Dispositional Properties），包括因果力（Causal Power）、能力（Capacities）、倾向（Propensities）、潜能（Potential）等，这是因为自然律不仅要描述自然类事物的行为规则性和齐一性，而且要描述引起行为的动力学的那些性质如质量、电荷、磁场强度、惯性矩、能量密度、潜能，即那些涉及作用于事物的不同的与动力学有关的因素。埃里斯说“倾向性质属于这样的性质，它是为了说明在各种环境条件下自然类事物的倾向表现：说明事物倾向于做什么”“有多少概率随机地干什么”“对环境倾向于有什么反应”[②] 等。倾向性质基本上是一维度的并且我们不能直观想象它是什么样子。第二类性质，是自然类的结构性质，它说明自然类事物在四维时空中的表现。它一般作为事物的结构而表现出来，如它的组成部分的相互关系，有怎样的内部分布结构和外部块状结构，所以又称为结构性质。它一般是可图示、可想象出来的东西。结构性质可以相对独立于倾向性质表现出来，正如洛克所说的形状、大小、颜色等都是结构性质。不过结构性质与倾向性性质并不是无关的。我们常常看到结构性质在低层物质元素的倾向性质基础上形成，而结构表现为倾向性质的载体。在这里倾向性质之所以重要，是因为自然界的动力学规律主要是在倾向性质之间的相互关系中形成的。

（2）关于自然定律的必然性问题。休谟及其继承者认为在定律

---

① B. Ellis, *Scientific Essentialism*, p. 100, Axiom 11.

② B. Ellis, *The Philosophy of Nature: A Guide to the New Essentialism*, pp. 65, 69, 75, 77.

陈述中的全称普遍性量词后面的一阶谓词蕴涵式语句（x）（Ax→Bx）之所以是全称普遍的，只因为它是一种偶遇的齐一性，而本质主义和必然主义的定律观认为只要这个全称命题是定律，它后面必定有某种自然必然性支撑。这种自然必然性是什么呢？很显然，我们可以简单回答，它后面是自然类，自然类之间和自然类本身的性质之间就含有一种必然性。但是埃里斯不满足这个回答，认为这全称量词的语句的蕴涵语句，必定是模态式的语句：$\Box_N$（x）（Ax⊃Bx）。他认为，这个定律语句一定是某种偶然性（contingency）和必然性（necessity）的混合：在一定层次和一定意义上它是必然的，又在另一层次和另一种意义上是偶然的。这也是 Fred Dretske，Michad Tooley，David Armstrong 以及 John Carroll 等人的主张。[①] 他们认为，例如 x 是电子（表示 Ex）就蕴涵 x 具有单位负电荷 e，即（ex）。但是在另一个可能世界里，x 是电子但它不带有负电荷 e，这不是不可能的。在这个意义上，（x）（Ex→ex）是偶然的，即不是逻辑上必然的。这个偶然的意思是，电子带单位负电荷 e“在某些可能世界上是真的，而在另外一些可能世界上是假的”（It is true in some worlds，but false in others）[②]。但是在这个世界里，如果有一个新的电子产生，它就必定带单位负电荷，在这个意义上它是自然必然的。因此，自然定律的必然性或自然必然性就称作偶然的必然性（contingent necessity）。这不是强的必然性，而是弱的必然性。所以在必然算子的下标上注明了 N 的一种自然必然性$\Box_N$。这里 N 是 natural（自然的）的意思。

埃里斯认为，这种“（逻辑上）偶然的自然必然性”的好处就在于它给严格全称普遍性命题加上一个形而上学的衬底（metaphysical backing），使人确信在这个世界里 A 必须是 B（A must be B）。这个形而上学衬底还解决了亚里士多德必然性理论和休谟的偶然性

① W. John Carroll，“Law of Nature，” *Stanford Encyclopedia of Philosophy.*

② B. Ellis，*The Philosophy of Nature：A Guide to the New Essentialism*，p. 98.

理论如何能够协调起来的问题。

将我们分析埃里斯的论点（1）和论点（2）结合起来，我们就会理解，为什么定律支持，而偶然的单纯的普遍性概括不支持反事实条件语句的理由。因为论点（1）中说明自然类具有的倾向性质，这些倾向性质组成定律，当满足一定条件时，这种倾向性必然实现。所以自然必然性说明当满足一定条件 A 时，必然有 B，尽管 A 现在还没有实现，但如果 A 实现，它必然会有 B 实现。我口渴是一种需要饮液体饮料的倾向性。“如果有一瓶啤酒在我面前，我一定会将它饮下去。”这个反事实条件是定律必然性支持的，不是逻辑经验论所说的支持反事实条件的普遍概括就是定律，而是相反，正是带倾向性谓词的定律必然性支持了反事实条件语句，哪些反事实语句受到支持，哪些反事实语句不受到支持，它是由自然定律决定的，而不是相反。这就是在定律问题上我们与逻辑经验主义的分歧之一。

（3）自然定律的理想化问题和本体论承诺问题。埃里斯认为，自然定律还有一个异常重要的性质常被哲学文献所忽视，这就是它的抽象性和理想化。只有少数低层次的经验定律能直接运用于解释和处理事物的过程，真正基本的自然定律只是描述事物的理想类型（ideal kinds of things）或事物在理想环境下的行为。但为什么会是这样却很少得到解释，有一些人认为，这只是为了认识上的简单和理解上的方便才这样做，为了达到真实性和方便性的平衡，有必要牺牲真实性。事实上科学并非如此。科学要真实而精确地描绘出自然律的特征，它必然进行理想化和建立抽象模型。这是一个方法论问题，也是一个本体论问题：客观的自然律到底建立在什么基础上。事实上，事物的过程包含两个方面：一方面是有许多内部随机偶然性质和外部各种环境干扰起作用，另一方面，是内部的性质和结构即事物的本质在起作用。因此，要理解自然律，就必须从偶然性质中抽象出自然必然性，从外部种种干扰因素中抽象出内部的律则性和齐一性。因此，建立抽象的理想模型或思想实验是完全必要的，所以科学的目标（与技术的目标不同）并不是要描绘世界上的事物实际上是怎么一回事，而是要建立模型研究自然定律到底是怎么一回事，以便理解世界，发现真正的组成世界的自然类本质性质（内部的组成与结构）是怎样起作用的。埃里斯将这种观点或考虑称为“模态实在论”。

他说前面讲到自然类的成立标准时，“我们已经看到区分自然类的标准是它们的内部性质和结构。例如，铜与金彼此区别以及与其他实物自然类发生区别是基于原子核与电子结构的区别。而因果力是必然归属于例示自然类的个体，最终也必须由它们的性质和结构来进行解析。这种解释就是我所说的本质主义的解释”[①]。现在我们可以把自然律研究的几个进路的发展列表如下（见表9—1）。

表9—1　自然律研究的齐一性进路、必然性进路和本质主义进路及其相互关系

学派	传统的休谟经验主义进路		阿姆斯特朗等进路		埃里斯等本质主义进路
对自然律的理解	自然定律的规则性与齐一性	推进 解释	定律的自然必然性：事物共相之间的关系	推进 解释	定律的自然类本质和行为倾向性质
基本公式	$(x)(Ax \to Bx)$		$N(A, B) \to (Ax \supset Bx)$		$(x)(x \in A)\ \exists\ (Cx)(Ax \to \Box_N Bx)$ 或$\Box_N (x)(Ax \supset Bx)$

从表9—1可以看出，对于自然律的研究，从齐一性进路到必然性进路，是一个研究范式上的进步。但就定律来说，必然性包含了齐一性的内容，也解释了为什么定律会有齐一性。而从必然性进路进到本质主义进路，又是一个研究范式上的进步。它用自然类的本质和倾向性解释了为什么定律会有必然性，而自然类的倾向性又

① B. Ellis, *Scientific Essentialism*, p. 223.

包括了必然性的内容。由于倾向性的重要性，又出现了一个新进路，这就是倾向性本质主义进路。

五 倾向性本质主义进路

如果说，埃里斯是从新自然等级图景分析自然类，再从自然类进入自然律，那么亚历山大·波德的进路与此不同。波德也是一个新本质主义者，而且自称为倾向性本质主义者，但他绕过自然类来直接研究事物的倾向性质，以便能从倾向性质的概念中导出自然律。大家知道，自然类及其个体的行为是受自然律支配的，但自然律不可能由外部强加于个体，也不可能是由某种偶适的普遍的概括恰好支配它的行为。自然律一定是依赖于（至少部分地依赖于）与事物个体有关的某种深层次的基本性质。所以，他首先不问哪些范畴性质或哪些倾向性质对于具体的个体来说是本质的，哪些不是本质的这个决定什么是某种自然类的共同性质问题，而问的问题是一种性质的本质是什么？它怎样才能决定或部分决定自然律？他认为，自己是一个“倾向性一元论者”，认为所有本来就为数不多的稀有的基本性质都是倾向性性质。所谓倾向性质就是认为事物本来都是能动的、有主动性的而不是消极性和惰性的，它具有以某种方式和定律进行行动的性质，这种性质叫作倾向性，它表达事物的因果力、潜力、动力和能力这样一些性质，当存在一定的激发条件（stimulus）时，这种倾向性质就会表现出来。一个瓷器花瓶，它是易碎的（倾向性质），如果存在敲打它的那种激发条件，易碎的性质就会表现或例示出来，用力打它就碎就是一种规律性。日常生活中所见的食盐是固体颗粒状的，它有溶于水的倾向性，如果存在激发条件，将它放在水中，它的易溶性就会表现（manifested）或例示（instantiated）出来。所以打碎这种行为规律或溶解这种行为规律就是由这种倾向性性质决定的。

他首先用反事实条件语句来分析和定义什么叫作倾向性质：定义：x 具有一种倾向性质 D，就是当 x 具有 D 的激发条件 S 时，就

必然会出现表现性质 M，即

$$(CA): D_{(S,M)}x \longleftrightarrow (Sx \ \Box\!\!\rightarrow Mx)$$

这里（CA）为条件分析，$D_{(S,M)}x$ 是以表现 M 来应答 S 这样的倾向性质的缩写。而□→表达虚拟/反事实条件语句（subjunctive/counterfactual conditional）的蕴涵式。符号□→中的□与→不能分开，应记作“□→”并不表示必然蕴涵的意思。不过（CA）用这蕴涵式来表示它自己必然真。所以，下式同样成立：

$$(CA_{\Box}): \Box\ (D_{(S,M)}x \longleftrightarrow (Sx \ \Box\!\!\rightarrow Mx))$$

□是模态逻辑的必然性符号。倾向性本质 DE 告诉我们至少有某些基本的、自然的性质 P 本质上是倾向性的。于是有：

$$(DE_{P}): \Box \forall x\ (Px \rightarrow D_{(S,M)})$$

（DE_P）为 P 的倾向性本质。将（$CA_{\Box}$）代入上式，便有：蕴涵式

$$(I): \Box \forall x\ (Px \rightarrow (Sx \ \Box\!\!\rightarrow Mx))$$

由此导出：

$$(V_{\Box}): \Box \forall x\ ((Px \ \&\ Sx) \rightarrow Mx)) \text{ 和}$$

$$(V): \Box \forall x\ ((Px \ \&\ Sx) \rightarrow Mx))$$

亚历山大·波德主张（V）是一种律则概括（nomic generalization）或“似律概括”（lawlike generalization）。[①] 就这样，波德从倾向性质导出一种自然律的表达式。因为从（$V_{\Box}$）导出（V），所以（V）不是偶然性的。因为这些倾向性质是属于物理世界的基本性质 P，所以带有物理必然性。所以波德指出，由于倾向性质具有某种必然性，所以由此导出的定律陈述也具有某种必然性——物理的或因果的必然性。[②]

不过倾向性质并不完全等价于反事实条件性质，因为还至少有

① A. Bird, *Nature's Metaphysics*: *Laws and Properties*, Oxford: Oxford University Press, 2007, p. 46.

② Lauren Ashwel, “Building the Physical World out of Powerful Properties,” p. 5. http: //www. protosociology. de/reviews. html.

两种基本的干扰因素使得即使有激发或激活条件 s 也可以不表现出 M 来，即规律（V）不表现出来。这两个因素是：（1）破坏因素，直译为告密破坏者（finks）。例如一条电线本来是可导电性的，但它会因电流过强，保险丝断开的作用而破坏了它的可导性，因而表现不出导电规律。（2）屏蔽因素，直译为解毒克服剂（antidotes）。[①] 例如一个易碎的花瓶用气泡纸包装可以防止被打碎。有关这些干扰因素还可以具体分析研究。在现实世界中，这种干扰因素是很多很多的。在经济学和心理学中，人有一种倾向性就是自利的（经济理性的），一个虔诚的基督教徒就屏蔽了这种“经济理性”。因此，不可以从复杂的现象中直接导出自然定律的“似律陈述”（V）。

自然定律集是客观的，它指的主要是事物的基本倾向性性质之间以及基本性质与其他性质之间的稳定的相互联系相互作用的网络，它决定事物的行为方式与行为秩序。因此表征自然律的似律概括或似律陈述有三种表现形式或类型：（1）因果律或动力定律，例如牛顿的第二定律和万有引力定律。（2）行为定律，如开普勒的行星运动第一定律和第二定律。它没有说明运动的原因，只说明它以一种椭圆形轨道运动，太阳在一焦点上等。（3）客体普遍特征的描述，如水是 H_2O，电子带负电荷等。（2）（3）相对于（1）来说是现象定律，而（1）相对于（2）（3）来说是基本定律，它可以推出和解释（2）（3）。

发现、分析和表达自然律是科学的重要目标，虽然波德绕过自然类的概念研究自然律，但他以另一种思路推动了自然律的研究工作，可以说，他的“倾向一元论”进路和埃里斯的自然类进路相互补充，都是意在表明，世界是一个受自然律支配的自然类的等级层次系统，以此为科学定律的分析与研究构造一个本体论基础。

---

① Lauren Ashwel, “Building the Physical World out of Powerful Properties,” p. 5.

第六节　新经验主义的“其他情况均同定律”进路①

科学哲学发展到21世纪，许多科学哲学家认为，自然定律是一种严格的能支持反事实条件语句的普遍陈述，这种普遍陈述具有自然的必然性和倾向性，表述的简单性（simplicity）和信息内容的强劲性（strength），因而能说明世界的自然类的本质特征。这就是前面说到的内容。经典物理学和现代物理学的自然定律都符合这类定律的形式。然而，随着一些特殊学科，如心理学、经济学，尤其是生物科学的快速发展，人们越来越清晰地看到，这些特殊学科中所谓的真正的科学知识并不符合物理学的范式，几乎没有那种严格的普遍化的定律；加上现代否定定律存在的新经验主义的兴起，有些哲学家和科学家对“普遍定律”发生怀疑，在讨论定律时要在“普遍”之前附加上诸如“如果没有干扰因素”或“其他情况相同”等限制条件。于是定律的普遍性就不普遍了，这就是所谓定律的“局域性”（locality）的起源。它的形式可统一地表示为：其他情况相同+普遍定律，简称为“其他情况相同定律”。基于此，我们首先遇到的问题是：什么叫作“其他情况相同定律”？“其他情况相同”作为一个定律的前缀“算子”或“附加条件”放在自然定律中是否合适？这个修正会不会造成其他问题？被修正过的定律还算是自然定律吗？

一　什么是其他情况相同定律

首先看看各门科学中一些定律的范例：

（1）斯涅耳定律：在不同介质的界面上，光的折射线与入射线

---

① 本节部分内容已发表。详见齐磊磊、张华夏《论不存在“其它情况均同”定律——兼译南茜·卡特莱特的科学定律观》，《自然辩证法研究》2013年第5期。

处于同一平面上，其入射角的正弦与折射角的正弦之比等于它们在介质中传播的速度之比。(物理学)

(2) 缺少维生素 C 会导致坏血病。(生物学)

(3) 供求定律：在完全竞争条件下，商品需求增加导致它的价格上涨。(经济学)

(4) 涂尔干定律：缺乏社会团结与社会交往导致社会中的个人自杀率的上升。(社会学)

类似这些定律或律似陈述都只成立或运用于一定的范围。如斯涅耳定律只成立于特定温度、压力与介质的性状中；至于供求与价格定律的“完全竞争条件”只是一种科学研究的“理想状态”，实际上并不存在什么完全竞争。我们是否可以将类似上述例子的陈述不称为定律呢？问题在于，它们确实起到定律的解释、预言、揭示因果性和指导行动的作用。于是，在历史上和现实科学中，有些科学家认为，将这些只在稳定条件下成立或在特定条件下有现实应用的定律重构为比较严谨的表达，这就是在定律之前加上“其他情况相同”(Ceteris Paribus) 的条件，称之为“其他情况均同定律”，简称为 CP 定律。

对这些律似陈述做出这种处理，在英语出版物中的始作俑者就是被马克思誉为英国古典经济学和劳动价值论创始人的威廉·配第(William Petty)。他在 1662 年出版的《赋税论》一书中这样写道：“假如让一个人在能够生产一蒲式耳谷物的时间内，将一盎司白银从秘鲁银矿中生产出来并运来伦敦，那么后者就是前者的自然价格。如果发现了新的更丰富的银矿，因而获得二盎司的白银和以前获得一盎司白银同样容易，那么，在其他条件相等的情况下 (Ceteris Paribus)，现在谷物一蒲式耳十先令的价格和以前一蒲式耳五先令的价格是一样便宜的。”[①] 这就是说，劳动价值说或劳动价值定律

① ［英］威廉·配第：《赋税论：献给英明人士货币略论》，陈冬野等译，商务印书馆 1978 年版，第 52 页。

可以表达为："在其他情况均同的条件下，所有商品的自然价格（价值）由社会劳动来决定。"不过马克思并没有采用"其他情况均同"的价值规律（定律）的表达方式，他像今天的定律必然性学派阿姆斯特朗那样说，"在产品的偶然的永恒涨落的交换关系中，他们的产品的社会必要劳动时间强制地断定自己是一个重要的自然规律（Law of Nature），就像地心引力定律在房子倒塌时在我们的头上断言了自己的存在一样"[①]。他要给劳动价值定律（以及一切自然定律）加上一个"强制的必然性"即前面的定律定义中的模态逻辑的"自然必然性"特征，将"其他情况"当作偶然的、涨落的因素加以排除。

二 传统的分析哲学家对"其他情况均同"定律的批评

尽管经济学家和哲学家做了许多努力，研究了许多 CP 例示，试图搞清 CP 定律的含义，但它仍然不能经受得住来自现代语义学和认识论上的分析。这里我们可以看出哲学，特别是分析哲学在科学研究中的不可或缺性。

一些最权威的分析经验主义（包括逻辑经验主义和证伪主义）的哲学家包括亨普尔、波普尔在内，都反对 CP 定律这种表述。

我们首先分析波普尔的立场。早在 1974 年，波普尔就从他的证伪主义科学哲学出发讨论过这个问题。他说："没有什么 Ceteris Paribus 是必要的。我不想在沼泽中讨论这个条件；但我必须说，我认为大多数讨论这个条件的和求助于这个条件的都是一种误导。作为条件或前件'所有其他情况均同'在这个世界上是永远不能满足的（never satisfied in this world），这样一个前件因而就架空一个有经验内容的理论。运用这个条件于社会科学，是想说相关的环境必须不改变，不过这里相关与不相关只是一种风险的猜测（而这样的猜测愈有趣，愈详尽它就是愈可检验的，这会提供一个原始的理

① 《马克思恩格斯全集》，第 23 卷，人民出版社 1972 年版，第 92 页。

论）。我因此建议 Ceteris Paribus 条件必须避免使用，它在讨论自然科学方法论时是不重要的。”① 按照波普尔的分析，CP 条件“在这个世界上是永远不能满足的”。

1988 年，已经 83 岁的亨普尔写了《限制条件：一个关系到科学理论的推论功能的问题》，这是与时俱进的亨普尔晚年哲学的代表作。这时他面临的问题是，如何修正逻辑经验论的解释模型，其中一个问题就是 CP 条件的内容在定律演绎解释中的地位与作用。他主张表达定律的推理功能时用限制条件（Proviso）来代替 CP 条件。它说明这个条件是定律应用于某特殊场合时的外部条件，而不是定律陈述本身或定律陈述的一个组成部分，但这个限制条件对于从理论定律推出可观察的陈述来说又是必要的，不过这个限制条件必须假定是“完备的或穷尽性的”（complete or exhaustive specification）。② 他说：“要注意这里理解的限制条件，并不是作为整体理论的一部分而附属于这个理论，也不是在干扰因素不存在时，断言理论可以被运用于所有特殊场合而赐予它演绎潜能。相反，除了那些可以明显考虑到的因素外，在没有有效的因素出现时，限制条件只能被设想为关于特定理论的某些特定的应用和对未来情况的一种断言。”③ 因此，他认为理论推理的公式是：$(P \& S^1 \& T) \rightarrow S^2$。

这里 T 是理论或理论的定律集，S^1 是系统 X 在第一时间的初始条件和边界条件。要由此推出第二时间的 S^2 状态，必须补上这个限制条件 P。这就是限定条件的实际作用，它是理论推导的辅助假说，但它不能表达为不明确的或含糊其辞的。他说：“怎样对限制条件的概念做出进一步说明呢？说限制条件就是其他情况均同条件是毫无帮助的，因为其他情况均同条件自身是含糊的与难以捉摸

---

① K. Popper, “Replies to My Critics,” in P. A. Schilp, ed., *The Philosophy of Karl Popper*. La Salle, IL: Open Court, 1974, pp. 976 –987.

② C. G. Hempel, “Provisoes: A Problem Concerning the Inferential Function of Scientific Theories,” *Erkenntnis* 28 (1988), p. 175.

③ Ibid., p. 154.

的。‘其他情况均同，正是这样的情况’（other things being equal, such-and-so is the case）。什么是‘其他情况’呢？它与什么相同？这个条件在理论推理中起什么作用？限制条件应该假定是完备的（assumptions of completeness）才能做出从 S^1 到 S^2 的推理。”① 在这里，亨普尔对他的解释和预言模型（DN 模型）做出了一个新的发展：定律要预言某种现象，除了要附加定律起作用的初始条件和边界条件外，还要附加“限制条件”才能原则上推导出被预言的现象。当在科学上预言失灵时，我们必须检查限制条件是否出错，是不是存在一些干扰因素没有被排除、没有被屏蔽。他举出历史上牛顿力学预言天王星运行轨道失败和厄伦哈夫特（F. Ehrenhaft）最小电荷单位的结论都是因为限制条件搞错了、干扰因素没有被排除的缘故。即：

$(P \& S^1 \& T) \rightarrow S^2$。若 $S^1 \& T$ 为真，则 $\neg S^2$ 导出 $\neg P$。这是亨普尔否定“其他情况均同”的不确定性和肯定“限制条件”有确定性和完备性从而有可检验性的结果。不过他只列举了“限制条件”的某些特征，而一直没有给出“限制条件”的定义，也没有指出 CP 定律的表达存在的矛盾。

三　新经验主义对“其他情况均同”定律的分析

尽管在定律中加上 CP 条件或二者合起来叫作 CP 定律这个概念有自己长期的历史，并且逻辑经验论和证伪主义还做了比较具体的讨论，基本上否定 CP 定律，但这些讨论还没有引起科学哲学界的广泛注意，直到 20 世纪 90 年代后，“CP 定律才成为科学哲学和心灵哲学某些领域的中心的和富于争论的论题”②。这是因为科学哲学兴起了一股新的、受很多学者追随的潮流——新经验主义。新经验

① C. G. Hempel, “Provisoes: A Problem Concerning the Inferential Function of Scientific Theories,” *Erkenntnis* 28 (1988), p. 157.

② Reutlinger, Alexander, Schurz, Gerhard & Huttemann, Andreas, “Ceteris Paribus Laws,” *The Stanford Encyclopedia of Philosophy*, sec. 2. 2.

主义者认为，科学是不统一的，各门科学不是有规律的相互联系的，每一门科学有自己的自治性（autonomy）。他们反对“横向还原主义”，反对基础主义，反对（物理学和经济学的）科学帝国主义。在这场争论中起着中心作用的人物就是南希·卡特赖特。她除了有一个完整的认识论、方法论和本体论的研究纲领外，还有自己的科学政策的论题。她的基本论点大致可归纳如下。

（1）所有物理学的基本定律都必须附加“其他情况均同”条件才是真的。“我们精确科学的定律必须全部理解为在前面带有隐含的‘其他情况相同的条件’”“实际上我相信我们应该把所有律则都理解成其他情况相同定律。”①

（2）“其他情况均同”的条件只有在非常特殊的人为创造和人为选择的情况下获得，只在理想状态下，即只在模型中成立。

（3）所以当基本物理定律为真时，它只能应用于理想状态。

（4）因此，基本物理定律不能应用于现实世界的对象。

（5）因此，世界是斑杂的。“自然界中大多数发生的事是碰巧发生，完全不受制于定律。”②

（6）所以国家不应将大量财政资金用到基本物理学的研究上，例如将100亿美元用到建设核物理的大型强子对撞机上。

她的这些观点立即引起轩然大波。在哲学界有许多人反对，也有许多人赞成，这个思潮也开始在我国流行，这就推动我们要仔细分析。而且很明显，在哲学上，它的中心问题就是其他情况均同定律。而在本章以上各节的分析中，特别是必然性进路和本质主义进路的分析中，我们明显地看出她的错误，本节的主要工作，是要从逻辑上证明她是错误的。

为了明白“其他情况相同”这个古怪的短语是什么意思，哲学家舒尔兹（G. Schurz）将CP定律的含义划分为两类：第一类是比

① N. Cartwright, *The Dappled World*, Cambridge University Press, 1999, pp. 25, 188.

② Ibid., p. 1.

较的 CP 定律，第二类是排除性的 CP 定律。[①]

设定律为（x）（Fx→Gx），比较的 CP 定律要求定律前件或后件没有提到的因素在定律中保持不变，它要求“其他情况相等”是指：例如，变量 X 的增加（或减少）导致 Y 的增加（减少）要以独立于 X 的所有的（已知和未知的）描述该系统的状态的变量Z_1，…，Z_n 保持不变值为条件。这里“独立”指的是 X 不影响 Z_i 但 Z_i 可以影响 X。比较的 CP 条件不同于排除的 CP 条件，它允许 Z_i 在定律成立或发现的过程中继续存在。例如“其他情况均同，气体温度增加导致气体体积正比增加”和“其他情况均同，驾驶员血液酒精增加导致汽车事故概率增加”就是这类比较性的 CP 定律。排除 CP 定律不仅仅要求 Z_i 保持不变，还要求排除这些因素，使它们不再出现，不再影响定律本身。“如果干扰因素或影响因素不存在，则前因 F_X 状态或事件导致结果状态或事件 G_X。排除表明限制 Z_1，…，Z_n 的值到这样的域值，它对定律不发生影响。”所以南希·卡特赖特说：“最好将‘其他情况相同’表达为‘其他情况正确’（other things being right）更为恰当。”[②] 例如，“其他情况相同，行星沿椭圆轨道运行”。这种“其他情况相同”要求其他力不仅仅保持常量，而且根本就不存在。又如“其他情况相同，人的行动是目的定向的，即 x 愿望得到 A 并相信 B 是得到 A 的最好手段，则 x 采取行动 B”。这里其他情况相同指的是根本排除非理性因素。

四　CP 定律的两难困境

到了 20 世纪末和 21 世纪第一个十年，有一大批科学哲学家发现 CP 定律的主要问题就在于它陷入了两难推理，因而是不能成立的。这些哲学家中比较突出的包括：Earman and Roberts（1999），

---

① G. Schurz, “Ceteris Paribus Laws: Classification and Deconstruction,” in J. Earman et al., eds., *Erkenntnis*. 2002, p. 5.

② N. Cartwright, *How the Laws of Physics Lie*, p. 45.

Lange（1993，2000，2002），D. Lewis（1973），Earman，Roberts & Smith（2002），Woodward（2002），Schurz（2001a，2002）。用兰格（Marc Lange）的话来说 CP 定律的两难处境是：它既是假的又是真的，而它的真是不可检验的永真，因而是空的。我们可以从下面四点来分析这个两难悖论。

（1）CP 定律是假定律。因为 CP 定律并不是将 CP 看作定律起作用的或应用于经验世界的外部条件，而是作为定律的一个必要组成部分，即（x）（Fx & CPx→Gx）。但是这样表述的"定律"是不能定义、不能确定的。因为"不受干扰"（CP）这种东西在现实世界中不存在。只要有一点干扰，全称量词（x）就不能用，表达为（x）（Fx & CPx→Gx）的 CP 定律，作为严格定律就是假的。这就是前面南希·卡特赖特的"论点 4. 基本物理定律不能应用于现实世界的对象"的意思。

（2）CP 定律是个重言式。CP 定律在大多数情况下，表现为排除的 CP 定律，即表达为（x）（CPx→［（Fx）→G（x）］），因为条件蕴涵式的定义是"前假或后真"，这里前件假就是并非无例外，即¬（x）（Fx→Gx）。所以 CP 定律的等价式就是¬（x）（Fx→Gx）∨（x）（Fx→Gx）。无论对于什么样的定律，如果有例外，则上式前面的析取支为真，如果没有例外，则上式后面的析取支为真。于是这是一个永真命题，一个重言式。如同"所有的人都姓张，除了那些不姓张的以外"。

（3）CP 定律的经验内容不可表达。在 CP 项中，由于我们不开列，更不用说完备地确定干扰因素（interferes）是什么，以及有多少，并且由于干扰因素有不同的性质，不能都用统一的高层谓词来定义它，在这个意义上也是不确定和无限的。设 I_n 为干扰，则无干扰为 CP≡¬（$I_1 \vee I_2 \vee$，…，$\vee I_n$）这里 $n \to \infty$，即 CP 定律表达为

CP 定律≡（x）（F（x）&¬（$I_1 \vee I_2 \vee$，…，$\vee I_n$）→G（x））。

这种定律形式是不可检验的。如果我们发现一个干扰 I_n，因为

CP 定律的 CP 条件指明“要排除一切干扰因素”，所以它已经包含在公式¬（$I_1 \vee I_2 \vee$，…，$\vee I_n$）中，它没有证伪也没有证实 CP 表达式。例如，CP 定律宣称，若有一个定律“如果不受什么干扰，所有的鸟儿都会飞起来”。即如果发现干扰，附近有一架超音速飞机起飞（I_n），则有鸟儿飞不起来。这并没有证伪（x）（Fx & CPx→Gx）。因为这个公式正是包括需要排除像超音速飞机那样的影响；I_n 也没有证实（x）（Fx & CPx→Gx），因为 CPx 是无限的，它的经验内容不可表达、不可罗列。你在吃饭，不可能证实有无限多的人和你一起吃饭，一架超音速飞机不能证实有无限多的因素需要排除。我们陷入许多悖论（例如芝诺悖论）的“无限悖论”中。

（4）它是一个无定律性的表达。在 CP 定律的讨论中，学者们按照 CP 定律的形式，提出许多古怪的定律。例如：

①如果其他情况均同，所有的球形物体都是导电的。（Earman and Roberts，1994，p. 453）

②CP，所有带电粒子有每秒 n 米的加速度。（Reutlinger，2011，sec. 5. 2）

③如果其他情况均同，一个人向右看，就会看到一只袋鼠。（Schurz 2002，p. 364）

④如果其他情况相同，吸烟引起癌症。

⑤如果其他情况相同，吸烟保护健康。

从本章一开始对定律的界定看，这些案例只是一种偶适概括（accidental generalization），不能支持反事实条件语句，完全不具备定律的特征；以上例子不仅经验上不可检验，而且在理论上也不能由基本的定律、基本的公理体系导出。你根本不能向我们说明，为什么“其他情况相同，任何人向右看，都会看到一只袋鼠”。但按照 CP 定律的标准，上面 5 个例子都是 CP 定律的实例，尽管例 4 与例 5 是矛盾的。

斯坦福哲学百科全书的“Ceteris Paribus laws”条目写道：“对

于所有CP定律理论，处理这个两难悖论是关键的挑战。”[①] 所以本节有必要先用一个形式推理将它们概括起来，指明它的悖论，然后设法处理它。

我们先定义定律L，它不但是一个普遍的严格蕴涵式，而且是可检验的。至于自然律的其他特征，这里不再涉及。我们将L的可检验性记作J，J是Justification的意思。为简明起见，有时在公式中省略J。对于定义CP，我们采用排除的CP条件，令干扰为$I_i x$，排除干扰就是$\neg I_i x$。其他情况均同定律为CP（L）。“其他情况均同定律不成立”为：¬ CP（L），表示CP定律为假。这样，我们有：

（1）L≡（x）（（Fx→Gx）& J（Fx→Gx）） 定义1

（2）CP≡¬（$I_1 x \vee I_2 x \vee \cdots \vee I_n x$）其中n→∞ 定义2

（3）CP（L）≡CP→（x）（Fx→Gx） 定义3

以上是三个前提，由此做出下列推论：

（4）CP（L）≡（x）（Fx & CPx→Gx） 由（3）按逻辑导出

（5）CP（L）≡（x）（F（x）& ¬（$I_1 x \vee I_2 x \vee \cdots \vee I_n x$）→G（x）） 代（2）入（4）

（6）（x）（Fx & CPx→Gx）& ¬ J（CPx） 无限不可检验

（7）（x）（Fx & CPx→Gx）不是定律 由（1）、（6）导出

（8）¬ CP（L） 由（7）按定义得出，但

（9）CP（L）≡¬ CP∨（x）（Fx→Gx）≡¬（x）（Fx→Cx）∨（x）（Fx→Gx） 由（3）导出

（10）CP（L）为永真命题 由（9）导出

（8）与（10）发生矛盾，说明这个推理的前提中至少可能有一个发生错误。

南希·卡特赖特由此反对定义1，认为物理定律尤其是基本物

① Reutlinger，Alexander，Schurz，Gerhard & Hüttemann，Andreas，“Ceteris Paribus Laws，” *The Stanford Encyclopedia of Philosophy*，2011，sec. 4.

理定律本身就是假的，她的《物理定律是如何撒谎的》一书的标题就说明这一点。由于她采取这个进路，所以无论你怎样说 CP 定律有两难困境甚至有悖论，她都无动于衷，因为她将定律定义为 ∃（x）（（Fx→Gx）& J（Fx→Gx）)，∃为存在量词。不过这个解决问题的代价太大，这是以牺牲科学的基本任务（发现普遍定律）为代价的。

五　对走出 CP 两难困境的建议

在我们看来，CP 困境的关键问题，就在于 CP 条件的无限性和不确定性（定义 2）、它的重言式、它的不可检验性、它在理论推理和应用中的地位与作用不明确的根源都在这里。从本体论来说，CP 条件的排除项目可能是无限的，但从认识论上我们事实上是不必要也不可能开列出所有的 CP 条件的。这就是西蒙所说的我们只有“有限信息”“有限理性”（bounded rationality）[①]，必须是有限的才能是可穷尽的、告一段落的，因而可暂时封闭、等待实验检验。我们可以将亨普尔的限制条件定义为 CP 无限条件的一个有限子集，记作 CP′，称为封闭的 CP 条件。于是，定律 L 能与这些 CP′相结合，导出某种检验、预言、应用结论等。这样

（1）［CP′ & A & L］→P，其中 P 为预言或应用，A 为初始条件与边界条件。

当预言或应用失败时，我们有：

（2）［CP′ & A & L］→P，¬ P⊢¬ ［CP′ & A & L］。

不能从（2）式中得出“L 是假的，也不能得出 CP′（L）是空的”这个结论。在经典力学的行星运动定律推出天王星行星轨道出了偏差时，我们在¬ ［CP′ & A & L］中可以断定牛顿的万有引力定律和它推出的开普勒定律不是假的，我们对天王星运动的初始条

① H. A. Simon, “Bounded Rationality and Organizational Learning,” *Organization Science* 2 (1). *Special Issue*: *Organizational Learning*: *Papers in Honor of* (*and by*) *James G. March*, 1991, p. 125.

件 A 的测量也不是假的，而是“其他情况相同的封闭性条件”CP′出了问题。

现在看来，CP 定律问题的讨论在科学解释和科学预言的结构研究上有了一个积极的研究成果，即在定律覆盖模型上，附加在定律上的除了初始条件和边界条件外，还增加了一个认识论的封闭条件，使得 DN 模型更加完备。其实首先提出这个问题的是约翰逊（Ingvar Johansson），他在《休谟的惊奇与信念变更的逻辑》中写道，预言天王星轨道的逻辑是这样的：①叠加原理：合力等于分力的矢量和。②自然定律：牛顿三定律和万有引力定律。③初始条件：太阳与各个行星的不同特性。④封闭条件：有关的定律与初始条件已开列如上。⑤预言：天王星轨道的描述。[①] 其中④相当于我们的 CP′，虽然这里封闭条件没有具体描述，但它却被包含在已开列的“初始条件”中。其实封闭条件的表述还有另一种形式：补充①②③中没有开列的需要排除的条件（例如考虑到太阳和各个行星之间的电力、磁力以及它们在太空中运动的摩擦力都可忽略不计），从而使所有条件的认识被封闭等待实验检验。约翰逊没有做出封闭条件有两种表达的分析，也没有做出认识论和有限理性的分析并说明它与 CP 的关系是一个缺陷。但它不是其他情况相同，它被看作已经描述了的具体条件是可检验的，而信念是可以改变的。后来发现了海王星，对初始条件和封闭条件的信念都改变了。

六 复杂系统哲学和技术哲学的自然定律观

自然定律在它的论域里，是普遍性的还是特殊性的或地域性的（locality）？是必然性的还是偶然性的？是被发现的还是被“拼凑”的？这是我们与南希·卡特赖特在科学定律观上的根本分歧。对于这个根本分歧，除了以上讨论到的问题外，我们还要补充几点有关

① I. Johansson, “Hume's Surprise and the Logic of Belief Changes,” *Synthese* 117 (1999), p. 288.

复杂系统哲学和技术哲学的论证。

（1）从信息论的观点看。著名物理学家、诺贝尔奖获得者盖尔曼曾经从更广泛的观点分析定律和规律性。他指出，任何复杂适应系统（主要是与生命及其产生以及人类及其行为相关的系统）都要处理外界环境的作用和自身行为的反应所输入的信息，这些信息就是复杂适应系统得到的经验（experience），或称为它的数据集（set of data）。它不可能在它的数据库和决策器中储存每一种特殊的数据以对应每一个特殊行动的反应，这样处理信息会不堪重负。它必须"在经验中识辨出一定种类被觉察的规则性（perceived regularities）……并将它压缩成一定的图式（schema）"[①]。这些图式提供了描述、预言和规范行动的组合。例如，每一个物种的DNA序列就是该物种进化的经验被压缩成的图式，这是物种先天行为的规则性的依据，这是我们一直在说的宇宙进化和生命进化所积累的"前定和谐"，也是自然律的M－R－L理论的一种根据。因为，人类的科学理论和定律也起到这种图式的作用。科学首先通过对现象世界的认识，归纳出经验规则，然后建构模型，从理论上用理论定律（图式）推出、解释或修正这些经验规则。图式会变异、会多样化，在选择压力下竞争着、改进着，它们以尽可能小的信息量（比特串）来概括最普遍的共同规律性以便能最大限度适应环境。所以，严格区分描述规则性和必然性的定律图式和环境中的偶然的随机因素（即科学中的"初始条件、边界条件和特殊条件"）而不像CP定律那样将二者混合起来，不但是上面所说的科学的重大问题，而且也是任何复杂适应系统生存和发展的重大问题。

（2）从科学理论模型论的观点看。在科学哲学中为了确定定律的地位，我们要处理的一个基本关系是经验现象、模型与理论的关系。南希·卡特赖特认为，无论CP定律还是科学定律，它们不但

---

① M. Gell-Mann, "Complex Adaptive Systems," in George A. Cowan et al., ed., *Complexity: Metaphors, Models and Reality*, Westview Press, 1994, p. 18.

不普遍而且不真实，那是因为它们不描述现实世界。定律越是基本，越不描述现实世界，越是只对模型为真，只支配模型中的客体。这就是本节三小节中所说的卡特赖特的论点第2点和第3点。她说："我们对物理学定律最漂亮、最准确的应用都是在现代实验室中完全人为的环境中的……我们通过这一过程得到的，一定是一个完全人类的与社会的建构，而非上帝写下的定律的复制品。"[①] 不过这种分析并不怎么令人满意，如果从实在论派的分析哲学观点看，现象是被科学家进行研究的自然界的事实与事件。这些现象被感觉、探测和记录，组成一系列资料、数据，这就是经验数据。尽管取得这些数据是有目的的，但这个目的归根结底是要发现自然定律。当然，经验数据可以提供自然界的某些规则性，例如物理学中各种运动的轨迹、化学中各种金属的熔点，就已经包含某种经验定律，但为了探讨隐藏在现象背后的更深层次的定律必然性，以便说明经验的定律，我们必须建立模型。模型与现象相比，具有简单化、抽象化、理想化，有时便于理解还需要进行形象化。这是纯属虚构吗？不是！它忽略了现象世界中许多具体的偶然的属性，保留和/或重构了它的本质特征，否则我们怎么能把握它的普遍性、刻画它的自然类和自然律，从而获得自然定律呢？于是，在力学模型中，物体变成了质点；在经济学中，主体或经营者变成了"经济人"，这就创造出自然科学中"抽象概念"和"理论实体"，社会科学中的"理想类型"（马克斯·韦伯的概念）和"人格化的资本"（卡尔·马克思的概念）。它们和它们所表现的定律既不是社会的任意建构，也不是现实现象世界的完全描述，而是对现象世界的"部分描述"（partial description），这"部分描述"的普遍性、规律性和真实性要通过精确构造的隔离实验来发现。这虽是自然律研究的发现语境（context of discovery），从自然律研究的辩护语境（context of justification）来说，科学和自然律本来就不是要描述世

---

① N. Cartwright, *The Dappled World*, p. 46.

界，而是要把握自然类的共相，它的齐一性、必然性、可能性和倾向性。将描述世界和表述定律混为一谈是完全错误的，将发现定律所需要的条件和定律的存在及运用于各种条件这两件事混为一谈也是完全错误的。

（3）从科学实验和技术应用的观点看。用现代技术武装起来的科学实验虽然从一个狭隘的局部领域出发，但却有能力证明定律的普遍性。万有引力的普遍性定律告诉我们，任何有质量和能量的物质之间都普遍存在相互的引力。这虽是一个在实验室中被严格证实的东西，但任何一个生活在地球上的人都能体会到这种万有引力推出的地心引力的普遍性，地面上的任何物体只要没有一定的支持使它静止，它就会落下，连南希·卡特赖特的最典型的范例即维也纳史蒂芬大教堂楼顶的一张松开手的钞票，也不能逃过引力的作用。但卡特赖特有她特殊的新经验主义的思维方式，她说这张钞票并没有按 $F = ma$（这里 $F = Gm_1m_2/r^2$ 为万有引力）的公式行动，所以这个定律在这里不成立。我们的回答自然是：这是因为有其他的力（如风力、分子力等）作用于钞票的缘故。不过卡特赖特质疑道，你能做出一个模型来说明其他力作用于这张钞票并预言它落到哪里吗？我们说，原则上可能，但这不是科学要解决的问题，这是技术的工作。技术解决的是在科学定律的基础上设计、制造和测量初始条件、边界条件和排除干扰，但技术不会去测量这张钞票的落点。如果有 100 亿美元，技术会解决如何发射一枚火箭准确落到火星某个地点上，然后准确回到地球某点上。因此，不要把科学和技术的任务混淆了。但卡特赖特总是将发现一个定律的局域性的隔离实验的技术条件的特殊性与被发现的那个定律的普遍性混同起来。她说："物理学家不会把他们在实验室建立的定律试图在实验室以外应用，而是把整个实验室作为微缩模型应用于外。"[①] 她还认为："这就提出了我们在科学哲学中面临的最中心的问题：什么是我们

① N. Cartwright, *The Dappled World*, p. 54.

归纳的边界？……我们不能超出归纳的边界之外。”[①] 这是一种非常狭隘的经验主义，在实验室中发现的自然定律不能推广到实验室之外，因而自然定律没有普遍性只有地域化（localization），这就是卡特赖特的“其他情况均同”所指的基本意思。她的这个观点就等于完全否定任何归纳，因为归纳本来就有一个从特殊到普遍的推理。事实上，物理学的实验本身就有一个将实验的结果推广到未做实验的地方。再以万有引力定律为例。最近，欧洲核子研究中心大型强子对撞机发现了“上帝粒子”（希格斯玻色子），它是所有物质质量之源，从而是所有引力相互作用之源。难道这个事实或规律性只存在于欧洲核子研究中心 2012 年 7 月 4 日的那次实验中？在这次实验之外，这种规律性并不存在？如果这样，全球各地的物理学家还狂欢什么？可见，自然定律只在实验室的特殊的条件下成立，这种狭隘的经验主义是很难有说服力的。

---

① N. Cartwright, “Against the Computability of Science,” in M. W. F. Stone and Jonathan Wolff (eds.), *The Proper Ambition of Science*, Routledge, 2000, p. 215.

参考文献

［英］W. R. 艾什比：《控制论导论》，张理京译，科学出版社 1965 年版。

《爱因斯坦文集》，许良英等译，商务印书馆 1977 年版。

［英］K. R. 波珀：《科学发现的逻辑》，查汝强、邱仁宗译，科学出版社 1986 年版。

［英］卡尔·波普尔：《客观知识》，舒炜光等译，上海译文出版社 1987 年版。

［美］约翰·杜威：《评价理论》，冯平等译，上海译文出版社 2007 年版。

冯平：《价值判断的可证实性——杜威对逻辑实证主义反价值理论的批判》，《复旦大学学报》（社会科学版）2006 年第 5 期。

甘绍平：《应用伦理学前沿问题研究》，江西人民出版社 2002 年版。

［德］哈贝马斯：《交往行动理论》，洪佩郁等译，重庆出版社 1994 年版。

洪谦主编：《逻辑经验主义》，商务印书馆 1982 年版。

［英］霍金：《时间简史》，许明贤、吴忠超译，湖南科技出版社 1992 年版。

［德］卡尔纳普：《科学哲学导论》，张华夏、李平译，中国人民大学出版社 2007 年版。

［英］南希·卡特赖特：《斑杂的世界》，王巍、王娜译，上海科技教育出版社 2006 年版。

［英］南希·卡特赖特：《物理定律是如何撒谎的》，贺天平译，上海科技教育出版社 2007 年版。

［加］威廉·莱斯：《自然控制》，岳长龄、李建华译，重庆出版社 1993 年版。

［英］罗素：《人类的知识》，张金言译，商务印书馆 1983 年版。

［英］罗素：《哲学问题》，何兆武译，商务印书馆 2008 年版。

［英］洛克：《人类理解论》，关文运译，商务印书馆 1981 年版。

［美］库恩：《必要的张力》，纪树立等译，福建人民出版社 1981 年版。

［美］A. 豪·莱斯利：《哈贝马斯》，陈志刚译，中华书局 2002 年版。

［美］卡尔·米切姆：《技术哲学概论》，殷登祥、曹南燕等译，天津科学技术出版社 1999 年版。

［美］内格尔：《科学的结构》，徐向东译，上海译文出版社 2002 年版。

［美］查尔斯·L. 斯蒂文森：《伦理学与语言》，姚新中、秦志华等译，中国社会科学出版社 1991 年版。

［美］维纳：《控制论》，郝季仁译，科学出版社 1962 年版。

［苏］苏佩斯：《逻辑导论》，宋文淦等译，中国社会科学出版社 1984 年版。

齐磊磊、张华夏：《同构实在论与模型认识论——罗素的结构实在论辩护》，《自然辩证法通讯》2010 年第 6 期。

《十六—十八世纪西欧各国哲学》，北京大学哲学系外国哲学史教研室编译，生活·读书·新知三联书店 1958 年版。

［英］休谟：《人类理解研究》，关文运译，商务印书馆 1957 年版。

［英］休谟：《人性论》，关文运译，商务印书馆 1980 年版。

颜泽贤、范冬萍、张华夏：《系统科学导论》，人民出版社 2006 年版。

张华夏：《道德哲学与经济系统分析》，人民出版社 2010 年版。

张华夏：《两种系统思想，两种管理理念》，《哲学研究》2007 年第 11 期。

张华夏：《休谟价值问题和逻辑经验主义的第三个教条》，全国第三届分析哲学学术研讨会论文，2007 年。

张华夏、张志林：《技术解释研究》，科学出版社 2005 年版。

Addison, John W., Leon Henkin, Alfred Tarski, eds., *The Theory of Models: Proceedings of the* 1963 *International Symposium at Berkeley*, North-Holland, 1965.

Aronson, J., "On the Grammar of 'Cause'," *Synthese* 22 (1971).

Ashby, W. R., *An Introduction to Cybernetics*, London, Chapman & Hall ledge, 1998.

Balzer, W., C. U. Moulines, J. D. Sneed, *An Architectonic for Science: The Structuralist Approach*, Dordrecht: Reidel, 1987.

Bunge, Mario, *The Furniture of the World*, D. Reidel Publishing Company, Dordrecht, Holland, 1977.

Bunge, Mario, *Treatise on Basic Philosophy*, Vol. 3, Dordrecht-Holland/Boston-U. S. A: D. Reidel Publishing Company, 1983.

Burbaki, N., *Elements of Mathematics: Theory of Set*, Hermann and Addison-Wesley, Massachusetts, 1968.

Campbell, Donald T., "Downward Causation in Hierarchically Organized Biological Systems," in F. J. Ayala and T. Dobzhansky, eds., *Studies in the Philosophy of Biology: Reduction and Related Problems*, Berkeley and Los Angeles: University of California Press, 1974.

Campbell, Donald T., "Evolutionary Epistemology," in D. T. Campbell, ed., *Methodology and Epistemology* (selected papers), 1974.

Cao Tianyu, "A Philosopher Looks at Cosmology," For the Robert S. Cohen Symposium. April 26 – 27, 2010, at Tsinghua University.

Cao Tianyu, *From Current Algebra to Quantum Chromodynamics: A Case for Structural Realism*, Cambridge University Press, 2010.

Carnap, Rudolf, *An Introduction to the Philosophy of Science*, New York: Basic Books, Inc., 1966.

Cartwright, Nancy, *How the Laws of Physics Lie*, Oxford University Press, 1991.

Cartwright, Nancy, *The Dappled World: A Study of the Boundaries of Science*, Cambridge: Cambridge University Press, 1999.

Chakravartty, A., "The Semantic or Model-Theoretic View of Theories and Scientific Realism," *Synthese* 127 (2001).

Chestnut, H., *Systems Engineering Methods*, New York: Wiley, 1967.

Gell-Mann, Murray, *The Quark and the Jaguar: Adventures in the Simple and the Complex*, Brockman, Inc., 1994.

Gensler, Harry J., *Ethics: A Contemporary Introduction*, London: Rout-The University of Chicaco Press, 1970.

Gulick, R. V., "Reduction, Emergence, and the Mind/Body Problem," in Nancey C. Murphy, William R. Stoeger, eds., *Evolution and Emergence*, Oxford University Press, 2007.

Gulick, R. V., "Who's in Charge Here? and Who's Doing All the Work?" in Nancey C. Murphy, William R. Stoeger, eds., *Evolution and Emer-gence*, Oxford University Press, 2007.

Hacking, I., *Representing and Intervening*, Cambridge: Cambridge University Press, 1983.

Hall, Arthur D., *A Methodology for Systems Engineering*, D. Van Nostrand Company, Inc., 1962.

Harré, R., and E. H. Madden, *Causal Powers: A Theory of Natural Necessity*, Basil Blackwell, Oxford, 1975.

Hawking, Steven, *A Brief History of Time*, Toronto: Bantam, 1988.

Hempel, C. G., *Philosophy of Natural Science*, Prentice Hall, Inc., 1966.

Hempel, C. G., "Formulation and Formalization of Scientific Theories." in Frederick Suppe, ed., *The Structure of Scientific Theories*, University of Illinois Press, 1979.

Hodges, Wilfrid, "Functional Modeling and Mathematical Models: A Semantic Analysis," in Anthonie Meijers, ed., *Philosophy of Technology and Engineering Sciences*, North Holland: Elsevier, 2009.

Holland, John H., *Emergence: From Chaos to Order*, Oxford University Press, 1998.

Hooker, Cliff, ed., *Philosophy of Complex Systems* (Handbook of the of Science Philosophy), North Holland, Elsevier, 2011.

Hume, D., *An Enquiry Concerning Human Understanding*, ed. by T. L. Beauchamp, New York: Oxford University Press, 1999.

Jantsch, E., *The Self-Organizing Universe*, Pergemon Press, 1980.

Kim, J., "Making Sense of Emergence," in *Philosophical Studies*, Boston: Kluwer Academic Publishers, 1999.

Kuhn, Thomas S., *The Structere of Scientific Revolutions* (Second Edition), The Univesity of Chicago Press, 1970.

Kuipers, Theo A. F., ed., *General Philosophy of Science: Focal Issues*, Elsevier, 2007.

Liu Chuang, "Models and Theories: The Semantic View Revisited," in *International Studies in the Philosophy of Science*, Vol. 11, No. 2, 1997.

Mackie, J. L., *The Cement of the Universe: A Study of Causation*, Oxford University Press, 1974.

Morgan, Mary S., and Margaret Morrison, eds., *Models as Mediators*, Cambridge: Cambridge University Press, 1999.

Poincare, H., *Science and Hypothesis*, New York: Dover, 1905.

Potter, Michael, *Set Theory and Its Philosophy*, Oxford University Press, 2004.

Putnam, Hilary, *The Collapse of the Fact/Value Dichotomy*, Harvard University Press, 2002.

Putnam, H., *The Many Faces of Realism*, Open Court Publishing Company, 1987.

Ramsey, F., *The Foundations of Mathematics and Other Essays*, R. B. Braithwaite, ed., Routledge & Kegan Paul, 1931.

Ronald Fisher, *The Design of Experiment*, Macmillan Publishing Co. Inc., 1935.

Russell, Bertrand, *The Analysis of Matter*, London, 1927.

Sneed, J. D., *The Logical Structure of Mathematical Physics*, Dordrecht: D. Reidel Publishing Company, 1971.

Sosa, E., *Causation and Conditionals*, London: Oxford University Press, 1976.

Stegmüller, W., *The Structure and Dynamics of Theories*, New York: Springer-Verlag, 1976.

Suppe, Frederick, ed., *The Structure of Scientific Theories*, Urbana: University of Illinois Press, 1977.

Suppe, Frederick, *The Semantic Conception of Theories and Scientific Realism*, Urbana IL: University of Illinois Press, 1989.

Suppes, Patrick, *Introduction to Logic*, Princeton and New York: Van Nostrand, 1957.

Suppes, Patrick, *Representation and Invariance of Scientific Structures*, Stanford: University of Stanford Press, 2002.

Suppes, Patrick, "What is a Scientific Theory?" in S. Morgenbesser, ed., *Philosophy of Science Today*, New York: Basic Books, 1967.

Suppes, P., *Introduction to Logic*, Van Nostrand, New York, 1957.

Tarski, Alfred, "Contributions to the Theory of Models," *Indagationes Mathematicae* 16 (1954).

Torretti, Roberto, *The Philosophy of Physics*, Cambridge University

Press, 1999.

Turchin, V. , "A Dialogue on Metasystem Transition," in F. Heylighen et al. , eds. , *The Quantum of Evolution*, Gordon and Breach Science Publishers, New York, 1995.

van Fraassen, Bas C. , *Scientific Representation: Paradoxes of Perspective*, Oxford: Oxford University Press, 2008.

van Fraassen, Bas C. , *The Scientific Image*, Oxford: Oxford University Press, 1980.

van Fraassen, Bas C. , *Quantum Mechanics: An Empiricist View*, Oxford: Oxford University Press, 1991.

Whitehead, A. N. , *Science and the Modern World*, New York: The Free Press, 1925.

Wiener, Norbert, *Cybernetics*, The MIT Press, 1949.

Worrall, J. , *Miracles*, *Pessimism and Scientific Realism*, Paper was originally at a Lunchtime Colloquium at the Center for Philosophy of Science in Pittsburgh in October 2005.

Worrall, J. , "Structural Realism: The Best of Both Worlds?" *Dialectica*, 43 (1989) .

附　录

非标准分析的科学哲学

第一节　从逻辑的观点看黑格尔矛盾辩证法的两个论题

我国有两个关于系统哲学的研究会：一个由乌杰教授和杨桂通教授带领的中国系统科学研究会，它的主要目标是研究系统哲学，并将这种研究应用于解决我国改革开放的一些实际问题；另一个是直属中国自然辩证法研究的二级学会，为中国系统科学哲学研究会。我个人因为对系统科学和系统哲学有浓厚的兴趣，所以从这两个研究会成立的那天起，每年年会我都必定准备论文按时参加，只有少数一两次因事缺席。由于这种缘分，我现在年岁已高，感觉到有必要将自己的研究工作概括一下。因此，今年写成一本书，取名为《系统哲学三大定律——乌杰〈系统哲学〉解析》，由人民出版社出版。我主要依据乌杰的系统哲学研究，将系统哲学的基本规律概括为三条：系统哲学第一定律，差异协同律；系统哲学第二定律，自组织突现定律；系统哲学第三定律，整体优化定律。其中特别是差异协同律，与传统的辩证唯物主义即唯物辩证法有着密切的关系。差异协同，简单地说，就是认为系统是相互差异的元素组成的统一体或协同体。这和系统科学的创始人贝塔朗菲所定义的系统概念，即系统是相互联系的元素的集合是一致的，不过它吸收了哈肯协同学的基本研究成果，有 20 世纪的系统科学研究背景。如果我们采取万物皆系统的概念，它便遇上了恩格斯的辩证法，即自然界、社会和人类思维的普遍规律之一，对立统一规律。如果说万物（包括自然界、社会和人类思维）的概念太泛，是否存在着这样的最一般的、万物适用的规律还是一个未解决的问题，那么我们可以采用当代系统科学中流行的概念，说我们研究的对象是复杂系统，于是我们可以将我们的研究对象降下一级，称作研究复杂自然界、社会和人类思维的普遍规律。社会和人类思维属于复杂系统是大家都承认的。至于什么是复杂自然界，这个问题先搁置起来，采用一种实用态度，凡是适用于系统三大定律的自然系统就属于复杂自然界。于是为了对比研究起见，改进后的辩证法的三大定律（差异协同、自组织突现和整体优化）也看作是复杂自然界、社会与人类思维的普遍规律。

由于本文的最终目的，是探索差异协同律与恩格斯自然辩证法的对立统一的关系，而恩格斯自然辩证法及其对立统一规律的主要哲学背景是黑格尔的辩证法。因此本文的考察便针对黑格尔提出他的辩证法中，为许多学者认同的两个论题：（1）运动的本质就是矛盾，“某物之所以运动是因为它在同一个‘此刻’在这里，又不在这里”。他认为芝诺的运动悖论说明了这一点，而运动的矛盾就是解决芝诺悖论的根据。（2）存在的本质就是“某物”（Something）与“他物”（Others）的对立统一和相互转化。因此 Something 和 Others 可以归纳入对立统一的概念中，这关系到归纳悖论和可投射问题，我将它放到本文后面进行讨论。

一 运动是同一个“此刻”在这里，又不在这里吗?

黑格尔在《逻辑科学》（一般译为“逻辑学”，俗称为“大逻辑”）一书中，写了关于矛盾辩证法的第一个非常重要的论断。他说：“矛盾不单纯被认为仅仅是在这里、那里出现的不正确现象，而且是在其本质规定中的否定物，是一切自己运动的根本，而自己运动不过是矛盾的表现。外在的感性运动本身是矛盾的直接实有。某物之所以运动，不是（杨之一错译为‘不仅是’）因为它在这个‘此刻’在这里，在那个‘此刻’在那里，而且因为它在同一个‘此刻’在这里，又不在这里，因为它在同一个‘这里’同时又有又非有（Something moves, not because now it is here and there at another now, but because in one and the same now it is here and not here; because in this here it is and is not at the same time），我们必须承认古代辩证论者所指出的运动中的矛盾，我们必须承认古代辩证论者所指出的运动中的矛盾，但不应由此得出结论说因此没有运动，而倒不如说运动就是实有的矛盾本身"[①]。这里黑格尔对矛盾的普遍性作了一个极大的推广，认为矛盾"是一切自己运动的根本"。

对黑格尔这段论述，我没有发现马克思有直接的评论。不过恩格斯在《反杜林论》中，确是明确支持黑格尔的论点。他说："当我们把事物看做是静止而没有生命的、各自独立、相互并列或先后相继的时候，我们在事物中确实碰不到任何矛盾。……如果限于这样的考察范围（sphere of observation），我们用通常的形而上学的思维方式也就行了。但是一旦我们从事物的运动、变化、生命和相互作用方面去考察事物时，情形就完全不同了。在这里我们立刻陷入了矛盾。运动本身就是矛盾；甚至简单的位移之所以能够实现，也只是因为物体在同一瞬间既在一个地方又在另一个地方，既在同一个地方又不在同一个地方，这种矛盾的连续产生和同时解决正好就是运动。（Motion itself is a contradiction: even simple mechanical change of position can only come about through a body being at one and the same moment of time both in one place and in another place, being in one and the same place and also not in it. And the continuous origination and simultaneous solution of this contradiction is precisely what mo-

① 黑格尔：《逻辑学》下卷，杨一之译，商务印书馆 2013 年版。第 67 页，英文版，G. W. F. Hegel, *The Science of Logic*. Cambridge University Press, p. 382。

tion is.)"[1]

恩格斯对于黑格尔的运动就是矛盾的观点，做了这样的分析：即认为在一定范围里，可以不用矛盾分析。他这样写道："……因为辩证法突破了形式逻辑的狭隘界限，所以它包含着更广的世界观萌芽。在数学中也存在着同样的关系。初等数学，即常数数学，是在形式逻辑的范围内活动的，至少总的说来是这样；而变数的数学——其中最重要的部分是是微积分——本质上不外是辩证法在数学方面的运用。"[2] 不过形式逻辑与辩证逻辑为什么这样划分适用范围？后面我们要进行讨论。

列宁对这个问题又是怎样评价的呢？列宁阅读黑格尔的著作，有一本详细的《哲学笔记》，在读到《逻辑学》上面的黑格尔言论时，他没有评论，但当他读到黑格尔的《哲学史讲演录》讲到芝诺悖论时，他就大发议论了。黑格尔在那里写道："当我们一般地谈论运动的时候，我们是这样说的：物体在一个地方，然后向另一个地方转移，既然物体是在运动，那么它就不再在第一个地方，但也不在第二个地方。如果它在第一个地方或第二个地方，那它就是静止的……运动。意味着物体在一个地方同时又不在一个地方；这就是空间与时间的不间断性，——正是它才使运动成为可能"。列宁在这段话的旁边画了一条线，写上"注意!""对!"然后就做了自己的如下概括：

"运动就是物体在某一瞬间在一个地方，在接着而来的另一瞬间则在另一个地方，——这就是切尔诺夫附和着反对黑格尔的一切'形而上学者'而重复的反驳（参看他的《哲学论文集》）。

这个反驳是不正确的：（1）它描述的是运动的结果，而不是运动自身；（2）它没有指出运动的可能性，它自身没有包含运动的可能性；（3）它把运动描写成为一些静止状态的总和、联结，就是

---

① 恩格斯：《反杜林论》，《马克思恩格斯选集》第三卷，人民出版社 1972 年版，第 160 页。英文版：Karl Marx Frederick Engels Volume 25. International Publishers，New York. p. 111。

② 恩格斯：《反杜林论》，1972 年版，第 132 页。

说，那种（辩证的）矛盾没有被消除，而只是被掩盖、推开、隐藏、搁置起来。”①

列宁跟随黑格尔，在这里不但说明运动的本质就是在某一瞬间在一个地方同时又不在一个地方。而且用反证法说明为什么会是这样：因为，如果不是这样，那就不是描述运动，而只是描述了静止。在某一瞬间（moment，时点）在一个地方，就是静止，在各个不同的时点，在各个不同的地方，所以是静止的总和，因而这种描述没有指出运动自身和运动的可能。黑格尔和列宁这个反证法，我认为是不对的。因为所谓静止，指的是无论怎样短的时间间隔里物体质点只在一个地方，我们才能说它在这个很短的时间间隔里是静止了。所以说“某一个时刻在某一个地点”不能说它是静止，而在“另一个时刻它又在另一个地点”不能说这表达的是静止的总和。在黑格尔的时代，微积分还没有建立在极限论的基础上，至少大多数的情况是这样。从今天标准分析的高等数学的观点看，在某一个时刻 t，虽然时间只在那一点上，空间也只在那一点上，但它却有一个瞬时速度：$\frac{ds}{dt} = \mathrm{v} = \lim_{\Delta t \to 0} \frac{\Delta \mathrm{s}}{\Delta t}$。这个瞬时速度表明，就在这个时刻里物体有一种特定的运动可能性、倾向性和规律性。所以不能说，“在这里” = “静止不动”。而且还有一个瞬时的加速度 $a = \frac{dv}{dt} = \lim_{\Delta t \to 0} \frac{\Delta \mathrm{v}}{\mathrm{dt}}$。它不但没有只描述了运动的结果，即它在 S 处，而且用瞬时速度描述了运动自身，用瞬时加速度描述了运动的动力学，根据牛顿力学运动第二定律 $F = ma = m\frac{dv}{dt}$，这个质量 × 瞬时加速度的确描述了运动的动力。相反，如果按照黑格尔的说法，“同一个‘此刻’在这里又不在这里”“既在一个地方，又在另一个地方”。那么速度将如何计算呢？这时，分子总有一个 ΔS 或 dS，无论怎样小，都有一个距离，而时间呢？同时在“此刻”时间的增量 = 0，

① 列宁：《哲学笔记》，人民出版社 1956 年版，第 262 页。

那么便只有一个速度表达式 $\Delta S/0$ 或 $dx/0$。这岂不是在这个时刻有无限大速度？或者这个公式没有意义了。

除了列宁有这个论点外，毛泽东也附和列宁和黑格尔。他在他的《辩证唯物论（讲授提纲）》中写道："即使就单纯机械运动而论，也不能从形而上学观点去解释它，须知一切运动形态都是辩证法的，虽然他们之间的辩证法内容的深度与多面性有很大的差异。机械运动仍然是辩证法的运动，所谓物体某一瞬间'在'某处，其实是同时'在'某处，同时又不在某处，所谓'在'某处，所谓'不动'，仅是运动的一种特殊情况，他根本上依然是在运动，物体在被限制着的时间内和被限制着的空间内运动着。物体总是不绝地克服这种限制性跑出这种一定的有限的时间及空间的界限以外去成为不绝的运动之流"（P. 18）。这个论证并没有超出黑格尔和列宁所说的意思：运动如果不是在"这里"同时又不在"这里"，就会成为静止的总和。

我们怎样能够做到同一瞬间既在"这里"又在"另一个地方"呢？除非有一个从这里到不在这里的距离是不需要时间来完成的。这就是一个神秘的奇迹，正如哲学家罗素所说的"如果不在任何时间上运动，就必以某种不可思议的方式发生位置的变化。"[①]（也可参见维基百科"芝诺悖论"词条3.4节）所以不需要时间就能显示运动是不可能的。因此黑格尔所主张的运动在一点同时又不在一点这种观点至少有下列三个问题不能解决，或者说在下列三个论点上发生错误：

（1）假定有一种运动是不需要时间的。

（2）这种不需要时间的位置变化有无限大的速度，即 $\Delta S/\Delta t = \Delta S/0 = \infty$。

（3）要求将"在这里"的命题 $P = S(t)$，与"不在这里"的命题 $\neg P = \neg S(t)$ 同时成立。但是要 $P \& \neg P$ 同时成立，在

① 罗素：《我们有关外部世界的知识》，陈启伟译，上海译文出版社 1990 年版，第 131 页。

逻辑上就会导致自相矛盾命题。如果这个自相矛盾的论题能够成立，就要导致任何一个命题 A 都能成立。这个推演的步骤如下：

(1) 假定 P&¬ P　　(前提)

(2) P　　(对 (1) 进行合取除去)

(3) P∨A　　(对 (2) 进行析取介入)

(4) ¬ P　　(对 (1) 进行合取除去)

(5) A　　(由 (3) (4) 按选言三段论求得)

所以如果自相矛盾被看作是正确的辩证法，则可以为任何论题做出辩护。这样的“辩证法”真的是变戏法，所以 P&¬ P 从形式逻辑上看是个永假命题。为了避开这一点黑格尔和他的继承者必须向形式逻辑进攻。

首先，我们来阅读毛泽东在《辩证唯物论（讲授提纲）》中的一段话，他说：“上面说了形而上学的发展观与辩证法的发展观，这两种对于世界观上面的斗争，就形成了思想方法上面形式论理与辩证论理的斗争。（注：logics 一词原来翻译为‘论理学’现在翻译为‘逻辑学’）

资产阶级的形式论理学上有三条根本规律，第一条叫做同一律（同一律说：在思想过程中，概念是始终不变化的，他永远等于自己）；第二条叫做矛盾律（矛盾律说：概念自身不能同时包含二个或二个以上相互矛盾的意义，假如某一概念中包含了二个矛盾的意义，就算是论理的错误）；第三条叫做排中律（排中律说：在概念之相反的意义中，正确不是这个就是那个，决不会两个都不正确，而跑出第三个倒是正确的东西来）。”“由此看来，整个形式论理学的规律，都是反对矛盾性，主张同一性，反对概念及事物的发展变化，主张概念及事物的凝固静止，是同辩证法互相反对的东西。”（P. 47—48）“全部形式论理学只有一个中心，就是反动的同一律、全部辩证法只有一个中心，就是革命的矛盾

性”　(P. 49)[1]

这些话连同矛盾论原版的整个第二节“形式论理学的同一律与辩证法的矛盾律”在编入《毛泽东选集》时被删去了，它是怎样被删去了的呢？原来，1950 年 8 月，斯大林发话了，他在《马克思主义和语言学问题》中有一段对话。“问：语言是基础的上层建筑，是否正确？答：不，不正确”。“语言和上层建筑有原则上的不同，但和生产工具，比如说，机器就没有区别，生产工具和语言一样。对各阶级都是一视同仁的，既可以为资本主义制度服务，也同样可以为社会主义制度服务”[2]“语言有‘阶级性’的公式是错误的、非马克思主义的公式。”[3] 由此斯大林逻辑推出，语法学、语义学也是没有阶级性的。于是一些苏联哲学学者再向前推演，主张形式逻辑也没有阶级性，所以形式逻辑的同一律、矛盾律、排中律也是可以为我们的日常语言和科学语言服务。

但是，既然形式逻辑的同一律是正确的。那么，黑格尔的矛盾辩证法中关于“物体的运动就是物体在一个地方同时又不在一个地方”“它在同一个‘这里’同时又有又非有”就犯了逻辑学的错误。至少对于人们日常运用的二值逻辑来说，情况就是这样。那为什么一直到现在，我国的马克思主义哲学教科书还固执着黑格尔矛盾辩证法的这个论题呢？这是因为许多马克思主义的理论家不愿意放弃恩格斯和列宁所说过的话。另一方面这是关系到数学基础的问题。牛顿、莱布尼兹创立的微积分的逻辑基础迟迟都未能建立，数学家接受极限理论来解释无穷小运算，极限理论接受实数连续统的解释，迟至 20 世纪初才被公认为标准数学分析的基础，从而结束了数学史上的第二次数学危机。它的哲学意义还没有被哲学家们完

---

① 以上引文及页码出自毛泽东 1937 年写的内部发行的《辩证唯物论（讲授提纲）》，实践论与矛盾论只是其中一部分。英文版有这本书的全文。见 Nick Knight（ed.）*Mao Zedong on Dialectical Materialism.*（1937）. M. E. Sharpe. Inc. Armonk New York. pp. 159 – 163。

② 斯大林：《论语言学中的马克思主义》，马克思、恩格斯、列宁、斯大林编译局编，《斯大林选集》下册，中央编译局 1989 年版，第 501 页。

③ 同上书，第 514 页。

全理解。所以下一节我们要从实数连续统理论的哲学分析出发来讨论有古希腊的芝诺悖论和微积分产生引起的无穷小悖论。

二 芝诺悖论和黑格尔的分析

芝诺，古希腊爱利亚学派的重要哲学家（公元前490—430）他是巴门尼德（公元前6世纪—5世纪，鼎盛年代公元前504）这个对后代哲学家影响深远的人物的学生。巴门尼德是开创了哲学对“存在”进行反思的第一人。他认为现象与实在是有区别的，从宇宙的实在看，它是统一的，是“存在”或“有”，称为“一”，这是神的统一性与永恒性的表现。所以“一切是不变的”，因为在变化里便肯定了存在者的非有，但只有“有”存在，在“非有存在”里，主词与宾词是矛盾的”[转引自黑格尔《哲学史讲演录》第一卷，272页（边页302）]。所以运动、变化以及世界的多样性都是不能成立的。不过芝诺支持巴门尼德的“一”“同一”“太一”的理由是从反面提出来的，即认为变化是不存在的，因为运动、变化本身是矛盾的，它是有限与无限的矛盾。这正中黑格尔的下怀，所以黑格尔抓住他的运动是矛盾的不放，只补上半句话“但不应由此得出结论说，因此没有运动”（黑格尔，逻辑学，下卷，67页）这样黑格尔大肆称赞芝诺，称它为“辩证法的创始人”（边页302），他的思想是对“客观存在辩证法”的“觉醒”（边页309、310）“坚强到能在敌人（主张运动是存在的）的领土中作战”（边页310）。那么芝诺认为运动的主要悖论是什么呢？它主要有四个：

（1）阿基里斯（Achilles）赶不上龟。这是运动的第一悖论。阿基里斯，是古代希腊某次奥林匹克运动会上长跑冠军，就像中国的刘翔那样，他因为自己跑得快，所以就让乌龟在他前头，例如100米处起跑，假定阿基里斯的秒速为10m/s，为了图示方便，又假定乌龟爬行的秒速为5m/s（见图1）。

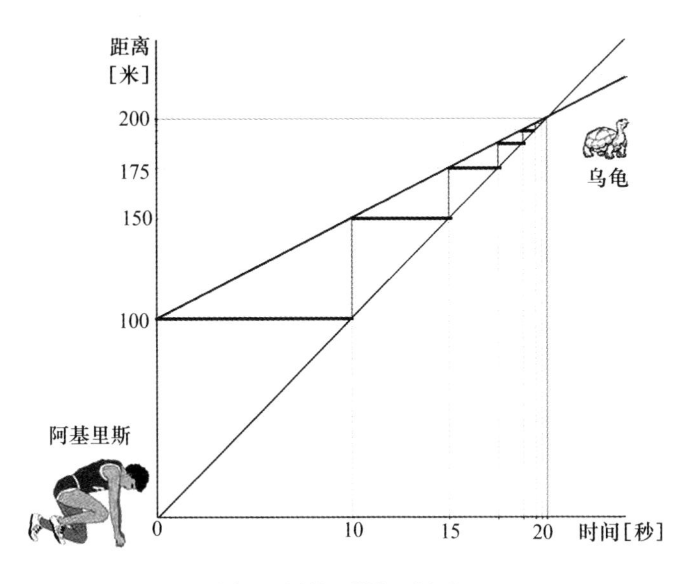

图1　阿基里斯赶不上龟

当阿基里斯赶到乌龟的起跑点时，乌龟在这段时间里已走了50米。等阿基里斯赶上乌龟走的50米时，乌龟又走了25米。如此下去，阿基里斯有一个无限的时间段落和无限的空间段落要跑：

$$t=\sum_{n=0}^{\infty}\frac{100}{2^n}=100+50+25+\cdots\cdots+\frac{100}{2^i}+$$

但无限是没有办法完成的，所以阿基里斯赶不上龟。这是一个无限数列求和而且和式有一个有限极限值的问题。但极限、收敛这些概念要到19世纪末才在数学上建立起来，有精确的定义和表达。在此之前，包括黑格尔、恩格斯在内，都无法弄清楚这些概念。在此以后，也有许多哲学家弄不清楚这些概念，于是附和芝诺的说法或无法反驳芝诺的说法，即“无限的步骤是完成不了的”。所以阿基里斯赶不上龟，或无法反驳阿基里斯赶不上龟。

（2）一分为二，这是运动的第二悖论。

这也是一个时间、空间的无限分割问题。运动的物体要达到目的地之前，它必须要达到全程的一半，而要达到这一半，就必须达

到这一半的一半。……如此下去，他必须通过无限多个点，这是有限时间无法达到的。（见图2）

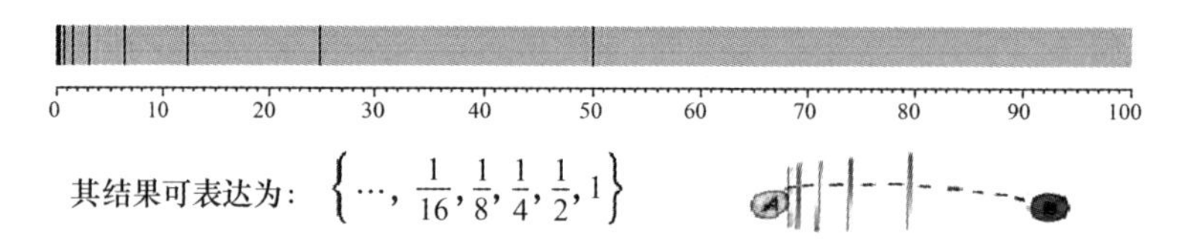

图2 一分为二悖论，由A到B要走过无限个点

黑格尔转述芝诺的看法：“运动将会是走过这种无穷的时点和地点，没有终极；因此运动者不能达到它的目的。”[1]

（3）飞矢不动，这是芝诺的运动的第三个悖论。这是因为，在某一时刻里，飞矢总是在某一个固定的位置上，因此是静止的。中国的庄子在《天下篇》中也说过类似的话：“飞鸟之景，未尝动也”，而且还说过更为辩证的话，“镞矢之疾，而有不行不止之时”不过庄子的年代是公元前369—前286，比芝诺晚了一百多年。根据知识产权的公认标准，芝诺对这个悖论的发明有优先权。

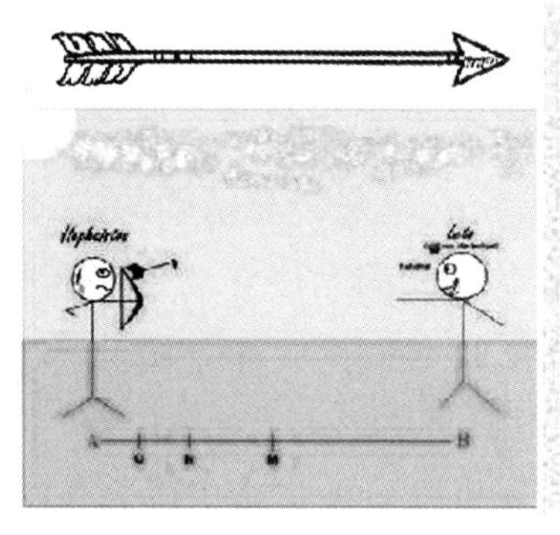

图3 飞矢不动

① 《黑格尔哲学史讲演录》，第280页。

（4）游行队伍悖论，这是芝诺的运动第四悖论。

假设在检阅台上，有四个并列在一起的人组成观众席 A，A，A，A。而被检阅队伍有两行：一行是 B，B，B，B，另一行是 C，C，C，C。这两行以相等的速度，前者准备向右，后者准备向左行走。于是队形如图 4 Before 所示。

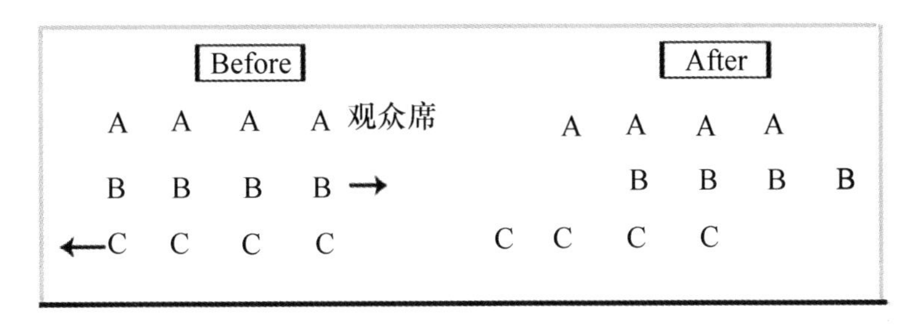

图 4　游行队伍

当 B、C 两队列开始行走，相对于观众席 A，B 向右，C 向左各移动了一个距离单位。见图 4 After。于是在相等的时间里，B 队相对于 A 队走了一格，而相对于 C 队走了两格。这就产生了“一个时段等于两个时段”的矛盾。亚里士多德将它表达为“the conclusion that half a given time is equal to double that time”（亚里士多德，《物理学》VI：9，239b33）。依我的分析，这里说明的，不但是相对性问题，而且是运动与时间的不可能问题。既然半个时间单位可以等于它的两倍，即一个时间单位，照此推理，时间单位也可以等于半个的半个。半个的半个之半个等等。所以时间本身也是不可移动的。

总之，芝诺的四个运动悖论的中心是如何处理无限的问题，特别是无限可分、无限小、无限个无限如何组成有限数目和有限距离的问题。它连同牛顿、莱布尼兹微积分的无穷小运算组成第二次数学危机（第一次数学危机是毕达哥拉斯得出不可通约的，即不能表为整数的分数比的$\sqrt{2}$的无理数引起的）。这里我们附带说一说牛顿和莱布尼兹怎样陷入无限小悖论。请看他们是怎样推导出导数的。以 $y = x^2$ 为例求导数。将 y 和 x 各加上无穷小 dy，dx，于是得出：

$$y + dx = (x + dx)^2 = x^2 + 2xdx + d^2x$$

两边减去 x^2（即，y）得出：$dy = 2xdx = d^2x$

运算到这里，牛顿和莱布尼兹在异地异口同声地说，d^2x，即 $(dx)^2$ 与 2xdx 相比，可以说是没有了，“所以我要丢弃它们”。于是得出 $dy = 2xdx$，即 $\frac{dy}{dx} = 2x$。问题立刻发生了，dy，dx，d^2x……到底是指 0 还是非 0 呢？如果是 0，为什么要用 $(x + 0)$ 代入 $y = x^2$，如果不是 0，为什么“我要丢弃它”得出来的是精确值，而不是近似值呢？

黑格尔提出什么药方来解决这个悖论呢？他的意思是，这里不存在要解决的悖论，因为运动本来就是矛盾的，它是连续的（“同一的”，“绝对联系的”，“消除差别的”……）。又是间断的（“点截性的”，“绝对区别的”，“纯否定性的孤立点”……）。他写道：“概念是自相矛盾的，自身同一性、连续性是绝对的联系，消除了一切的区别，一切的否定，一切的自为性。反之，点乃是纯粹的自为之有、绝对的自身区别，并与他物没有任何相同性和联系。不过这两方面在空间和时间里被假定为一了；因此，空间和时间就有了矛盾。首先就要揭示出运动中的矛盾；因为在运动中那从表象看来相反的东西被建立了。运动正是时间和空间的本质和实在性；并且由于时空的实在性表现出来了，被建立了，则同样那表现的矛盾也被建立了。而芝诺促使人注意的就是这种矛盾。”① 用列宁的一句话来管总：“运动是（时间和空间的）不间断性与（时间空间的）间断性的统一，运动是矛盾，是矛盾的统一。”② 对于微积分中无穷小

① 黑格尔著：《黑格尔哲学史讲演录》第一卷，生活·读书·新知三联书店 1956 年版，第 283 页。

② 列宁：《哲学笔记》，人民出版社 1959 年版，第 261 页，1974 年版，第 283 页。

是0还是不是0的悖论，和对于芝诺悖论一样，黑格尔和恩格斯都处之泰然。他认为这些悖论都是形式逻辑造成的。“因为辩证法突破了形式逻辑的狭隘界限”，也就是说，在这里dy，dx既是0又不是0，正如运动的矛盾一样是合乎辩证逻辑的，只是不合乎形式逻辑。这种是0又不是0的矛盾，是通过否定的否定来解决。Y = f（x）是肯定，但求得导数 $y' = \frac{df(x)}{dx}$ 是否定了x和y，“而在某点上我否定了否定，就是说把微分加以积分（∫f（x）dx）以实数x和y代替dx和dy，这样一来，我并不是又回到了出发点，而是由此解决了普通的几何学和代数学，碰得头破血流也无法解决的问题”[①]。

仔细分析黑格尔（及其后继者们）解决芝诺悖论和微积分悖论所提出的药方，我们发现：

（1）他提供了解决这些悖论的彼此相互区别、相互对称或相互对立的概念，例如连续性与间断性，联系性与点截性（点积性），有限性与无限性，极限性与无限可分性等，但对于这些概念及其相互关系却没有一个明确的界定。当然他不是数学家，不要求他能给出这些概念以某种数学定义。但是他总应提出一个解决悖论的研究方向。例如可以运用点积性来定义连续性，可以用无限的加和得出有限性等的研究方向。

（2）更为严重的是，他在讨论悖论时混淆了两种矛盾，一种是判断或命题的自相矛盾，一种是客观存在的相互差别与相互矛盾。他使用的是在这一点同时又不在这一点，是间断的又不是间断的，是无限的又是有限的，是零又不是零这样的违反逻辑同一律的断言。这无异于为了解决悖论而增加了悖论。例如他下面的话就是很费解的，但这是黑格尔对芝诺悖论的总结。他说：“运动的意思是说，在这个地点同时又不在这个地点；这就是空间和时间的连续

① 恩格斯：《反杜林论》准备材料，《马克思恩格斯全集》第20卷，人民出版社1971年版，第674—675页。

性，——并且这才是使得运动可能的条件。芝诺在他一贯的推理里把这两点弄得严格地相互反对了。我们也使空间和时间成为点积性的；但同时也必须允许它们超出限制，这就是说，建立这限制作为没有限制性——作为分割了的时点，但又是没有被分割的。”① 这差不多都是一些自相矛盾的表达。

这样我们可以总结一下芝诺悖论的实质。

（1）前提1：一物体在线上作连续运动要经过无限个点。

（2）前提2：无限个点在理论上不能组成有限的线段，而实际的运动要逐点走过是完成不了的“任务”。

（3）结论：所以运动是不可能的。

像任何悖论的解决一样，都至少要推翻其中一个前提。

黑格尔推翻前提（1），认为线段不是由点组成，而是由矛盾点组成，这些矛盾点在这一点同时又不在这一点。它是连续的又不是连续的，是有限的又是无限的，如果有无限小，那它是0又不是0，是动的又不是动的。所以运动有矛盾动力，运动不但是可能的，而且是现实的。因此，结论（3）错了，但黑格尔的矛盾点是自相矛盾的，所以不能成立，因此，黑格尔并没有解决芝诺悖论。

同样，对于《庄子 · 天下篇》，我们也有一个解法：对问题要全面分析，才能解决得妥当。看电影，银幕上那些人是那么活动，但是拿电影拷贝一看，每一小片都是不动的。《庄子 · 天下篇》说：“飞鸟之景，未尝动也”，“镞矢之疾，亦有不行不止之时”，世界上就是这样一个辩证法，又动又不动，净是不动没有，净是动也没有。动是绝对的，静是暂时的，有条件的。这个解法与黑格尔的“矛盾点”的解法基本上是一样的，只是它没有提及电影拷贝每一小片是不动的，不动是怎样组成动的呢？放电影是不是不动是绝对的、客观的，动是心理上的、主观的呢？

---

① 黑格尔：《哲学史讲演录》第一卷，生活 · 读书 · 新知三联书店1956年版，第289页。

三　标准分析的连续统理论与芝诺运动悖论和无限小运算悖论

所谓标准分析，就是为微积分奠定基础的数学分析，它建立在集合论的基础上。牛顿、莱布尼兹不能解决的无穷小（dx，dy）和无穷小的“比例”（dy/dx）曾一度被认为是非常神秘的东西。17世纪创立微积分时，牛顿称之为“凋零的可分量”（evanescent divisible quantities），莱布尼兹称之为“难以察觉地小”（Vanishingly Small），而18世纪的英国贝克莱大主教，称它为“死去了的数量之鬼魂”（ghosts of departed quantities）。当年的数学家和哲学家都无法回答这个问题。黑格尔在逻辑学中，用了大量的篇幅（上册的三分之一）讨论这个问题，结果得出了既在这一点又不在这一点这些不合逻辑的话，将无穷小堂塞过去。只是到了19世纪提出了极限方法的柯西才对付了这个问题。dy/dx不是无限小的比例，也不是0/0，而是$\Delta y/\Delta x$当$\Delta x \to 0$时的极限值。极限论解决了导数的矛盾，而极限论又必须建立在连续性，而连续性又必须建立在实数论的基础上，最后实数论又必须建立集合论的基础上，于是就产生了实数连续统的学说。这已经到了20世纪了。我们现在简单介绍一下实数连续统的学说以及它如何一揽子解决了芝诺悖论和微积分无限小悖论的问题。不过这里最关重要的问题是由逻辑数学来解决的。高等逻辑学有一个分支，叫作公理化集合论，数学讨论到这个问题就已经见底了。

连续统是一个非常特别的集合，它是实数的一个标准模型，直觉地说，一个连续统是这样的无限的连续元素（时间、空间、实体和事件等）的集合。这个集合是没有空隙的整个事物（Whole thing that has no gaps）。例如，奔跑者质心的运动轨迹，运动中时间的连续消逝，海水中盐分的变化，一根铁杆子的温度。而在理论上，连续统是与实数同构的数轴（实数线）。它是由点组成的无限集，这根数轴是没有空隙的，它的点如此密集，以至于在点之旁没有“下”一个点，但点与点之间它们所代表的数有大小之分。这是什么一回事呢？我们要请教19世纪末20世纪初的德国数学家戴德金（R. Dedekind）了。他发现了一种能将实数（包括有理数和无理数）定位的方法叫作戴德金分割（Dedekind cut）：

戴德金将所有的有理数域划分为两个非空集合A与A'，其中任一元素 $a \in A$，$a' \in A'$。其中 $a < a'$。A称为割的下组，记作 $A \mid A'$。

以有理数1为例，有理数 $a < 1$ 归入下组，$a \geqslant 1$ 就必然属于上组。有了符号≥1，就将所有的有理数分割完毕，一个也不剩。在这个以1为分界的这样分割中，下组无最大数，上组有最小数（即1）。当然也可以将1放入下组，这时 $a \leqslant 1$ 属于下组，$a' > 1$ 属于上组，下组有最大数1，上组无最小数。其他有理数的分割都可以照此办理。我们约定作为分界的有理数 r_i（在本例中是1）放入上组里，于是分割为 $\{a < 1\}$（下组）与 $\{a' \geqslant 1\}$（上组），它定义了有理数1。总之，戴德金分割 $\{a < r_i\}$ 与 $\{a' \geqslant r_i\}$ 定义了一个有理数 r_i，请注意，这里最重要的问题是，无理数也可以由戴德金分割来定位。例如 $\sqrt{2}$，它确定了一个分割 $A = \{x \mid x < 0$ 或 $x^2 < 2\}$，$A' = \{x \mid x^2 \geqslant 2\}$。见（图5）但这个分割的特点是 $\sqrt{2}$ 不在A'中，因为A'只包含有理数。于是它便成了填补有理数之间的"空隙"。

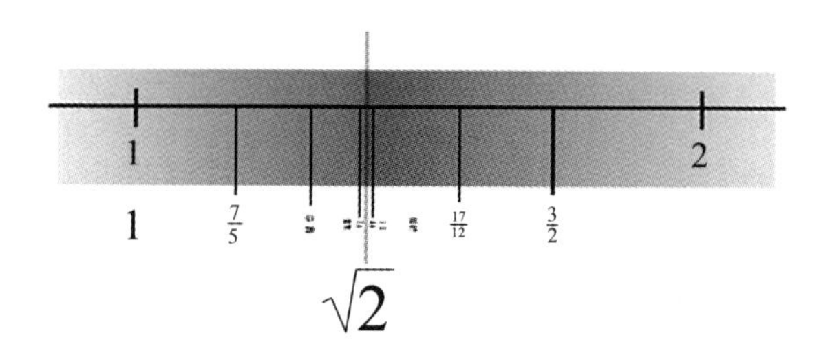

图5 戴德金分割

这样戴德金分割有三种类型：

（1）在下组 A 内无最大数，在上组 A’内有最小数 r；

（2）在下组 A 内有最大数 r，而在上组 A’内无最小数；

（3）在下组内既无最大数，而在上组内亦无最小数，这就出现了一个空隙，它定义了一个无理数。（1）（2）定义了数轴上所有的有理数。数轴上有理数是稠密的，也就是说，在任何两个有理数 a，b 之间，总可以找到一个有理数 c，使得 $a<b<c$。但这种稠密性虽然是有顺序的，但并不是完备的。用个通俗的说法，如果将不透明的有理数的数轴放在灯光上照一下，虽然从左到右是有顺序的，但它有许多甚至有无限多的光孔或间隙，如果沿着这数轴运动就会是有无限多的“跳过去”。但是这些孔或间隙，被戴德金第三类型分割所确定的无理数所填满了。于是实数轴是完备的也就是连续的。于是戴德金定理可以这样表达：对于实数域内的任一分割 A | A’必有产生分划的实数 β 存在，它或者是 A 的最大值，或者是 A’的最小值，这种性质称为实数的连续性或完备性。在数轴上运动，所有的点连成一片，叫作连续统。并不是什么运动既是连续的又是不连续的。黑格尔的连续性与间断性的统一这样的概念是毫无用处的，它解决不了运动的悖论。由于运动是连续的，就没有什么无限跳的不可想象和不可操作的问题。于是上节讨论的芝诺悖论三段式的前提 2 是不正确的。由于数轴的连续统，在连续统上运动。当进到一点时，无下一点可言，它连续走过无限个连成一片并无空隙的点。所以运动是可能的，至于描述它走过某点时的运动状态和运动动力，我们前面已经讲过是用以时间的自变量的函数在该点上的导数（瞬时速度）和二阶导数（瞬时加速度）来表示。

总之，黑格尔关于运动自身就是矛盾，即运动自身是某物在某一个地方，同时又不在这个地方的论断以及运动就是时间空间的间断性和不间断性的对立统一这个论点，无论在逻辑上还是在数学上都是站不住脚的，因而在哲学上也是站不住脚的。

四 黑格尔第二个论题和差异矛盾论悖论

在黑格尔的逻辑学中，他先在《存在论》中提出“差异的统一”，然后才在《本质论》中提出“对立的统一”。为什么要提出差异的统一？因为他的辩证法思想告诉我们要认识某个事物（Something）必须要联系到别的事物（Others）一起才能认识清楚。所以他说“假定有某物于此，即立即有别物随之。我们知道，不仅有某物，而且也还有别物，但我们不可离开别物而思考某物，而且别物也不是我们只用脱离某物的方式能够找到的东西，相反，某物潜在地即是其自身的别物，某物的限度客观化于别物中”[①]。应该说这里已经有了一个很好的差异辩证法，一个特定的事物，必须联系到和相比较与它有差别的别的事物才能理解它的边界、限度与内涵。但为什么黑格尔要将这个差异统一性完全纳入对立统一进行论证？我认为这大概是由于建立体系的需要，必须将一切纳入肯定、否定和否定之否定的哲学体系中。于是他写道：“须知，所谓差异或差别并非单纯指外在的不相干的差异，而是指本身的差别，这就是说，事物本身即包含差别（distinct pertains to things in themselves”。[②] “差异自在地就是本质差别，即肯定与否定两方面的差别：肯定的一面是一种同一的自身联系，而不是否定的东西。否定一面是自为的差别物（distinct on its own account），而不是肯定的东西。因此，每一方面之所以各有其自为的存在，只是由于它不是它的对方（not being the other one），同时每一方都映现在它的对方内，只由于它对方的存在，它自己才存在。因此，本质差别即对立（opposition）。”[③] “哲学的目的就是在扫除这种各不相涉的东西，并进而认识事物的必然性，所以他物（other）就被看成是与自己正相

---

① 黑格尔：《小逻辑》，贺麟译，商务印书馆2005年版，第205页。

② 同上书，第253页。

③ 同上书，第254页。

对立的自己的他物。”[①]“在近代自然科学里，最初在磁石里所发现的两极性的对立，逐渐被承认为浸透于整个自然界的普遍自然律。这无疑必须看成是科学的一个重大进步，只消我们不要在对立观念之外随便又提出单纯的多样性差异（diversity）的观念，认作同等有效。”[②] 这短短的几行字，暴露了黑格尔处于一种我称之为“差异矛盾论”悖论中。由于哲学是要做统一理论的工作，由于他发现了对立统一的规律。他就要用它来解释一切：认为一切运动、一切事物都是两极对立，两极统一。任何一个“实有”（德文 Dasein 英文 Being there）是有特定质的事物（肯定）内部包含否定的方面。否定又成为肯定，最后又被扬弃，即否定的否定。凡是与这个公式不相容的东西，都要将它归纳进来。不然的话就会出现一个差异辩证法，它自成体系变成另一种哲学。他自己就不是黑格尔了，而成为“乌杰”尔了。但差异并不一定是两极对立，怎样办？他就利用他的概念转换游戏，说：哲学研究的差异就是内部的本质的差异，某一个事物是 Something（某物），其他事物是 Others（他物）；Something 和 others 各自独立又相互依赖，没有其他事物就没有某物自己，其他事物与某物有本质不同，它们“不是”自己，不是自己就是自己的否定，某物是 Something，即 S，他物不是 S，所以是 ¬ S。S 与 ¬ S 正好就是两极，因此，差异就是矛盾，就是两极对立。可以否定的否定来处理它，因此“不需要在对立观念之外随便又提出单纯的多样性差异的观念，认作同等有效（as long as we are careful from now on not to let more diversity take its Place again beside opposition，as if nothing had happened）”[③]。

关于这一点，意大利哲学家克罗齐说得很有意思。他说：“黑格尔把相异概念的理论和对立面的理论看为同一的东西。由于一个人曾经发现了一种伟大而深刻的真理（在现在的情况下，便是对立

① 黑格尔：《小逻辑》，贺麟译，商务印书馆 2005 年版，第 257 页。

② 同上。

③ G. W. F. Hegel，*The Encyclopaedia Logic*，Hackett Publishing Company，Inc. 1991. p. 187.

面底综合）所具有的特别心情，这种想法几乎是不可避免的。他这样处于他底发现的淫威之下，这样陶醉于这种真理的新酒，于是他觉得在他的面前，这个真理无处不在，并且导致把一切事物都臆想为跟这个新公式相符应。由于把相异概念的理论跟对立面的理论联系起来，并把两值得都跟具体的普遍或理念的理论联系起来，人们对那种同样是密切的和微妙的关系，作这样的看法，也几乎是不可避免的。"[①] 那么差异是否就是矛盾呢？我认为这归根到底是个归纳问题，即哪一些案例可以成为归纳地支持对立统一规律的证据，而哪一些不是对立统一的证据？现在看来我们可以从归纳悖论中寻找一种方法来确定那一些事例对于对立统一是可以看作是有归纳支持的作用。

五 走出差异就是矛盾的困境

关于差异是否就是矛盾或对立面的问题，我们首先要考察清楚差别与对立是不是属于同一个自然类或同一个哲学的类。黑格尔本来说得很清楚："在近代自然科学里，最初的磁石里所发现的两极性对立（opposition as polarity）逐渐被承认为浸透于整个自然界的普遍自然律。"所以对立或矛盾中的对立的首要条件就需要它有两极性，而不是一般的差别性。马克思正是在这个意义上接受和肯定他的对立统一学说，马克思在 1853 年讨论中国（太平天国的）革命和欧洲革命时这样写道："有一位思想极其深刻但又怪诞的研究人类发展的思辨哲学家，常常把他所说的两极相联定律（the law of contact of extremes）赞誉为自然界的基本奥秘之一。在他看来，'两极相逢'这个朴素的谚语是一个伟大而不可移易的适用于生活一切方面的真理，是哲学家所离不开的公理，就像天文学家离不开开普勒的定律或牛顿的伟大发现一样。"[②]

① 参见克罗齐《黑格尔哲学中的活东西和死东西》，王衍孔译，商务印书馆 1959 年版。

② 马克思：《中国革命和欧洲革命》，《马克思恩格斯全集》第 9 卷，第 109 页，译文作者略加改动。

我根据黑格尔原初将对立统一看作是“两极性对立”的定义和马克思将对立统一看作是“两极相联定律”和“两极相逢公理”的定义，在《系统哲学三大定律》一书中提出差异是比矛盾更普遍的范畴。差异必须具备三个条件才能成为对立面：（1）差异必须处于统一体中并发生现实的相互作用。（2）差异着的事物、要素、性质和关系等必须共有一个或几个共同的维度。（3）差异必须组成某种极性或两极性。[①] 维度就是考察事物性质和状态的各种尺度。例如，冷与热，如果看作是两极，因为它有共同的温度维度，在共同维度上才能考察出它们的极性，战争与和平是两极对立的，它是从共同的维度，就是社会状态标准，用它来考察两极。而战争与石头、小鸡与石头不组成对立，因为，没有考察出它在哪个维度上成为两极。“风马牛不相及也”，马与牛是有差别的，但从“风”的维度上它不是两极。所以不组成对立的统一，但它们可以组成差异的协同体，放牛连带放马是常见的畜群。在这里最清楚不过的就是每年进行一两次的体格检查的系统了。体检表有许多项目，就是许多维度：姓名、年龄、性别、身高、体重、体温、血压、血糖、血脂、肺功能、肺活量……总之，各个器官都有许多维度指标，在同一指标中可以指出两极，但不同维度或指标之间一般说来就只有差别，当然中这些维度之间是有联系和协同的。

这样看来，有大多数的相互差异的事物，作为实例对于对立统一规律中的谓词是“不可被投射的”，因而不能成为对立统一的例证。某物与那物，是一个差异的概念，它组成了全世界的所有事物，某物不是他物，他物不是某物，但某物的他物有无限之多，它大多数不组成某物的对立面，不组成两极。且看一根数轴，有无限多个实数，只有在某种划分上才将它分成整数、分数；正数、负数；有理数和无理数的对称性的两极。但整数中有 1，2，3，

---

① 张华夏：《系统哲学三大定律——乌杰系统哲学解析》，人民出版社 2015 年版，第 42—43 页。

4，……这些无限的数目，绝大多数都是从数值的差别来看它们的。某物与他物的关系，从逻辑上看是一个元素（或一个元素集的类）与它的补集的关系问题。这正如奎因所指出的，一个可投射谓词的补（逻辑上的 complement）与该可投射谓词相比，是不可投射的。正电子的补是世界上除了正电子之外的所有的基本粒子。正负电子对的补是除了正电子和负电子之外的所有基本粒子，它不能作为实例来确证正负电子对的对立同一以它们的两极性。因此，某物与他物是差异互补关系而不是对立统一的关系，它们对于两极对立是不可投射的。（见图 6.1，图 6.2）同样肯定与否定，对于客观辩证法来说，和某物与他物一样，也是一个差异互补关系而不是对立统一关系。（见图 6.3）

因此，如果将差异与两极对立混合起来，就可能硬将一些基本上是差异性的事物看作对立面来看。历史没有“如果”，但历史学是有“如果”的，而哲学的“思想实验”则到处充满了“如果……则”。我希望“如果差异协同理论不对，则有许多学者提出不同的意见和我进行研究讨论和辩论”。

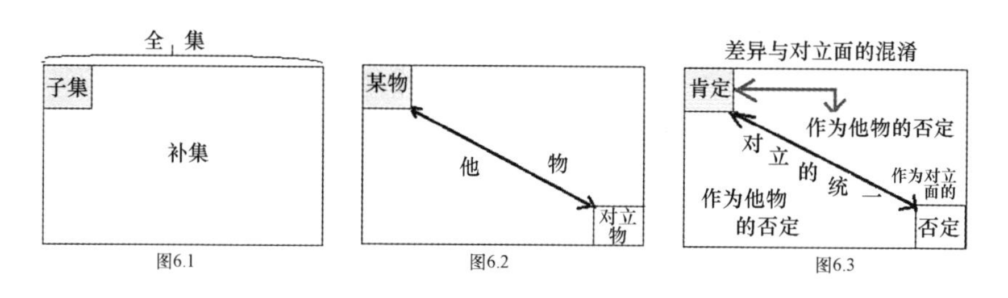

图 6　子集—补集、某物—他物、肯定—否定的相互关系

所以，黑格尔的差异矛盾论悖论的解决方法似乎是建立一种差异辩证法，作为系统辩证法的组成部分从而作为系统哲学的组成部分，它的研究终将会使对立统一定律的概念内涵和适应范围确定下来，将辩证唯物主义的研究向前推进一步。

第二节　陈晓平论辩证法的“运动”论题和“芝诺佯谬”之解决[①]

张华夏教授指出：“黑格尔矛盾辩证法有两个论题：（1）运动的本质就是矛盾，‘某物之所以运动是因为它在同一个‘此刻’在这里，又不在这里。’（2）存在的本质就是‘某物’与‘他物’的对立统一。……这两个论题是黑格尔的致命伤。”[②] 对此，笔者持不同观点。本文仅就第一个辩证论题与张华夏教授进行商榷，并以此为契机，对辩证法及其有关的数学概念和准则给以较为深入的探讨。

一　辩证法的运动论题及张华夏的批评

黑格尔断言“矛盾是一切运动的本质”。黑格尔在其《逻辑学》中谈道：“外在的感性运动本身是矛盾的直接实有。某物之所以运动，不是因为它在这个‘此刻’在这里，在那个‘此刻’在那里，而是因为它在同一个‘此刻’在这里，又不在这里；因为在同一个‘这里’，它在并且不在那同一时刻。”[③]

对黑格尔这段论述，恩格斯在《反杜林论》中给以进一步阐述。他说：“当我们把事物看作是静止而没有生命的、各自独立、相互并列或先后相继的时候，我们在事物中确实碰不到任何矛盾。……如果限于这样的考察范围，我们用通常的形而上学的思维

---

① 本节是陈晓平教授对张华夏观点的批评和商榷意见，原文标题为“辩证法的‘运动’论题和‘芝诺佯谬’之解决：与张华夏教授商榷”，删节的版本发表于《山东科技大学学报》2019 年第 4 期。本文内容经陈晓平许可收录入本书。

② 张华夏：《从逻辑与科学哲学的观点看黑格尔矛盾辩证法的两个论题》，《系统科学学报》2017 年第 3 期。

③ 黑格尔：《逻辑学》，杨一之译，下卷，商务印书馆 2013 年版，第 66—67 页。参阅英文版，G. W. F. Hegel，*The Science of Logic*. Cambridge University Press，p. 382。张华夏正确地指出，杨一之把“某物之所以运动，不是因为它……”错译为“某物之所以运动，不仅是因为它……”。这里采纳了张华夏教授的翻译。

方式也就行了。但是一旦我们从事物的运动、变化、生命和相互作用方面去考察事物时，情形就完全不同了。在这里我们立刻陷入了矛盾。运动本身就是矛盾；甚至简单的位移之所以能够实现，也只是因为物体在同一瞬间既在一个地方又在另一个地方，既在同一个地方又不在同一个地方，这种矛盾的连续产生和同时解决正好就是运动。”①

对于黑格尔和恩格斯关于运动的辩证观点，张华夏教授在其文章中提出质问：“同一瞬间既在一个地方（S_1）又在另一个地方（S_2），这意味着什么？意味着运动是不需要时间的”，紧接着，他用如下公式来说明“不需要时间的”运动速度：

$$V = \frac{S_1 - S_2}{0} = \frac{\Delta S}{0} = ?$$

张华夏教授评论说：“这公式表明，运动的速度有多大？无限大？这无论在数学上还是力学上都是无意义的和不可能的。可惜黑格尔的哲学继承者们并不了解数学哲学的点的抽象（欧几里得提出，公元前300年）、极限论（如柯西1821年出版的《分析教程》中论证的）与实数连续统（德国数学家魏尔斯特拉斯，于1860创立的理论）是什么意思，与这个问题有什么关系，第二次数学危机是怎样获得解决？而认为可以用矛盾论来解决。”②

张华夏教授在引用黑格尔那段话之后强调：“这里我们特别要注意，黑格尔谈的‘此刻’用的是英文的‘now’或‘instant’，是没有片刻的‘时点’；而here，there，用欧几里得几何学是只有位置没有长宽高的‘地点’或位置。”③

总之，张华夏教授试图借助于现代数学把黑格尔和恩格斯关于运动的辩证法论题彻底否定。然而，在笔者看来，张华夏教授的论

---

① 参阅恩格斯《反杜林论》，《马克思恩格斯选集》第三卷，人民出版社1972年版，第160页。

② 张华夏：《从逻辑与科学哲学的观点看黑格尔矛盾辩证法的两个论题》，《系统科学学报》2017年第3期。

③ 同上。

证是缺乏说服力的；恰恰相反，从现代数学的角度看，辩证法的运动论题在实质上是可以成立的，尽管在表述上可以改进。

二　对辩证法的运动论题给以初步辩护

张华夏教授对辩证法运动论题的批评虽然富有启发性，但难以令人信服。首先，黑格尔和恩格斯所说的“此刻”和“这里”肯定不是欧几里德所谓“没有长宽高的点”，不是因为他们不懂得，而是因为他们故意不用。在他们的辩证法学说中，欧几里德几何这类初等数学如同形式逻辑属于形而上学的思维方式，常常成为他们批评的对象；他们所推崇的是微积分这类高等数学，只有此类高等数学才能体现辩证法的思维方式。尽管笔者不同意黑格尔和恩格斯对形式逻辑的过分贬低，但对他们揭示高等数学的辩证法特征表示赞同。

恩格斯谈道：“因为辩证法突破了形式逻辑的狭隘界限，所以它包含着更广的世界观萌芽。在数学中也存在着同样的关系。初等数学，即常数数学，是在形式逻辑的范围内活动的，至少总的说来是这样；而变数的数学——其中最重要的部分是微积分——本质上不外是辩证法在数学方面的运用。”[1]

在恩格斯看来，把“此刻”“这里”看作没有长度或体积的点，相当于用常数 0 来刻画它们，那是抽象的存在，属于形而上学。与之不同，辩证法则是把时间和空间上的点当作具体的存在，它们不是常数 0，而是作为变数的无穷小。无穷小是微积分的关键概念，“本质上不外是辩证法在数学方面的运用”。可见，张华夏把黑格尔和恩格斯所说的“时刻”和“地点”看作没有长、宽、高的欧几里德点，肯定是一种错位或误解。

其次，既然黑格尔特别是恩格斯是从微积分的角度考虑运动之本质的，那么对他们的批评也应当立足于微积分。然而，从微积分

---

① 恩格斯：《反杜林论》，第 132 页。

得不出“运动不需要时间”的结论，即张华夏所质疑的那个分母为0的公式不是微积分所能推导出来的。这意味着，张华夏教授对辩证法运动论题的批评缺乏根据，甚至有强加之嫌。

我们知道，微积分所说的瞬时速度是距离（位移）对时间的导数 dy/dx，其分母和分子都是无穷小而不是 0。具体地说，分母 dx 代表瞬时（时间的微分），它是大于 0 的无穷小；分子 dy（或 df（x））即位移的微分，代表瞬时所走过的距离，也是大于 0 的无穷小。在微积分的语境中，“同一时刻”就是同一无穷小的时间间隔，“同一地点”就是同一无穷小的空间间隔，并且无穷小不是一个常数，而是一个以 0 为极限的变数。这样，辩证法关于运动的论题——“运动是在同一瞬间既在一个地点又不在一个地点”——便不是不可理解的，既然这里的“瞬间”和“地点”都不是常数而是变数。

为什么说无穷小是一个变数而不是常数？我们知道，常数不外乎两类即 0 和非 0，而无穷小不属于其中任何一类。无穷小不等于 0，否则无穷小不能作除数，而在微积分的运算中无穷小 dx 是可以作除数的。无穷小不是非 0 的任何一个常数，因为只要给出任何一个非 0 的常数，无穷小都比它的绝对值要小，这正是无穷小的定义。这意味着，如果把无穷小作为一个常数，那么它是违反形式逻辑的排中律的，即它既不是 0 也不是非 0；相应地，它也是违反矛盾律的，即无穷小既是 0 又是非 0。为了不违反形式逻辑，无穷小只能是一个变数，这个变数在数轴上所对应的不是一个点，而是一个间距为无穷小的变化区间。

19 世纪法国数学家柯西（A. Cauchy，1789—1857）给出“无穷小”的比较精确的定义，其定义的本质就是把无穷小量表述为一个变量 x 而不是常数，其变化区间是：$0 < |x| < \delta$，δ是一个任意小的正数。柯西在其《分析教程》中指出：“当同一变量逐次所取的绝对值无限减小，以致比任何给定的数还要小，这个变量就是所

谓的无限小或无限小量，这样的变量将以 0 为极限。”① 柯西明确地把无穷小看作一个变量，0 是无穷小的极限而不是无穷小本身。

关于极限，柯西给出这样的定义：“当同一变量逐次所取的值无限趋向于一个固定的值，最终使它的值与该定值的差要多小就多小，那么最后这个值就称为所有其他值的极限。”② 在这里，“它的值与该定值的差要多小就多小”是指无穷小，无穷小是一个变数；那个被趋近的“定值”就是极限，极限是一个常数。柯西的极限概念奠定了微积分的理论基础，一直沿用至今。本文将表明，把极限仅仅局限于常数，是导致多种数学困境的根源；也是使“柯西极限存在准则”不被作为公理，而需进一步“证明”的原因。

关于运动问题，如果把任意小区间 $0 < |x| < \delta$ 中的 x 作为瞬时，那么相应的位移函数 f（x）就处于一个无穷小的空间，即 $0 < |f(x)| < \varepsilon$，ε也是一个任意小的正数。据此，我们可以说，位移运动的物体在同一时刻既在一点又不在一点（在一点，又不在这一点，这个点是不是欧几里得的点？岂不是证明了恩格斯的观点是在这里又不在这里指的是“点”）。因为这里的“时刻”和“地点”都是无穷小的变量，而不是常量。进而言之，微积分中表示“瞬时速度”的导数 dy/dx（即 df（x）/dx），一般是一个不为 0 的数，这意味着运动是在瞬时走过一段不为 0 的距离；在此意义上可以说，其起点和终点不在同一个地方。这便初步支持了辩证法的运动论题，即运动在同一时刻既在一个地点又不在一个地点。

为什么把以上论证说成是“初步”的辩护呢？因为它所为之辩护的运动论题在表述上还比较粗糙，甚至看上去是违反形式逻辑的。本文将试图改进辩证法的运动论题，消除其违反形式逻辑的表达方式。

正如高等数学与初等数学的关系，辩证法不是对形式逻辑的否

① 转引自王树禾《数学思想史》，国防工业出版社 2006 年版，第 195 页。

② 同上书，第 195 页。

定，而是对形式逻辑的超越；辩证法绝不违反形式逻辑，但它不限于形式逻辑。然而，黑格尔甚至恩格斯常常把形式逻辑看作辩证法的对立面而加以批评，这是严重失当的。正因为此，他们关于辩证法的论述存在不少牵强附会的地方。张华夏教授对他们的辩证法论题的批评并非完全没有道理，但是走过头了，走到用形式逻辑来否定辩证法的另一个极端。笔者则试图行走一条“中庸之道”，保留辩证法论题的精神实质，但改变其违反形式逻辑的表述方式。

三 关于有理数和无理数的哲学问题：实无限与潜无限

其实，关于运动的哲学问题早在古希腊就以“芝诺佯谬”的方式被提出。虽然借助于辩证法的运动论题可以在一定程度解决“芝诺佯谬”，但是，以违反形式逻辑的方式来解决“芝诺佯谬”是难以令人满意的。笔者认为，“芝诺佯谬”的症结在于对空间和时间“无限可分”和连续性的错误理解，而这种错误理解在数学中也是根深蒂固的，体现在对实数连续性的阐述上，其中涉及有理数和无理数、实无限和潜无限等重要概念。因此，澄清这些概念对于芝诺佯谬的恰当解决，以及对辩证法运动论题的深入理解，都是至关重要的。

无理数是相对于有理数而言的。有理数被定义为一个整数 a 和一个正整数 b 的比，即 a/b。之所以要求分母 b 是正整数，是要以 b 为比较的标准，即衡量单位的集合；要求分子 a 为整数，是要它可与 b 中的 a 个单位相重合，从而成为可度量的。可见，有理数的根本特征就是可度量性；可度量性反映在数轴上就是：每一个有理数对应一个确定的点。

与之不同，无理数不能表达为整数比 a/b，因而不具有可度量性。其不确定性的另一种表现是：若将它写成小数形式，小数点之后的数字有无限多个，并且是不循环的，即无限不循环小数。显然，无限不循环小数在数轴上没有一个确定的点与之对应，只有一个无穷小的区间与之对应。这是无理数在数轴上不同于有理数的地方。

有理数又可分为有限数（整数和有限小数）和无限循环小数。每一个无限循环小数对应于一个常数，如 0.3333……对应于 1/3；反之亦然，每一个有限数（0 除外）对应于一个以 9 为循环节的无限循环小数，如 2.5 对应于 2.4999……，1 对应于 0.9999……；加之规定 0 表示为 0.000……，这样，作为整数比的有理数和无限循环小数之间具有一一对应的关系。再把作为无限不循环小数的无理数考虑在内，便可说："任何实数都可用一个确定的无限小数来表示。"[①] 不过，在笔者看来，这个说法是有问题的，现分析如下。

无限循环小数是趋近于某个整数比（整数是分母为 1 的整数比）的无穷过程，那个整数比是该无穷循环小数的极限；或者说，每一个整数比都是一个极限，它被一个无穷循环小数所趋近。需强调，无限趋近的过程是无休止的，而极限则是一个确定的常数即整数比，因此二者之间并不相等，只是具有某种对应的关系。

然而，通常教科书把无限循环小数和它所对应的整数比看作相等的，[②] 如 0.3333…… = 1/3。如果说这个等式的不恰当性还比较隐蔽，那么，该等式两边同乘以 3 而得到 0.9999…… = 1，则是明显不妥的。正确的表达式应是：0.9999…… = 1 －δ(δ→0)。相应地，前一等式应该改为：0.3333…… = 1/3 －δ(δ→0)。在这里，δ 是一个变数即无穷小，无穷小以 0 为极限，但不等于 0。相应地，无限循环小数也是一个变数，如，0.9999……是以 1 为极限的变数而不等于 1。同样地，0.3333……是以 1/3 为极限的变数而不等于 1/3。人们常常把二者混同起来，其原因可以归结为对无穷小的特征——即趋于 0 而不等于 0——认识得还不够充分，这里涉及潜无限和实无限的问题。

在哲学上，实无限和潜无限是有严格区分的。一般来说，实无

① 华东师范大学数学教研室：《数学分析》上册（第三版），高等教育出版社 2000 年版，第 1 页。

② 同上书，第 1—2 页。

限是完成了的无限，而潜无限是未完成的无限，即一个永无休止的无限过程。如中国老话所说：“一尺之棰，日取其半，万世不竭”（《庄子·天下》）其中“日取其半，万世不竭”就是一种潜无限，而这一潜无限的分割过程却是在“一尺之棰”中进行的，这一尺之棰就是实无限。需强调，实无限是相对于潜无限而言的，离开潜无限，实无限也就不存在了，只不过是单纯的有限而已。如，如果离开“日取其半，万世不竭”的潜无限，一尺之棰只有一段有限的长度，而不是实无限。

类似地，无限趋于某一极限的过程如0.9999……是潜无限，而它所趋近的那个极限1是实无限。如果离开0.9999……的潜无限，1仅仅是一个确定的有限数而不是实无限。普遍地说，一个整数比在数轴上是一个确定的点，因而是有限；但当它作为某一无限趋近（潜无限）的极限的时候，它则成为一个实无限。实无限是潜无限和有限的对立统一。

实无限是一个辩证法的概念。一方面，实无限不能离开潜无限而孤立地存在，一旦孤立地存在便蜕化为单纯的有限。另一方面，实无限不等于潜无限，因为实无限具有有限性和确定性，而潜无限只是单纯的无限过程，不具有有限性和确定性。需要指出，由于数学家们对于辩证法概念掌握得不太好，这使他们把作为潜无限的0.9999……和0.3333……分别等同于它们各自的极限1和1/3，而把中间的差值即无穷小作为0而忽略掉了。为了更明显地揭示这一错误，我们对一个“证明”——证明无限循环小数等于一个整数比——进行分析。

求证：0.323232……（即以32为循环节的无限循环小数）为一整数比。

证明：

设：$x = 0.323232\cdots\cdots = 0.32 + 0.0032 + 0.000032 + \cdots\cdots$ ①

两边都乘以100得：

$100x = 32 + 0.32 + 0.0032 + 0.000032 + \cdots\cdots$ ②

②—①得：

$100x - x = 32$，$99x = 32$，$X = 32/99$

所以，$0.323232\cdots\cdots = 32/99$。证毕。

此证明的错误在于，由②—①得出 $100x - x = 32$。而正确的结果应是：

$100x - x = 32 - \delta \quad (\delta \to 0)$　　　③

这是因为②和①的右边都是无限的相加过程，这使②—①所得的右边是一个无限的相减过程。在有限的情况下，由②—①得出：

$$100x - x = 32 - 0.00\cdots\cdots0032$$

其中 $0.00\cdots\cdots0032$ 是①右边的最后一个加项，为一有限数（小数点后的0为有限个）。在无限循环的情况下（即小数点后边的0趋于无限多个），此加项趋于无穷小，故而得出③。不难看出，以上“证明”之所以由②—①得出 $100x - x = 32$，就在于把③中等号右边“$32 - \delta(\delta \to 0)$”中的无穷小δ作为0而忽略掉了；这相当于把潜无限等同于实无限，这是一种概念上的混淆。

为了加以比较，我们不妨以正确的方式证明：$0.9999\cdots\cdots = 1 - \delta(\delta \to 0)$。

设：$x = 0.999 = 0.9 + 0.09 + 0.009$　　　①

两边都乘以10得：

$10x = 9 + 0.9 + 0.09$　　　②

②—①得：

$10x - x = 9 - 0.009$，$9x = 9 - 0.009$

$x = 1 - 0.009/9$　　　③

现把假设由 $x = 0.999$ 改为：$x = 0.999\cdots\cdots$，即把有限循环小数改为无限循环小数，相应地，③右边的 $0.009/9$ 变为 $0.0\cdots09/9$（分子的小数点后的0有无限多个），从而③变为：

$x = 1 - 0.0\cdots09/9 = 1 - \delta \quad (\delta \to 0)$

所以，$0.999\cdots\cdots = 1 - \delta \quad (\delta \to 0)$。证毕。

如果说 $0.323232\cdots\cdots = 32/99$ 或 $0.333\cdots\cdots = 1/3$ 的错误还不太

明显，那么，0.999…… =1 的错误便昭然若揭了。为什么会有这样的差别？那是因为一个整数比如 1/3 具有双重性，它既是数轴上一个确定的点，又是一个无穷的计算过程即 1 ÷3；这个无穷计算过程的结果就是无限循环小数 0.333……，因而用等号将二者连接起来有一定的合理性，但忽略了 1/3 的有限性与 0.333……的无限性之间的差异。1/3 作为有限数只是 0.333……无穷过程的极限，而不是 0.333……本身。与之对照，由于 1 只是一个有限数而不是一个无穷的计算过程，因而只具有有限性这一方面，而没有潜无限之另一方面，这便使 0.999…… =1 的不妥之处暴露出来。总之，从理论上讲，0.333…… =1/3 正如 0.999…… =1 都是不妥的，其错误的根源就是把一个无限趋近的过程等同于其极限，把潜无限等同于实无限。

也许有人会对此结论提出质疑：数学是以精确性而著称的，如果教科书和数学家们混淆了潜无限和实无限，为什么在人们的实践活动中没有导致明显的不良后果？对此，笔者的回答是：这涉及理论和实践的关系问题；正如数学史上关于数学基础的三次危机并未明显地影响应用数学的发展。无理数的发现导致第一次数学危机，贝克莱悖论导致第二次数学危机，罗素悖论导致第三次数学危机；其实这三次数学危机都涉及同一个哲学问题，那就是潜无限和实无限的关系问题。接下来，我们从理论和实践的关系上对此问题做进一步讨论。

四　理论的不确定性和现实的确定性之对立统一

从理论上讲，任何现实的测度都只是近似地准确，因而具有一定的不确定性。不过，当现实测度的近似性程度达到很高的时候，便在现实中把它看作精确的和确定的。这就是理论的不确定性和现实的确定性之对立统一。这种对立统一的重要性在于：现实通过对理论的变通而具有可行性，理论给现实以指导，使其精确性不断提高。理论的不确定性和现实的确定性之对立统一，属于辩证法的范畴，它是理论与实际相互促进和相互结合的哲学基础，对于解决“数学危机”问题是至关重要的。三次数学危机涉及无理数、微积分和无穷集合等概念，下面我们着重讨论前两者。

我们用一单位长度作为边长画出一个正方形，其对角线的长度便相应地确定下来。如果把此对角线移到数轴上，一端与0点重合，另一端与数轴上的一个“点”重合，那个“点”就是$\sqrt{2}$。这就是$\sqrt{2}$的现实可测度性和确定性。然而，从理论上讲，$\sqrt{2}$是一个无理数，即一个无穷不循环小数1.41421……，我们永远找不到它在数轴上的对应点，只能找到一个对应的无穷小区间。这就是$\sqrt{2}$的理论不确定性。

可以说，现实确定性是通过省略理论上的无穷小而得到的。例如，我们可以把$\sqrt{2}$在数轴上的对应点近似地看作1.414，而把其后的无限小数0.00021……忽略不计；也可把$\sqrt{2}$看作1.41421，而把其后的无限小数0.0000035……忽略不计。当那个被省略的无限小数趋于0时，$\sqrt{2}$便具有了现实的确定性，即对应于数轴上的一个确定的“点”；但在理论上仍然不确定，因为在理论上那个被省略了的无穷小仍然不为0。

$\sqrt{2}$不能作为整数比，因而不是一个有理数，而是一个不可测度的无理数；这是古希腊数学家的理论发现，而不是一个实际发现，因为现实中的测度只能是有限的。为从理论上证明$\sqrt{2}$不是一个整数比，需要用到反证法，其证明并不复杂，具体如下：

假设$\sqrt{2}$是有理数，那么$\sqrt{2}$可以由两个互质的整数表示成p/q（即p/q是一个最简分数），即$\sqrt{2}=p/q$。由此可得，$P=\sqrt{2}\times q$，两边平方得，$p^2=2\times q^2$，所以p^2为偶数。由此进而可得，p为偶数（偶数的平方是偶数，奇数的平方是奇数），p^2为4的整数倍（两偶数的乘积是4的倍数）。由上面的$p^2=2\times q^2$可得，$2\times q^2$是4的倍数，因而q^2为偶数，q也为偶数。这样，p和q均为偶数，并非互质的，这与给定的假设相矛盾。所以，$\sqrt{2}$不是整数比，故而不是有理数。证毕。

尽管在理论上证明$\sqrt{2}$是不可度量的无理数，但这并不妨碍人们把正方形的对角线看作具有确定长度的，其中体现了理论的不确定性和现实的确定性之对立统一。这一原理同样在微积分中体现出来。现以 $y = x^2$ 的求导过程为例，具体如下。

设 $y = x^2$，其导数为 dy/dx，即 dx^2/dx，它表示当 x 增量 Δx 趋于 0 时增量比 $\Delta y/\Delta x$ 的极限。函数的增量 $\Delta y = (x + \Delta x)^2 - x^2 = 2x\Delta x + (\Delta x)^2$，两边同除以 Δx 便是所要的增量比即：$\Delta y/\Delta x = 2x + \Delta x$。导数就是这个增量比当 Δx 趋于 0 时的极限，记为：

$$\frac{dy}{dx} = \lim_{\Delta x \to 0} \frac{\Delta y}{\Delta x} 2x + \Delta x = 2x$$

请注意，导数 dy/dx 中的 dx 是一无穷小而不是 0，否则不能作除数。dx 也就是当 $\Delta x \to 0$ 时的 Δx，因而此公式中的 Δx 也是一个无穷小而不是 0。然而，此公式得出 $dy/dx = 2x$，显然是把公式中最后一个 Δx 作为 0 来对待的。这便使求导过程出现逻辑矛盾，即当 $\Delta x \to 0$ 时，Δx 既是 0 又不是 0；更一般地说，无穷小既是 0 又不是 0。

这个矛盾也被叫作“贝克莱悖论”，因为它是由 18 世纪英国哲学家贝克莱（George Berkeley，1685—1753）首先提出的。当时微积分刚被牛顿提出不久，其论证不太严密，这使贝克莱十分不满。贝克莱指责牛顿说：“我所非议的不是您的结论，而是您的逻辑和方法……这些消失的量是什么呢？它们既不是有限，也不是无限小，又不是零，（neither finite quantities，nor quantities infinitely small，nor yet nothing.）难道我们不能称它们为消失量的鬼魂吗？”①

应该说，贝克莱对牛顿微积分理论的批评是中肯的。一方面，贝克莱指出其中的矛盾之处；另一方面，他没有否定该理论在实际

① 王树禾：《数学思想史》，第 189—190 页。

应用上的正确性。如何在保留微积分的同时而消除“贝克莱悖论”呢？现在一般认为，数学家们经过近两百年的努力，“直到 19 世纪柯西才真正用极限的概念把它基本说清楚，而魏尔斯特拉斯最终用 $\varepsilon-\delta$ 的语言，彻底解决了这个困难，从而推动了近代分析的蓬勃发展”[①]。然而，在笔者看来，用 $\varepsilon-\delta$ 语言表达的极限概念虽然对“贝克莱悖论”的解决有所促进，但说“彻底解决”有些言过其实。为说明这一点，我们把教科书中关于函数极限的 $\varepsilon-\delta$ 定义复述如下：[②]

设函数 $f(x)$ 在点 x_0 的某一去心邻域内有定义，如果对于任意给定（关键是给定）的正数 ε（不论它多么小），总存在正数 δ，使得对于适合不等式 $0<|x-x_0|<\delta$ 的一切 x，对应的函数值 $f(x)$ 都满足不等式 $|f(x)-A|<\varepsilon$，那么常数 A 就叫做函数 $f(x)$ 当 $x\to x_0$ 时的极限，记作：

$$\lim_{x\to x_0} f(x)=A \quad 或 \quad f(x)\to A\ (当\ x\to x_0)$$

在以上定义中，有三点需要特别注意。其一，函数的极限是常数而不是变数。其二，对于“去心邻域”这个概念，该教材加以解释：“定义中 $0<|x-x_0|$ 表示 $x\neq x_0$，所以 $x\to x_0$ 时 $f(x)$ 有没有极限，与 $f(x)$ 在 x_0 是否有定义并无关系。”[③] 例如，对于 $f(x)=1/x$ 这一函数，尽管在 $x=0$ 处没有定义，但并不妨碍我们求得 $f(x)$ 在 0 点的极限，即：

$$\lim_{x\to 0}\frac{1}{x}=\infty \quad 或 \quad f(x)\to\infty\ (当\ x\to 0)$$

其三，该极限定义给出两种极限表达式，用“或”表示对二者可以自由选用，意味着二者是完全等价的。然而，需要指出，这是

---

① 邓东皋、尹小玲：《数学分析简明教程》，第 30 页。

② 同济大学数学教研室：《高等数学》上册（第四版），高等教育出版社 1996 年版，第 44 页。参阅邓东皋，尹小玲《数学分析简明教程》第 52 页；其表述是一样的，只是把“去心邻域”表示为“除 x_0 点外”。华东师范大学数学教研室：《数学分析》上册（第三版），第 44 页，表述也是相同的，只是把“去心邻域”表示为“空心邻域”。

③ 同济大学数学教研室：《高等数学》上册，第 44 页。

对实无限和潜无限的混淆。“或”的左边是关于实无限的，把极限等同于一个常数 A；“或”的右边是关于潜无限的，它表示极限 A 所对应的无限趋近的过程，而不表示 A 本身。

正如我们在前边指出的，潜无限和实无限是不相等的。这种混淆的不良后果在函数 f（x）=1/x 上充分显示出来，即当 $x \to 0$ 时，∞作为一个常数出现在等号的右边。然而，“无穷大（∞）不是数”[①]。因此，“当 $x \to 0$（$x \to \infty$）时为无穷大的函数 f（x），按函数极限定义来说，极限是不存在的。但为了便于叙述函数的这一性态，我们也说‘函数的极限是无穷大’”[②]。这样一来，“贝克莱悖论”便以另一种形式出现了，即“无穷大既是数又不是数”，它不过是“无穷小即是 0 又不是 0”的变形。可见，极限的 $\varepsilon-\delta$ 定义并没有把贝克莱悖论“彻底解决”。

请注意以上引文中的这句话：“按函数极限定义来说，极限是不存在的。”这意味着，严格地说，存在无极限的收敛，尽管无收敛的极限是不存在的；换言之，收敛和极限是不对称的。对于函数 f（x）=1/x 来说，当 $x \to 0$ 时就是无极限的收敛；在几何图形表现为这样的曲线，它与数轴的 y 轴和 x 轴形成渐近线，无限地延伸下去但永不相交。如果说有极限的收敛是可望而不可及的，那么无极限的收敛就是不可望而不可即的。

进而言之，如果说，函数 f（x）=1/x 当 $x \to 0$ 时的极限只是一种特例，那么，在极限的 $\varepsilon-\delta$ 定义中引入“去心邻域”却是普遍地不恰当的，无论 $x \to x_0$ 时的 x_0 是什么。因为 x 无限趋近 x_0 即 $x \to x_0$ 是潜无限，而作为其目标中心的极限 x_0 是实无限，二者本来就是不相等的，即使不“去心”也是达不到的；因此“去心邻域”的引入不仅是“画蛇添足”，而且引起歧义。

具体地说，该定义引入“去心邻域”，言外之意，如果不把邻

---

① 同济大学数学教研室：《高等数学》上册，第 53 页。

② 同上书，第 53 页。

域的中心去掉，无限趋近的过程是可以达到其极限的。显然，这是对潜无限和实无限的混淆。其结果是：既然定义中只对自变量 x 向 x_0 的趋近规定了“去心邻域”，而没有对函数 f（x）向其极限 A 的趋近规定“去心邻域”，因此 f（x）与 A 可以用“=”联结起来，即 $\lim\limits_{x \to x_0} f(x) = A$。这里存在逻辑矛盾，即无限趋近的过程既可达到其极限而又不可达到其极限，这便为“贝克莱悖论”埋下伏笔。

贝克莱对牛顿的微积分理论提出批评，并非针对其结论而是针对其逻辑性的；同样地，我们以上对ε-δ极限定义的批评并非要否定 $\lim\limits_{x \to x_0} f(x) = A$ 这个公式，而是要指出其表述上的逻辑不协调性。为了从根本上消除“贝克莱悖论”，我们需要借助辩证法的原理，即理论的不确定性和现实的确定性之对立统一。现在我们首先消除贝克莱指出的求导过程中的逻辑矛盾，然后对ε-δ极限定义加以改进。

还以前文曾讨论过的函数 $f(x) = x^2$ 的求导过程为例。推导过程的最后一步是：

$$\frac{dy}{dx} = \overset{\Delta x \to 0}{\lim} \frac{\Delta y}{\Delta x} = \lim$$

从理论上讲，当 $\Delta x \to 0$ 时，Δx 始终不是 0，直到上面最后一步中 Δx 的最后一次出现；只是出于现实可测度性和确定性的考虑，我们把这最后一步中的无穷小 Δx 忽略掉了尽管它不是 0。这里没有“无穷小既是 0 又不是 0”的逻辑矛盾，只有把无穷小忽略不计的现实策略；这样，“贝克莱悖论”便不复存在了。

推而广之，ε-δ定义给出极限的两种不同表达，其中“$f \to A$（当 $x \to x_0$）”表示极限的潜无限方面，“$\lim\limits_{x \to x_0} f(x) = A$”表示极限的实无限方面。换言之，前者表示趋向极限的无休止的过程，具有理论的不确定性；后者表示此过程所对应的确定目标即极限，具有现实的确定性。这两种表达式并不相等，却是互补的；因此，这里没有把潜无限等同于实无限的逻辑矛盾。具体地说，在计算过程中，只取极限的潜无限方面，即“$f \to A$（当 $x \to x_0$）”，这使无穷小可以做除数，以满足数学理论的严格要求；一旦无穷小不再出现在除数中，便取极限的实无限方面，即“$\lim\limits_{x \to x_0} f(x) = A$”，以满足现实的确定性要求。这是理论的不确定性和现实的确定性之对立统一，而不是逻辑矛盾。

然而，这两种表达式在极限的ε－δ定义都出现，用“或”字表示可以自由选用，二者是完全等价的，这便蕴涵逻辑矛盾。与之不同，在上面的阐释中，这两种表达之间的关系不是形式逻辑的简单同一性，而是辩证法的对立统一性，即理论的不确定性和现实确定性的对立统一。这样，“贝克莱悖论”及其各种变形便得以消除。

此外还需强调，在我们的表述中，$x \to x_0$只表示x趋近于x_0而永远不等于x_0，它和x_0之间是潜无限和实无限的关系，因此无需引入“去心邻域”这一概念。相应地，函数$F(x) = 1/x$当$x \to x_0$时只是趋近于∞而永远不等于∞。这是理论的不确定性，但是，出于现实确定性的考虑，我们可以把“无限收敛”也看作一种特殊的极限。对于$F(x) = 1/x$来说，其几何意义是指曲线与数轴无限靠近，当其靠近的差距小到现实中可以忽略的地步，我们便可认为二者是重合的。一般而言，函数F（x）当$x \to x_0$时收敛到无穷小的区域，从现实确定性的角度，可以把这无穷小区域看作此函数当$x \to x_0$时的极限。

这意味着，从现实的确定性和可行性的角度出发，函数的极限不局限于常数，也可以是无穷小或无穷大这样的变数。这样处理有两个显著的优点：一是，∞一旦出现在极限等式的右边也可顺理成章地看作一个数；二是，无理数作为收敛于无穷小区间的变数也可以作为极限。这后一点对于下一节关于“极限存在准则”的讨论尤为重要。

综上所述，微积分比起初等数学的高明之处就在于超越单纯形式逻辑的思考，而进入理论严格性与现实可行性之间的变通，从而把潜无限和实无限统一起来而不是等同起来。在此意义上正如恩格斯所说，微积分的确含有辩证法的因素，“本质上不外是辩证法在数学方面的运用”。辩证法不是对形式逻辑的否定，而是对形式逻辑的超越。正因为此，在微积分理论中并不包含也不允许出现逻辑矛盾。

五　关于柯西定义和戴德金分划

前一节表明，极限的ε－δ定义引入“去心邻域”，从理论严格性上讲是多余的。不过，从现实可行性上讲，这一概念倒是给人一种启示，即一个变量无限趋近的目标之性质并非单一的，可以是实的，也可以是空的。但是，事实上现行教科书却把无限趋近的极限只看作实的，即看作一个点即常数，因为任何极限值都在实数的范围内，“任一实数都对应数轴上唯一的一点；反之，数轴上的每一点也都唯一地代表一个实数。于是，实数集 R 与数轴上的点有着一一对应关系。”[①] 现在看来，这种说法有先入为主的成分。既然极限可以是“空的”，为什么这“空隙”一定是点而不是无穷小的区间，一定是常数而不是变数？

从前面的分析中我们看到，无理数的特征就是不可测度，它在数轴上不是一个确定的点，而是一个无穷小的区间。考虑到无理数也可作为极限，我们有必要把极限的范围从点扩展到无穷小区间，从常数扩展到变数。相反，把极限的范围局限于点或常数，把实数和数轴之间的关系看作数与点的一一对应，这实际上是用有理数的观念来看待无理数。其结果是使贝克莱悖论不可能被“彻底解决”，并使微积分理论至今仍然存在一些含混不清甚至自相矛盾的说法，包括著名的“柯西极限存在准则”和“戴德金连续性准则”。

柯西曾把无理数定义为：无理数是有理数序列的极限。这个说法虽然极富启发性，但在他的理论中是难以自圆其说的；因为无理数作为无限不循环小数是不可度量的，并不对应某个确定的点或常数，而柯西所说的“极限”却只限于点或常数。柯西关于无理数的

① 华东师范大学数学系：《数学分析》上册，第 3 页。

这一定义蕴涵于“柯西极限存在准则”（也叫作“柯西收敛准则”）之中，此准则表述如下：[①]

数列 $\{a_n\}$ 收敛的充要条件是：对任给的 $\varepsilon>0$，存在正整数 N，使得当 n，$m>N$ 时有：$|a_n-a_m|<\varepsilon$。

柯西极限存在准则的条件称为“柯西条件”，其直观意义是：收敛数列 $\{a_n\}$ 各项的值愈到后面，彼此愈是接近，以至充分靠后的任何两项 a_n 和 a_m 之差的绝对值小于预先给定的任意小正数 ε；其在数轴上的表现是，收敛数列的各项越到后面越是拥挤在一起。

显然，无理数作为有理数的无穷序列是满足柯西条件的，因为随着小数位数的增加，越往后两个数之间的差距就越小。根据此准则，一个无理数所对应的有理数序列是收敛的，收敛意味着有极限，那个极限就是该无理数。在此意义上，我们可以把无理数定义为“有理数序列的极限”。但是，柯西额外地增加了一层意思，那就是：序列（或函数）有极限则意味着收敛于某一常数或数轴上的某一点，相应地，无理数是一常数并对应于数轴上的一个确定的点。

请注意，与通常的 ε — N 数列极限定义相比，[②] 柯西极限存在准则有着实质性的区别，即把关于 a_n 与 a 充分靠近的关系换成了 a_n 与 a_m 充分靠近的关系。这就是说，前者借助于数列以外的数 a 即那个极限，而后者只需根据数列本身的特征，即充分靠后的任何两项 a_n 和 a_m 之间的差距；前者是用数列“有极限”来定义数列“收敛”，而后者是用数列“收敛”来定义数列“有极限”。

从数轴上看，前者是从 a 的邻域向其中心点即极限 a 的靠拢来定义数列的收敛，后者是从数列各项的靠拢来定义数列收敛并有极限。显然，后者比前者断定的东西要少，而前者断定的东西较多，其差别在于是否把收敛的极限定义为某个常数。柯西试图从后者直

① 华东师范大学数学系：《数学分析》上册，第 38 页。

② 数列的 ε — N 极限定义是：若对任给的正数 ε，总存在正整数 N，使得当 $n>N$ 时有 $|a_n-a|<\varepsilon$，则称数列 $\{a_n\}$ 收敛于 a，定数 a 称为数列 $\{a_n\}$ 的极限。（参阅华东师范大学数学系《数学分析》上册，第 23 页）

达前者，即从满足柯西条件的序列收敛于某一极限的断言直达关于此极限是一常数的断言，这便需要给以证明。对此，柯西本人并未给出令人信服的论证，于是，对“柯西极限存在准则”的证明成为其他数学家的艰巨任务。

然而，在笔者看来，数学家们对柯西极限存在准则的证明是误入歧途的。如果把数列收敛的极限不限于常数或数轴上的一个点，也可以是一变数，其变域是数轴上的一个无穷小区间，那么柯西极限存在准则是非常直观的，不需要加以进一步的证明，而且 $\varepsilon-N$ 数列极限定义可以作为特例从柯西极限存在准则推导出来。令人遗憾的是，由于数学家们在这个问题上钻了牛角尖，认定极限只能是常数或数轴上的一个点，那就不得不勉为其难，承担起证明柯西极限存在准则的重任。

这个任务的难点在于证明可以作为极限的无理数也是一个常数。应该说，这个任务是不可能完成的，因为无理数在其本质上就不是一个常数或数轴上的一个点。这便使得，数学家们为此所做的“证明”不仅迂回烦琐，而且难免出现逻辑错误。对于柯西极限存在准则，数学家们给出多种“等价”的证明，其中比较“直观”的一种是借助于“戴德金分划”。

戴德金（J. Dedekind，1831—1916）尤其关心实数的连续性，这便涉及无理数的定义问题。其实，戴德金是以直线的连续性作为实数连续性的模型，如果实数与直线完全重合，那便表明实数是连续的。戴德金在其著名的《连续性与无理数》中写道：关于实数的连续性，“经过长期徒劳的思考，我终于发现它的实质是很平凡的。直线上的一点，把直线分成左右两部分。连续性的本质就在于返回去：把直线分割成左右两部分，必有唯一的分点”[①]。

这就是说，把直线分割成两部分的那个分点存在于实数中，并

---

① 转引自邓东皋、尹小玲《数学分析简明教程》（第二版），高等教育出版社 2006 年版，第 9 页。

且是“唯一的”。这样，实数与直线上的分点便是一一对应的，因此，实数便具有了直线的连续性。显然，在戴德金的心目中，包含于实数中的无理数也具有唯一性，对应于直线上的一个确定的点。可以说，除了把无理数看作直线上的一点之外，把实数的连续性挂靠在直线的连续性上，这是很自然也很直观的；正如戴德金自己所说，这一思想是“很平凡的”。

我们知道，把数轴上的数分为两部分，作为分点的那个数可以是有理数，也可以是无理数。例如，把$\sqrt{2}$作为分点，数轴上的数被分为A和B两部分，A中的任何一个数小于或等于$\sqrt{2}$，B中的任何一个数大于$\sqrt{2}$（或者，A中的任何一个数小于$\sqrt{2}$，B中的任何一个数大于或等于$\sqrt{2}$）；总之，分点$\sqrt{2}$存在于数轴之上，自然包含在A或B之中。

但是，如果把讨论的对象只限于有理数，把有理数分为A、B两部分，分点$\sqrt{2}$既不在A中也不在B中；这表明，相对于数轴而言，有理数有遗漏或有空隙，因而是不连续的。现在，我们对有理数进行扩充，让数轴上所有的分点都包括在其中，无论是有理数还是其间的“空隙”；对应于那些“空隙”的数叫作“无理数”，这个扩充了的数系叫作“实数”。这样，把有理数和无理数都包括在内的实数便与数轴上的点或“空隙”成为一一对应的；相应地，实数如同数轴是连续的。

以上便给出实数连续性的实质，其道理不仅是“平凡的”，而且是直观的，甚至是不证自明的。然而，数学家们却有一个心结，总觉得让无理数对应于有理数之间的“空隙”不太实在，还想让无理数对应于数轴上一个确定的点，这样便有必要直接地用有理数来定义无理数，而不能只用有理数的反面即“空隙”来定义无理数。“用有理数构造新数的方法很多，如戴德金的分划说，康托尔的基本列说，区间套说等等。”[①] 数学家们的艰苦努力就在于“用有理

① 华东师范大学数学系：《数学分析》上册，第290页。

数构造新数”，所谓“新数”就是无理数。

对于“戴德金分划”，现行教科书还做出这样的解释：“数集无空隙，或更通俗地说：如果将实数集看作一条直线，并用一把没有厚度的理想的刀来砍它，那么不论砍在哪里，总要碰着直线上的一点。”[1] 请注意，戴德金分划的那个分点是“没有厚度的”，因而是一个欧几里德几何学的点，而不是微积分中的无穷小，是一个常数而不是一个变数。用这样的点构造的实数使得“数集无空隙”，从而成为连续的。

不难看出，这种思维潜伏着一个矛盾，那就是让微积分理论的核心概念“无穷小”，退回到初等数学的没有长、宽、高的欧几里德点。前面已经指出，数学家们用有理数的“点”来定义无理数，这一企图无异于缘木求鱼、钻火得冰，在大方向上是误入歧途的。关于“戴德金连续性准则”，笔者不打算亦步亦趋地分析那些“证明”的各个步骤，而是尽可能直截了当地指出其中的关键性错误。

“戴德金连续性准则”可以这样来表述：如果一个有大小顺序的稠密的数系 S，对它的任何一个分划，都有 S 中唯一的数存在，它不小于下类中的每个数，也不大于上类中的每一个数，那么称 S 系是连续的。[2]

需加说明，一个戴德金分划把数系 S 分为两个部分即下类和上类，下类中的每一个数都小于上类中的每一个数，并且这两个类的并集等于 S，这就是所谓“不空、不漏、不乱”的戴德金分划的三个性质。戴德金连续性准则给出的前提条件是“对 S 的任何一个分划，都有 S 中唯一的数存在”，由于下类和上类合起来是“不漏”的，因此，这个作为分点并且存在于 S 中的数要么是下类的上端，要么是上类的下端，而不会漏在下类和上类之间的空隙之中。这也就是说，对 S 的任何分划的分点都不会落在 S 的外边，所以，S 是

① 华东师范大学数学系：《数学分析》上册，第 294 页。

② 邓东皋、尹小玲：《数学分析简明教程》，第 9 页。

没有空隙的，因而是连续的。

这里的问题是：对S的任何分点都不会落在S的外边就一定表明S是连续的吗？为了给出肯定的回答，必须假定S的所有分点的集合是连续的。那么，问题转变为：如何表明“S的所有分点的集合是连续的”？回答只能是：数轴上的每一点都可成为S的分点，数轴是连续的，所以S的所有分点的集合是连续的。由此可见，戴德金连续性准则是以直线的连续性为模型的，如果离开这一点，该准则便成为无源之水、无本之木。

为了使这一结论更加明晰，我们不妨让分划的分点只包括有理数（有理数满足数系S的稠密性要求），而不包括无理数；毫无疑问，全部分点都将落入有理数的范围。根据戴德金连续性准则，那将得出结论，有理数是连续的。然而，有理数不连续，这说明戴德金连续性准则的表述是不完备的。

对此，可能有人会反驳说，为什么可以把无理数从分划的分点中排除呢？笔者将反问：为什么不可以呢？有理数系也具有稠密性，并且用任何有理数作为分点也可满足关于有理数的“不空、不漏、不乱”的要求。除此之外，戴德金连续性准则对“分划”并未做其他限定。况且从直观上讲，有理数的稠密性意味着，在任何两个不同的有理数之间都有无穷多的有理数存在，而无论这两个有理数在数轴上的距离多么小，难道这还不连续吗？

可以看出，为要反驳以上关于有理数之连续性的“证明”，无法只凭戴德金连续性准则来进行，必须在此准则之外寻找根据，其根据归根到底就是作为数轴的直线。具体地说，既然有理数没能布满直线，还留下许许多多的“空隙”，所以，有理数是不连续的；我们把这些“空隙”叫作无理数，有理数和无理数合起来便能布满直线，所以实数是连续的。分划直线的分点可以是直线上的任何一个点，当然包括无理数。然而，以上关于有理数之连续性的“证明”则把无理数从分划的分点中排除掉，因而是不恰当的。

这样一来，我们便回到戴德金那“很平凡的”出发点，即直线的连续性。然而，许多数学家，也许包括戴德金本人，不知不觉地又回到曾被他摒弃的“徒劳的思考”之中，试图给出既非必要又迂回烦琐的“证明”。反之，如果我们直接用直线的连续性来定义实数的连续性，那么实数的连续性便是昭然若揭的；相应地，柯西极限存在准则可以作为公理而无需另外的证明，从而使戴德金连续性准则和其他与之等价的连续性准则便成为多余的和“徒劳的”。从以上分析我们看到，戴德金连续准则实际上是以实数的连续性为先决条件的，然后又以“戴德金分划”来定义实数，这里包含着逻辑上的循环。

以上从总体上表明“戴德金连续性准则”的不恰当性。接下来，我们将对“戴德金实数连续性定理”的证明过程加以分析，指出其中的一些逻辑错误，其关键之点是对数学归纳法的误用。下面，我们对一部有代表性的教材中的证明过程进行分析。[①]

证明：设 $A \mid B$ 是实数系 R 的任何一个分划。我们要证明存在唯一的实数 $r \in R$，使得对任意 $a \in A$ 有 $a \leqslant r$，对于任意 $b \in B$ 有 $r \leqslant b$。

首先看全体整数，由 A 不空知有整数属于 A。若任意整数 $c_0 \in A$，有 $c_0+1 \in A$，则 B 是空集；既然分划 $A \mid B$ 规定 B 不是空集，那么存在整数 c_0，使得 $c_0 \in A$，而 $c_0+1 \in B$。其次考虑：

$$c_0.0,\ c_0.1,\ c_0.2,\ \cdots,\ c_0.9$$

这时必存在 c_1 是 0，1，…，9 中的某数，使得 $c_0.c_1 \in A$，$c_0.(c_1+1) \in B$，（若 c_1 等于 9，则 $c_0.(c_1+1)=(c_0+1).0$）。如此继续下去，在确定了 $c_0.c_1 \cdots c_n$ 之后考虑：

$$c_0.c_1 \cdots c_n 0,\ c_0.c_1 \cdots c_n 1,\ \cdots,\ c_0.c_1 \cdots c_n 9$$

由此确定 c_{n+1}，使得 $c_0.c_1 \cdots c_n c_{n+1} \in A$，$c_0.c_1 \cdots c_n(c_{n+1}+1) \in B$，如此便得到实数：

---

① 参见邓东皋、尹小玲《数学分析简明教程》上册，第 11—12 页。该书的一些错误并非独有，而是普遍存在于其他教科书中。相对而言，该书阐述的较为清晰，故以该书的证明过程作为分析的对象。

$r = c_0.\ c_1c_2\cdots c_n\cdots$（对教科书的有关证明引用到此）

这个 r 就是实数系 R 中的戴德金分划 A｜B 的分点，其小数位数 n 可以是无穷大，这便把无理数包含在内。不过，无论 n 多么大，我们总可以把分划 A 和 B 的那个数值 c_n 确定下来，使得 $c_0.\ c_1\cdots c_n \in A$，而 $c_0.\ c_1\cdots(c_n+1)\in B$。

对于以上论证，我们可以看到，其中包含着对数学归纳法的使用，归纳过程如下：首先，在整数上可以确定把 A 和 B 分划开来的数值 c_0。其次，如果在第 n 位小数可以确定把 A 和 B 分划开来的数值，那么在第 n+1 位上也可以；否则通过十进制进位的递归，使得所有数都属于 A 类而使 B 为空类，违反戴德金分划关于“不空”的规定。这样，由数学归纳法可得：在任何小数位数 n 上，都可以确定分划 A 和 B 的分点，其分点包括小数位数 n 为无穷大的无理数。

通过这一数学归纳法的使用，把有理数的分点性质推移到无理数上，这个性质就是：一个数对应着数轴上的一个点，这个点是可用十进制刻度来确定的，而无论刻度单位多么小，甚至是无穷小。这就是数学家们想要的结论，即实数与数轴是一一对应的，相应地，它们的连续性是从点到点的连续性。这样，无理数便用有理数构造出来了。

然而，笔者要指出，以上对数学归纳法的使用是不适当的，因为它误解了数学归纳法的功能。数学归纳法的功能是对同类对象的性质做出概括，如：1+1 是自然数，如果 n+1 是自然数那么（n+1）+1 也是自然数，所以，任何自然数加 1 之后仍为自然数。这是对同类对象即自然数的“加 1”性质做出概括，因而是对数学归纳法的正确使用。但是，由数学归纳法得不出无穷大∞加 1 之后是自然数，尽管 n+1+1+……的极限是∞；这是因为∞与自然数不是同一类对象，自然数是常数而∞则是变数。类似地，通过以上数学归纳法只能得出“任何有理数分点对应于十进制刻度上的某一点”，而不能把此结论推广到无理数上，因为无理数与有理数不是同一类对象，其本质区别就在于是否在数轴上可以度量。

至此，我们揭示了“柯西极限存在准则”和“戴德金连续性准则”的含混和不当之处，其症结在于把无理数看作数轴上的一个点而不是一个无穷小区间，进而把无理数看作常数而不是变数。既然“戴德金分划”并未成功地表明无理数是一常数或数轴上的一个点，那么我们不妨把数列或函数收敛的极限从常数或点扩展到变数或无穷小区间。这样做的显著优点是，“柯西极限存在准则”成为公理而无需加以证明，相应地，戴德金连续性准则及其各种等价“原理”成为多余的；[①] 这不仅使微积分的理论基础更加简洁明了，而且使“贝克莱悖论”得以彻底的清除。

六　“芝诺佯谬”与辩证法的运动论题

前面提到，辩证法的运动论题早在古希腊时期就以“芝诺佯谬”的形式被间接地提出。芝诺佯谬有多种表述，现只以“飞矢不动”作为讨论的案例。“飞矢不动”所呈现的疑难问题是：一枝刚射出的箭在到达靶心之前必须经过箭头与靶心之间的中点；同理，必须经过中点的中点，以此类推。所以，一枝射出的箭在到达靶心之前需要经过无数多个中点，以致那枝箭无法到达任何一点，只能留在原地纹丝不动。[②]

“飞矢不动”是纯理论分析的结果，它与事实上的“飞矢可动”形成鲜明的反差。据说当时一位古希腊的智者听到芝诺佯谬之后，从他常坐于其中的木桶里跳了出来，在地上来回走动，以此来反驳芝诺佯谬。其实这是答非所问，因为芝诺本人也不会否认事实上的“飞矢可动”。正因为此，他通过理论分析所得到的“飞矢不

---

① 事实上，包括同济大学《高等数学》在内的许多教材把“戴德金连续性准则”及其等价“原理”的证明省略了，其多余性由此可见一斑。

② 亚里士多德在其《物理学》中较为详细地介绍了四种形式的芝诺佯谬（见《物理学》，徐开来译，中国人民大学出版社 2003 年版，第 180—181 页）。这里的表述是将其中第一个即“运动不存在”与第三个即“飞矢不动”合并起来。

动”才具有震撼力，逼迫理论家们不得不加以解决。面对“飞矢可动”的铁一般的事实，“飞矢不动”的理论分析一定存在某种错误。错误在哪里，如何解决？这是摆在人们面前的问题。

通过前面对实数和直线的连续性的讨论，我们已经得出一个重要的结论，即实数的连续性是由有理数和无理数共同构成的，反映在数轴上，有理数的点和无理数的无穷小区间共同构成数轴的连续性。相应地，一枝箭从出发点到靶心的轨迹是一条连续的曲线，上面并非只有无数多个“中点”，而在诸多中点之间还有许多无穷小的区间。诚然，无数多个没有长宽高的点加在一起还是一个没有长宽高的点，正如无数多个0相加等于0；但是，无数多个无穷小区间加在一起并不等于0，而可成为一段有确定长度的线。这正是微积分的基本原理，即把一线段微分到无穷小，再把无数多个无穷小累积起来，就得到那条线段的精确长度及其相应的面积。

得出“飞矢不动”的理论分析的错误之处在于，把箭的运动轨迹仅仅看作无数多个“中点”的累积，而忽略了其中的无穷小区间；正如数学家们只看到数轴上稠密分布的无数个点，而没有看到其中稠密分布的无穷小区间。正因为此，数学家们对于芝诺佯谬显得束手无策。当然，数学家们可以通过微积分计算来解释芝诺佯谬，但那并不能从根本上解决问题。正如贝克莱所说，那只是微积分计算结果的实际正确性，其理论本身仍然潜伏着逻辑矛盾，并以“贝克莱悖论”的方式呈现出来。

对于芝诺佯谬的直截了当的解决就是承认数轴的连续性是由有理数的点和无理数的无穷小区间共同构成的，不妨称之为数轴或实数的“点域二象性”；这种点域二象性体现了潜无限和实无限的对立统一。具体地说，数轴上的每一个有理数点可以作为极限而对应于向它无限趋近的潜无限过程，即无限循环小数；每一个无理数通过不断展开的潜无限过程而对应于一个作为极限的无穷小区间。数轴是一种几何图像，它的点域二象性直接反映了空间的基本性质；数轴也可表示时间，其点域二象性也反映了时间的基本性质。

在现代物理学中，时间和空间同为四维空间的要素，因此也可说，点域二象性是时空量子的属性，对应于物理量子的波粒二象性。物理量子是经验对象，其波粒二象性需要通过实验加以验证；与之不同，时空量子不是经验对象，而是先验对象，正如时间和空间属于先验范畴（这是康德哲学的基本原理之一），对时空量子的点域二象性只需通过逻辑和数学的分析便可确认。诚然，逻辑数学与物理学之间具有某种对应关系，时空量子的点域二象性与物理量子的波粒二象性之间也具有某种对应关系。在这个意义上，我们也可把物理量子的波粒二象性看作时空量子的点域二象性的经验印证，二者都是间断性和连续性的对立统一。

最后，我们再回到辩证法的运动论题——运动在同一时刻既在一个地点又不在一个地点——的正当性上。我们在前面第二节根据微积分的导数概念即 dy/dx 得出结论：运动的瞬时速度不为 0，意味着运动是同一瞬时在不同的空间点——瞬时速度的起点和终点——之间“跳跃”，这才使运动成为可能，从而克服“飞矢不动”的芝诺佯谬。在这个意义上，辩证法的运动论题是成立的；事实上，黑格尔在很大程度上是为解决芝诺佯谬而提出这一论题的。然而，这种表述似乎违反形式逻辑，相当于同时肯定 A 和非 A。

笔者承认，这种形式的辩证法论题是粗糙的，容易引起误会，需要加以改进。现在我们根据无理数的无穷小区间性质，对辩证法论题的矛盾形式予以转化，以无矛盾的形式表述为：运动是在同一瞬时经过同一地点，瞬时和地点都是无穷小量而不是 0。具体地说，原来的辩证论题中所说的在同一瞬时被“跳跃”的那两个空间点，其实是在同一个无穷小空间之内的，因而是同一个地点而不是两个不同的地点。由无穷小量的累积可以成为一个有限数，所以，作为无穷小区间的瞬时和地点累积起来便可形成运动。这正是微积分数学的基本原理，也是芝诺佯谬得以解决的关键所在。

最后强调两点：其一，辩证法不是对形式逻辑的排斥，而是对形式逻辑的超越；相应地，恰当的辩证论题并不违反形式逻辑，而是在遵守形式逻辑的前提下蕴涵着更为丰富的内容。其二，数学基础的问题往往涉及潜无限与实无限的关系问题，这与其说是数学问题，不如说是哲学问题。正因为此，数学家们在此问题上的错误并不直接影响数学在实际应用上的正确性，但这并不表明其理论是完美无缺的。有趣的是，历史上的“三次数学危机”都是由哲学家发起的；也许，解铃还须系铃人吧。

第三节　从标准分析和非标准分析看运动论题与黑格尔辩证法[①]

一　从标准分析看哲学上的运动论题和黑格尔的辩证法

（1）关于辩证法所说的“时点”与“地点”

陈晓平说：“辩证法则是把时间和空间上的点当作具体的存在，它们不是常数0，而是作为变数的无穷小”（p. 3）。“把黑格尔和恩格斯所说的“时刻”和“地点”看作没有长、宽、高的欧几里德点”“肯定是一种错位或误解。”（p. 2 – p. 3）请问：黑格尔和恩格斯在哪里说过辩证法运动的“此时点”“此地点”指的是无穷小变量？这才是强加在恩格斯头上的“错位或误解”[②]，其目的是想说明矛盾辩证法“在这一点同时又不在这一点”是好理解了，又可以不用矛盾辩证法来理解，“又合乎形式逻辑”。所以他说这是他对“运动论题给以初步辩护”。不过这个辩护并不成功，既然“此时”“此地”指的是无穷小变量，为什么黑格尔和恩格斯不说“运动是在这一无穷小处，又不在这一无穷小处”？所以，下一步，他要对

---

① 本节内容是张华夏对陈晓平的商榷意见（内容见本附录第二节）的答复。

② 陈晓平关于我对$\frac{\Delta S}{0}=?$的分析断章取义为我用这个公式来说明“运动是不需要时间的”，就是这种。“错位”的典型。（见陈文第2页）

于标准分析的微积分概念进行修改，认为柯西的极限定义的关键是无穷小量，无理数$\sqrt{2}$等等也指的是无穷小区间等等，而这个工程真是非同小可的了！

（2）关于极限定义的本质

柯西极限定义的本质是无穷小变量吗？陈晓平转引王树禾：《数学思想史》中的一段话，由此认为："19 世纪法国数学家柯西（A. Cauchy，1789—1857）给出'无穷小'的比较精确的定义，其定义的本质就是把无穷小量表述为一个变量 x 而不是常数，其变化区间是：$0<|x|<\delta$，δ是一个任意小的正数。柯西在其《分析教程》中指出：当同一变量逐次所取的绝对值无限减小，以致比任何给定的数还要小，这个变量就是所谓的无限小或无限小量，这样的变量将以 0 为极限。"我查证了这段话的英文、法文的原文，它是："When the successive numerical values of the same variable decrease indefinitely, in such a way as to fall below any given number, this variable becomes what one calls an infinitely small（un infiniment petit）or an infinitely small quantity. A variable of this kind has zero for limit"［Cauchy 1821，4］."[①] 我认为王树禾的翻译在关键问题上相当准确。

我认为陈晓平认定柯西主张"无穷小量"，这是对柯西极限定义的一种误解。柯西的 $\varepsilon-\delta$ 方法，形式地说，就是

$$\frac{ds}{dt}=v=\lim_{\Delta t\to 0}\frac{\Delta s}{\Delta t}=\forall(t)\ \forall(\varepsilon)\ \exists(\bar{o})\ (|f(t_i+\Delta t)-S_i|<\varepsilon)$$

柯西方法的本质就是从严格的数学表述出发，没有出现无穷小量的表达式。而将导数看作是两个增量的比值（不是两个无穷小量的比值），而是当 $\Delta t\to 0$ 时的某个极限值的符号。这是任何一本高等数学书现在都是这样写的。而 $\Delta t\to 0$ 表达为 $0<\Delta t<\delta$。ε，δ 是无论什么样的正实数。陈晓平引用了柯西的极限定义：上面"柯西

---

① Gordon M，"Cauchy and The Infinitely Small"，*Historia Mathematica* 5（1978），pp. 313－331，p. 316.

在其《分析教程》中指出的是：[①]“无限小”是对于“给定”（特别是这个定字）的实数来说的，它是无穷地小（infinitely small），是一个潜无穷，而不是完成了的实无穷（infinitesimal）。infinitely small 与 infinitesimal 这两个词有根本的区别，前者可译为潜无穷后者可译为实无穷。如果倒回来用实无穷小变量来解释哥西的极限定义，对标准微积分来说，是一个倒退。另外，我与陈晓平的理解不同，柯西的 $\varepsilon-\delta$ 进路根本没有讨论实无限。根本不是陈晓平所说的极限过程是潜无限，极限值是实无限这么一回事[②]。

（3）关于无理数、“死去了的量的鬼魂”和改进辩证法问题

陈晓平有一个不同于数学常识的观点，他认为“无理数在数轴上”“有一个无穷小的区间与之对应”[③]。不过这样理解就会有无限个点来表示 $\sqrt{2}$。可是 $\sqrt{2}$ 本来就数轴中单位长度的对角线的端点，它怎样可能有无限个点？至于贝克莱的“死去了的量的鬼魂”本来主要并不是指的由牛顿开始研究但还很不明确的极限论，而特别是指莱布尼兹的实无穷小。贝克莱说：你们所说的无穷小“既不是有限的量，也不是无限地变小的量，也不是零”“我们是否可以说它是死去了的量的鬼魂？”（“G. Berkely, who criticized them for being ‘neither finite quantities, nor quantities infinitely small, nor yet nothing.’ Who mocking asked ‘May we not call them the ghosts of departed quantities’?”）[④]。至于陈晓平指出的极限标准公式：

$$\frac{dy}{dx}=\lim_{\Delta x\to 0}\frac{\Delta y}{\Delta x}=\lim_{\Delta x\to 0}(2x+\Delta x)=2x$$

---

① 转引自王树禾《数学思想史》，国防工业出版社 2006 年版，第 195 页。我再从 C. H. Edwards, Jr., *The Historical Development of the Calculus*, Springer-Verlag, 1991. 一书的 310 页中注释了英文。

② 陈晓平说“无限趋于某一极限的过程如 0.9999……是潜无限，而它所趋近的那个极限 1 是实无限”（他的论文《辩证法的“运动”论题和“芝诺佯谬”之解决》，第 6 页）

③ 同上书，第 5 页。

④ The Ghosts of Departed Quantities, *Lindsay Keegan*, April 16, 2010, p. 2. 还有 C. H. Edwards, Jr., *The Historical Development of the Calculus*, Springer-Verlag, 1991 一书的 294 页也有这一段论述。

贝克莱根本抓不到什么把柄。这里 dy/dx 根本不是陈晓平所说的除数与被除数；而 Δx 是个变量，本身不是 0，它的极限值是 0，这里根本不出现陈晓平所说的“Δx 既是 0 又不是 0”[1] 的矛盾。而且，这里根本不是变量与常量的关系问题。不管 Δx 的极限值是什么，Δx 和它的函数 Δy 都是个变量，但它们都有个定义域，这个定义域是由一定的实数常量域组成，不要认为，只要 Δx 是个变量就万事大吉了，就可以说明运动“在这一点又不在这一点”（初步辩护），并且还说明“运动‘在这一点又不在这一点’本身不是矛盾的”（改进辩证法的表达方式的终极辩护）。

陈晓平在他的论文的《摘要》中一再提出的这几个问题向当代的微积分的常识进攻，使人有点被故弄玄虚的感觉。不过他的积极意义要到我们讨论非标准分析微积分的时候才能展露出来。

（4）关于黑格尔和恩格斯所讲到的机械位移的矛盾

陈晓平给它的此时、此刻（now 或 instant）一个意指“无穷小区间”的意思。前面我们提问过，他们在哪里说过“此无穷小区间”和“彼无穷小时刻”的话？其实黑格尔和恩格斯对于陈晓平的强加给他们的话并不领情，因为他们讲的是矛盾辩证法，指的是运动在此时此刻在这一点又不在这一点，并声明这是违反形式逻辑的。这是矛盾辩证法的常识之一。

二　从非标准分析来看哲学上的运动论题和黑格尔的辩证法

（1）历史

标准分析和极限论起源于牛顿。牛顿定义 $\dot{x}$、$\dot{y}$ 为流数，是相对于数轴坐标上，动点对于时间的速率 $\dot{x} = dx/dt$，$\dot{y} = dy/dt$　$\dot{y}/\dot{x} = dy/dx$。在几何上，是一个求切线的问题。见图 1。

---

① “The Ghosts of Departed Quantities”, *Lindsay Keegan*, April 16, 2010, p. 2. 还有 C. H. Edwards, Jr., *The Historical Development of the Calculus*, Springer-Verlag, 1991, p. 10.

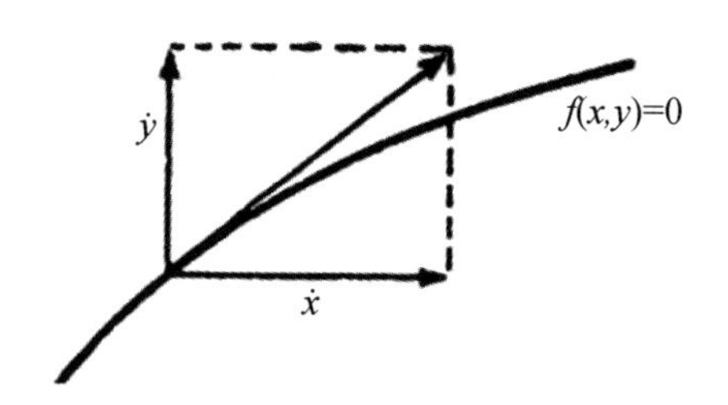

图1 牛顿求切线的微分法

他是不承认无穷小的，他认为莱布尼兹的无穷小方法最好也不过是抄袭他的流数罢了。① 不过从$\dot{x}=dx/dt$ ，$\dot{y}=dy/dt$ 怎样得出 $\dot{y}/\dot{x}$？这就是将$\dot{x}$，$\dot{y}$，dx（他记作$\dot{x}_0$），dy（他记作$\dot{y}_0$）当作实无穷小（infinitesimal）来处理。不过牛顿最后还是说“量在其中消失的最后比严格说来，不是最后量的比，而是无限减小的这些量的比所趋近的极限”（《自然哲学之数学原理》第三版，第39页）②。贝克莱说他从错误的前提得出正确的结论是有道理的。③ 柯西，维尔斯特拉斯（Weierstrass）所使用的δ，ε方法，是对于任意给定（请注意这个“定”字）的实数δ，ε来说，$0<\Delta x<\delta$ 或 $0<\Delta x<\varepsilon$ 成立，这是潜无穷，用贝克莱的话说它不是无穷小而是无限地变小（infinitely small）。贝克莱批判的“死去了的量的鬼魂”并不是指这个未完成也不可能完成的潜无穷小，而是指莱布尼兹的完成了的实无穷小。与牛顿相反，莱布尼兹运用无穷小三角形（他称它为“特征三角形”④（Characteristic Triangle）求任意曲线的斜率，求的就是

① “The Ghosts of Departed Quantities”, *Lindsay Keegan*, April 16, 2010, p. 7.

② M. 克莱因：《古今数学思想》第二卷，上海科学技术出版社1979年版，第76页。

③ 他说“that mathematicians（指牛顿和莱布尼）should deduce true proposition from false principles, be right in conclusion and yet err in the premises”。（C. H. Edwards, Jr., *The Historical Development of the Calculus*, Springer-Verlag, 1991, p. 293）

④ C. H. Edwards, Jr., *The Historical Development of the Calculus*, Springer-Verlag, 1991, p. 239. 我认为，这是他的哲学《单子论》在几何上的运用。在单子论中，他劈头一句就是“1. 我们在这里所要讲的单子（monad），不是别的东西，只是一种组成复合物的单纯实体，单纯，就是没有部分的意思。”（《十六—十八世纪西欧各国哲学》，北京大学哲学系外国哲学史教研室编译，生活·读书·新知三联书店1958年版，第292页）它是组成物体的最终“微粒”（同注3，第92页）。

这个实无穷小。见图2。

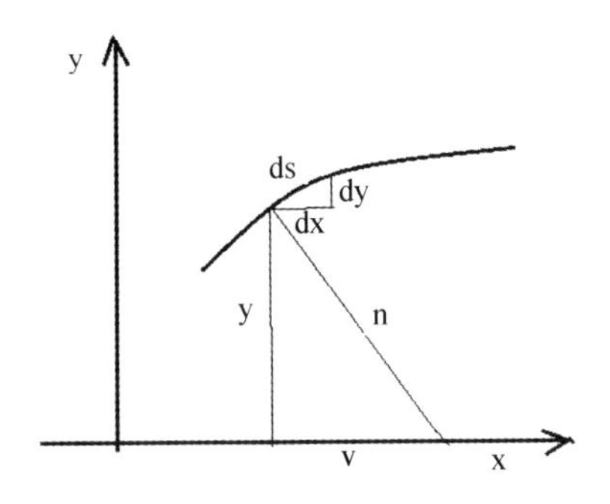

图2　莱布尼兹求导数的微分法

这里 ds/n = dx/y 或 yds = ndx。这些无穷小的总和便得到：

$$\int y\mathrm{ds} = \int ndx$$ ①

不过他还没有建立一个系统的实无穷小理论，从认识论上看，他将它看作是一种有很好基础的“虚构”，像虚数一样，它是有用的，并服从通常数的规律。但从本体论上看他更多地将无穷小看作是万物由此组成的不可再分的最小的原子，它小于一切甚至小于任何实数②的实无穷小。

但是，非标准分析继承莱布尼兹的理论，承认实无穷小，提出了超实数的概念，它包含了实数作为它的子集，用各种各样的无穷小来扩展了实数。

（2）什么是非标准分析

1960年代初，德国数学家亚伯拉罕·鲁滨逊（Abraham Robinson）提出非标准分析，重新回到G. W. 莱布尼兹的实无限进路，并以此建构出一个严谨的基础。③ 数学家与逻辑学家哥德尔

① C. H. Edwards, Jr. , *The Historical Development of the calculus*, Springer-Verlag. 1991. p. 241.

② “The Ghosts of Departed Quantities”, *Lindsay Keegan*, April 16, 2010, p. 2.

③ Abraham Robinson's book *Non-standard Analysis* was published in 1966. Some of the topics developed in the book were already present in his 1961 article by the same title (Robinson 1961). 见非标准分析。维基百科5. Robinson's book。又见 Robinson, Abraham (1963), *Introduction to Model Theory and to the metamathematics of algebra* Publications。

(Gödel) 说:“不论从哪方面看，非标准分析将会成为未来的数学分析……在实数之后，下一个十分自然的步骤，即引入无限小竟被轻易地忽略了……它在发明微积分后 300 年才发展起来，这是数学史上的一件大怪事。”①

(一) 定义与组成

超实数域 ∗R 是将实数域 R 作为它的子集的一个系统。其中的实无穷小数 x 用 δ，ε 来表示，这与标准分析对它们的用法不同，如果对于所有的正实数 r，有 $|x| < r$，则 x 为实无穷小量，它是超实数的组成部分。这里超实数记作 ∗R。普林斯顿大学数学家爱德华 · 纳尔逊 (Edward Nelson) 将超实数分为三个部分:(1) 无穷小 Infinitesimals (δ, ε)，它比任何实数要小;(2) 有限数，它就是实数，任何“给定”的实数都是有限地大的;(3) 无限大数，infinites (ω，这里 $\varepsilon = 1/\omega$)，它比任何实数都要大，即对于所有的正实数 r，有 $|x| > r$。实数和超实数都是有序 (ordered sequences) 的，例如可以由小到大 (或由大到小) 排个队。这些都是实数与超实数的共同性质。在这方面，它们是同构的。这个组成可以用下面的超实数组成图表示:

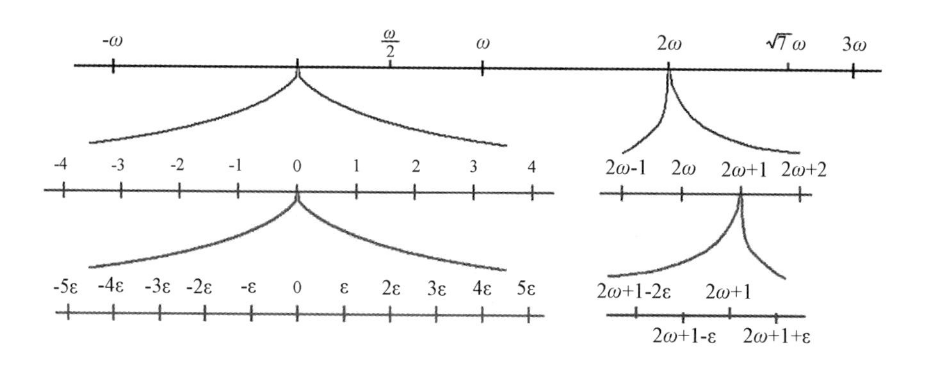

图 3 超实数组成图②

① 鲁滨逊:《非标准分析》，陆传务等译，华中工学院出版社 1977 年版，第 2 页。

② “Hyperreal number”, From *Wikipedia*.

在这个图中粉红字是无穷小，它指明每一个实数周围有无穷多个与它自身相差为一无穷小量的非标准数，它的大小是有序的。例如在任何实数之间有 ε^3，ε^2，$\varepsilon/100$，ε，75ε，$\sqrt{\varepsilon}$，$\varepsilon+\sqrt{\varepsilon}$就是由小到大的一个序。而且是“连续的”，只不过是非阿基米德的连续性[①]。

（二）运算法则

非标准分析认为在任何两个实数之间有许多（前面讲过是无限多个）无穷小存在。至少有这样的法则：无穷小×有限量=无穷小，无穷小+无穷小=无穷小。[②] 很可能还有一个公式：无穷小×无穷大=有限数。莱布尼兹正是以这个公式求得圆的面积和曲线的周长。[③] 鲁滨逊说：“$*R$ 除了它是非阿基米德域这一点外，其他性质与 R 相同，稠密性、有序性等等在 $*R$ 中同 R 一样，能进行加、减、乘、除、（幂运算，即平方、开方等）等运算。”[④]

实数数学中的结合律、交换律、分配律、同一律、传递律在超实数中都成立。而最基本的与实数域同构的运算法则可以用这个公式简要表示为：$*R=(*\mathbf{R},\ +,\ \cdot,\ <)$ 这里 $*R$ 为超实数有序域，$*\mathbf{R}$ 为超实数；它们同构于实数域 $R=(\mathbf{R},\ +,\ \cdot,\ <)$)。

根据非标准分析，如果 x，y∈ ∗Re，并且 x−y 是无穷小，则称 x 与 y 彼此无限逼近，记作 $x\approx y$；如果 x，y 是有限的超实

① 阿基米德性质（Archimedean property）是实数系的重要性质之一，指对任意两正数 x 及实数 y，存在正整数 n，使 nx>y。在几何上这意味着，无论多长的线段，都能用有限条不管多短的等长线段覆盖；换句话说，无论采用多短的线段作单位，都能在有限次内把无论多长的线段量完。由于用无穷小，ε，δ 来度量线段总有不能再分的大小不等的或需要无限个单位，才能将一个线段量完。所以超实数系缺少阿基米德性质。在这个意义上是非阿基米德性的。见百度百科 https：//baike. baidu. com/item/阿基米德性质/18882302。

② 非标准分析（百度百科）2. 教学上的原因。

③ 张锦文：“无穷小量方法与非标准分析”（《曲阜师院学报》（自然科学版）1979 年第 1 期）。文中写道“莱布尼兹的学生洛必达在《无限小分析》（1696 年出版）以公理的形式写道：“第二公理：曲线是由无穷多个长度为无限小量的直线组成”。这就是我在前面所说的说无穷小除无穷小=有限量。

④ 张华夏、吴燮和：《对非标准分析的初步分析》，《华中工学院学报》1977 年第 4 期。

数，则

$x \approx y \approx r$，r 为唯一实数。我们称 r 为 x，y 的标准部分，记作：

$r = st(x)$ 和 $r = st(y)$，即 $st(x) = st(y)$。独立变量的导数的定义就是 $df(x)/dx = st((f(x+\Delta x) - f(x))/\Delta x)$，这里实无穷小 $\Delta x \approx 0$.

而积分 $\int_a^b f(x)\,dx$ 定义为：$\int_a^b f(x)\quad dx = st\left(\sum_a^b \mathbf{m}\,dx\right)$

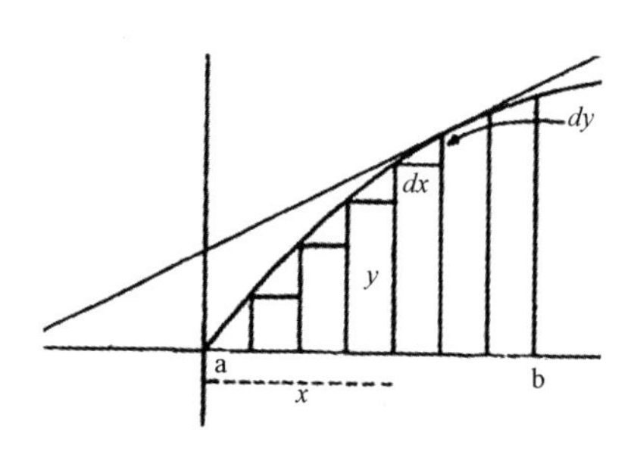

图4 积分图

这里 m 为 m_i，它将被积分区间［a，b］划分为无数的 dx 部分（见图4）

以上两个问题，后者给出一个非标准分析微积分运算技巧，前者对后者给出一个理论解释。

（三）非标准分析对标准分析的批评

关于连续性：从标准分析的观点看，在数轴上，实数不但是稠密的、有序的，而且是连续的。因为实数在进到一点之后，无下一点可言，所有的点都是连起来的。

可是从非标准的观点看，在任何两个标准点之间有无数的实无穷小，这就打破了标准分析及其运动概念的连续性。因为从非标准分析的观点看，数轴上的点的长度就只是0，线段如果是点的集合，那么数轴上无限个0的集合也只能是0。

与此相反，实无穷小无论怎样小，超实数数轴是离散的，在数轴上总有一个不能忽略的长度，正是它足够将数轴填满，我们说过它被假定有无限个长度点，这岂不是芝诺对了，这里有说不完的空间点要数。但是，数空间点的数量的有限时间里也有数不完的时间点。我们在非标准分析的“运算法则”中创立了一个公式：“无穷小×无穷大=有限数”，这等于说“无穷大÷无穷大=有限数”。这意味着阿基里斯能够在足够的时间里走过有限的实数距离。如果实无穷小意味着它在数轴上有连续性。运动便可以连续走过去。无论怎么说，芝诺第一悖论的“阿基里斯赶不上龟”不能成立：阿基里斯可以赶上龟。[①]

关于黑格尔的矛盾运动观念：陈晓平从标准分析的极限论出发，认为只要有一个无穷小变量的观点，在这个变量里在这一点又不在这一点便很好解释（初步辩护）并且又不违反形式逻辑。殊不知黑格尔和恩格斯讲矛盾运动时从来就是指的是“既是（在这一点）又不是（在这一点）”，他们在意义上明确地说了这是违反形式逻辑的。相反，非标准分析讲的运动从来就是符合（形式）逻辑的，而且它的建立首先从逻辑上得到很好的论证。在这里，黑格尔没有得到任何便宜，他也不想得到这个便宜。

（四）非标准分析与芝诺悖论

从非标准分析的观点看，芝诺悖论主要是三个问题：阿基里斯赶不上龟，一分为二永远数不完和飞矢不动。无论实无穷小有多么短的线段，不论乌龟走得多远，一分为二分得多细，都可以将它数完（或量度完）。这样，芝诺悖论的问题便集中在“飞矢不动”上。从“飞矢不动”看，在每一个时点上，飞矢的确是不动的。无论标准分析还是非标准分析都是如此。必须在一个区间里，例如（a，b）里，才能说它从a点运动到b点。这就是罗素的at－at理论。（“运动的at此时－at此地的理论”）这个观点首先是亚里士多德提出来的。这又是关系到一个长度是怎样被形成、是怎样被经过的问题，它首先要求有一个时间段落，对应着它才有一个被决定的

① Craig Harrison，“The Three Arrows of Zeno”，*Synthese* 107，1996，p. 282.

空间段落，如果速度等于零，它还是不动的。罗素的意见是运动是位置对于时间的函数，无论标准分析还是非标准分析情况都是这样。按照这个意见，黑格尔没有得到任何便宜：从非标准分析的观点看，在数轴上当 t 进到实数划分的 t_1 处时，s 只能够按照 S = f (t)在 s_1 处，不能同时在 s_2 处（这里 $s_1 \neq s_2$）。而在数轴上，当 t 进到超实数划分的 $t_1 + \varepsilon_1$ 处时，按照 $^*S = f(t + \varepsilon)$，它只能在 $f(t_1 + \varepsilon_1)$ 处，不能也在另一个地方，例如 $f(t_1 + \varepsilon_2)$ 处。这里 ε_1 与 ε_2 都是实无穷小，它们不定义在自然数和实数上。而是在实数之外进行定义，黑格尔自我欣赏的在这里又不在这里的自相矛盾是错误的。非标准分析没有这个错误。

事实上，用戴德金分割来解决芝诺悖论只是一个权宜之计。因为它先要有一个前提：“数轴是点的集合”，他解决了它是有理数与无理数的集合，这是他的贡献，但是他没有接触到他的前提。我们从超实数的研究得到的一些启示。我觉得我们的进路不但要从数学模型的观点来分析运动，而且要从数学物理的观点分析运动，这时运动的物体是有长度的，夸克也是有长度的，从这个观点看，芝诺悖论是很容易驳倒的。不过这是非标准分析微积分，它是未来的微积分，现在，柯西的微积分占了主导地位。用非标准分析来讲授微积分在美国的大学里也只是试验性的。我的讨论也只是试验性的，请大家批评指正。